Hans-Rudolf Bork

Landschaften der Erde
unter dem Einfluss des Menschen

Verzeichnis der Ko-Autoren

Ingo Ahrendt, Berlin
Dr. Volker Arnold, Albersdorf
Susana Bade, Braunschweig
Dr. Franka Berdel, Regensburg
Gertrud Bork, Gießen
Helga Bork, Kiel
Dr. Christine Dahlke, Göttingen
Dr. Claus Dalchow, Müncheberg
Prof. Dr. Jozef Deckers, Leuven, Belgien
Mathias Deutsch, Erfurt
Prof. Dr. Klaus Dierßen, Kiel
Prof. Dr. Markus Dotterweich, Landau
Dr. Stefan Dreibrodt, Kiel
Dr. Berno Faust, Roseburg, OR, USA
Ingo Feeser, Galway, Irland
Prof. Dr. Martin Frielinghaus, Müncheberg
Dr. Karl Geldmacher, Potsdam
Dr. Holger Hensel, Hamburg
Bernhard Keiser, Isla Robinson Crusoe und
    Santiago de Chile, Chile
Dr. Rüdiger Kelm, Albersdorf

Helmut W. Klinner, Oberammergau
Dr. Stefan Krabath, Dresden
Prof. Dr. Elena D. Lapshina, Khanty-Mansiysk, Russland
Prof. Dr. Hanoch Lavee, Ramat Gan, Israel
Prof. Dr. Yong Li, Beijing, China
Dr. Andreas Mieth, Kiel
Prof. Dr. Jean Poesen, Leuven, Belgien
Dr. Stefan Reiß, Kiel
Dr. Jan Rodzik, Lublin, Polen
Dr. Björn Röpke, Monheim
Prof. Dr. Tilman Rost, Erfurt
Dr. Rehav Rubin, Jerusalem, Israel
Dr. Christian Russok, Kiel
Sibyll Schaphoff, Potsdam
Dr. Gabriele Schmidtchen, Landau
Dr. Anne Schmitt, Kemmern
Prof. Dr. Hans-Georg Stephan, Halle (S.)
Dr. Bernd Tschochner, Potsdam
Dr. Tom Vanwalleghem, Leuven, Belgien
Héctor Vera Carrera, Isla Robinson Crusoe und
    Santiago de Chile, Chile
Dr. Wojciech Zgłobicki, Lublin, Polen

Hans-Rudolf Bork

Landschaften der Erde unter dem Einfluss des Menschen

Die Deutsche Bibliothek verzeichnet diese Publikation
in der Deutschen Nationalbibliographie;
detaillierte bibliographische Daten sind im Internet über
http://dnb.ddb.de abrufbar.

© 2006 by WBG (Wissenschaftliche Buchgesellschaft), Darmstadt
Die Herausgabe des Werkes wurde durch
die Vereinsmitglieder der WBG ermöglicht.
Layout & Prepress: schreiberVIS, Seeheim
Umschlaggestaltung: Jutta Schneider, Frankfurt a. M.
Umschlagabbildungen: Island, See Myvatn (© picture-alliance/OKAPIA KG),
Steinstatuen auf Rapa Nui, Nubische Wüste im Sudan, Poike-Halbinsel auf
Rapa Nui (© Hans-Rudolf Bork)
Alle Fotos und Grafiken von den Autoren, soweit nicht anders vermerkt
Gedruckt auf säurefreiem und alterungsbeständigem Papier
Printed in Germany

www.primusverlag.de

ISBN-13: 978-3-89678-584-8
ISBN-10: 3-89678-584-2

Inhalt

Grundlagen der Erforschung der Haut der Erde

Wie beeinflusste der Mensch die Entwicklung an und unter der Erdoberfläche? Welche Spuren haben Menschen in den Landschaften der Erde hinterlassen? Diese und viele weitere Fragen werden am Beginn des ersten Teils des Buches formuliert und im zweiten Teil exemplarisch für zahlreiche Landschaften oder Landschaftsausschnitte in Asien, Afrika, Nord- und Südamerika, Europa, für drei pazifische Inseln und eine atlantische Insel beantwortet. Am Ende des dritten Teils werden die spezifischen Antworten generalisierend zusammengefasst.

Welche heute noch auffindbaren Spuren hat der Mensch in den Landschaften der Erde außerhalb der Siedlungen hinterlassen? Der zweite Abschnitt des ersten Teils stellt die Archive der Landschaft und die der Gesellschaft vor, die verwertbare Spuren enthalten können. Erstere werden nach ihrer Lage in der Landschaft und den Prozessen der Ablagerung oder nach den spezifischen Inhaltsstof-

fen, nach den Strukturen und ihrer Genese differenziert. Sie umfassen demnach die Archive der Landschaftselemente Kolluvien (Ablagerungen auf den Unterhängen und in kleinen Trockentälern), Schwemmfächer (in Schluchten erodiertes und unmittelbar unterhalb abgelagertes Material), Auensedimente (Ablagerungen in den Auen von Bächen und Flüssen) und Seesedimente (Ablagerungen an Seeböden) bzw. die Geo- und Bioarchive. Verwitterungs- und Verwesungsprozesse an Ort und Stelle ließen Böden an den Abtragungs- und Ablagerungsstandorten entstehen. Schrift- und Bildquellen (darunter für die jüngere Zeit auch aussagekräftige Karten, Luft- und Satellitenbilder) bilden die Archive der Gesellschaft.

Den Kanon an Methoden, mit denen die vielfältigen Spuren menschlichen Handelns aufgefunden, quantifiziert und interpretiert werden können, beschreibt der letzte Teil des ersten Abschnittes. Wir bezeichnen die komplexe Untersuchungsme-

▲ Der schlammreiche Abfluss des Huang He an den Hukon-Fällen (China).

thodik als Landschaftssystemanalyse. Sie umfasst zehn Schritte. Am Beginn des Forschungsprozesses steht die Formulierung von Forschungsfragen. Die Auswahl und die aufwändige Untersuchung geeigneter Geo- und Bioarchive, die eine Beantwortung der Fragen wahrscheinlich erscheinen lassen, folgen. Ausgedehnte Aufschlüsse (Gruben, Schürfe) werden in Ablagerungen angelegt. Die Feldbefunde werden vor Ort vorausgewertet. Die Eigenschaften der Ablagerungen werden im Labor analysiert. Das Alter der gefundenen Artefakte (z. B. von Holzkohlen oder Keramikbruchstücken) wird mit physikalischen oder archäologischen Methoden bestimmt. Sämtliche Befunde werden zeitlich und räumlich in einer Liste geordnet, die wir als Stratigraphie bezeichnen. Die Volumina der Ablagerungen und die Größe der Einzugsgebiete, aus denen sie stammen, werden berechnet. Schrift- und Bildquellen ergänzen die Feld- und Labordaten. In einer Synthese werden sämtliche Befunde zusammengeführt, interpretiert und bewertet. Die Forschungsfragen werden beantwortet oder es werden neue Fragen aufgeworfen. Dann beginnt der beschriebene Forschungsprozess von vorn.

Fragen

Hans-Rudolf Bork

Menschen nutzen gewisse Landschaften der Erde seit Jahrhunderten, andere seit Jahrtausenden. Manche dieser Landschaften werden heute weitaus weniger intensiv genutzt als früher. Wenig ist bekannt über die Auswirkungen der Landnutzung in der Vergangenheit auf das Klima, die Oberflächenformen, die Böden und Gesteine, die Wasser- und Stoffhaushalte und über Rückkopplungen der von Menschen veränderten Prozesse und Strukturen in Landschaften auf die Landnutzung. Das vorliegende Buch beantwortet, teilweise erstmals in dieser umfassenden Weise, Fragen zu den Auswirkungen menschlichen Handelns auf verschiedenartige Landschaften. Die nachstehenden wichtigen Fragen zum Einfluss des Menschen und des Klimas auf die Entwicklung der Landschaften der Erde werden im zweiten Teil detailliert für zahlreiche spannende Beispiele und im dritten Teil zusammenfassend beantwortet.

Grundsatzfragen

- ▸ In welchem Ausmaß prägten Menschen in der Vergangenheit die Landschaften der Erde?
- ▸ Wie veränderten Menschen die komplizierten Wechselwirkungen zwischen der Vegetation, den Oberflächenformen, den Böden sowie den Wasser- und Stoffhaushalten?
- ▸ Welche Bedeutung besaßen sehr seltene Extremereignisse für die Menschen?
- ▸ Welche Bedeutung haben schleichende und daher kaum wahrgenommene Veränderungen von Landschaften?

Fragen zu Klima und Wasserhaushalt

- ▸ Modifizierten Menschen bereits in den vergangenen Jahrhunderten das Klima?
- ▸ Erzeugten Menschen in der Vergangenheit Hochwasser?
- ▸ Verursachten Hochwässer bereits in den vergangenen Jahrhunderten und Jahrtausenden bedeutsame Schäden?
- ▸ In welchem Umfang beeinflussten Menschen früher die Grundwasserstände und den mittleren Abfluss?

Fragen zu den Böden und ihrer Zerstörung

- ▸ Wie veränderten Menschen in den vergangenen Jahrhunderten die Böden der Erde?
- ▸ Sind Menschen für die erdweite Zerstörung der Böden durch Bodenerosion verantwortlich?
- ▸ Wo wird abgetragenes Bodensubstrat abgelagert?
- ▸ Welche Folgen hat Bodenerosion für die Landnutzung und die Gesellschaft?
- ▸ Wie reagierten die Landnutzer auf Bodenzerstörung?

Fragen zur Landnutzung

- ▸ In welchem Ausmaß rodeten Menschen in den vergangenen Jahrhunderten die Wälder der Erde? Welche Folgen hatten die Rodungen und die anschließende Landnutzung?
- ▸ Gelang die Etablierung bodenschonender, nachhaltiger Landnutzungssysteme?
- ▸ Wann und warum endete wo die nachhaltige Landnutzung?
- ▸ Können die Landschaften der Erde zukünftig (wieder?) nachhaltig genutzt werden?

Die Struktur des Buches

Zur Beantwortung der fächerübergreifenden Fragen wurde eine aufwändige Methodenfolge entwickelt, die wir als „Landschaftssystemanalyse" bezeichnen. Der erste Abschnitt des Buches stellt sie vor. Die Landschaftssystemanalyse wurde an mehreren Tausend Standorten erfolgreich eingesetzt.

Viele überraschende Antworten auf die Fragen folgen im zweiten Teil. Wir reisen dort durch vielfältige Landschaften mit unterschiedlicher, von Menschen beeinflusster Entwicklung in Asien, Afrika, Nord- und Südamerika, auf ostpazifischen Inseln und in Europa.

Bemerkenswerte Gemeinsamkeiten und Unterschiede der bereisten Landschaften sind Gegenstand des dritten Abschnitts, der zusammenfassend durch die vergangenen 11 700 Jahre führt und danach die gestellten Fragen beantwortet.

Erddetektive unterwegs

Stefan Dreibrodt, Hans-Rudolf Bork
und Christian Russok

Der Forschungsgegenstand der Erd-detektive: Spuren von Menschen in den Landschaften der Erde

Um Quellen zu dem von Menschen beeinflussten Abschnitt der nacheiszeitlichen Landschaftsgeschichte zu erschließen, stehen bewährte Methoden zur Verfügung. Solche Quellen umfassen „ … alle Texte, Gegenstände oder Tatsachen, aus denen Kenntnis der Vergangenheit gewonnen werden kann" (Kirn, zit. in Henning 1994, S. 13). Zwei Typen von Quellen können Auskunft über die Art, das Ausmaß, die Ursachen und die Folgen von Veränderungen der Landschaften der Erde in der Vergangenheit geben (Pfister 1999, S. 16):
▸ Archive der Landschaft und
▸ Archive der Gesellschaft.

Archive der Landschaft – Geo-Bio-Archive – sind:
▸ geschichtete oder ungeschichtete, mineralische und organische Ablagerungen auf Hängen, in Auen, Seen und Meeren,
▸ in diesen Ablagerungen entwickelte Böden und
▸ dort erhaltene archäologische Strukturen und Funde (Artefakte).

Archive der Gesellschaft umfassen:
▸ von Menschen hergestellte und bewahrte, analoge und digitale Dokumente wie
  ▸ Schriftquellen (Primärquellen wie z. B. Urkunden und Kirchenbücher, Sekundärquellen wie thematische Sammelwerke),
  ▸ Bildzeugnisse (Gemälde, Skizzen, Fotos),
  ▸ Karten,
  ▸ Messdaten und

▸ im Gedächtnis von Menschen gespeicherte
  ▸ Beobachtungen,
  ▸ Erlebnisse und
  ▸ von anderen Personen mitgeteilte Informationen.

Vielfältige, mit modernen naturwissenschaftlichen Analysemethoden entschlüsselbare Informationen sind in Geo-Bio-Archiven enthalten. Sie gestatten direkte Interpretationen der Zustände und faszinierende indirekte Schlüsse über räumliche und zeitliche Veränderungen der Paläoumwelt. Vor allem für den Zeitraum von der ausklingenden letzten Kaltzeit bis in die Gegenwart haben sich zahlreiche Geo-Bio-Archive erhalten. Erforscht sind in den Archiven der Landschaft hauptsächlich der Übergang von der letzten Kalt- zur aktuellen Warmzeit vor etwa 11 700 Jahren sowie die frühe und die mittlere Nacheiszeit – Abschnitte der jüngeren Erdgeschichte, die als Alt- und Mittelholozän bezeichnet werden und etwa von 11 700 bis 1400 Jahre vor heute währten (Abb. 1).

Für das Verständnis des heutigen Zustands und möglicher zukünftiger Entwicklungen von Landschaften sind Kenntnisse zu den vergangenen Jahrhunderten unverzichtbar. Gerade dieser jüngste Zeitraum ist jedoch kaum naturwissenschaftlich untersucht. Angeblich konkurrierende (weil vermeintlich exaktere) Schrift- und Bildquellen ließen die geo- und biowissenschaftliche Paläoforschung bislang vor allem in die fernere, „schriftquellenfreie" und daher offenbar weniger bekannte und scheinbar reizvollere Vergangenheit blicken.

Der Übergang von der Singularität der Geo-Bio-Archive zur Parallelität von schriftlichen Aufzeichnungen und Geo-Bio-Archiven vollzog sich in den Regionen der Erde mit frühen Kulturentwicklungen zu unterschiedlichen Zeiten (Abb. 1; Hartmann 1994, S. 21). Schriften sind bekannt (Edens 2003, S. 46 f.)
▸ in Nordostafrika seit etwa 5300 Jahren (die Hieroglyphenschrift Ägyptens),
▸ im Vorderen Orient seit etwa 5000 Jahren (die Keilschrift Mesopotamiens),
▸ in Südasien seit mehr als 4000 Jahren (die Indusschrift in Indien),
▸ seit etwa 3900 Jahren in Südosteuropa (die Minoische Schrift),
▸ in Ostasien seit etwa 3500 Jahren (die chinesischen Schriftzeichen),
▸ in Mittelamerika seit mehr als 2100 Jahren (die Bilderschrift in Mexiko und die Glyphenschrift der Maya) und
▸ in Mitteleuropa seit etwa 1700 Jahren (das Runenalphabet germanischer Stämme).

▸ **Abb. 1:** Zeitdimensionen von Quellen mit Umweltinformationen.

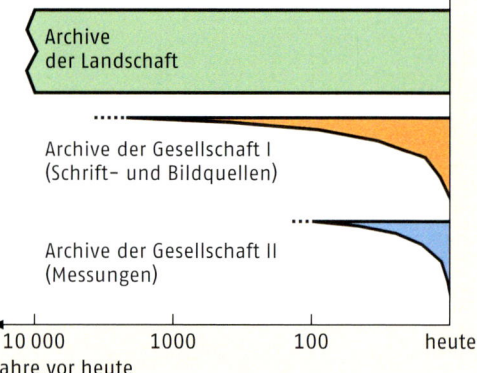

Archive der Landschaft

Archive der Gesellschaft I (Schrift- und Bildquellen)

Archive der Gesellschaft II (Messungen)

10 000   1000   100   heute
Jahre vor heute

Schriftliche, bildliche und auch mündliche Quellen berichten über den geschichtlichen Ablauf (Henning 1994, S. 13). Primär- sind von Sekundärquellen zu differenzieren, konkrete (Erzeugnisse) und abstrakte Überreste (Rechtszustände, Institutionen, Namen und vor allem das Schriftgut) von Traditionen (Berichte wie Nachrichten) (Henning 1994, S. 13 f.). Schrift- und Bildquellen sind in Archiven und Bibliotheken zu finden und, stark zunehmend, auch in Datenbanken abrufbar.

Dort, wo Messungen, schriftliche Aufzeichnungen oder Fotodokumentation fehlen, können gut ausgebildete, verlässliche Zeitzeugen nach ihren Beobachtungen befragt werden. Eine kritische Bewertung ist allerdings auch hier unverzichtbar. Nur in Ausnahmefällen können geprüfte, mündlich tradierte Kenntnisse naturwissenschaftliche Daten sinnvoll ergänzen.

Schrift- und Bildquellen, die Erinnerungen Befragter und mündliche Überlieferungen können naturwissenschaftliche Daten zur Landschaftsgeschichte nur ergänzen. Selten geben sie korrekte und verortbare Informationen zu Landschaftszuständen, oft wurden sie zu bestimmten Zwecken erstellt und nicht selten sind sie fragmentarisch oder gar vollständig unverwertbar (vgl. Glaser 2001). Vor dem 20. Jh. beschrieben Zeitzeugen nur in wenigen Kulturen in bis heute nutzbarer Weise Landnutzungssysteme, Landschaftsstrukturen, extreme Witterungsereignisse und ihre Folgen.

Lamb (1977, 1982, 1989), Pfister (1985, 1999) und Glaser (2001) weisen allerdings eindrucksvoll nach, dass Wetterbeobachtungen, Daten zur Blüte, Reifezeit und Ernte von (Kultur-)Pflanzen, Weinmosterträge und die Qualität von Wein, die Entwicklung der Getreidepreise, Vereisungen oder besonders hohe und niedrige Wasserstände von Flüssen, Seen und an Küsten, die Dauer von Schneebedeckungen und die Anlässe von Bittprozessionen wichtige, häufig quantifizierbare Informationen zum mittleren Witterungsgeschehen in West- und Mitteleuropa für das vergangene Jahrtausend enthalten. Nur wenige verwertbare Berichte zu den Folgen von Überschwemmungen, kalten Wintern, Dürren und Stürmen, die Landschaften längerfristig prägten, haben sich aus dem Mittelalter und der frühen Neuzeit erhalten.

Einige Wissenschaftler schlugen Brücken zwischen den außerhalb der Geographie scheinbar so weit voneinander entfernten Welten der Naturwissenschaften und der Geisteswissenschaften. Zu verschieden waren und sind die eingesetzten Methoden und die Ausbildungen der Beteiligten.

Seit den 1950er-Jahren haben Geo- und Biowissenschaftler in kleinen disziplinären und in großen vorwiegend multidisziplinären Projekten messend und kartierend den heutigen Zustand von Landschaften und seine Dynamik über einige Jahre untersucht. In wenigen Ausnahmefällen wurden einzelne Zustandsgrößen bereits über wenige Jahrzehnte gemessen. An einigen Standorten reichen zuverlässige Messungen der Tagesniederschlagssummen und von Wasserständen an größeren Flüssen gar mehr als einhundert Jahre zurück.

In den vergangenen zwei bis drei Jahrzehnten hat die Zahl der Standorte, an denen einzelne Indikatoren des Umweltzustandes gemessen werden, erdweit extrem stark zugenommen. Der Einsatz von Fernerkundungsmethoden hilft seit einigen Jahren, Lücken in den Messnetzen zu schließen. Daten zu einzelnen Zustandsgrößen können nunmehr flächendeckend in Wiederkehrintervallen von einigen Tagen bis wenigen Wochen erhoben werden.

Mit den genannten Messmethoden sind die Wirkungen seltener, heftiger, Landschaften verändernder Ereignisse kaum erfassbar. Die Evaluierung derartiger Extremereignisse erfordert Rückblicke vor den Beginn des kurzen Zeitraums mit zuverlässigen Messungen (Abb. 1).

Heute existieren auf der festen Erdoberfläche keine Standorte mehr, die Menschen nicht direkt oder indirekt verändert haben. Das Ausmaß der anthropogenen Veränderungen von Landschaften ist jedoch nur zu quantifizieren, wenn detaillierte Kenntnisse über Landschaftszustände vor den ersten starken Eingriffen durch Menschen wie z. B. Rodungen vorliegen.

Ein ausreichendes Verständnis heutiger Landschaftszustände und deren Einordnung in langfristige Entwicklungen ist nur möglich, wenn die Dynamik zumindest der vergangenen Jahrhunderte bekannt ist.

Objekte in Geo-Bio-Archiven speichern Informationen zu Umwelteinflüssen, denen sie während oder nach ihrer Bildung ausgesetzt waren. Moderne Analysemethoden helfen, die verborgenen Daten zu entschlüsseln.

Bio-Archive bestehen aus vollständigen Individuen oder Teilen von Pflanzen und Tieren. Sie haben sich unter permanentem (Grund-)Wassereinfluss in Böden und Sedimenten in Auen und

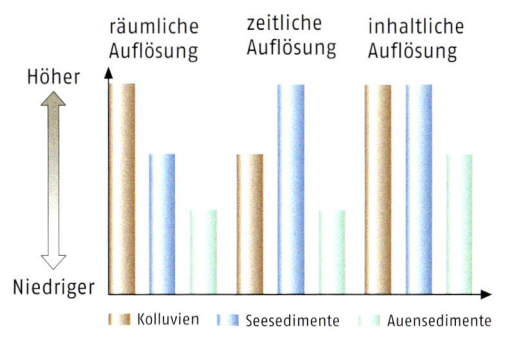

◄ **Abb. 2:** Die räumliche, zeitliche und inhaltliche Aussagekraft von Geo-Bio-Archiven.

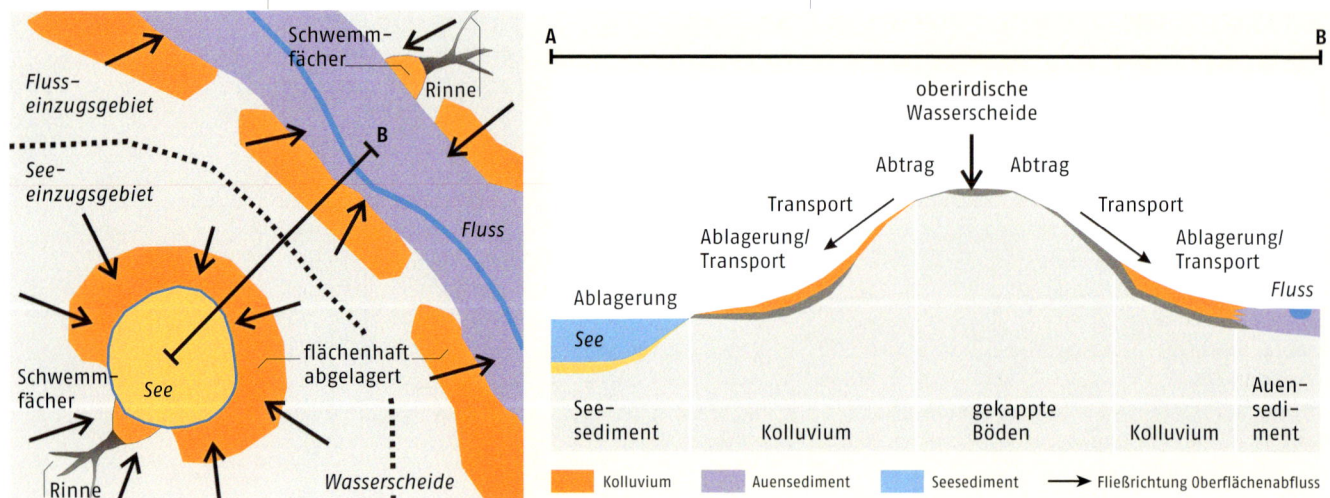

▲ **Abb. 3:** Die Verbreitung von Kolluvien, Auen- und Seesedimenten in der Landschaft.

Senken oder als Fossilien im Gestein erhalten. Wichtige Informationen zur Standort- oder Landschaftsgeschichte sind im Stammholz und in Pollenkörnern enthalten. In Abhängigkeit von der Witterung und einigen Standorteigenschaften entwickeln sich verschieden breite Baumringe (vgl. Schweingruber 1983). Die Zusammensetzung der Pollenkörner einer Probe, die einem Niedermoor entnommen wurden, gibt Hinweise zur Vegetationszusammensetzung in der Umgebung des Fundortes (vgl. Beug 2004).

Das Geo-Archiv Gletschereis kann zeitlich hochauflösbare Informationen zur Witterung enthalten. Andere Geo-Archive sind komplex ineinander verschachtelte begrabene Oberflächen, Sedimente, Böden und archäologische Relikte (Abb. 3). Im Vordergrund der vorliegenden Abhandlung stehen Analysen und Interpretationen der faszinierenden, in sehr verschiedenartigen Landschaften der Erde im Verlauf der vergangenen Jahrhunderte und Jahrtausende entstandenen Geo-Archive.

Entstehung und Merkmale der Böden der Erde

Die Umweltbedingungen in der belebten Grenzzone von Atmosphäre und Gestein erzeugen Böden. Hier, an und unterhalb der Erdoberfläche, wirken Relief und Gestein, Klima und Lebewesen über die Zeit Boden bildend. Erstmals in der mehrere Milliarden Jahre währenden Entwicklung der Landschaften der Erde steuert eine Art die Boden- und die Landschaftsentwicklung: der Mensch. Er beeinflusst seit wenigen Jahrzehnten erdweit, in vielen Regionen seit einigen Jahrhunderten und in wenigen Räumen seit mehreren Jahrtausenden direkt oder indirekt die Prozesse in Böden und auf der Geländeoberfläche.

Die spezifischen Ausprägungen der Faktoren Relief und Gestein, Klima und Lebewesen führen, beeinflusst durch den Faktor Zeit, zur Bildung bestimmter Böden, die klassifiziert als Bodentypen bezeichnet werden. Die Boden bildenden Prozesse differenzieren einen Boden zumeist etwa oberflächenparallel in weitgehend homogene Strukturen, in Bodenhorizonte. Sie sind der Ausdruck der in situ, an Ort und Stelle, im Gestein abgelaufenen stofflichen Veränderungen. Neue Stoffe bilden sich, vorhandene werden umgebildet; Stoffe werden in niederschlagsreichen Perioden mit dem Sickerwasser vom Ober- in den Unterboden, gelegentlich in Trockenphasen mit dem verdunstenden Bodenwasser vom Unter- in den Oberboden verlagert. Stoffe werden dadurch an- und abgereichert. Zeitweise hangparallel auf Stauschichten im Boden abfließendes Wasser reichert Stoffe in Unterhängen und Auen an. Werden Böden z. B. auf konkaven Unterhängen überschüttet, gelangen sie in größere Tiefen und unter den Einfluss anderer Boden bildender Prozesse. Bodenerosion kann auf Hängen die Geländeoberfläche tiefer legen, Oberböden hangabwärts verfrachten und Unterböden freilegen. Stoffentzüge, Stoffeinträge und mechanische Belastungen durch Landnutzung führten ebenfalls zur dauerhaften Veränderung der Böden. Rodungen und die Implementierung von Landnutzungssystemen verändern die Boden bildenden Prozesse. Die bis zu den ersten Rodungen an einem Standort entstandenen Böden spiegeln nach der Inkulturnahme nicht mehr die aktuellen Prozesse wider. Zwar passen sich die Prozesse der Bodenbildung rasch an veränderte Klima- oder Landnutzungsbedingungen an. Reliktische, das heißt vorzeitliche Eigenschaften prägen den Habitus von Böden über lange Zeit, gelegentlich über mehrere Jahrtausende. Werden Böden unter Sedimenten begraben, bleiben einige Merkmale der Bildungszeit dauerhaft erhalten.

Eine Synopse der Genese der Böden

Welche Prozesse wirken Boden bildend? In Wäldern fallen Äste, Blätter oder Nadeln auf die Geländeoberfläche. Im Winterhalbjahr baut sich in den Wäldern außerhalb der Tropen eine Streuschicht auf, die im Sommerhalbjahr teilweise zersetzt wird. Je günstiger die Nährstoffsituation, je wärmer, feuchter und länger die Vegetationsperiode ist, desto rascher wird die Streu zersetzt. In den humiden Tropen kommt es daher gar nicht erst zur Bildung einer Streuschicht mit unzersetzten Pflanzenresten. Humus an der Oberfläche ist das Resultat der Zersetzung. Bodenwühlende Tiere können den Humus mehrere Dezimeter tief in den Boden einbringen und vor allem in den kontinentalen, semiariden Steppen mit einer kurzen Vegetationsperiode und damit einem nur kurzzeitigen Abbau organischer Substanz zur Bildung fruchtbarer Schwarzerden beitragen, die auch als Tschernoseme (Chernosjome) bezeichnet werden.

Auf und in dem Boden lebende Pflanzen und Tiere nehmen Stoffe auf und scheiden Stoffe aus. Bodenpartikel, welche die Verdauungsorgane von Regenwürmern durchwandert haben und dabei mit Schleimstoffen angereichert wurden, verkleben zu krümeligen Bodenaggregaten. Auch physikochemische Kräfte verbinden Partikel und Substanzen zu Bodenaggregaten. Wurzelwachstum und die grabende Tätigkeit der Bodentiere verdichten, lockern oder durchmischen Teile des Bodens.

Einige Bodenpartikel wie Dreischichttonminerale können Wasser aufnehmen und quellen. Bei Wasserabgabe schrumpfen sie. Zwischen den zu Aggregaten verbundenen Partikeln öffnen sich dann Schrumpfrisse, die in der Aufsicht häufig polygonale Muster bilden. Böden, die hohe Gehalte an Dreischichttonmineralen besitzen, können in den warmen, wechselfeuchten Regionen der Erde tiefe Rissnetze entwickeln. Schluff und Sand können während der Trockenzeit in die Risse geweht werden, über die Oberfläche laufende Tiere und Menschen befördern Material in die schmalen, tiefen Hohlräume. Zu Beginn der Regenzeit ist der Rauminhalt der Trockenrisse stark geschrumpft. Die Wasser aufnehmenden Dreischichttonminerale drücken Boden beiseite und durchmischen ihn. Wülste quellen an der Oberfläche auf. Ein Vertisol entsteht.

Sickerwasser und die in ihm gelösten Säuren bewirken in humiden Gebieten die Auswaschung von Substanzen und Bodenpartikeln aus dem Ober- in den Unterboden, von leicht löslichen Stoffen in den tieferen Untergrund oder weiter in das Grundwasser, in die nächste Aue, in fließendes Oberflächengewässer und schließlich in das Meer. Verwitterungsprozesse lösen Substanzen und führen sie ab, zerkleinern Bodenpartikel, bilden

Ton und oxidieren Ionen. Eine Braunerde bildet sich (in der Nomenklatur der Weltbodenkarte der FAO als Cambisol bezeichnet). Werden in einem schwach sauren Milieu Tonminerale aus dem Ober- in den Unterboden verlagert, entsteht eine Parabraunerde (nach FAO: Luvisol). Leicht lösliche organische Substanzen und Sesquioxide (wie Eisenionen) können bei fortschreitender Versauerung mit dem Sickerwasser aus dem Ober- in den Unterboden gewaschen werden. Der resultierende Boden mit einem oft aschgrauen, fahlen, verarmten Oberboden und einem durch die angereicherte organische Substanz schwarzgrauen oder durch die angereicherten Sesquioxide kräftig roten Unterboden ist ein Podsol.

Dauern in den immer- oder wechselfeuchten Tropen Auswaschung und Versauerung über sehr lange Zeiträume an, wird Kieselsäure (SiO_2) gelöst und abgeführt. Die verbleibenden unlöslichen Minerale und Substanzen – hauptsächlich Eisen- und Aluminiumoxide – reichern sich relativ an. Der entstehende Ferralsol (Ferr: Ferrum, al: Aluminium, sol: Boden) kann, wenn er im Verlauf des Quartärs während der Phasen mit Vegetationszerstörung nicht abgetragen oder überschüttet wurde, viele Meter mächtig werden. Durch regelmäßige jährliche Austrocknung und Wiederbefeuchtung verhärten in wechselfeuchten Regionen Teile des eisen- und aluminiumreichen Oberbodens; extrem harte, mehrere Dezimeter bis einige Meter mächtige Krusten („Plinthit", früher: Laterit) verbleiben.

An der Oberfläche von Grundwasserkörpern oxidieren mitgeführte Ionen. Eisen- und Manganoxide färben den Bodenhorizont, in dem der Grundwasserspiegel schwankt, intensiv rot bis schwarz („Oxidationsfarben"). Darunter, im permanent reduzierten Milieu eines Grundwasserbodens, der in der nationalen Gley und in der internationalen Bodennomenklatur Gleysol genannt wird, dominieren helle bis grünliche Farben („Reduktionsfarben"). Staut sich Sickerwasser während des Frühjahrs in den gemäßigten Breiten auf dem mit eingeschlämmten Ton angereicherten Horizont (Bt) einer Parabraunerde oder auf einer primär vorhandenen, also nicht erst durch Bodenbildungsprozesse wenig wasserdurchlässigen Schicht, so bildet sich ein Stauwasserboden oder Pseudogley.

An grundwasserbeeinflussten Standorten arider Gebiete steigt Bodenwasser in den feinsten Poren des Bodens bis zur Geländeoberfläche auf. Das Wasser verdunstet dort und scheidet mitgeführte Stoffe an der Oberfläche aus. Auf den Hängen arider Regionen überwiegen physikalische Verwitterungsprozesse, die Gestein zerkleinern. Rohböden aus Festgestein oder Lockergestein dominieren. An Standorten mit mächtiger Sandanwehung entstehen Arenosole.

Vulkanismus bildet neue Festgesteine (z. B. Laven mit basaltischer Zusammensetzung) oder Lockergesteine (Tephra). Besonders aus Letzteren entstehen fruchtbare Böden, die in der internationalen bodenkundlichen Nomenklatur als Andosole bezeichnet werden.

Entstehung und Merkmale holozäner Sedimente

Sedimente bezeugen ebenfalls Umweltentwicklungen. Terrestrische Sedimente, die im Holozän abgelagert wurden, sind Kolluvien, Auen- und Seesedimente (Abb. 2). Die Prozesse der Bodenerosion umfassen die Abtragung, den Transport und die Ablagerung von Bodenpartikeln.

Starke Winde und Wässer, die auf der Geländeoberfläche während kurzzeitig ergiebiger Niederschläge oder mit dem raschen Abschmelzen wasserreicher Schneedecken abfließen, erodieren Bodenpartikel. Besonders auf geneigten Standorten, denen eine schützende Vegetation fehlt, vermögen Starkniederschläge gravierende Bodenerosionsschäden auszulösen. Die Rodung einer dichten, von Menschen nicht gestörten Vegetation und anschließender Ackerbau haben den Angriff von Regentropfen und die Bildung von Abfluss oft erst ermöglicht.

Über die Geländeoberfläche fließendes Wasser reißt während mäßig starker Niederschläge im Abtragungsbereich zumeist kleine Rinnen ein. Die nächste Bodenbearbeitung gleicht auf Äckern die Geländeoberfläche aus, die Rinnen verschwinden und die gesamte Oberfläche wird geringfügig erniedrigt. Über Jahrzehnte und Jahrhunderte kann diese Tieferlegung erhebliche Ausmaße erreichen. Im Verlauf extrem starker Niederschläge können große Wassermengen in natürlichen Dellen oder an Acker- und Wegrändern zusammenfließen. Dann können tiefe Schluchten („Gullies") in abtragungsempfindliche Böden und Gesteine einreißen. Werden die Schluchten nicht bald durch natürliche Ablagerungsprozesse oder von Menschenhand verfüllt, geht dauerhaft Ackerland verloren.

Der Transport von Bodenpartikeln vollzieht sich bei Bodenerosion durch Wasser auf der Bodenoberfläche und gelegentlich auch in größeren Porensystemen im Boden und im darunter liegenden Gestein. Wind verfrachtet kleine Bodenpartikel bis in Höhen von mehreren Kilometern.

Nach dem Ort, an dem sie abgesetzt werden, erhält die Masse der umgelagerten Bodenpartikel unterschiedliche Namen. Wir bezeichnen die korrelaten Ablagerungen der Bodenerosion

▸ unterhalb von Schluchten als Schwemmfächersedimente,
▸ auf Unterhängen als Kolluvium,
▸ in Auen als Auensedimente und
▸ in Seen als detritisch-allochthone Seesedimente.

Schwemmfächersedimente und Kolluvien

Sobald infolge abnehmender Niederschlagsintensität oder nachlassendem Gefälle die Geschwindigkeit des Oberflächenabflusses abnimmt, lagern sich zunächst die gröberen und später die etwas feineren Bodenpartikel auf der Geländeoberfläche ab. So können zum Ende eines Niederschlags selbst auf Oberhängen oder in Schluchten Partikel sedimentieren. Das abnehmende Gefälle und die unterschiedlich langen Fließstrecken bedingen, dass die Sedimente der Schwemmfächer und die Kolluvien im Mittel die größeren, Auen- und Seesedimente die kleineren Partikel enthalten.

Da der Transport durch Oberflächenabfluss von der Gravitation determiniert wird, lässt sich einem Schwemmfächersediment oder einem Kolluvium das Liefergebiet der Bodenpartikel oftmals genau zuordnen. Die Raumbezogenheit dieser Geo-Archive ist sehr hoch (Abb. 2, 3).

Allerdings homogenisiert Bodenbearbeitung neben den Rinnen des Erosionsbereichs auch die Ablagerungen auf den Unterhängen, die Sedimente der Schwemmfächer und die Kolluvien. Sind die beiden Letztgenannten geringmächtiger als die Bearbeitungstiefe, so werden sie mit den oberen Horizonten der darunter liegenden Böden vermischt. Die ursprünglich hohe, ereignisbezogene Auflösung der Schwemmfächersedimente und der Kolluvien wird in ein Mischsignal mit geringerer zeitlicher und räumlicher Auflösbarkeit umgewandelt.

Eigenschaften der auf Unterhängen und in Auen abgelagerten Sedimente und der dort gebildeten und begrabenen Böden erlauben weit reichende Schlüsse zur Landschaftsentwicklung, zu deren Determinanten und zu den Wirkungen auf die Menschen. Selbst die Wirkungen einzelner Starkregenereignisse sind rekonstruierbar.

Neben begrabenen, ehemaligen Oberflächen enthalten in die Sedimente eingebettete, verlagerte Artefakte oder in situ begrabene archäologische Befunde bedeutende Informationen zu dem von Menschen geprägten jüngsten Abschnitt der Landschaftsgeschichte.

Seesedimente

Seesedimente enthalten Informationen zum See (z. B. Kalkgehalt), zu dessen Einzugsgebiet (minerogene Einträge) und zur weiteren Umgebung (Pollen). Sie haben, insbesondere in Abhängigkeit von der Entfernung zum Ufer, sehr unterschiedliche Eigenschaften (Håkanson & Jansson 1984). Während im Uferbereich durch Wasserbewegung, Bioturbation und wechselnde Wasserstände unvollständige Sequenzen abgelagert werden, sind die Sedimente des Seetiefsten (des Profundals) zumeist durch eine kontinuierliche Sedimentation geprägt.

Verschiedene Prozesse bestimmen die Bildung von Sedimenten in Seen. Nur zu einem sehr geringen Teil zur Seesedimentation tragen die Ufererosion oder Bodenpartikel bei, die im Seeeinzugsgebiet erodiert und teilweise in Schwemmfächersedimenten und Kolluvien vorübergehend gespeichert worden waren. Durch seeinterne Prozesse gebildete biologische (Mikrofossilien, organische Substanz) und chemische Sedimentationsprodukte (Kalk) dominieren in den Tieflandseen der gemäßigten Breiten.

Die Kontinuität seeinterner Ablagerungen gestattet die Erarbeitung präziser und zeitlich hoch aufgelöster Chronologien der Umweltgeschichte eines Sees und seiner Umgebung (Abb. 3). In Seesedimente eingebettete, kurzlebige organische Reste wie Laubblätter oder Knospenschuppen, die aus der Umgebung eingetragen wurden, können mit physikalischen Altersbestimmungsverfahren präziser datiert werden als Holz oder Holzkohle.

Unter besonderen Bedingungen bleiben im Seetiefsten Jahresschichten (Warven) erhalten (Brauer 2004), die eine sehr präzise Altersbestimmung durch Auszählung ermöglichen. Ihre Feinschichten (Laminen) repräsentieren die saisonal wechselnden Zustände eines Sees.

Seesedimente speichern oft detaillierte Informationen über das Leben im und in der Umgebung des Gewässers. Reaktionen des Lebens im See auf Veränderungen der Umwelt können durch die Untersuchung eingebetteter Mikrofossilien, der Struktur und der Zusammensetzung der Sedimente rekonstruiert werden; sie lassen Schlüsse auf die steuernden Umweltfaktoren zu. Häufiger untersuchte Organismengruppen sind: Kieselalgen (Diatomeen), Ruderfußkrebse (Ostracoden), Zuckmückenlarven (Chironomiden) und Muscheln (Bivalven). An einigen Fossilien werden zur Rekonstruktion der Paläoumwelt die Gehalte stabiler Isotope gemessen (Berglund 1986). Analysen von Blütenstaub aus Seesedimenten geben Hinweise über die Zusammensetzung der Vegetation und die Landnutzung in der Umgebung eines Sees (Beug 2004).

In einen See eingetragene Bodenpartikel liefern häufig weitere wichtige Informationen zur Landschaftsentwicklung. Einige dieser minerogenen Einträge in Seesedimente können präzise datiert werden, da sie seltenen, bekannten Ereignissen entstammen und diesen eindeutig zugeordnet werden können.

Auensedimente

Die Abflüsse starker Niederschläge lassen die Flüsse über die Ufer treten. Neben den Flussbetten lagern sich in Uferwällen die gröberen Körner ab. Außerhalb der Flussbetten und der Uferwälle vermindert die Auenvegetation die Fließgeschwindigkeit des Hochwassers. Schluffkörner sinken dort auf die Oberfläche. Unmittelbar nach einer Überschwemmung füllt schwebstoffreiches Wasser die kleinen Senken der Auen. Das Wasser versickert und die feinen Schwebstoffe, Tonminerale mit organischen Stoffen, legen sich auf die Oberfläche.

Auensedimente integrieren Daten größerer Wassereinzugsgebiete. Schwer abgrenzbare Liefergebiete, mehrfache Umlagerungen und Homogenisierungen durch Bodenbearbeitung erschweren die Aufdeckung der Herkunft und des Alters von Auensedimenten. Zeitlich und räumlich hoch aufgelöste Rekonstruktionen sind daher selten (Abb. 3).

Relikte anthropogener Tätigkeit

Archäologische Befunde liefern wertvolle Hinweise zur Beeinflussung der Umweltentwicklung durch Menschen. Schon die Verbreitung und die räumliche Dichte von Funden lassen erste vorsichtige Schlüsse zur Lage von Siedlungen und zur Präferenz von bestimmten Standorten zu. Archäologische Funde enthalten oftmals wertvolle Hinweise zu früherer Ernährung und Landnutzung. Großreste, die den Verzehr bestimmter Kulturpflanzen oder Tiere belegen, repräsentieren wichtige Momentaufnahmen. Häufungen an Relikten von Haustieren oder von bejagten Wildtieren lassen über das Verhalten und die Ernährung der Menschen hinausgehend Schlüsse über die Umweltbedingungen zu (Benecke 2002).

Landschaftsstrukturen

Manche urgeschichtliche, mittelalterliche oder neuzeitliche Landnutzungssysteme oder landesstrukturelle Maßnahmen haben Spuren hinterlassen, die bis in das 20. Jh. an der Geländeoberfläche oder im Verborgenen erhalten geblieben sind (Jäger 1994). Beispielhaft zu nennen sind Ackerterrassen, Lesesteinwälle und -haufen, Ent- und Bewässerungsgräben, Ritzspuren von Bodenbearbeitungsgeräten, Pflanzgruben, Pflughorizonte, verschüttete Wege und Wölbackerfluren. Veränderungen der Landschaftsstruktur vor allem in der zweiten Hälfte des 20. Jh. haben zahlreiche Strukturen beseitigt.

Detektive in der Erde: die Landschaftssystemanalyse

Stefan Dreibrodt, Hans-Rudolf Bork und Christian Russok

Zur Untersuchung einzelner Landschaftsarchive steht eine Vielzahl von Methoden zur Verfügung. Umfassende Rekonstruktionen der Landschaftsgeschichte erfordern eine strukturierte Kombination geeigneter Methoden. Werden einzelne Einflussgrößen isoliert bewertet, sind Fehlinterpretationen unvermeidlich. Nur integrative Ansätze, die die zeitliche und räumliche Dynamik sämtlicher relevanten Strukturen und Prozesse der Landschaftsentwicklung erfassen, gestatten den erforderlichen fundierten Rückblick und ein ausreichendes Verständnis der komplexen Zusammenhänge. Um diesen Ansprüchen gerecht zu werden, wurde die Landschaftssystemanalyse entwickelt, eine aus zahlreichen zumeist bekannten und bewährten, chronologisch geordneten Methoden bestehende historische Landschaftsanalyse und -bewertung. Die Landschaftssystemanalyse umfasst zehn Schritte (Abb. 4). Nachstehend werden die einzelnen Schritte erläutert. Kann ein Schritt nicht erfolgreich absolviert werden, so ist ein vorheriger Schritt erneut auszuführen. Sind beispielsweise vorab ausgewählte Geo-Bio-Archive ungeeignet (Schritt 3), sind neue Untersuchungsgebiete zu suchen (Schritt 2).

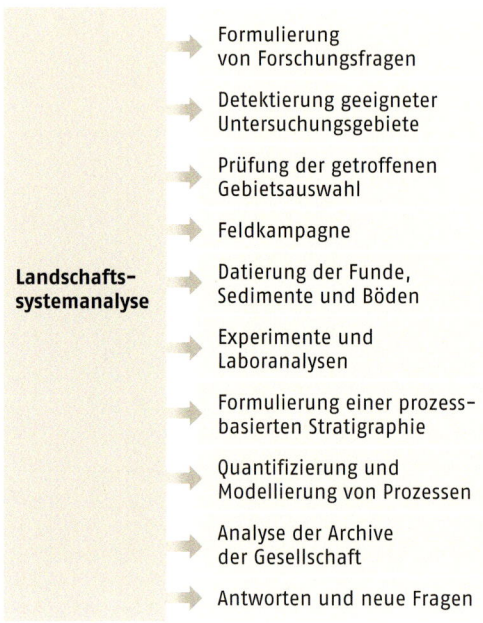

▲ **Abb. 4:** Die zehn Schritte der Landschaftssystemanalyse.

Landschafts-systemanalyse

Formulierung von Forschungsfragen

Detektierung geeigneter Untersuchungsgebiete

Prüfung der getroffenen Gebietsauswahl

Feldkampagne

Datierung der Funde, Sedimente und Böden

Experimente und Laboranalysen

Formulierung einer prozessbasierten Stratigraphie

Quantifizierung und Modellierung von Prozessen

Analyse der Archive der Gesellschaft

Antworten und neue Fragen

Schritt 1:
Die Formulierung von Forschungsfragen
Forschungsfragen können beispielsweise die Auswirkungen von Landnutzungssystemen auf die Geländeoberfläche, die Entwicklung und die Zerstörung der Böden betreffen (s. o.).

Schritt 2:
Die Detektierung geeigneter Untersuchungsgebiete
Die Auswahl der Untersuchungsgebiete erfolgt nach Kriterien der Repräsentativität. Geeignete Gebiete sollten zahlreiche komplexe Geo-Bio-Archive enthalten, die eine außergewöhnlich detaillierte, qualitative und quantitative Rekonstruktion der Landnutzungsgeschichte und des klimatischen Wandels seit dem Beginn des Ackerbaus gestatten. Eine erste vorläufige Auswertung der existierenden topographischen, geologischen und bodenkundlichen Karten sowie der Schrift- und Bildquellen erleichtert das Auffinden geeigneter, vielfältiger Geo-Bio-Archive. Unterstützt wird die Auswahl durch Gespräche mit Wissenschaftlern, die in der Region tätig sind, sowie durch Befragungen ausgewiesener Bewohner. Luftbildbefliegungen helfen, aus der Bodenperspektive schwer erkennbare Oberflächen-, Boden- und Sedimentstrukturen zu identifizieren. Die Lage von Leitungsnetzen und Drainagesystemen ist zu prüfen; Grabungsgenehmigungen sind einzuholen.

Schritt 3:
Die Prüfung der getroffenen Gebietsauswahl
Das vorab ausgewählte Gebiet wird vollständig begangen. Die Kleinformen werden erfasst. Eine erste Überprüfung der getroffenen Standortwahl erfolgt mit Hilfe von Pürckhauer-Schlagsonden und kleinen Bodenschürfen (Abb. 5). Gut sicht- und unterscheidbare Schichten und Bodenhorizonte werden detektiert.

Spätere exakte, schichtbezogene Berechnungen von Stoffbilanzen verlangen eine Bearbeitung von Ablagerungsräumen mit eindeutig abgrenzbaren Liefergebieten, die sich über einige Hektar bis wenige Quadratkilometer erstrecken.

Jede Bodenbearbeitung durchmischt geringmächtige Schichten und zerstört wertvolle Signale einzelner Ereignisse vor allem in Kolluvien; auch das Fehlen vielschichtiger Ablagerungen mit gut abgrenzbaren Einzugsgebieten kann die Suche anderer geeigneter Standorte und Gebiete erforderlich machen.

◄ **Abb. 5:** Die Prüfung der getroffenen Gebietsauswahl.

Schritt 4: Feldkampagne

Sind die Anforderungen für eine aussagekräftige Landschaftssystemanalyse erfüllt, beginnt eine umfassende Feldkampagne. Zur Detailprospektion können geophysikalische Methoden eingesetzt werden. Mit einem Bodenradargerät werden geologische und archäologische Strukturen sowie die Ausdehnung von physikalisch gut unterscheidbaren Bodenhorizonten, Kolluvien, Schwemmfächer- und Auensedimenten vorermittelt. Dann werden über die Archive der Landschaft – vorwiegend sind Schwemmfächer und Kolluvien auf Unterhängen betroffen – hinausreichende Aufschlüsse (nach Möglichkeit mit einem Bagger) angelegt, sodass eine Quantifizierung von Prozessen möglich wird (Abb. 6). Gelegentlich können auch die Wände existierender Schluchten oder Erosionsstufen als Aufschlüsse verwendet werden.

◄ **Abb. 6:** Verschiedene Stadien der Feldkampagne.

▶ **Abb. 7:** Datierbare Funde (oben: Holzkohlen aus Kolluvien; Mitte und unten: datierbare Keramikfragmente).

Die vorwiegend in Gefällsrichtung und konturparallel an den Ablagerungs- und Abtragungsstandorten angelegten Aufschlüsse geben zusammen mit zahlreichen ergänzenden Bohrungen einen weit reichenden Einblick in die jüngste Geschichte eines Untersuchungsgebiets.

Sämtliche Befunde und Funde werden in Feldbüchern, maßstabsgerechten Zeichnungen und Fotografien dokumentiert. Eine vorläufige chronologische Ordnung – eine Stratigraphie – der identifizierten Bodenhorizonte, Sedimente und archäologischen Befunde wird vor Ort erarbeitet.

Beprobt werden die datierbaren Artefakte, Holzkohlestücke und Nutzungsrelikte (Gruben, Pflugspuren und -horizonte). Für die labortechnische Analyse physikalischer und geochemischer Eigenschaften der Sedimente und Bodenhorizonte werden Proben entnommen.

Schritt 5: Datierungen

Die relative Altersbestimmung vergleicht die Lage von Sedimenten zueinander. Auf älteren Schichten liegen jüngere, Altersinversionen sind selten.

Mit indirekten und direkten Datierungsmethoden wird das Alter der Sedimente und Böden festgestellt.

Indirekte Methoden datieren mit dem Sediment abgelagerte oder in situ erhaltene Objekte (Abb. 7). Das Alter organischer Reste (vor allem Holz und Holzkohle) wird mit der Radiokohlenstoffmethode über die Messung des radioaktiven Isotops ^{14}C bestimmt. Die Fundsituation von Artefakten wird mit Archäologen diskutiert, die daraufhin ausreichend aussagekräftige Keramikfragmente aufgrund der Machart und der Gefäßform einer Kultur oder in besonderen Fällen gar einer Manufaktur zuordnen können. Mit der Zuordnung sind Alterseinstufungen verbunden. Der Zeitpunkt des Brennens von Keramikfragmenten kann mit der physikalischen Thermolumineszenz-Methode ermittelt werden.

Die direkte Methode nutzt die Eigenschaft von Mineralkörnern (z. B. von Quarz), in unvollkommenen Kristallstrukturen Informationen (Energieniveaus) über den Zeitpunkt der letzten Belichtung zu speichern. Mit der Optisch-Stimulierten-Lumineszenz-Methode kann der Zeitpunkt der letzten Belichtung und damit der Einbettung eines Korn in ein Sediment festgestellt werden (z. B. Lang 1996).

Schritt 6: Experimente, physikalische, geochemische und paläoökologische Laboranalysen

In Experimenten werden Prozesse simuliert, die in der Vergangenheit die Landschaftsentwicklung beeinflusst haben. So geben Niederschlagssimulationen Einblicke in die Entwicklung von Verdichtungen an der Geländeoberfläche und in die Prozesse der Ablösung, des Transports und der Ablagerung von Bodenpartikeln.

Zur stofflichen Charakterisierung des abgelagerten Materials und zur Rekonstruktion von Bodenbildungsphasen werden Messungen an den beprobten Sedimenten und Böden im Labor durchgeführt.

Schritt 7: Formulierung einer prozessbasierten Stratigraphie

Die vor Ort rekonstruierte, vorläufige Geschichte des Untersuchungsgebiets wird auf der Basis der Experimente, der Labordaten sowie der physikalischen und der archäologischen Alterseinstufungen und ihrer Interpretation in eine absolute prozessbasierte Stratigraphie, d. h. in eine datierte Landnutzungs-, Abtragungs-, Ablagerungs- und Bodenbildungsgeschichte überführt (Abb. 8).

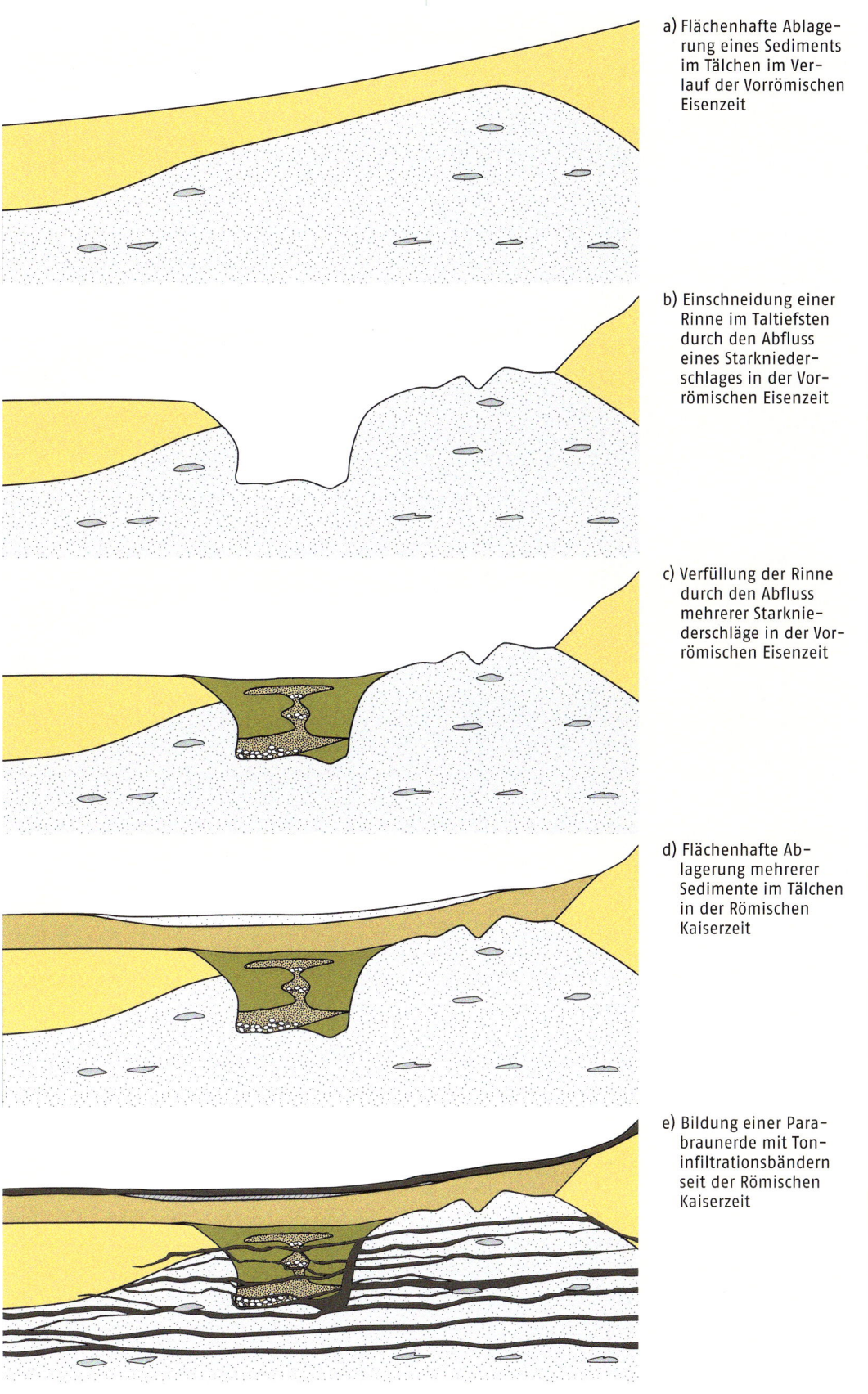

a) Flächenhafte Ablagerung eines Sediments im Tälchen im Verlauf der Vorrömischen Eisenzeit

b) Einschneidung einer Rinne im Taltiefsten durch den Abfluss eines Starkniederschlages in der Vorrömischen Eisenzeit

c) Verfüllung der Rinne durch den Abfluss mehrerer Starkniederschläge in der Vorrömischen Eisenzeit

d) Flächenhafte Ablagerung mehrerer Sedimente im Tälchen in der Römischen Kaiserzeit

e) Bildung einer Parabraunerde mit Toninfiltrationsbändern seit der Römischen Kaiserzeit

◄ **Abb. 8:** Formulierung einer prozessbasierten Stratigraphie. Entwicklung eines Tälchens im Meerdalbos bei Leuven (Belgien)

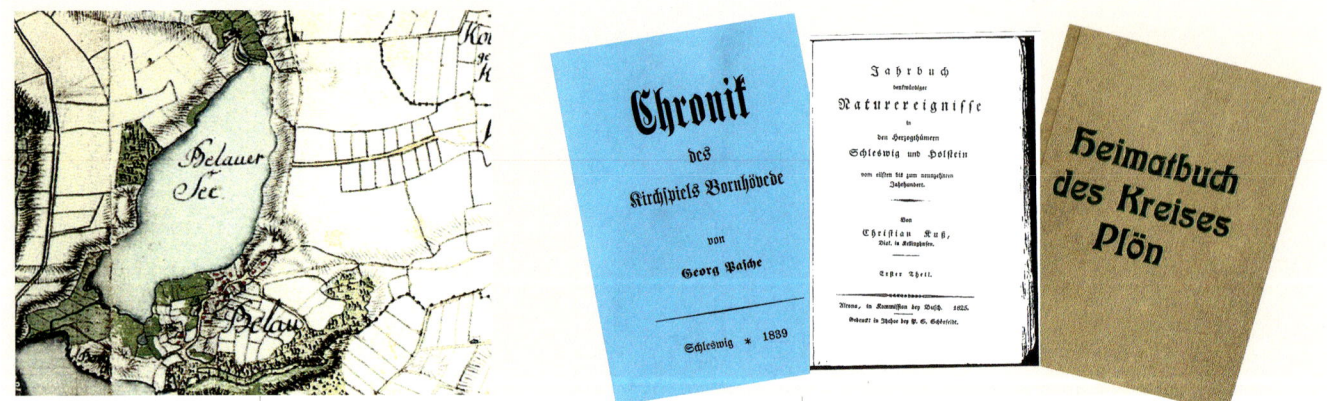

▲ **Abb. 9:** Analyse der Archive der Gesellschaft.

Schritt 8: Quantifizierung und Modellierung von Prozessen

Das Ausmaß sowie zahlreiche Merkmale heute auftretender Witterungsextreme können mit modernen Methoden gemessen werden. Auch sind manche der heute auf den Einsatz z. B. von Ackergeräten zurückzuführenden Veränderungen von Böden messbar. Die bekannten rezenten Wirkungen von Witterungsereignissen und Landnutzungssystemen auf die Wasser- und Stoffhaushalte sowie das Ausmaß der Bodenerosion und damit Veränderungen der Oberflächenformen können mit mathematischen Modellen (Gleichungssystemen) quantifiziert werden. Erbrachte die Rekonstruktion der Landschaftsgeschichte räumlich und zeitlich ausreichend genaue Daten, können einige Modelle zur Nachhersage eingesetzt werden, also zur quantitativen Beschreibung von in der Vergangenheit erfolgten Prozessen und ihren Folgen.

Schritt 9: Analyse der Archive der Gesellschaft

Eine Analyse der Archive der Gesellschaft (Schriftquellen, Bildzeugnisse, Karten, Messdaten, im Gedächtnis von Menschen gespeicherte Beobachtungen und Erlebnisse) vervollständigt das mit naturwissenschaftlichen Methoden entwickelte Bild der Genese der untersuchten Landschaft (Abb. 9). So enthalten manche Schrift- und Bildquellen glaubwürdige, ergänzende Informationen zur jüngeren Landschaftsgeschichte. Wertvoll können, häufig in mehreren Quellen zugleich, gut dokumentierte Verläufe und Folgen extremer natürlicher Ereignisse (Erdbeben, Seebeben, Tsunamis, Vulkanausbrüche, Rutschungen) und meist von Menschen ermöglichter Katastrophen (Überschwemmungen, Schluchtreißen) sein. Beschreibungen von Landnutzungssystemen sind ebenfalls verwendbar.

Schritt 10: Beantwortung der Fragen und Formulierung neuer Fragen

Eine Synthese sämtlicher Befunde mündet in einer integrativen Interpretation der rekonstruierten Fakten zur Landschaftsgeschichte. Die zu Beginn des Forschungsprozesses formulierten Fragen werden analysiert. Gestatten die identifizierten Fakten nur unzureichende Antworten, werden die Forschungsarbeiten in den Geo-Bio-Archiven der Nachbargebiete fortgesetzt. Sind die Antworten hingegen befriedigend, resultieren zumeist neue Fragen und damit weiterführende Forschungen.

Landnutzung und ihre Spuren in den Landschaften der Erde

Die Reise durch Landschaften der Erde führt über fünf Kontinente und auf Inseln in zwei Ozeanen. Wir besuchen den Norden und den Südwesten Chinas, das Westsibirische Tiefland (Russland) und die Umgebung von Jerusalem (Israel), den Nordosten des Sudan und die Transkei in der Republik Südafrika, den Pazifischen Nordwesten der USA, den Süden Brasiliens, die chilenische Atacama, die Osterinsel und die Robinson-Crusoe-Insel (beide Chile), die Galápagos-Insel Floreana (Ekuador), Deutschland von Schleswig-Holstein bis Oberbayern, das Lubliner Land im Südosten Polens, die Umgebung von Brüssel in Belgien und schließlich Island.

Vorgestellt werden die Einflüsse von Menschen und auch von Witterungsextremen sowie von endogenen Prozessen (wie Erdbeben) auf die Entwicklung von Landschaften mit heute sehr verschiedenartigen Klimaten:

▸ der subpolaren Zone (Norden des Westsibirischen Tieflandes, Island),

▸ der borealen Zone (dto.),
▸ der feuchten Mittelbreiten (Belgien, Deutschland und Polen),
▸ des Übergangsbereichs von den feuchten zu den trockenen Mittelbreiten (im nordchinesischen Lössplateau und im pazifischen Nordwesten der USA),
▸ der trockenen Mittelbreiten (im pazifischen Nordwesten der USA),
▸ der immerfeuchten Subtropen (im Südwesten Chinas, im Südosten Südafrikas, in Südbrasilien, auf der Osterinsel und der Robinson-Crusoe-Insel),
▸ der immerfeuchten Tropen (der küstennahen Gebiete Südbrasiliens) sowie
▸ der trockenen Subtropen und Tropen (der chilenischen Atacama, der Nubischen Wüste des Sudan, der Judäischen Wüste, der küstennahen Zone Floreanas).

Die mittleren Jahrestemperaturen variieren heute in diesen Landschaften von unter −4 °C bis über

Im 19. und 20. Jh. wurden auf der Robinson-Crusoe-Insel (Chile) die Böden und Lockergesteine auf entwaldeten und intensiv beweideten Hängen erodiert und in den Pazifischen Ozean gespült.

20 °C, die mittleren Jahressummen der Niederschläge von unter 50 mm in der Atacama und in der Nubischen Wüste bis über 1000 mm in Südbrasilien, in Südafrika und im Südwesten Chinas.

Die heute anthropogen nicht bis extrem stark überprägte Vegetation der untersuchten Räume umfasst die:

- subpolaren Tundren,
- borealen Wälder (Taiga),
- sommergrünen Laubwälder der Mittelbreiten,
- Grassteppen der trockenen Mittelbreiten,
- immergrünen Wälder der Subtropen und Tropen,
- tropischen Trockenwälder,
- subtropischen Halbwüsten und Wüsten.

In einigen Gebieten dominiert heute agrarische Landnutzung, in anderen musste die Landnutzung nach dem weitgehenden Verlust der Böden extensiviert werden. Die Ausbeutung von Rohstoffen prägt manche der trockeneren oder kalten Räume. Die Landnutzung und damit die Entwicklung der Landschaften unterlag in den vergangenen Jahrzehnten, Jahrhunderten oder Jahrtausenden einem starken Wandel. Die Vielfalt und die Gemeinsamkeit der Veränderungen werden im zweiten Teil vorgestellt.

Asien

Die Wirkungen des Garten- und Ackerbaus im alten China, einer einmaligen politischen Kampagne im China Mao Zedongs, der Gewinnung von Rohstoffen in Sibirien während der vergangenen Jahrzehnte und die eines Erdbebens bei Jerusalem vor nahezu 1500 Jahren haben in den Landschaften markante, manchmal verborgene Spuren hinterlassen. Die Spuren wurden entdeckt, untersucht und interpretiert.

Seit weit mehr als 5000 Jahren werden Teile des fruchtbaren Lössplateaus im Norden Chinas garten- und ackerbaulich genutzt. Nach einer frühen Phase starker Bodenzerstörung gelang den Bauern auf einem kleinen Hügel bei Yan'an eine mehrere Jahrtausende andauernde Periode nachhaltigen Gartenbaus. Sie endete abrupt im Jahre 1958 aufgrund der drastischen Reformen des „Großen Sprungs nach vorn". Schluchten rissen ein, die Oberböden wurden flächenhaft erodiert. Zum Schutz des eingedeichten Unterlaufs des Gelben Flusses vor Verfüllung mit Schlamm und zur Gewinnung von Ackerflächen wurden in den Trockentälern des Lössplateaus Erddämme angelegt; sie fingen einen Teil des abgetragenen Materials auf. Im Südwesten Chinas erforderte die Energieversorgung zahlreicher, im Rahmen des „Großen Sprungs nach vorn" gebauter Hinterhofschmelzöfen zur Eisenherstellung die Rodung von Wäldern auch in erosionssensiblen Landschaften. Verheerende Veränderungen der Böden und des Reliefs waren die Konsequenz; Nutzungsversuche scheiterten.

Im Norden der Westsibirischen Tiefebene werden seit einigen Jahrzehnten Erdöl und Erdgas gefördert und zu einem erheblichen Teil nach Europa exportiert. Die Anlagen zum Abbau und zur Aufbereitung der Rohstoffe, die dazu notwendigen Verkehrswege und Siedlungen erforderten große Sandmassen. Sie wurden dem nur im Sommer oberflächlich auftauenden Boden entnommen. Dramatische Veränderungen in der waldlosen Tundra und der Taiga waren die Folge.

Unerwartet fanden wir bei Jerusalem die Relikte einer Naturkatastrophe. Ein Erdbeben hatte vermutlich im Jahr 659 oder 660 n. Chr. Jerusalem und seine Umgebung erschüttert. Östlich der Heiligen Stadt, unweit des Martyrius-Klosters, rutschten an steilen Hängen gewaltige Erdmassen abwärts. Sie verdrängten einen kleinen, selten Wasser führenden Fluss, den Nahal Og, an den rutschungsfernen Auenrand. Möglicherweise wurde das Ausmaß der Rutschung von der vorausgegangenen Landnutzung beeinflusst.

Asien

▲ **Abb. 10:** In Asien untersuchte Landschaften.

Entdeckungen in einer 4750 Jahre alten Gartenterrasse im nordchinesischen Lössplateau

Hans-Rudolf Bork, Christine Dahlke und Yong Li

Seit Jahrmillionen zerkleinern physikalische Prozesse wie die Frostverwitterung Gesteine in den Trockengebieten Zentral- und Ostasiens. Körner in Schluffgröße werden von starken Winden in östliche bis südöstliche Richtung verdriftet und im Norden Chinas abgelagert. Das durch Calciumkarbonat oft leicht verfestigte schluffige Ablagerungsprodukt wird als Löss bezeichnet (Kukla 1987, S. 191). Die Entstehung von Löss, ein in Teilen Nordwestchinas bis heute anhaltender Vorgang, war in den trockenen Phasen der quartären Kaltzeiten besonders intensiv. Heute ist das Klima des zentralen Lössplateaus semiarid und kontinental. In Yan'an, etwa 300 km nördlich der alten Kaiserstadt Xi'an und 25 km südlich unseres Untersuchungsgebiets Yangjuangou in der Provinz Shaanxi (zentrales nordchinesisches Lössplateau), wurden mittlere Jahressummen der Niederschläge von 564 mm gemessen. Etwa 70 % des Jahresniederschlags fallen von Juni bis September (Schindler et al. 2004, S. 469).

▶ **Abb. 11:** Im Untersuchungsgebiet Yangjuangou (Provinz Shaanxi, VR China). Blick auf den Hang Zhongzuimao mit Terrasse.

Im Laufe des Quartärs wuchs das größte Lössgebiet der Erde zu einer Fläche von mehr als 500 000 km² heran. Häufig ist die Lössdecke über 200 m, manchenorts über 300 m mächtig. Der im Untersuchungsgebiet Yangjuangou auf den Oberhängen anstehende Löss hat einen Tongehalt von etwa 10 %. Er ist sandarm und kalkreich (13 – 15 % $CaCO_3$), locker und reich an Poren, die pflanzenverfügbares Wasser speichern können (Schindler et al. 2004, S. 467, 469).

Die nordchinesischen Lösse gehören zu den fruchtbarsten Substraten der Erde. Sie bilden die Basis einer vermutlich mehr als 8000-jährigen Agrarkultur im mittleren Einzugsgebiet des Gelben Flusses (Lu 1999, S. 133), der das Lössplateau durchfließt. Noch heute prägt die Landwirtschaft das Lössplateau. In den frühen 1990er-Jahren wurden je zwei Fünftel seiner Oberfläche ackerbaulich genutzt bzw. beweidet. Sekundärwälder und Brachflächen nahmen hingegen nur ein weiteres Fünftel ein. Seit 1998 steigt der Waldanteil durch Aufforstungen deutlich an. Heute schwankt der Grad der Waldbedeckung im Lössplateau zwischen 5 und 15 % (Shaojun 2004, S. 5).

In der alten Kulturlandschaft des heute tief zerschnittenen zentralen Lössplateaus liegt das Dorf Yangjuangou am steilen Südhang eines Riedels mit dem Namen Zhongzuimao (36° 42′ 6″ N und 109° 31′ 17″ O). Eine 83 m breite und über 8 m hohe Terrasse auf dem ostexponierten Oberhang des Zhongzuimao (Abb. 11) und viele weitere Bo-

denprofile in der Umgebung enthalten überraschende Informationen zum Wandel der Landnutzung und seinen Folgen.

Die Terrasse (Abb. 12) wurde von den Verfassern aufgegraben, seziert, beprobt und im Detail aufgenommen. In Sedimentkörpern wurden Prozesse und Strukturen des Landschaftswandels identifiziert und mit Hilfe von Holzkohlen vom Leibniz-Labor für Altersbestimmung und Isotopenforschung der Universität Kiel physikalisch (AMS-Radiokarbondatierungen) und über Keramikfragmente (Abb. 13) durch Prof. Dr. M. Wagner vom Deutschen Archäologischen Institut, Berlin, archäologisch datiert. Von Prof. Dr. Y. Li, Chinese Academy of Agricultural Sciences, Beijing, gemessene Konzentrationen von ^{137}Cs-Radionukliden im oberen Teil der Terrasse, Hinterlassenschaften oberirdischer Kernwaffenversuche seit Mitte der 1950er-Jahre, dienen als weitere absolute Zeitmarken. Zur Quantifizierung der identifizierten Prozesse wurden von den Autoren die Volumina der datierten Sedimentkörper (Abb. 14) in der Terrasse und ihre jeweiligen Wassereinzugsgebiete vermessen.

Wie ist die Terrasse entstanden? Wurde sie wie die berühmten Reisterrassen im Süden Chinas angelegt, oder ist sie das Ergebnis anderer Prozesse? Unsere Untersuchungen geben Aufschluss.

Während im äußersten Westen des Lössplateaus über die gesamte Nacheiszeit in erheblichem Umfang Stäube eingetragen wurden (Roberts et al.

◀ **Abb. 12:** Die untersuchte Terrasse am Zhongzuimao (Provinz Shaanxi, VR China).

2001), gibt es nördlich von Yan'an keine Hinweise auf eine wesentliche reliefverändernde junge äolische Dynamik. Dagegen sind die Wirkungen fließenden Wassers offensichtlich. Im zerschnittenen Lössplateau beseitigten die Rodung der natürlichen Vegetation und der nachfolgende intensive Gartenbau in der Nähe von Yan'an vor mehr als fünf Jahrtausenden zeitweise den Schutz der Geländeoberfläche vor Abflussbildung und Bodenerosion durch Wasser oder Wind. Erstmals in der Nacheiszeit traten dadurch während kurzer heftiger Niederschläge Abfluss und Bodenerosion auf den Oberflächen der gerodeten Standorte auf. Starkniederschläge spülten den intensiv verwitterten rotbraunen Boden (Abb. 15a, b), der sich zuvor unter der nacheiszeitlichen Vegetation auf den Lösshängen während der vor mehr als 5000 Jahren im Vergleich zu heute etwas feuchteren und wärmeren Klimaphase gebildet hatte, flächenhaft fort (An et al. 1991, S. 35; Yi-Fu 1970, S. 140 f.; Elvin 1993, S. 30; Bork & Li 2002). Schließlich war der bis zu 1,5 m mächtige Boden zumeist vollkommen abgespült und – wie zuletzt zu Beginn der Nacheiszeit – kalkhaltiger Löss nahm wieder den weitaus überwiegenden Teil der Geländeoberfläche ein (Abb. 15c). Zwar wurde dadurch der für das Wachstum von Kulturpflanzen wichtige Nährstoffhaushalt günstig beeinflusst – Calcium und Kalium standen nach der vollständigen Abtragung der entkalkten Böden ausreichend zur Verfügung. Andererseits besaß der kalkhaltige Löss aufgrund eines erheblich geringeren Gehalts

an Tonmineralen ein deutlich niedrigeres Volumen an Poren, in denen pflanzenverfügbares Wasser gespeichert werden kann. In trockeneren Phasen der Vegetationsperiode stand daher den Kulturpflanzen zu wenig Wasser zur Verfügung. Durch die Erosion der Böden mit höherem Wasserspeichervermögen verschob sich die Grenze des Trockenfeldbaus in südöstliche Richtung in niederschlagsreichere Gebiete. Nur an wenigen, besonders geschützten Standorten blieben in der Umgebung von Yan'an Relikte des rotbraunen Bodens der frühen Nacheiszeit erhalten, die heute eindeutige Schlüsse auf die damalige Situation der Bodenfruchtbarkeit und ihre Dynamik zulassen.

◀ **Abb. 13:** Keramikfund aus der Shang-Zeit (ca. 1500 – 1000 v. Chr.), Terrasse am Zhongzuimao (Provinz Shaanxi, VR China). Randstück mit Schulteransatz, fein geschlämmte hellgraue Keramik, Stempelabdrücke mit Mäanderquadraten auf Grund mit flachem Schnurabdruck.

Archäologische Funde belegen, dass spätestens vor fünf Jahrtausenden auf dem Zhongzuimao eine kleine Siedlung errichtet und in direkter Nachbarschaft Gartenbau betrieben wurde (Abb. 15d). Der starke Abtrag des Bodens brachte die Menschen offenbar dazu, einen bodenschonenderen Gartenbau einzuführen und die Parzellen zu verkleinern. Vielleicht wurden auch Anbaufrüchte und Fruchtfolgen verändert. Abfluss, der seit den ersten Rodungen während starker Niederschläge auftrat, wurde am untersuchten Standort nunmehr nach kurzer Fließstrecke am unteren Gartenrand mithilfe einer höhenlinienparallelen Furche oder eines schmalen, mit Gräsern und Kräutern bewachsenen Streifens zur Versickerung gebracht. Im Abfluss mitgeführte Schwebstoffe setzten sich am unteren Gartenrand ab. So wuchs an der Gartengrenze über etliche Jahrzehnte, Millimeter für Millimeter, Zentimeter für Zentimeter, eine Terrasse auf (Abb. 15e, f).

Als die Terrasse nach Radiokarbondatierungen vor etwa 4750 Jahren eine Höhe von 1,8 m und eine Breite von 27 m erreicht hatte, schnitt der Abfluss eines intensiven Starkniederschlages eine kastenförmige Schlucht von 1,5 m Tiefe ein (Abb. 14, Abb. 15g). Der Kern der Terrasse und ein Teil des darüber liegenden, ebenfalls gartenbaulich genutzten kurzen Oberhangs wurden zerstört. Am Ende des Starkniederschlags lagerte der nachlassende Abfluss auf dem 2,2 m breiten, flachen Schluchtboden ein wenige Zentimeter dünnes schluffiges Bändchen ab. Die Bodenbearbeitung und die Begehbarkeit der erosionsbedingt nunmehr verkleinerten Gartenterrasse waren erschwert. Die Geschädigten standen vor der Entscheidung, auf

wertvollen Gartenboden dauerhaft zu verzichten oder ihn zurückzugewinnen. Sie entschieden sich für den Erhalt des Gartenlandes und füllten den entstandenen Hohlraum rasch auf (Abb. 15h). Dazu trugen sie in der Umgebung der Schlucht zunächst den fruchtbaren, humosen Boden flach ab und warfen ihn von beiden Seiten in die kleine Hohlform. Abstechen, Transport und Aufschlag ließen den Gartenboden zu kleinen Blöcken und Aggregaten zerfallen. Schicht auf Schicht lagerte sich in der Schlucht ab. Eine Wölbung wuchs in der Schluchtmitte auf und schließlich über die ehemalige Oberfläche der Gartenterrasse hinaus. Zwischenzeitlich war das hineingeworfene Material durch Stampfen verdichtet worden, um spätere Setzungsprozesse und damit neue potenzielle Abflussbahnen zu vermeiden. Die stampfungsbedingt abgeplatteten Bodenaggregate blieben bis heute vorzüglich erhalten (Abb. 14). Abgestochener kalkhaltiger Löss dominiert im oberen Teil der Schluchtfüllung. Vermutlich war der Gartenboden fast vollständig erodiert und der liegende kalkhaltige Löss an die Abgrabungsoberfläche getreten. Einige rotbraune Bodenaggregate in der Schluchtfüllung belegen, dass Reste des rotbraunen Bodens in jener Zeit noch existierten.

Mäßig starke Niederschläge ließen die Terrasse nach der Schluchtverfüllung weiter aufwachsen (Abb. 15i). Noch zweimal wurde das Wachstum der Terrasse in der frühen Entstehungszeit durch Schluchtreißen und Verfüllung von Menschenhand unterbrochen. Dann gelang es den Landnutzern, wohl mit vorzüglich angepassten Feldfrüchten und Fruchtfolgen, den Wasserhaushalt und die Bodenerosionsprozesse vollkommen zu beherrschen. Bis zum Jahr 1958 wurde der bodenschonende Gartenbau kontinuierlich fortgeführt und starke Abflussbildung verhindert – über einen Zeitraum von etwa 4700 Jahren! Schwache Abfluss- und Bodenerosionsereignisse ließen die Terrasse ungestört auf eine Breite von mehr als 80 m und eine Höhe von mehr als 7 m aufwachsen.

Nach der Vermessung der physikalisch und archäologisch datierten Sedimentkörper wurden in der ersten, weitgehend bodenschonenden und vermutlich einige Jahrzehnte bis wenige Jahrhunderte während Gartenbauphase vor etwa 4750 Jahren in der Terrasse auf dem Zhongzuimao etwa 10 m^3 Substrat ha^{-1} a^{-1} akkumuliert und insgesamt weitere etwa 36 m^3 durch das Einreißen der drei kleinen Schluchten fortgeführt. In der zweiten bodenschonenden Nutzungsphase, die nach Radiokarbondatierungen von etwa 4750 bis 3850 Jahren vor heute währte, wurden kaum 5 m^3 ha^{-1} a^{-1} abgelagert. In den folgenden sechseinhalb Jahrhunderten erhöhte sich die Akkumulationsrate auf etwa 9 m^3 ha^{-1} a^{-1}. Die niedrigsten Akkumulationsraten prägten die längste und effektivste bodenschonende Gartenbauphase von etwa 120 v. Chr. bis 1958 n. Chr., nicht mehr als 1,4 m³ ha⁻¹ a⁻¹ wurden auf der Terrasse abgelagert. Das gesamte, in der nahezu fünftausendjährigen Gartenbauphase bis zum Jahr 1958 in der Terrasse abgelagerte Material belegt eine Tieferlegung des oberhalb liegenden Hangabschnittes von 1,2 m.

Im Herbst des Jahres 1958 veränderte die von Mao Zedong initiierte Etablierung der Volkskommunen die Rahmenbedingungen der Landwirtschaft nicht nur am Zhongzuimao abrupt (s. S. 37). Die gewohnten Feldfrüchte und Fruchtfolgen wurden teilweise verboten, die Bodenbearbeitung wurde verändert. Der über Jahrtausende bewährte Gartenbau wurde bald vom Ackerbau abgelöst. Der Bodenschutz ging durch die drastischen Veränderungen weitgehend verloren. Starker Abfluss einhergehend mit neuen Bearbeitungstechniken transportierte Material häufig hangabwärts. Mit der Einführung des Pfluges am Zhongzuimao im Jahr 1983 verstärkte sich der Bodenabtrag durch Bearbeitung beträchtlich. Von 1958 bis zum Jahr der Profilaufnahme (2001) lagerten sich etwa 34 m³ ha⁻¹ a⁻¹ auf der Terrasse ab. Diese Rate übertrifft diejenige der letzten lang anhaltenden bodenschonenden Phase von etwa 1200 v. Chr. bis 1958 n. Chr. um das 24fache! Die Wachstumsraten der Gartenterrasse auf dem Zhongzuimao bis zum Jahr 1958 spiegeln annähernd die Bodenerosionsraten am kurzen Oberhang wider. Nahezu das gesamte, über Jahrtausende dort erodierte Material hatte sich auf der Terrasse abgelagert. Seit 1958 gelangt jedoch schwebstoffreiches Wasser in größerem Umfang über die Gartenterrasse hinaus und durch die meist trockenen Talauen in größere Vorfluter. Die Bewohner nutzen den seit 1958 dramatisch erhöhten, sedimentreichen Abfluss zur Gewinnung von neuem Ackerland in den Talauen (s. u.).

Erst das wachsende Sozial- und Umweltbewusstsein im Westen Chinas begann die Situation in den 1990er-Jahren allmählich zu verändern (SAWG 1999, S. 19). Im Jahr 1998 wurde ein nationaler Plan zur „ökologischen Umweltrekonstruktion" der staatlichen Planungskommission mit Leitlinien zur „ökologischen Wiederherstellung des Lössplateaus und Entwicklung" herausgegeben (Han 1999, S. 147). Hauptsächlich die Oberhänge des untersuchten Gebiets wurden in den vergangenen Jahren aufgeforstet. Die Intensität der Beweidung vor allem mit Ziegen nahm drastisch ab; die betroffenen Landnutzer wurden entschädigt. Dadurch verringerte sich das Ausmaß von Abflussbildung und Bodenerosion auf den Oberhängen. Die Felder in den Trockentälern werden jedoch nach wie vor episodisch überflutet.

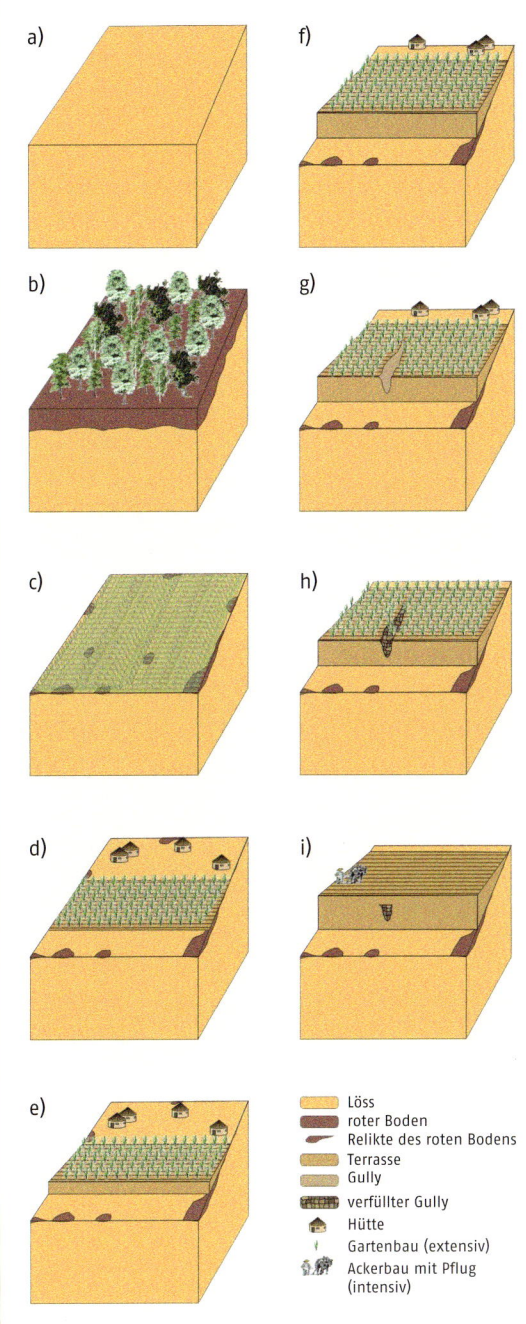

◀ **Abb. 15:** Die Entwicklung der Terrasse am Zhongzuimao. Rekonstruktion auf der Basis bodenkundlich-sedimentologischer Profiluntersuchungen (Provinz Shaanxi, VR China).
a) Ablagerung von Löss im Quartär;
b) Bildung eines roten Bodens im Löss während des Altholozäns unter dichter Vegetation;
c) flächenhafter Abtrag des roten Bodens durch Erosion nach Rodung;
d) Anlage einer kleinen Siedlung am Zhongzuimao und Gartenbau in Siedlungsnähe;
e) Beginn des Terrassenwachstums an der Gartengrenze durch Bodenerosion oberhalb;
f) fortgeschrittenes Terrassenwachstum an der Gartengrenze durch Bodenerosion oberhalb;
g) Zerschneidung der Terrasse durch eine kleine Schlucht;
h) anthropogene Verfüllung der Schlucht in der Terrasse;
i) weiteres Aufwachsen der Terrasse, im Jahr 1983 Wechsel vom Garten- zum Ackerbau.

Löss
roter Boden
Relikte des roten Bodens
Terrasse
Gully
verfüllter Gully
Hütte
Gartenbau (extensiv)
Ackerbau mit Pflug (intensiv)

Der Erddamm von Guzhuangzi (Shaanxi, Nordchina)

Christine Dahlke und Hans-Rudolf Bork

Im Westen des Untersuchungsgebiets Yangjuangou, etwa 25 km nördlich der Stadt Yan'an im zentralen Lössplateau Nordchinas, liegt quer im kleinen Tal Guzhuangzi ein zerschluchteter Erddamm, dessen ackerbaulich genutztes Reservoir heute vollkommen mit Sedimenten aufgefüllt ist. Bis über 30° steile, teilweise spärlich bewachsene und zerschluchtete Lösshänge dominieren im Einzugsgebiet von Guzhuangzi (Abb. 16). Geländeuntersuchungen der Verfasser und Befragungen von Experten im nahe gelegenen Dorf Yangjuangou offenbaren die dynamische junge Entwicklung des Erddamms und seines Reservoirs.

Die politische Kampagne des „Großen Sprungs nach vorn" der späten 1950er- und der frühen 1960er-Jahre führte im nordchinesischen Lössplateau zur Anlage zahlreicher einfacher Staudämme und Reservoire (s. S. 39). Ein erster, heute noch nachweisbarer Erddamm wurde als Resultat der Kampagne im Jahr 1958 etwa 7 m hoch im V-för-

▼ **Abb. 16:** Das Einzugsgebiet des Guzhuangzi−Erddamms (Untersuchungsgebiet Yangjuangou nördlich Yan'an in der Provinz Shaanxi, Nordchina).

migen Guzhuangzi-Tal aufgeschüttet. Ein Überlauf oder eine regulierbare unterirdische Ableitung, die während eines seltenen, extrem starken Niederschlags den nicht im Reservoir speicherbaren Abfluss schadlos über oder durch den Damm hätte abführen können, wurden nicht angelegt.

Bis zu den Agrarreformen des Jahres 1958 waren die wasserscheidenahen Äcker des Einzugsgebiets Guzhuangzi wie der beschriebene Rücken Zhongzuimao über einen sehr langen Zeitraum bodenschonend bewirtschaftet und die besonders steilen zerschluchteten Hangpartien einschließlich des Taltiefsten extensiv mit Schafen und Ziegen beweidet worden. Bodenerosion und Sedimentation hatten die damaligen Bewohner im Griff (s. S. 37). Die drastischen agrarpolitischen Maßnahmen des „Großen Sprungs nach vorn" änderten 1958 die Art und die räumliche Struktur der Landnutzung vollkommen. Die bodenschonende Bewirtschaftung endete abrupt.

Auf den vergrößerten, nach Jahrtausenden erstmals nicht länger aufmerksam betreuten, damit zeitweise ungeschützten und auf der Geländeoberfläche verschlämmten Schlägen des Guzhuangzi-Einzugsgebiets vermochten heftige Niederschläge nunmehr anzugreifen. Starke linienhafte Bodenerosion war die Folge, Schluchten rissen in die Oberhänge am unteren Ende der Äcker ein. Jeder abflussbildende Starkniederschlag ließ sie weiter hangaufwärts wandern, die Äcker allmählich aufzehrend. Das Staubecken oberhalb des 1958 angelegten Erddamms füllte sich in kürzester Zeit mit Sediment – umgelagertem kalkhaltigem Löss, der zuvor die wasserscheidenahen Äcker eingenommen hatte. Nach nur vier Jahren, im Jahr 1962, vermochte das sedimentationsbedingt weitgehend funktionslose Reservoir des Guzhuangzi-Erddamms den Oberflächenabfluss eines Niederschlags nicht mehr aufzunehmen. Der schwebstoffreiche Abfluss überströmte den Erddamm an seiner tiefsten Stelle im Norden, zerstörte den Damm, überflutete in den folgenden Minuten die angrenzenden, tiefer gelegenen Staubecken, bedeckte in den nächsten Stunden die dortigen Äcker mit Sediment und vernichtete so zahlreiche Feldfrüchte. Bodenerosion und Überflutungen der seit 1958 entstandenen ackerbaulich genutzten Reservoire prägten die Folgezeit.

Vier Jahre nach der Zerstörung des Dammes errichteten Bewohner von Yangjuangou und benachbarter Orte auf dem ersten einen zweiten, höheren, 11 m über das ehemalige Taltiefste aufragenden Erddamm – wiederum ohne Auslass. Zeitgleich wurde versucht, die Oberhänge im Westen des Guzhuangzi-Einzugsgebiets aufzuforsten, um die Abflussbildung zu mindern. Beweidung ließ die beabsichtigte Bodenstabilisierung scheitern; die starke Bodenerosion hielt an. Sedimente schütteten

auch den 1966 neu geschaffenen, großen Stauraum in kürzester Zeit zu. Bereits im Sommer des Jahres 1968 zerstörte starker Abfluss, den das verbliebene Restreservoir nicht speichern konnte, den Süden des zweiten Damms sowie benachbarte, tiefer gelegene Dämme und Reservoire. Erneut wurden einige Oberhänge im Westen des Guzhuangzi-Einzugsgebiets mit Cihuai-Robinien aufgeforstet, diesmal mit Erfolg. Zwischen den jungen Bäumen wurde der Gartenbau fortgesetzt. Fraßschäden konnten so verhindert werden, nicht jedoch Bodenerosion. Mit der Einstellung des Gartenbaus in dem kleinen Aufforstungsbereich im Jahr 1971 endete dort bald das Schluchtreißen. Die übrigen Bereiche des oberirdischen Wassereinzugsgebiets waren weiterhin von Bodenerosion betroffen. Der erneuerte Erddamm fiel 1974 dem Abfluss eines Starkregenereignisses zum Opfer. Tunnelerosion hatte zuvor den unsachgemäß reparierten Damm unterhöhlt. Die entstandene Schlucht im Damm ist heute noch sichtbar (Abb. 17). Die exemplarisch beschriebene Entwicklung ist typisch für weite Teile des Lössplateaus.

Welches Ausmaß erreichte die Bodenerosion in der zweiten Hälfte des 20. Jh. in Guzhuangzi? Eine Rekonstruktion der verfüllten Stauräume beider Guzhuangzi-Dämme ermöglichte die Abschätzung der mittleren jährlichen Bodenerosionsraten seit Ende der 1950er-Jahre.

Im ersten, von 1958 bis 1962 vollständig aufgefüllten Reservoir und im zweiten, unmittelbar darüber liegenden, von 1966 bis 1968 mit Sedimenten plombierten Reservoir oberhalb des Guzhuangzi-Erddamms wurden zusammen 15 750 m³ Substrat abgelagert. Unter Berücksichtigung des sechsjährigen Ablagerungszeitraums und der Ausdehnung des Wassereinzugsgebiets resultiert eine unerwartet hohe flächenbezogene Sedimentationsrate von 228 t ha^{-1} a^{-1} im Einzugsgebiet des Guzhuangzi-Damms. Während der bilanzierten sechs Jahre gelangte der im Einzugsgebiet erodierte Löss in den beiden Stauräumen zur Ablagerung. Die Bilanzen sind damit für die sechs betrachteten Jahre vollständig – das Ausmaß der Sedimentation entspricht exakt demjenigen der Bodenerosion. Das in den Staubecken abgelagerte Material entstammt überwiegend den Schluchten, die auf den Oberhängen am unteren Rand der Äcker eingerissen waren. Die Ausgangssituation der Oberhänge zu Beginn des Jahres 1958 ist in Ermangelung von Karten oder Luftbildern aus jener Zeit nicht exakt rekonstruierbar. Jedoch entspricht das Sedimentvolumen beider Reservoire von 15 750 m³

▲ **Abb. 17:** Der zerschluchtete Guzhuangzi-Erddamm mit verfülltem Reservoir (Provinz Shaanxi, Nordchina).

▲ Abb. 18: Von jungen Sedimenten umgebene Bäume am oberen Ende des Reservoirs von Guzhuangzi (Provinz Shaanxi, Nordchina).

Erst die Integration der über Jahrtausende bis 1958 praktizierten und bewährten Bodenschutzmaßnahmen in die heutige Bewirtschaftung wird die Abflussbildung, die Bodenerosion und damit die Überflutung und Schädigung der Talauen des Lössplateaus entscheidend mindern. Lokale Aufforstungsmaßnahmen oftmals an wenig erosionsgefährdeten Standorten blieben wirkungsarm. Die von der Landwirtschaft lebende Bevölkerung verlor auf diesem Weg einen Teil des wertvollen Ackerlandes durch unangepasste Bewirtschaftung sowie nicht nachhaltigen Bodenschutz.

Junge Schluchten in Sichuan (Südwestchina)

Hans-Rudolf Bork, Christine Dahlke und Yong Li

Das Anning-Tal, eine ausgedehnte tektonische Senke, durchzieht den Süden der Provinz Sichuan. Xichang im Anning-Tal empfängt im Jahresmittel etwa 1000 mm Niederschlag. Der überwiegende Teil davon fällt in den Monaten Juni, Juli und August, die mittlere Jahrestemperatur erreicht 17 °C. An das Anning-Tal grenzende, von jungen Kiefernwäldern bedeckte Hügel in Höhen um 1600 m ü. d. M. sind stark zerrunst. Die meisten Schluchten sind heute nicht mehr aktiv.

Dichte, von Angehörigen der Minderheit der Yi extensiv genutzte Wälder schützten die empfindlichen Böden des lang gestreckten Hügels von Xixi bei Yuanjiawan am Rand des Anning-Tals (N 27° 43' 46'', O 103° 13' 20'') bis in den Sommer des Jahres 1958. Dann forderte die politische Kampagne des „Großen Sprungs nach vorn" ihren Tribut (s. S. 34). Vor allem für das Betreiben von Hinterhofschmelzöfen zur Eisen- und Stahlherstellung wurde, beginnend im Herbst des Jahres 1958, in großem Umfang Holz benötigt. Auch die Wälder des erwähnten Hügels fielen jenen plötzlichen Anforderungen der neuen Kleinindustrien noch im Jahr 1958 zum Opfer (Abb. 19).

Ende 1958 wurden Kiefernsamen aus Flugzeugen auf den besagten Hügel geworfen, um die kahlgeschlagenen und bloßliegenden, seit kurzem der Bodenerosion ausgesetzten Flächen wieder durch (standortfremde) Gehölze zu schützen. Der Versuch schlug fehl. Bauern verfütterten die Kiefernsamen an ihre Haustiere. Während der verheerenden Hungersnot, die der „Große Sprung nach vorn" ausgelöst hatte, wurde der lang gestreckte Hügel beweidet. Im Jahre 1965 errichteten Neubauern ohne jedwede Kenntnisse in bodenschonender Landschaftsgestaltung in mühsamer Handarbeit Ackerterrassen mit unbefestigten Wänden, indem

den 45 an den unteren Ackergrenzen eingerissenen Schluchten mit einer mittleren Länge von 10 m, einer mittleren maximalen Tiefe von 7 m und einer mittleren maximalen Breite von 10 m sowie einem endgültigen Verlust von 2250 m³ zuvor fruchtbaren Ackerlandes. Diese Zahlen verdeutlichen die Größenordnung der linienhaften Bodenerosion in dem kurzen Zeitraum von 1958 bis 1968. Außergewöhnlich intensive Niederschläge hatten die beschriebene Entwicklung nicht beeinflusst. Bewirtschaftungsfehler in Verbindung mit den jährlich mehrfach auftretenden Starkniederschlägen genügten, um die Bodenzerstörungen auszulösen.

Im Jahr 2000 wurden auf den Oberhängen schmale Terrassen angelegt und auf ihnen weitere Bäume gepflanzt. Eine Beweidung der Aufforstungsflächen ist offiziell untersagt. Als Kompensation für den Ertragsausfall bot der Staat den Bauern eine einmalige Zahlung für den Landverlust und über acht Jahre Lebensmittellieferungen. Die Entschädigungen könnten dazu beitragen, dass das Beweidungsverbot eingehalten wird. Auf den ackerbaulich genutzten Oberhängen im Südosten und Osten des Guzhuangzi-Einzugsgebiets zogen die Bauern im Jahr 2001 Sojabohnen in zweijähriger Fruchtfolge mit Trockenreis. Auf den an das Reservoir grenzenden Unterhängen werden Kulturpflanzen mit geringem Bodendeckungsgrad angebaut. Kartoffeln, Hanf und Sonnenblumen ermöglichen an diesen Standorten Rillenerosion. Das abgetragene Material verschüttet sukzessive die 1972 an den Rändern des Guzhuangzi-Staubeckens gepflanzten Bäume (Abb. 18).

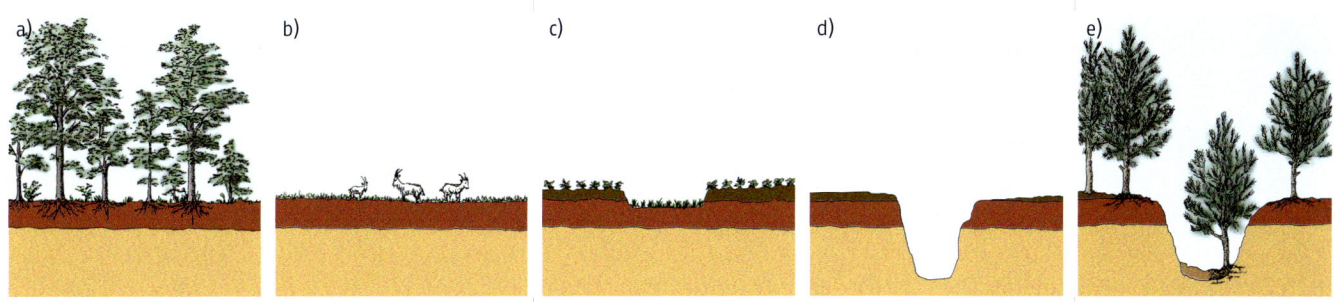

a)   b)   c)   d)   e)

sie Substrat in etwa höhenlinienparallel am Hang abgruben und unmittelbar davor aufschichteten. Die geschaffenen Oberflächen der Terrassen waren jedoch nicht eben und nicht vollkommen höhenparallel. Sie neigten sich weder zum Hang noch in Gefällsrichtung, sondern wiesen flache Dellen auf. Sommerliche Starkniederschläge ließen – erstmals seit Jahrtausenden – zuerst an den steilen vegetationsarmen Terrassenwänden Abfluss entstehen, der über die leicht geneigten und verschlämmten Terrassenoberflächen in den Dellen zusammenströmte, in den Dellen abwärts floss und hier starke linienhafte Bodenerosion auslöste (Abb. 19).

Die Verfasser quantifizierten die Feststoffumlagerungen in einem kleinen Ausschnitt des lang gestreckten Hügels von Xixi (Bork et al. 2001). Hier riss eine 405 m lange Schlucht ein und zerstörte die Ackerterrassen. Im Verlauf von nur zwei Jahrzehnten wurde das gestufte Ackerland des lang gestreckten Hügels vernichtet. Das bis zu 5 m tiefe Schluch-

tensystem besaß im Jahr 1985 ein Volumen von 6600 m³. Bezogen auf das 14 000 m³ umfassende oberirdische Wassereinzugsgebiet und den zwanzigjährigen Zeitraum der Zerschluchtung wurden im Mittel 250 m³ Substrat pro ha und Jahr erodiert. Dieser auch im globalen Vergleich extrem hohe Wert resultiert aus der leichten Erodierbarkeit der Böden, deren geringem Wasseraufnahmevermögen, den steilen Hängen und – vor allem – aus der unbeabsichtigten Abflusssammlung über dem fehlerhaft von Unerfahrenen errichteten Terrassensystem.

Die Aussaat von Kiefernsamen aus Flugzeugen wurde im Jahr 1985 wiederholt. Auf dem zerschluchteten Hügel von Xixi wuchsen aufgrund eines nunmehr akzeptierten Weideverbots Kiefern auf, welche die verbliebenen Bodenreste zunehmend schützten (Abb. 19, 20). In den letzten Jahren setzte die Beweidung und mit ihr auf wenigen Tierpfaden erneut schwache linienhafte Bodenerosion ein.

▲ **Abb. 19:** Die Entwicklung des Schluchtsystems am lang gestreckten Hügel von Xixi (bei Xichang, Südsichuan, China) seit 1958.
a) Bis 1958 kaum genutzter Wald;
b) Rodung des Waldes im Jahr 1958 und Beweidung der Rodungsfläche bis 1965;
c) Anlage von Ackerterrassen im Jahr 1965;
d) Einschneidung eines Schluchtensystems von 1965 bis 1985;
e) Aufforstung im Jahr 1985.

◄ **Abb. 20:** Das Schluchtensystem am lang gestreckten Hügel von Xixi (bei Xichang, Südsichuan, China).

Die umfangreichen Aufforstungen der 1980er-Jahre nicht nur auf dem Hügel von Xixi, sondern an vielen weiteren Standorten im Süden der Provinz Sichuan waren weitgehend erfolgreich. Mehr als 80 % der Schluchten der Region sind aufgrund der Aufforstungsmaßnahmen mit nicht standortgerechten Gehölzen heute inaktiv.

> „Ich fragte: ‚Gab es denn damals nicht ungewöhnlich viele Naturkatastrophen? Hing die Hungersnot nicht damit zusammen?' ‚Aber nein', erwiderten die Bauern, ‚das Wetter hätte gar nicht besser sein können und das Korn stand gut. Aber dieser Mann' – sie zeigten auf einen beflissen aussehenden Vierzigjährigen –, hat gesagt, wir sollten Stahl machen. Das Getreide ist einfach auf den Feldern geblieben. Und dann hat er gesagt, das macht nichts, wir leben im Paradies des Kommunismus, da bekommen alle genug zu essen. Früher waren wir oft hungrig, aber damals haben wir uns in der Kantine satt gegessen und die Reste weggeworfen. Wir haben sogar kostbaren Reis an die Schweine verfüttert. Eines Tages gab es in der Kantine nichts mehr zu essen, und er hat Wachen vor die Getreidespeicher gestellt.'" *(Chang 2004, S. 586)*

„Nicht vom Himmel abhängig": Chinas „Großer Sprung nach vorn"?

Christine Dahlke und Hans-Rudolf Bork

Die politische Kampagne des „Großen Sprungs nach vorn" mit ihren gravierenden Auswirkungen auf die Umwelt und auf die Gesellschaft Chinas ist im europäischen Bewusstsein kaum präsent. Der „Große Sprung nach vorn" führte zur größten bekannten Hungerkatastrophe der Menschheit, die von 1959 bis 1961 das kommunistische China heimsuchte und wahrscheinlich weit mehr als 30 Millionen Menschenleben forderte (Becker 1996, S. 266 f.; Shapiro 2001, S. 89). Die Gründe für unsere geringen Kenntnisse der folgenreichen Kampagne sind vielfältig. Ein Mangel an Informationen verstärkt durch die Sprachbarriere einerseits sowie die gezielte Steuerung des Informationsflusses durch die Akteure aufgrund der politischen Brisanz andererseits be- und verhindern nicht selten bis heute fundierte Recherchen (vgl. Becker 1996; Yang 1996; Shapiro 2001). Im Folgenden werden die Hintergründe der im Gelände beobachteten Umweltveränderungen (vgl. S. 30, 32) im gesellschaftlichen Kontext der 1950er- und 1960er-Jahre in China skizziert.

In der Umgebung von Xichang im Südwesten Sichuans, in Xixi, wurden nach unseren Untersuchungen bis dahin extensiv genutzte Bergwälder im Jahr 1958 erstmals großflächig gerodet. Die Flächen wurden zunächst beweidet und nach Auskunft von Agrarexperten der regionalen Administration nach Terrassierung von 1965 bis 1985 ackerbaulich genutzt, möglicherweise um höhere landwirtschaftliche Erträge nach der großen Hungerkrise zu erwirtschaften.

Ist Xixi ein Einzelfall? Erfuhren andere Regionen Chinas vergleichbare Veränderungen? In welchem Umfang wurde in der Zeit des „Großen Sprungs nach vorn" Wald gerodet? Der Bestand an Wäldern und anderen Gehölzen ging nach Wang (2004, S. 12) während des „Großen Sprungs nach vorn" von einem Zehntel in Sichuan bis zu einem Drittel in den Provinzen Hunan und Hubei zurück. Shapiro (2001, S. 82) verweist auf Angaben chinesischer Wissenschaftler, wonach zumindest 10 % der chinesischen Wälder in wenigen Monaten gerodet worden waren. Nach den oftmals ungenauen und auch definitorisch unpräzisen Statistiken waren im Jahr 1957 in der Provinz Sichuan 22 % der Oberfläche bewaldet, 1993 hingegen nur noch 3 % (Shi & Xu 2004, S. 12). Nach Wang (2004, S. 10) sank der Waldanteil in Sichuan von 34 % im Jahr 1937 über 20 % im Jahr 1948 auf 11 % im Jahr 1962. In der Provinz Fujian nahm die Bewaldung von 1957 bis 1962 um 1,7 Mio. ha ab, in der Provinz Guandong von 1956 bis 1963 um 0,6 Mio. ha.

Den Rodungen standen Aufforstungskampagnen gegenüber. Sie waren bereits Bestandteil des ersten Fünfjahresplans von 1953 bis 1957 (Buchanan 1960, S. 24; Démurger & Yang 2004, S. 24). Nach Démurger & Yang (2004, S. 24) erreichten die Aufforstungen im Jahr 1956 mit annähernd 6 Mio. ha einen ersten Höhepunkt. Einem leichten Rückgang im Jahr 1957 folgte eine erneute Forcierung im Jahr 1958. Dann sank der Umfang der Aufforstungen drastisch. Weniger als zwei Millionen Hektar wurden 1961 mit Gehölzen bepflanzt – wahrscheinlich aufgrund der großen Hungersnot. Obwohl in der Zeit nach 1962 die Anpflanzungsbemühungen erneut intensiviert wurden (Démurger & Yang 2004, S. 24), weist die Statistik von He Xi-Wu et al. (zit. in Shi & Xu 2004, S. 6) netto auf eine Entwaldung hin. Aufforstungskampagnen konnten die umfangreichen Rodungen mit langfristig negativen Folgen für Mensch und Umwelt nicht kompensieren.

Politische Entscheidungen bedingten die Rodungen während des „Großen Sprungs nach vorn". Mao Zedongs Absicht war, das Agrarland China schnell in ein sozialistisches Industrieland zu überführen (Yang 1996, S. 21). Die Ziele waren utopisch hoch gesteckt, und über die Vorgehensweise zu ihrer Erreichung herrschte in der Kommunistischen Partei Chinas Uneinigkeit. Eine gemäßigte Gruppe trat aufgrund der logistischen Herausforderung für eine ausreichende Kraftstoffversorgung und aufgrund des herrschenden Mangels an landwirtschaftlichen Geräten für eine langsame Modernisierung über einen Zeitraum von 15 bis 20 Jahren ein (Becker 1996, S. 47 f.). Demgegenüber vertrat Mao Zedong das stalinistische Modell der raschen Kollektivierung der Landwirtschaft und der Steigerung der landwirtschaftlichen Produktivität zur Finanzierung des industriellen Fortschritts, d. h. einer intensiven Parallelentwicklung von Landwirtschaft und Industrie in sehr kurzer Zeit. Mao Zedong und seine Berater setzten sich durch. Im Jahr 1957, dem letzten des ersten Fünfjahresplans, diskutierte die kommunistische Führung intensiv die Fortsetzung des Umbaus der Landwirtschaft. In der dritten Plenumsitzung des Achten Zentralkomitees vom 20. September bis zum 9. Oktober 1957 wurde ein Zwölfjahresplan für die Landwirtschaft bestätigt. Der „Große Sprung nach vorn" begann.

Am 18. November 1957 kündigte Mao Zedong in Moskau an, dass China England in der Produktion von Stahl und anderen Produkten in nur 15 Jahren überholen werde (Yang 1996, S. 34). Der hohe politische Anspruch forderte seinen Tribut. China vermochte 1958 aufgrund des großen Potenzials an Arbeitskräften die Zahl der Industriearbeiter binnen eines Jahres zu verdoppeln (Ma et al., zit. in Yang 1996, S. 36). Hinterhofschmelzöfen beschäftigten Ende Oktober 1958 schon 60 Millionen und drei Monate danach 90 Millionen Menschen (Zhang & Li und Friedman et al., zit. in Shapiro 2001, S. 81). Die rasante Ausweitung der industriellen Produktion, insbesondere der Eisen- und Stahlerzeugung in den wenig effizienten Hinterhofschmelzöfen, ließ den Energiebedarf kurzfristig stark ansteigen. Ausgedehnte Wälder und selbst junge Windschutzpflanzungen wurden zum Befeuern der Hinterhofschmelzöfen gerodet (Richardson 1990, S. 95).

Die Auswirkungen des „Großen Sprungs nach vorn" beschränkten sich nicht auf die Entwaldung. Mao Zedong hatte 1958 als Element der Kampagne einen umfassenden Acht-Punkte-Plan für die Landwirtschaft ausgerufen. Ein Propagandaposter der frühen 1970er-Jahre mit dem Titel „Nicht vom Himmel abhängig" illustriert ein zentrales Leitmotiv der Agrarpolitik Mao Zedongs, das bereits zur Zeit des „Großen Sprungs nach vorn" bedeutsam war (Abb. 21). Es zeigt eine von Menschen gestaltete „moderne" Landschaft. Über Jahrtausende tradierte, standortgerechte Landnutzungspraktiken wurden abrupt beendet und durch neue agrarpolitische Vorgaben ersetzt.

Welche Agrarreformen wurden in der Zeit des „Großen Sprungs nach vorn" von 1958 bis 1961 umgesetzt? Zunächst wurden die Kollektivierung der Landwirtschaft und die Einrichtung von „Volkskommunen" verwirklicht. Nachbarschaftshilfen waren als erste Maßnahmen bereits 1949 etabliert worden. Im Jahr 1953 hatten sich Gruppen von 20 bis 40 Familien zu „elementaren landwirtschaftlichen Kooperativen" zusammengeschlossen. Im Oktober 1955 umfassten die „höheren landwirtschaftlichen Produktionskooperativen" bereits 100 bis 300 Haushalte (Becker 1996, S. 50). Die Umwandlung der kleinen landwirtschaftlichen Produktionsgenossenschaften in weitaus größere Einheiten begann im März 1958. Anfang August 1958 begrüßte Mao Zedong die Idee der Volks-

kommunen offiziell. Sie wurde daraufhin sofort aufgegriffen und begierig umgesetzt. Kritiker der Reformen wurden kurzerhand als „Rechte" diffamiert und starkem politischem Druck ausgesetzt. Die Kollektivierung der Landwirtschaft vollzog sich in einem atemberaubenden Tempo. Ende August 1958 waren die 38 473 landwirtschaftlichen Produktionsgenossenschaften der Provinz Henan mit durchschnittlich je 260 Haushalten in 1378 gigantische Volkskommunen mit durchschnittlich je 7200 Haushalten umgewandelt. Andere Provinzen folgten rasch. Bereits Ende Oktober hatte auch die langsamste Provinz – Yunnan – die Veränderungen vollzogen. Am 1. November 1958 besaß China

▲ **Abb. 21:** Chinesisches Propagandaposter der frühen 1970er-Jahre mit dem Titel: „Nicht vom Himmel abhängig". Quelle: Landsberger (1996, S. 59).

► **Abb. 22:** Chinesische Scherenschnitte zur Illustration von Mao Zedongs Acht–Punkte–Plan (1958). Quelle: Buchanan (1960, S. 30f.).

a) Züchtung neuer Tierrassen und neuen Saatguts;

b) hohe Pflanzdichten;

c) Tiefpflügen;

d) Intensivierung der Mineraldüngung;

26 500 Volkskommunen mit durchschnittlich je 4756 Haushalten. Damit waren 99 % der ländlichen Haushalte im Verlauf von kaum drei Monaten in Volkskommunen organisiert worden (Yang 1996, S. 35ff.).

Das traditionelle familiäre und dörfliche Leben endete abrupt. Zentralisiert waren neben der Erziehung die Zubereitung und die Einnahme von Essen in Kantinen sowie die Durchführung sämtlicher landschaftsstruktureller, agrarischer und kleinindustrieller Arbeiten. Indoktrination und Kontrolle vor allem über die Kantinen lösten individuelle standortbezogene Entscheidungen in der Landwirtschaft ab. Erwartet wurden von den flächendeckend eingeführten Kommunen kurzfristig geradezu utopische Erfolge der Landwirtschaft. Lokale Führer forderten sofort unglaublich hohe Ernteerträge. Erntestatistiken wurden daher offenbar gefälscht. Die vermeintlich hohen Erträge bedingten „all you can eat"-Kampagnen und führten rasch zum Kollaps der Lebensmittelversorgung. Die verheerendste bekannte Hungerkatastrophe der Menschheit begann (Yang 1996, S. 37).

Im Jahre 1958 propagierte Mao Zedong einen Acht-Punkte-Plan mit außergewöhnlich weitreichenden Landwirtschaftsreformen (Becker 1996, S. 70). Während des „Großen Sprungs nach vorn" kam das statistische Berichtswesen in China beinahe zum Erliegen, weshalb fundierte quantitative Aussagen zur Umsetzung und zu den Folgen des Acht-Punkte-Plans nicht möglich sind.

Die „Züchtung neuer Tierrassen und neuen Saatguts" war ein wichtiges Element des Acht-Punkte-Plans der Agrarreformen des Jahres 1958 (Abb. 22a). Mitglieder der Kommune „Goldener Drachen" bei Chongqing kreuzten Yorkshire-Säue mit Holsteiner Friesenkühen. Bauern hatten Schweine zu züchten, die bereits vor dem Erreichen ihrer Geschlechtsreife Ferkel werfen sollten – die zwangsläufig resultierenden Fehlschläge wurden bestraft. Ähnlich absurd klingt die Meldung der British United Press, gedruckt im *Guardian* vom 24. März 1960, über die Kreuzung von Baumwolle und Tomaten, bei der rote Baumwolle entstanden sein soll (Becker 1996, S. 70).

Mao Zedong glaubte an den Nutzen besonders dichter Pflanzungen und propagierte deshalb „hohe Pflanzdichten" (Abb. 22b). Er argumentierte, Pflanzen ständen nicht in Konkurrenz um Licht und Wasser, sondern würden sich in Gemeinschaft behaglicher fühlen (MacFarquhar et al. und Friedman et al., zit. in Shapiro 2001, S. 77). Entgegen den Erfahrungen der Bauern und den Einwänden einiger Agrarexperten (vgl. Shapiro 2001) wurde diese Methode zunächst auf Experimentalfeldern in den Kommunen, beginnend 1958, etabliert und an machen Orten bis 1980 fortgeführt. In Guangdong wurde dichte Bepflanzung auf allen Feldern praktiziert (Becker 1996, S. 72).

Berühmtheit haben die „10 000 jin"-Felder erlangt, die angeblich einen Ertrag von etwa 90 Tonnen Reis pro ha erbrachten. Die klaffende Lücke zwischen Realität und propagiertem Ziel verdeutlicht der Umgang mit dem Vizeparteisekretär Zeng Jia aus dem Distrikt Wenjiang bei Chengdu. Zeng äußerte Zweifel an den Mitteilungen eines Nachbardistrikts, in denen behauptet worden war, 10 000 jin Reis seien pro mu (etwa 90 Tonnen Reis pro ha) aufgrund von ertragreichen Pflanzen mit durchschnittlich je 250 Reiskörnern geerntet worden. Zeng überzeugte sich persönlich durch Nachzählen und konnte keine Pflanze mit mehr als 80 bis 90 Körnern finden. Ein Parteigenosse bemerkte Zengs Zweifel. Wer die 10 000-jin-Ernte in Frage stelle, sei kein wahres Mitglied der Kommunistischen Partei Chinas. Zengs Verhalten wurde in der *Sichuan Daily* 1959 öffentlich angeprangert. Er wurde als „rechter Opportunist" gebrandmarkt und bezahlte seine Aussage mit Repressalien und dem Verlust seines Amtes (Wang, zit. in Shapiro 2001, S. 79f.).

Ein weiterer Punkt des Acht-Punkte-Plans betraf das „Tiefpflügen" (Abb. 22c). Chan aus Liaoning berichtete, dass die Provinzführung 1958 fünf Millionen Menschen mit 10 000 Tieren 45 Tage lang zum Tiefpflügen von drei Millionen Hektar Land anhielt. Die Fruchtbarkeit der Böden nahm an zahlreichen Standorten durch die Einmischung nährstoffarmen Unterbodensubstrats stark ab. Bauern erhielten die Anweisung, tief gepflügte Gebiete mit fruchtbarerem Substrat von angrenzenden Feldern zu verbessern. Ziel des Tiefpflügens war die Verdreifachung (sic!) der Erträge in Liaoning (Chan, zit. in Becker 1996, S. 73). Das Gegenteil trat ein.

e) Verbesserung von Geräten für die Landwirtschaft;   f) Verbesserung der Landnutzungssysteme;   g) Eindämmung der „Vier Schädlinge";   h) Intensivierung des Wasserbaus.

Im Jahr 1957 wurden durchschnittlich 53 kg Düngemittel auf einen Hektar landwirtschaftliche Fläche verbracht (Heilig 1999) – eine verbesserungswürdige Größenordnung (Abb. 22d). Entsprechend wuchs der Mineraldüngereinsatz von 0,36 Mio. t im Jahr 1957 auf 0,65 Mio. t im Jahr 1960 (Heilig 1999). Zeitgleich sank der Einsatz organischen Düngers jedoch von 8 auf 7 Mio. t im Jahr.

Als weiteres Ziel nannte der Acht-Punkte-Plan die „Verbesserung von Geräten für die Landwirtschaft" (Abb. 22e). Neue Geräte wurden konstruiert, vorhandene verbessert. Nach sowjetischem Vorbild entstanden neue schwere Doppelschaufelpflüge zum Tiefpflügen. Sie waren etwa zehnmal teurer als die traditionellen. Für die Arbeit auf Terrassen und in den Reisfeldern Südchinas waren die Doppelschaufelpflüge jedoch unbrauchbar. Etwa 700 000 neue Pflüge mussten eingeschmolzen werden (Becker 1996, S. 75).

Die „Verbesserung der Landnutzungssysteme" (Abb. 22f) stand auf der Agenda. Nationale Prioritäten zwangen zur Ausdehnung des Getreideanbaus. An die naturräumlichen Bedingungen angepasste lokale Kulturen und Wirtschaftszweige, die eine wichtige Einkommensquelle der lokalen Bevölkerung bildeten, wurden verdrängt (Betke 1987a, S. 55). Neue Fruchtfolgen wurden etabliert. Bewährte Anbaufrüchte durften per Anordnung nicht mehr an ihren alten Standorten kultiviert werden (Becker 1996, S. 76). Die Aufgabe tradierter Produktionssysteme schwächte die betroffenen Dörfer ökonomisch und verstärkte den Druck auf die Bodenressourcen (Betke 1987a, S. 55). An vielen Standorten nahm – auch aufgrund der Umstellung von Landnutzungstechniken und der massiven Landerschließung – die Bodenerosion massiv zu. Wein (1986, S. 59) bemerkt: „Das primäre Anliegen ist es, das [Löss-]Plateau vor weiterer Zerschneidung und die Gullies vor extensiver Wasser- und Winderosion zu schützen. Beide Prozesse kulminierten möglicherweise während der Periode des ‚Großen Sprungs nach vorn', als das Land für Getreideanbau ausgeweitet wurde, ohne Rücksicht auf die ökologischen [Rand-]Bedingungen."

In den Provinzen Shaanxi, Shanxi und Gansu wurden von 1959 bis 1961 mehr als 660 000 ha Dauergrünland mit dem Pflug umgebrochen (Derbyshire et al. 2000, S. 39). Auch im Kreis Guyuan in der Provinz Ningxia im Westen des Lössplateaus fand ein einschneidender Wandel der Landwirtschaft statt. Das Gebiet galt als „Kornkammer", „Ölkrug" und Viehzuchtzentrum der Region. Die Agrarreformen des Jahres 1958 verschlechterten die lokale Situation. Im Jahr 1976 vermochten die Bauern lediglich ein Zehntel der Menge des Jahres 1956 an pflanzlichem Öl an den Staat zu liefern. Besonders große Einbußen verzeichnete die Viehwirtschaft aufgrund der Umwandlung von Dauergrünland in Ackerland. Die verbliebene Weidefläche besaß eine geringe Qualität (Betke 1987a, S. 55).

Die Erweiterung der agrarischen Basis bezog sogar Standorte in Wüsten ein (Luk 1983, S. 219). In den Jahren 1958 und 1959 fand mit 533 000 ha Neuland die größte Erweiterung des Agrarraums in Xinjiang seit 1949 statt; 102 neue Staatsfarmen wurden gegründet (Yang, zit. in Betke 1987b, S. 106). Für Mosuowan sah der „Manas-Plan" 60 000 ha zur Agrarlanderschließung vor. Bautrupps legten in wenigen Monaten ein Kanalsystem zur Bewässerung von Wüstenstandorten an, so dass noch 1958 auf 7400 ha Neuland Pflanzen kultiviert werden konnten (Yang, zit. in Betke 1987b, S. 107). Das neu gewonnene Land reichte als Landzunge über 100 km in die Wüste Gurbantünggüt. An der Spitze der Landzunge, inmitten von Dünen, wurde die „Farm des Kommunistischen Jugendverbandes" angelegt – ein fachlich sehr umstrittenes Projekt, auch aus der Sicht sowjetischer Wüstenexperten. Die Intensivierung der Nutzung an den Rändern von Wüsten brachte unerwünschte Effekte. Die Entnahme von Feuerholz um Neusiedlungen ermöglichte die Mobilisierung von Wanderdünen (Betke 1987a, S. 49).

In dem von den Verfassern untersuchten Gebiet bei Yangjuangou unweit Yan'an in der Provinz Shaanxi löste intensiver Ackerbau bewährte Gartenbautechniken ab. Der „Große Sprung nach vorn" beendete hier eine mehrtausendjährige Periode nachhaltiger, bodenschonender Bewirtschaftung! Wir haben nachgewiesen, dass die mittlere Bodenerosionsrate des Zeitraums von 1958 bis 2001 diejenige der bodenschonenden Landnutzungsphase von etwa 1200 v. Chr. bis 1958 um das

► **Abb. 23:** Kampagne „Ausrottung der Vier Schädlinge" – Bauernparade mit den an einem Tag getöteten Spatzen. Quelle: Becker (1996, Bildteil).

32fache übertraf (vgl. S. 28)! Neben den Veränderungen bezüglich der Feldfrüchte (z.B. durch den Anbau von erosionsförderndem Mais), der Fruchtfolgen, der Agrartechnik und der Flurstruktur (größere Schläge) war wohl vor allem ein psychologisches Phänomen für die Vervielfachung der Bodenerosion verantwortlich: die mangelnde individuelle und kollektive Aufmerksamkeit für die Bewirtschaftung der Felder. Die gravierenden Auswirkungen des „Großen Sprungs nach vorn" auf die Böden und den Wasserhaushalt wies ebenfalls Betke (1987a, S. 56) nach. Im Kreis Guyuan in der Provinz Ningxia, besonders in den Bergen des Liupan Shan, nahm der Waldbestand um 20% auf insgesamt 3,6% der Gesamtfläche ab. „Diese Kahlschläge und die Urbarmachung von Weiden haben das Abflussregime verändert, die Bodenerosion nahm zu: 1970 betrug der Bodenabtrag in Teilen des Kreisgebiets bereits das 25-fache der Menge von vor 1966" (Betke 1987a, S. 56).

Die Eindämmung der „Vier Schädlinge" (Abb. 22g) sah eine Reduktion der Spatzen (Abb. 23) und der Ratten als Nahrungskonkurrenten des Menschen sowie der Insekten, insbesondere der Mücken und Fliegen, zur Verbesserung der Hygiene vor (vgl. Buchanan 1960, S. 27; Becker 1996, S. 76f.; Shapiro 2001, S. 86f.). Mao Zedong band breite Bevölkerungsschichten, sogar Schulkinder, in die Umsetzung seines Plans ein (Shapiro 2001, S. 86f.). Die engagierte Jagd auf Spatzen zeig-

te bald eine unerwünschte Wirkung – die Zahl der Insekten stieg beträchtlich. Mao Zedong musste den eingeschlagenen Weg ändern. Im April 1960 publizierte die Akademie der Wissenschaften plötzlich den nicht gerade überraschenden Befund, Spatzen würden sich nicht ausschließlich von Getreide ernähren, sondern vergleichsweise mehr von Insekten. Statt Spatzen wurden nunmehr Wanzen gejagt. Die Ernteeinbußen infolge des Insektenbefalls nach der Spatzenkampagne sind derzeit noch nicht quantifizierbar (Shapiro 2001, S. 88).

Die Landwirtschaftsreformen des Jahres 1958 betrafen auch die „Intensivierung des Wasserbaus" (Abb. 22h). Häufige Überschwemmungen und Dürren erforderten in China seit Jahrtausenden wasserbauliche Maßnahmen. Die Anlage von Staudämmen und die Errichtung von Reservoiren prägte die Zeit des „Großen Sprungs nach vorn" (Abb. 24). Vor 1949 existierten lediglich 23 große bis mittelgroße Dämme und Reservoire in China, danach entstanden mehr als 80 000 (Fu 1998, S. 22). Zunächst wurden die großen Flüsse der nördlichen Ebenen verändert, der Huang He, der Huai-Fluss und der Hai-Fluss (Chao 1970, S. 123). Neue große Wasserbaumaßnahmen dienten in erster Line der Hochwasserkontrolle und der Gewinnung von Energie für die Industrie, weniger der Bewässerung (Chao 1970, S. 123). Während des ersten Fünfjahresplans flossen 49% der staatlichen Investitionen im Wasserbau in Projekte zur Hochwasserkontrolle und 20 % in Drainagemaßnahmen (CHCC, zit. in Chao 1970, S. 123).

Ende des Jahres 1957 vollzog sich ein Paradigmenwechsel in der Gewässerpolitik. Die Hochwasserkontrolle trat hinter die Anstrengungen zur Verbesserung der Wasserverfügbarkeit zurück; anstelle der geregelten Entwässerung wurde die Wasserbevorratung ausgeweitet (Chao 1970, S. 125 f.). Den Wandel begründet Chao (1970, S. 126) mit der Wasserknappheit im Norden und der besseren Verfügbarkeit von Arbeitskräften für Projekte nach der Kollektivierung und damit einhergehend einer Minderung der Kosten großer Bauvorhaben. Fu (1998, S. 18) betont ferner die psychologische Wirkung der kollektiven Arbeitseinsätze der Bauern. In der resultierenden Euphorie arbeiteten alleine im Winter 1957/58 mehr als 100 Millionen Bauern an Wasserbaumaßnahmen (Yang 1996, S. 36). Im Winter 1957/58 und im Frühjahr 1958 entstanden in der Provinz Henan 30 000 Reservoire und 1,1 Millionen Kanäle und Teiche (CKNP, zit. in Chao 1970, S. 128). In nur 18 Monaten wurden mehr Bewässerungssysteme für eine größere Zahl von Feldern angelegt als zusammengenommen zuvor in der langen Kulturgeschichte Chinas (Buchanan 1960, S. 19). Von 1949 bis 1959 wurden 800 Millionen m³ Substrat bewegt, 580 Millionen m³ allein im Jahr 1958 (Fu 1998, S. 22).

Die Ausweitung der Bewässerung hatte vielfältige Auswirkungen. Chao berichtet von einer deutlichen Verbesserung der Ernte in der chinesischen Weizenregion. In den südlichen Reisanbaugebieten blieb die Ertragserhöhung pro Ernte gering. Durch die Überbrückung kurzer Trockenphasen konnten jedoch zwei Ernten im Jahr eingefahren werden (Chao 1970, S. 125). Die Anlage vieler kleiner Staubecken führte auch zu unerwünschten Entwicklungen wie dem Verlust kostbaren Ackerlandes (Chao 1970, S. 134). Etwa 90 % der Feldbewässerung erfolgte mit kleinen Systemen. Traditionell wurde die Bewässerung raumsparend errichtet, im Norden teilweise unterirdisch. Innerhalb von zwei Jahren sollen nach Chao 9 % der gesamten landwirtschaftlich genutzten Fläche Chinas durch Wasserbaumaßnahmen der eigentlichen Bestimmung verloren gegangen sein. Die schnelle Ausweitung der Bewässerungssysteme, auch in Gebieten ohne die notwendigen Erfahrungen, sowie die zu kurze Zeit zum Ausheben von Bewässerungskanälen führte häufig zur Überflutung von Feldern. Außerdem stieg der Grundwasserspiegel in den Tiefebenen des Nordens über ein kritisches Maß an. Die Salinität der Böden nahm in den Trockengebieten zu, die Fruchtbarkeit ab (Chao 1970, S. 135 f.).

Ende der 1950er-Jahre wurden zahlreiche Verlandungsdämme angelegt (Xu et al. 2004). Bauern schütteten mehrere Meter hohe Erddämme, oft ohne Überlauf, quer zum Gefälle der Tiefenlinien als Abflusssperren auf. Oberhalb der Dämme versickerten die während stärkerer Niederschläge auftretenden Abflüsse in den Staubecken. Die mitgeführten, im Einzugsgebiet auf den Äckern erodierten Schwebstoffe setzten sich auf der Oberfläche der Becken ab. Die Verlandungsdämme verloren ihre Funktion als Wasserspeicher und dienten als Sedimentspeicher (König 1987, S. 41; Xu et al. 2004). Die vollkommene Verfüllung der Stauräume oberhalb der Dämme wandelte viele tief zerschnittene Trockentäler des Lössplateaus zu Terrassensystemen mit fruchtbaren Sedimenten aus umgelagertem kalkhaltigem Löss um, die nunmehr ackerbaulich genutzt werden konnten (vgl. S. 30 und König 1987, S. 41). Das entstandene Ackerland wird aufgrund des Nährstoffreichtums und der hohen potenziellen Wasserverfügbarkeit der Sedimente von Bauern sehr geschätzt. Felduntersuchungen in der Provinz Shanxi belegen im Vergleich zu den angrenzenden Hängen 8- bis 10fach höhere Getreideernten im Dammland (Fang 1999, zit. in Xu et al. 2004, S. 83). Die Negativwirkungen der Erddämme wurden bald sichtbar. König (1987, S. 41) verweist auf die Gefahr der Versalzung der Reservoirfelder, insbesondere an ariden und semiariden

▼ **Abb. 24:** Chinesisches Propagandaposter mit dem Titel „Die ‚Gebildete Jugend' hilft beim Bau von Staubecken". Quelle: Shapiro (2001, Bildteil).

Standorten. Nach unseren Untersuchungen am Guzhuangzi-Damm im zentralen Lössplateau vermochte der durch Sedimentation verkleinerte Stauraum den episodisch anfallenden Abfluss bereits nach wenigen Jahren nicht mehr vollständig zu speichern. Der Erddamm ohne Überlauf wurde während eines starken Niederschlags überflossen und zerschnitten. Auch der Stauraum der zweiten Dammgeneration wurde rasch mit Sedimenten aufgefüllt und der Damm zerstört. Bis heute gelingt es den Bauern nicht, den landnutzungsbedingt stark erhöhten Abfluss auf der Bodenoberfläche zu beherrschen. Beinahe jedes Jahr werden bestellte Felder überflutet oder gefährden Dammbrüche die Ernte unterhalb gelegener Schläge.

Gelang China der geplante „Große Sprung nach vorn"? Die absurde und vollkommen gescheiterte Idee einer Entwicklung unabhängig „vom Himmel", insbesondere die dilettantische Umsetzung der Landwirtschaftsreformen des Jahres 1958 haben offenbar entscheidenden Anteil an den heutigen Umweltproblemen. Das Ausmaß der in China verschwiegenen Umweltkrise des „Großen Sprungs nach vorn" und ihre facettenreichen gesellschaftlichen Auswirkungen sind nach wie vor nur fragmentarisch analysierbar. Häufig ist nur eine indirekte, grobe Annäherung an die Realität im Dschungel „weicher", teilweise gefälschter Daten möglich. Um nicht selbst Opfer ideologisch manipulierter Daten und Statistiken der Beteiligten zu werden, müssen naturwissenschaftliche Informationen und verlässliche gesellschaftswissenschaftliche Befunde interdisziplinär ausgewertet werden. Berichte von Zeitzeugen im Exil können zum Verstehen der Umweltkrise und des „Hungers des Großen Sprungs" beitragen. Jedoch wird der wohl erst in fernerer Zukunft stattfindende innerchinesische Diskurs eine offene und umfassende Erforschung der vertuschten Umweltkrise und ihrer gesellschaftlichen Konsequenzen ermöglichen und damit einen entscheidenden Beitrag zur Aufarbeitung von Unrecht und zur Vorbeugung einer erneuten Krise leisten.

Dünen wandern, Auen versanden: Folgen der Erdöl- und Erdgasgewinnung in Sibirien

Hans-Rudolf Bork, Elena D. Lapshina und Klaus Dierßen

Im Norden der Westsibirischen Tiefebene wurde am 21. September 1953 Erdöl entdeckt. Seitdem wurden im Autonomen Kreis der Khanten und Mansen an mehreren Hundert Standorten mehr als acht Milliarden Tonnen Erdöl gefördert. Im nördlich anschließenden Raum, dem Autonomen Kreis der Yamalen und Nensen, wurde das bislang bedeutendste Erdgasfeld der Erde erschlossen. Pipelines führen Erdöl und Erdgas durch Tundra und Taiga vorwiegend nach Europa. In den vergangenen Jahren wurden die Prospektion und die Förderung von Erdöl und Erdgas in beiden Kreisen erheblich intensiviert.

Der Dauerfrostboden taut während des Sommers in der Nähe des Polarkreises – im Autonomen Kreis der Yamalen und Nensen – einige Dezimeter und im Autonomen Kreis der Khanten und Mansen ein bis zwei Meter tief auf. Das jährliche Gefrieren und Auftauen führt an der Oberfläche zu einer vertikalen Bewegung, der Kryoturbation, an geneigten Standorten auch zu einer hangparallelen Abwärtsbewegung der Böden und Lockersubstrate, zu Solifluktion. Diese Dynamik erschwert sämtliche Baumaßnahmen. An Straßen, Siedlungen und Förderstandorten senken und heben sich die Böden und Lockergesteine aufgrund der Gefrier- und Auftauprozesse kleinräumig unterschiedlich stark. Bauingenieure begegnen dieser besonderen Herausforderung durch das Aufbringen mächtiger Sandpakete. Die in beiden autonomen Kreisen zusammen bereits viele Tausend Kilometer langen Straßen und Bahntrassen wurden und werden auf früher einige Dezimeter, heute bis zu drei Meter hohen Dämmen, die wenigen Siedlungen und die zahlreichen Förderstandorte auf mächtigen Plattformen errichtet. Als Füllmaterial wird der auf den ausgedehnten Sanderflächen und in vielen Auen reichlich vorhandene Sand verwendet.

Im Autonomen Kreis der Khanten und Mansen wird der Sand während der Sommermonate bevorzugt mit Schwimmbaggern aus Flussauen abgepumpt. In Röhren wird das Sand-Wasser-Gemisch zu Zwischenlagern an Straßen, Förderorten und Siedlungen transportiert und auf große Halden gespült. Das Wasser versickert und Lastkraftwagen bringen den verbliebenen Sand dann zu den Baustellen.

Im nördlich anschließenden Autonomen Kreis der Yamalen und Nensen ist diese Technik aufgrund der geringen sommerlichen Auftautiefe nicht einsetzbar. Dort werden die außerhalb der verbreiteten Moore in Straßennähe anstehenden Sande flach abgeschoben – gelegentlich auf zusammenhängenden Flächen, die mehrere Quadratkilometer einnehmen (Abb. 25). Der Sand wird hier mit Lastkraftwagen zu großen Zwischenlagern befördert. Von dort bringen sie den Sand zu den Baustellen an Straßen, Förderstandorten und Siedlungen.

Die Wirkungen der flächenhaften Sandentnahme sind gravierend, denn sie zerstört die Vegetation der Tundra mit ihrer dichten, den Boden (außer

▼ **Abb. 26:** In den vergangenen Jahrzehnten entstandene Düne in Nordsibirien.

an den wenigen stärker geneigten Hangstandorten mit Solifluktion) vor Erosion vorzüglich schützenden Decke aus Flechten, Moosen, Kräutern und niedrigen Sträuchern, nach Süden zunehmend auch kleinen Bäumen. Zahllose, locker nebeneinander liegende Sandkörner nehmen die Oberfläche ein. Starke Nord- bis Nordwestwinde transportieren im Sommer Sandkörner von den Entnahmeflächen in die Umgebung. Eine Sandschicht überzieht flächenhaft die dortigen Moore. Dünen entstehen und wandern über die Tundra und die nördliche Taiga (Abb. 26).

Im Autonomen Kreis der Khanten und Mansen verbreitert das Abpumpen der Sande in den Auen die Flussläufe lokal erheblich. Das Fließverhalten der Flüsse ändert sich an und unterhalb der Sandentnahmestandorte, Seiten- und Sohlenerosion werden verstärkt.

Im Verlauf des Straßenbaus, gelegentlich auch nach der Fertigstellung, spült der auf verdichteten, betonierten oder asphaltierten Oberflächen während der jährlichen Schneeschmelzen oder der sommerlichen Starkniederschläge auftretende Oberflächenabfluss an den Straßenböschungen Sand fort (Abb. 27). Rinnen reißen ein. Viele Sandkörner sedimentieren in kleinen Schwemmfächern

am Böschungsfuß, andere werden auf die Niedermoore der Auen gespült. Im Verlauf der erst ein halbes Jahrhundert währenden Phase der Erdölförderung entstehen in den Auen bereits bis zu 5 m hohe Flussterrassen – ein Prozess, der bei kleinen Flüssen erstmals im Holozän auftritt.

Am Elykovo (N 61° 1,7', S 70° 12,1') beispielsweise, einem kleinen, von Süden in den Ob mündenden Fluss, setzt die Sedimentation auf den Niedermooren der Niederterrasse unmittelbar flussabwärts eines im Bau befindlichen Straßendammes aus Sand ein. Bereits wenige Spatenstiche belegen, dass zwei Abflussereignisse in den vergangenen ein bis zwei Jahren die Aue übersandeten (Abb. 28).

▲ **Abb. 27:** Wassererosion an einer Straßenböschung in Nordsibirien.

◄ **Abb. 28:** Junges Sandsediment in der Aue des Elykovo östlich Khanty-Mansiysk (Nordsibirien).

Flussaufwärts, oberhalb des Straßendammes, fehlen Übersandungen; Niedermoore nehmen hier die Aue des Elykovo ein. Einige Kilometer flussabwärts (N 61° 5,3', S 70° 16,5') hat der Elykovo eine 3 bis 5 m hohe Sandterrasse akkumuliert, die eine Ölpipeline unter sich begräbt und Kunststofffragmente sowie viel Holz enthält (Abb. 29).

Zwar haben die Förderung von Erdöl und Erdgas sowie der resultierende Bau von Straßen, Bahntrassen und Siedlungen bislang erst einen scheinbar verschwindend geringen Oberflächenanteil des nördlichen Westsibirischen Tieflandes direkt verändert. Jedoch wurden erstmals im Holozän Prozesse initiiert, die in den kommenden Jahrzehnten und Jahrhunderten aktiv und sichtbar bleiben und ausgedehnte Gebiete indirekt über den Transport von Partikeln erfassen. Tundra und Taiga erfahren im Nordwesten Sibiriens eine von den Gas- und Ölverbrauchern in Europa nicht wahrgenommene starke Veränderung.

◄ **Abb. 29:** Junge 3 bis 5 m hohe Terrasse des Elykovo östlich Khanty-Mansiysk (Nordsibirien).

Rutschungen am Martyrius-Kloster: Erdbebenwirkungen unweit Jerusalems

Hans-Rudolf Bork, Hanoch Lavee, Rehav Rubin, Claus Dalchow und Helga Bork

Von Jerusalem zum Toten Meer nehmen auf einer Distanz von nur 30 km die mittleren Jahresniederschläge von über 600 mm auf unter 100 mm ab und die mittleren Jahrestemperaturen von 17 °C in einer Höhe von 700 m ü. d. M. auf 23 °C in einer Tiefe von unter −400 m u. d. M. zu (Lavee et al. 1994). Entsprechend wandeln sich entlang des Klimagradienten Vegetation und Landnutzung, die Böden und das Ausmaß der Erosion durch Wasser und Wind.

Unterlagen das Klima und damit auch die Entwicklung von Vegetation und Böden östlich von Jerusalem in den vergangenen Jahrtausenden starken Veränderungen? Zur Feststellung von Auswirkungen eines möglichen räumlichen und zeitlichen Klimawandels untersuchten die Verfasser einen Abschnitt des Tales des Nahal Og und der benachbarten Hänge bei Ma'ale Adummim etwa 8 km östlich der Altstadt von Jerusalem (Abb. 30). Hier vollzieht sich heute auf einer Strecke von nur wenigen Kilometern der Wandel vom subhumiden zum ariden Klima. Bauarbeiten an der von Jerusalem nach Jericho führenden Straße stimulierten in den 1990er-Jahren eine 4 bis 6 m tiefe Einschneidung des nur in den Wintermonaten wasserführenden Nahal Og. Vorzügliche Aufschlussverhältnisse waren die Folge. Sie offenbaren einen Wechsel von fluviatilen Ablagerungen des Nahal Og und des Schwemmfächers eines südöstlich anschließenden Nebentales. Zwei konvexe Rücken und das zwischen ihnen gelegene kleine Nebental mit seinem Schwemmfächer erstrecken sich auf einer horizontalen Distanz von 450 m von der Wasserscheide in einer Höhe von 460 m ü. d. M. zum Nahal Og in einer Höhe von 330 m ü. d. M. Lichte, beweidete Kiefernwälder wachsen auf den beiden Rücken und den Oberhängen. Ein mit Calciumkarbonat angereicherter, dadurch verhärteter und gegenüber Erosion resistenterer Unterboden bedeckt die Rücken; der rotbraune Oberboden ist hier nahezu vollständig erodiert. Das anstehende Festgestein (Kreide) steht an den Flanken der Rücken an. Geringmächtige Hangsedimente und auf diesen entstandene, mittlerweile aufgegebene Ackerterrassen nehmen Teile der vorwiegend beweideten Tiefenlinie des Nebentals mit Dauergrünland ein.

Der Nahal Og hat sich auf einer Länge von 125 m in den heute von Akazienbüschen bedeckten Schwemmfächer des Nebentals eingeschnitten (Abb. 31, 32). Die Aufschlüsse an beiden Seiten des Nahal Og offenbaren, dass der Kern des Schwemmfächers aus einer mächtigen Schuttdecke und der obere Bereich und die Flanken aus einer Folge von Kolluvien bestehen. Schotter des Nahal Og aus Kalkstein, Kreide und Flint mit wechselnden Ton-, Schluff- und Sandanteilen unterlagern die Schuttdecke. Der geringe Rundungsgrad der meisten Schotter belegt kurze Transportdistanzen, die Intensität der Bodenbildung im Feinmaterial weist auf eine länger zurückliegende Ablagerungszeit der Schotter hin. Dort, wo der zunächst nur schluff- und sandreiche Schotterkörper mehrere Jahrtausende an der Geländeoberfläche lag, hatte sich unter dichter, erosionsverhindernder Vegetation ein kräftig gefärbter Luvisol mit der Horizontfolge Ah-Al-Bt-Ck-C: dunkelbrauner Humushorizont, Tonverarmungshorizont, kräftig verbrauter Tonanreichungshorizont und Calciumkarbonat-Anreicherungshorizont (gebildet durch die Auswaschung von Calciumkarbonat aus den darüber liegenden Horizonten) entwickelt. Heute reichen die Winterregen nicht aus, um die Böden zu entkalken und Calciumkarbonat im Unterboden anzureichern. Der Luvisol hatte sich in einem im Vergleich zu heute deutlich niederschlagsreicheren Klima in den ersten Jahrtausenden des Holozäns gebildet.

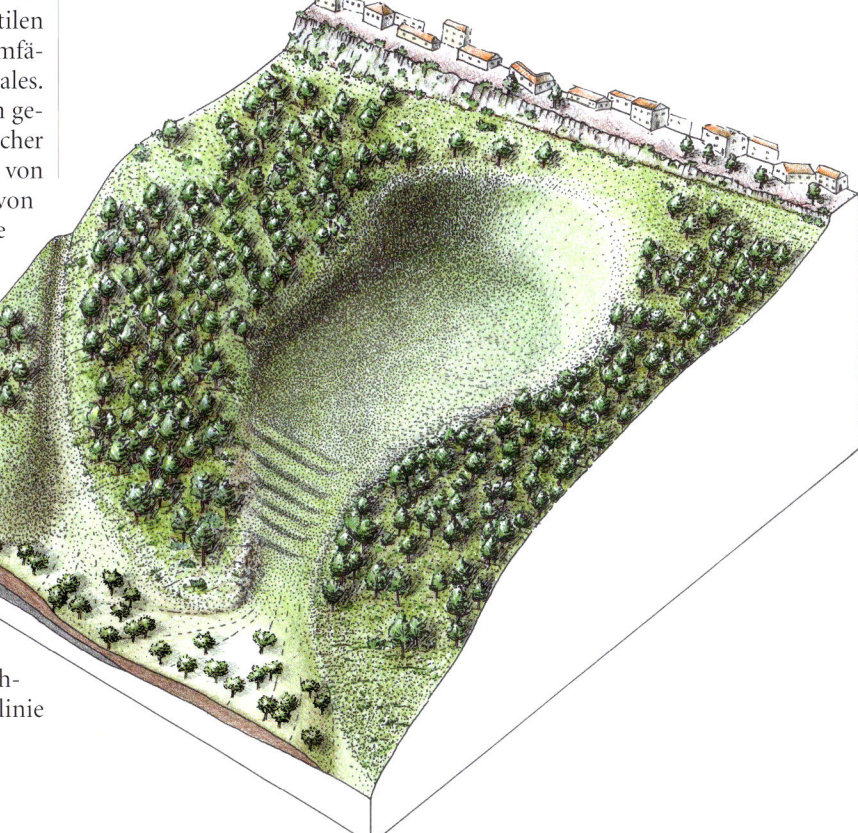

▼ **Abb. 30:** Das untersuchte Nebental des Nahal Og östlich Jerusalems (an der Wasserscheide: Ma'ale Adummim; im Vordergrund: der vom Nahal Og zerschnittene Schwemmfächer).

▶ **Abb. 31:** Schotterkörper und Schwemmfächersedimente der Byzantinischen und der Islamischen Periode am Rand des Tales des Nahal Og östlich Jerusalems.

Die Rodung der Vegetation durch Menschen ermöglichte dann erstmals im Holozän Bodenerosion auf den Hängen und Sedimentation in der Aue des Nahal Og. Die Abflüsse einiger Starkniederschläge lagerten auf dem Luvisol einen lehmigen Schotterkörper ab (Abb. 31, 32). Er enthielt zahlreiche Keramikbruchstücke. Die jüngsten gut erhaltenen Stücke datieren in die Byzantinische Periode (4. bis frühes 7. Jh.); sehr wahrscheinlich sedimentierte der Schotterkörper in dieser Zeit. Während der Byzantinischen Periode war die Region so dicht besiedelt und so intensiv landwirtschaftlich genutzt wie in keiner anderen Kulturphase zuvor und danach. Mönche und Eremiten fanden in der Judäischen Wüste zahlreiche Standorte für ein Leben in Einsamkeit. Sie errichteten viele isolierte Klosterzellen mit kleinen Gärten, Kanälen zur Sammlung von Oberflächenabfluss und Zisternen sowie Kirchen und Wege.

Wenige hundert Meter südlich des untersuchten Nebentals des Nahal Og liegen auf der Wasserscheide inmitten des jungen israelischen Ortes Ma'ale Adummim die Relikte eines von Martyrius zwischen 457 und 478 n. Chr. gegründeten und in den Jahren 1982 bis 1985 von israelischen Archäologen ausgegrabenen Klosters (Magen 1993). Winterliche Starkniederschläge spendeten Oberflächenabfluss, der über ein Netzwerk von Kanälen in sechs große Zisternen auf dem Klostergelände mit einem Gesamtvolumen von geschätzten 20 000 bis 30 000 m^3 geleitet wurde (Magen 1993, S. 49) – ein

Beleg, dass im 6. oder im frühen 7. Jh. die Böden in der westlichen Klosterumgebung bereits erodiert worden waren und wenig wasserdurchlässiges Kreidegestein an der Geländeoberfläche anstand. Mönche des Martyrius-Klosters bewirtschafteten in jener Zeit vermutlich das Untersuchungsgebiet.

Nach der Eroberung der Region durch die Perser im Jahr 614 und durch die Araber im Jahr 638 wurden viele Klöster – darunter möglicherweise auch das Kloster des Martyrius – zerstört; die zugeordneten Flächen verfielen. Die jüngste der in einem Keramikgefäß in den Relikten der Kirche des Martyrius-Klosters gefundenen Münzen datiert in das dritte Jahr der Regentschaft des Kaisers Heraklius (612/13). Die Haupteingänge der von Magen (1993) untersuchten Kirchenreste waren verbrannt – die einzigen, jedoch nicht exakt datierbaren archäologischen Spuren einer Zerstörung des Klosters. Eine aus der Zeit der ersten Kalifendynastie um 750 n. Chr. stammende Münze der Omaijaden fanden die Ausgräber in einem Bauernhof, der in jener Phase teilweise auf dem byzantinischen Badehaus und in der Nähe von zwei großen Zisternen inmitten des ehemaligen Klostergeländes angelegt worden war. Dieser Neubau der frühen Islamischen Periode weist darauf hin, dass das Kloster spätestens Mitte des 8. Jh. in Trümmern lag. Die arabischen Bauern nutzten gemauerte Kanäle zur Bewässerung (Magen 1993, S. 47).

Die Aufschlüsse belegen, dass bald nach der Ablagerung des Schotterkörpers des Og in der Nutzungsphase des Klosters – sehr wahrscheinlich im 6. oder 7. Jh. – die nicht länger von der Pflanzendecke stabilisierten Hänge in Bewegung gerieten. Innerhalb weniger Minuten schossen 12 000 m³ Substrat hangabwärts in das Tal des Og. Sie schufen eine ungeschichtete mächtige Schuttdecke aus Kreidesteinen und Bodenmaterial am Hangfuß und auf dem jungen Schotterkörper im Tal des Nahal Og. Der überwiegende Teil der Schuttdecke war am Oberhang abgerissen worden.

Welche Prozesse lösten die gewaltigen Rutschungen im untersuchten Nebental und in weiteren benachbarten Einzugsgebieten aus? Genügte ein besonders niederschlagsreicher Winter in einer Zeit intensiver Landnutzung und damit einer geringen Vegetationsbedeckung? Nach unseren Analysen des Substrataufbaus in dem Herkunftsgebiet der untersuchten Rutschmasse sind die Massenbewegungen nicht oder nicht alleine auf eine hohe Feuchte und damit geringere Stabilität des abgerutschten Substrats zurückzuführen.

Vielmehr ist von einem anderen, die Rutschungen auslösenden Prozess auszugehen. Das Tal des Nahal Og liegt am westlichen Rand einer der tektonisch aktivsten und damit erdbebenreichsten Zonen der Erde, dem Grabenbruchsystem des Jordan-Tales und des Toten Meeres. Auch in der Byzantinischen und in der frühen Islamischen Periode traten mehrere Erdbeben auf, die im benachbarten Jerusalem fatale Auswirkungen hatten. So beschädigte ein Erdbeben am 19. Mai 363 (Amiran et al. 1994, S. 265) den Tempel Jerusalems. Im Jahr 419 wurde Jerusalem erneut verheert. Am 9. Juli des Jahres 551 forderte ein besonders schweres Erdbeben Tausende Opfer von Palästina bis Mesopotamien. Stark betroffen war Jerusalem. Petra, die Hauptstadt von Palaestina tertia, wurde zerstört und nicht mehr aufgebaut (Shalem 1973; Russell 1985, S. 45; Amiran et al. 1994, S. 266). Im Jahr 659 oder 660 vernichtete ein Erdbeben den überwiegenden Teil Jerichos mitsamt den Kirchen. Die Gebäude des wenige Kilometer nordöstlich des Martyrius-Klosters gelegenen, bereits im Jahr 405 vom hl. Euthymius gegründeten Klosters und weitere Häuser in der Umgebung kollabierten (Russell 1985, S. 47; Amiran et al. 1994, S. 266). Eines der genannten Beben, möglicherweise das lokal besonders wirksame von 659 oder 660, wird die Rutschungen ausgelöst haben.

Das unterhalb des Martyrius-Klosters im oberen Einzugsgebiet des Nebentals abgerutschte Substrat blockierte vorübergehend das Tal des Nahal Og. Es drängte den Fluss aus seinem ursprünglichen, vorerdbebenzeitlichen Bett nach Nordwesten ab. Dann erodierte der Nahal Og die kurz zuvor abgelagerten Ränder der Schuttdecke. Dort lagerte er Schotter bis in eine Höhe von 1,5 bis 2 m ober-

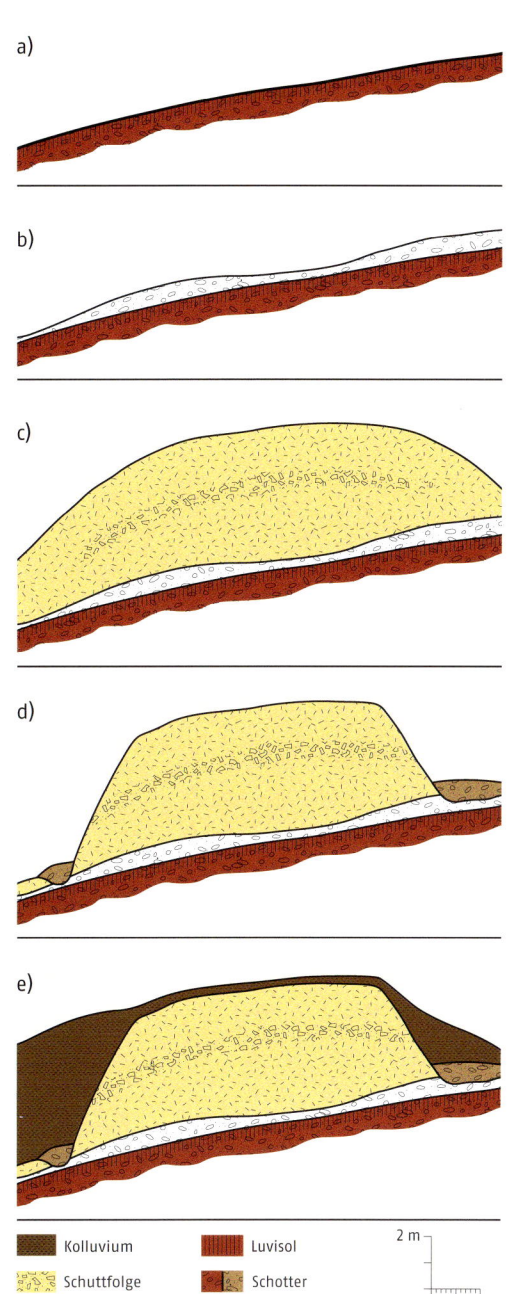

◄ **Abb. 32:** Die Entwicklung des Schwemmfächers am Rand des Tales des Nahal Og östlich Jerusalems.
a) Bildung eines Luvisols in einem Schotterkörper;
b) Ablagerung eines Schotterkörpers während der Byzantinischen Periode;
c) Rutschungen lagern im 6. oder 7. Jahrhundert eine Schuttfolge ab;
d) der Nahal Og erodiert bald danach die Flanken der Schuttfolge;
e) Kolluvien werden in der frühen Islamischen Periode auf der Schuttfolge abgelagert.

Kolluvium Luvisol Schuttfolge Schotter

2 m
1 m

halb des ursprünglichen Flussbetts ab. Die jüngsten mit den Schottern sedimentierten, durch den fluviatilen Transport vorwiegend gut gerundeten Keramikfragmente datieren ebenfalls in die Bzyantinische oder die frühe Islamische Periode – eine unabhängige Bestätigung für das aus Substratmerkmalen und Lagerungsverhältnissen identifizierte rasche Aufeinanderfolgen der Ablagerung eines Schotterkörpers auf dem Luvisol, der Rutschung, der Seitenerosion am Rand der schuttreichen Rutschmasse und einer weiteren Schottersedimentation.

Die flächenhafte Abtragung der Reste des Tonanreicherungshorizonts des erwähnten Luvisols auf den Hängen des Nebentals des Nahal Og verfrachtete in den folgenden Jahrzehnten oder Jahrhunderten tonig-schluffiges Feinmaterial auf den jüngsten Schotterkörper und die benachbarten Rutschmassen, wodurch der Schwemmfächer wuchs. Die Mächtigkeit dieser geschichteten Kolluvien schwankt von wenigen Dezimetern auf dem höchsten Punkt der Rutschmasse bis zu 4 m an ihrem nordöstlichen Rand. Das Volumen der Kolluvien – zusammen 7600 m^3 – entspricht einer mittleren Tieferlegung des 61 000 m^3 bedeckenden Einzugsgebiets um 12 cm. Auf den Rücken beiderseits des Nebentales wurden sowohl der Calciumkarbonat-Anreicherungshorizont des Luvisols als auch die unter diesem liegende Kreide exponiert.

Ackerbau und Beweidung hatten die bodenschützende Vegetation weitgehend beseitigt. So wurden in der frühen Islamischen Periode die Oberhänge und die beiden Rücken intensiv beweidet. Der Versuch, im Nebental Ackerbau zu betreiben, scheiterte mit der Abtragung der nutzbaren Bodenreste wohl noch in der frühen Islamischen Periode. An der Oberfläche noch heute sichtbare Ackerterrassen im oberen Teil des Schwemmfächers und ein an anderen Unterhangstandorten erhaltener Pflughorizont erinnern an diese letzte Episode intensiver Landnutzung.

In den vergangenen mehr als eintausend Jahren passierten die Herden von Nomaden und Halbnomaden das Nebental zumeist zweimal jährlich. Nach den Winterregen wanderten die Herden nach Osten auf die Weiden der Judäischen Wüste. Bis zum Sommer kehrten sie in das westlich des Untersuchungsgebiets gelegene Judäische Bergland zurück. Vegetation stabilisierte aufgrund der nur mäßig starken Beweidung die Geländeoberfläche, unter der sich ein kräftiger Humushorizont entwickelte. Schwache Tonverlagerung ist nachweisbar. In der zweiten Hälfte des 20. Jh. wurde ein Teil des Untersuchungsgebiets mit Kiefern aufgeforstet. Mit Ausnahme der Einschneidung des Nahal Og in den Schwemmfächer, die durch Straßenbaumaßnahmen stimuliert worden war, und dem Siedlungsbau in Ma'ale Adummim an der Wasserscheide blieb die Geländeoberfläche stabil.

An dem untersuchten kleinen Einzugsgebiet zeigt sich die Bedeutung seltener, starker Erdbeben für die Landschaftsentwicklung in einer tektonisch aktiven Region. Ein Erdbeben ist letztlich für mehr als 60 % der Materialverlagerungen der vergangenen Jahrtausende verantwortlich, Ackerbau in der Byzantinischen und in der frühen Islamischen Periode für den übrigen Anteil.

Afrika

Die Ursachen der Entwicklungen von Landschaften könnten kaum gegensätzlicher sein, die Resultate kaum ähnlicher: Seltene Witterungsextreme formen die Wüsten im Nordosten des Sudan und – seit der Beseitigung der den Boden schützenden Vegetation – den immerfeuchten Südosten Südafrikas.

Der (ohne menschlichen Einfluss) nahezu vegetationslose Nordosten des Sudan, die Nubische Wüste, wird von extremen Witterungsereignissen geprägt. Die geringen Jahressummen der Niederschläge lassen auf den ersten Blick schwache Niederschläge erwarten. Tatsächlich fällt der gesamte Jahresniederschlag während weniger intensiver und für Menschen gefährlicher Ereignisse. Das Wasser der Starkniederschläge kann nicht schnell genug im Boden versickern. Es sammelt sich in vielen Fließbahnen, die rasch in den davor wasserlosen Auen zusammenströmen. Schnell fließende, große Wassermassen transportieren kurzzeitig oft mehr als kopfgroße Steine. Der Abrieb formt aus eckigen Steinen schließlich runde Schotter. Atemberaubend ist die Geräuschkulisse während des Abflusses: Die an der Sohle eines Flusses transportierten Schotter schlagen aneinander, zahllose laute, klackende Töne in unterschiedlichen Tonlagen erzeugend. Nach kurzer Zeit sind die Wassermassen flussabwärts verschwunden, für einige Stunden bleibt die Oberfläche noch feucht. Danach zeugen nur noch die höheren Wassergehalte in den Lockergesteinen der Aue für einige Tage von den dramatischen Geschehnissen.

Dagegen schützten Wälder bis zur Einwanderung der ersten afrikanischen Tierhalter, Acker- und Gartenbauern vor etwa zwei Jahrhunderten die Bodenoberfläche in der heutigen Transkei. Rodungen ermöglichten in dem immerfeucht-subtropischen Klima eine partielle Zerstörung der Böden ein. Dennoch gelang den afrikanischen Landnutzern dann eine nachhaltige Bodennutzung. Europäischstämmige verdrängten in der ersten Hälfte des 20. Jh. die afrikanische Bevölkerung mit ihren Herden in wenig fruchtbare Räume wie die Transkei. Der Politik der ethnischen Trennung gerade in Regionen mit sensitiven Böden folgten hohe Menschen- und Tierdichten und damit eine intensive Beweidung sowie acker- und gartenbauliche Nutzung. Die nachhaltigen extensiven Landnutzungssysteme waren nicht länger einsetzbar. Die resultierende Vegetationszerstörung ermöglichte starke Bodenerosion. Bei Inxu Drift rissen die Abflüsse einiger Starkniederschläge riesige Schluchtensysteme in die ungeschützten Böden bis auf das viele Meter

▲ Abb. 33: In Afrika untersuchte Landschaften.

tiefer anstehende Festgestein. Wege wurden zerstört, die Verbindungen zwischen Siedlungen gekappt und manche Felder waren nur noch über große Umwege erreichbar. Erst die Ausräumung der leicht erodierbaren Lockergesteine ließ die Erosionsraten in den letzten Jahrzehnten zurückgehen.

Landschaftsentwicklung ohne Einfluss des Menschen?
Die Nubische Wüste im Sudan

Hans-Rudolf Bork und Ingo Ahrendt

Auf den Oberflächen und in den Böden und Sedimenten der wechselfeuchten und immerfeuchten Tropen, Subtropen und gemäßigten Breiten haben landnutzende Menschen vielfältige Spuren hinterlassen, die Strukturen von Landschaften, Energie-, Wasser- und Stoffhaushalte modifiziert und damit einen häufig völlig andersartigen Verlauf zahlreicher Prozesse bewirkt. An Standorten in Trockengebieten mit einem regelmäßigen Süßwasserzufluss wie am Nordrand des Salar de Atacama im Norden Chiles nutzten Menschen natürliche Prozesse, um das Aufwachsen einer Oase zu ermöglichen (s. S. 66). Geringe, jedoch regelmäßige Niederschläge im Winter gestatteten Ackerbau vom 4. bis zum 7. Jh. am semiariden Westrand der Judäischen

▶ **Abb. 34:** Abfluss vom Oberhang: verlagerte Sande auf dem Unterhang (Red Sea Hills, nordöstliche Nubische Wüste, Sudan).

Wüste (s. S. 43). Nicht selten überlagerten sich die Wirkungen natürlicher Extremereignisse und die Wirkungen menschlicher Einflüsse.

Wie aber entwickelten sich aride Gebiete ohne gravierende Eingriffe durch Menschen? Finden auch in nicht genutzten Trockengebieten starke Umlagerungen von Feststoffen an der Oberfläche durch Wind und Wasser statt?

In der Nubischen Wüste des nordöstlichen Sudans haben wir die Landschaftsentwicklung der vergangenen 30 000 Jahre untersucht. Zwar liegen die mittleren Jahresniederschläge in diesem Raum heute unter 50 mm. Mittelwerte sind in ariden Räumen aufgrund der außerordentlich starken interannuellen Variabilität wenig aussagekräftig. Oftmals fallen in der Summe mehrerer Jahre in den zum Roten Meer entwässernden, ariden ostägyptischen und nordostsudanesischen Einzugsgebieten nur wenige Millimeter Niederschlag.

Überaus selten, jedoch mit nachhaltiger Wirkung auf die Geländeoberfläche sind extreme Starkniederschläge. Innerhalb einiger Minuten bis weniger Stunden können mehr als 100 Millimeter Niederschlag fallen – mehr als 100 Liter Wasser auf einen Quadratmeter Wüstenoberfläche. Schon weit geringere Mengen lösen auf den häufig wenig wasserdurchlässigen, steinreichen oder verschlämmten feinbodenreichen Oberflächen der Hänge starken Oberflächenabfluss aus. Selbst auf lockeren Sanden

beobachteten wir in den sudanesischen Red Sea Hills während eines Starkregens Oberflächenabfluss (Abb. 34). Rasch floss der Abfluss von den steinreichen Oberhängen über äolische Sande, Schuttdecken oder schluffig-tonige Sedimente in kleine Trockentäler. Hier wälzte sich zuerst sehr langsam ein Wasserkörper talabwärts, an dessen vorderer, sedimentreicher Front das Wasser im dort noch trockenen Talsediment versickerte. Das Wasser kleiner Täler floss größeren zu (Abb. 35). Mit wachsender Wassermenge stieg die Fließgeschwindigkeit an. Kurz nach dem Ende des Niederschlags ließ die Abflussbildung auf den Hängen nach. Fehlender Wassernachschub minderte bald darauf den Abfluss in den Tälern. Einige Dekaminuten nach dem Ende des Niederschlags waren nur noch in der Sonne glitzernde, feuchte Hang- und Taloberflächen zu sehen. Die Oberfläche trocknete rasch ab. Nach einigen Tagen wurde das Samenpotenzial der Böden offenbar. Ein zunächst grüner und dann farbiger Pflanzenteppich überzog die Vollwüste.

Auch häufigere, nur einige Sekunden bis wenige Minuten während Starkniederschläge können in Wüsten Oberflächenabfluss und Erosion auslösen. Sie bewegen Bodenpartikel vorwiegend über Distanzen von einigen Zentimetern bis wenigen Dekametern. Der Abfluss versickert Sekunden nach dem Ende des Niederschlags mangels Wassernachschub vollständig. Selbst auf sehr steilen Oberflächen bleiben die mitgeführten Partikel am Ort der Versickerung liegen.

Den weit überwiegenden Teil des Materialtransports bewältigen die Abflüsse sehr seltener Starkniederschläge, die in dieser Intensität im statistischen Mittel nur einmal in einem Jahrhundert, in einem Jahrtausend oder gar noch seltener auftreten. Sie schneiden auf manchen Hängen zahlreiche kleine Rillen und einige große Schluchten ein und lagern in den Talauen mächtige Sedimentkörper ab. Solche episodischen Abtrags- und Ablagerungsprozesse prägten die Arabische und die Nubische Wüste in den vergangenen Jahrhunderten.

Hohe Windgeschwindigkeiten bewirken das Verdriften von Sand- und Schluffkörnern. Aufgrund des Mangels an größeren Sand- und Schluffmassen spielte die Winderosion zwischen Nil und Rotem Meer in der jüngeren Vergangenheit trotz häufiger Stürme nur an wenigen, vor allem küstennahen Standorten eine wichtige Rolle. Dünen und Flugsanddecken nehmen nur wenige Prozent der rezenten Geländeoberfläche ein. Hingegen behindert Flugsand auf den Straßen östlich des Suezkanals im nordwestlichen Sinai heute häufig den Straßenverkehr.

Zum Ende der letzten Kaltzeit und im Altholozän reichte auch in Nordostafrika die Winterregenzone viele hundert Kilometer weiter nach Süden

und die Sommerregenzone einige hundert Kilometer weiter nach Norden als heute. In jenem feuchteren Klima herrschten andere und intensivere Prozesse der Bodenbildung im Vergleich zu den heutigen ariden Bedingungen. Die Vollwüste nahm im Spätglazial und im Altholozän einen weitaus kleineren Raum in Nordafrika als in den letzten Jahrhunderten ein.

Spuren menschlicher Tätigkeit sind in den untersuchten, heute vollariden Räumen für die vergangenen Jahrhunderte sehr rar. Die (außer in den ersten Wochen nach überaus seltenen, stärkeren Niederschlägen) nahezu vegetationsfreien Wüstenoberflächen wurden, mit Ausnahme sehr kleiner Areale, weder bewässert und garten- oder ackerbaulich genutzt noch beweidet. Erst der nördliche, regelmäßig geringe Winterniederschläge empfangende Rand der Arabischen Wüste und der südliche, gelegentlich Sommerniederschläge erhaltende und daher mit Halbwüstenvegetation bewachsene Rand der Nubischen Wüste werden seit Jahrhunderten intensiv beweidet. Die Bildung der Böden und die Verlagerung von Feststoffen durch Oberflächenabfluss und Wind verlief, von ganz wenigen Ausnahmen wie der unmittelbaren Umgebung der christlichen Klöster Ostägyptens abgesehen, in der Arabischen und in der Nubischen Wüste nach dem

Ende des römischen Einflusses bis in die erste Hälfte des 20. Jh. ohne nachweisbare menschliche Eingriffe und Einflüsse. Prozesse der physikalischen Verwitterung dominierten im Festgestein und in Schuttdecken. In ton- und schluffreichen Substraten reicherten sich in Oberflächennähe leicht lösliche Salze an. In den letzten Jahrzehnten wurden auch asphaltierte Straßen durch Trockentäler gebaut. Siedlungen dehnen sich heute zunehmend auf die vegetationsfreien Hänge unmittelbar östlich des dicht besiedelten und von Fremdwasser aus den niederschlagsreichen Gebieten Ostafrikas gespeisten und daher intensiv nutzbaren Niltals aus. Seltener Oberflächenabfluss zerstört dort die neu geschaffene Infrastruktur.

Im Gegensatz zu den immerfeuchten Klimagebieten der Erde, deren Vegetation die Böden vor den ersten Eingriffen des Menschen fast vollkommen schützte, vollzogen und vollziehen sich in den Vollwüsten episodisch infolge heftiger Niederschläge oder hoher Windgeschwindigkeiten auch ohne anthropogene Einflüsse starke Umlagerungen von Feststoffen. Handlungen von Menschen waren in den Vollwüsten Nordostafrikas für den Zustand der Böden und die Form der Geländeoberfläche vom Ende der Römerzeit bis in die erste Hälfte des 20. Jh. unbedeutend.

▲ **Abb. 35:** Starkniederschlag und Abfluss in den Red Sea Hills (nordöstliche Nubische Wüste, Sudan).

▲ **Abb. 36:** Untersuchungsgebiet Inxu Drift in der Transkei (Republik Südafrika); Blick nach Norden. Im Hintergrund befinden sich die Ausläufer der Drakensberge.

Unter grünen Mänteln schreien die Narben,
rote Wunden klagen ohne Laut,
betteln um Linderung, Sättigung;
warmes Leben sickert mit den Bächen hin zum Meer.

Teuer mein Land, mir zum Ergreifen frei,
beugt sich geschädigt und stumm unserem Willen,
in Biegungen, Hochländern steigt mein Sinnesgenuss
und mischt sich mit Wut, sammelt sich

zu Fluten, schwellend in Liebe und Schmerz.
Tiefdunkel und reich, trügerisch ruhig
fließen Zeiten und Landschaften hin zu neuen
                                                    Horizonten –
harren gequält und ungeduldig der belebenden
                                                    Regenfälle.

*Dennis Brutus (1973),
Übersetzung von Joseph Marmion*

Die Höhlen und Schluchten von Inxu Drift in der Transkei (Republik Südafrika)

Christine Dahlke und Hans-Rudolf Bork

Die Transkei erstreckt sich im Südosten der Republik Südafrika von den Drakensbergen im Norden zum Indischen Ozean im Süden, vom Kei-Fluss im Westen zur Grenze mit der Provinz KwaZulu-Natal im Osten. Der Stamm der Xhosa siedelt in der Transkei. In der Phase der Apartheid war die Transkei ein Homeland, d. h. ausschließliches Siedlungsgebiet der schwarzen Bantubevölkerung. Mit der Ablösung des Apartheidregimes 1990 und einhergehend mit der formalen Aufhebung der ethnischen und räumlichen Trennung der verschiedenen Ethnien wurde die Transkei 1994 Teil der Provinz Eastern Cape.

Das 40 km nördlich von Umtata gelegene Gebiet Inxu Drift ist typisch für die Transkei (Abb. 36). Hier dominiert Allmende, durch Beweidung mit Ziegen und Schafen gemeinschaftlich genutztes Grünland. In unmittelbarer Nachbarschaft der Häuser wird auf kleinen Parzellen Acker- und Gartenbau betrieben.

Ein verbreiteter Bodentyp dieses Gebiets ist der Vertisol. Der stabile, humusreiche Oberboden geht nach unten in einen rötlich-braunen Unterboden über, dessen Tone in der Trockenzeit schrumpfen. Im Untergrund reißt dann ein ausgedehntes Grobporennetz auf, aus dem zunächst Höhlen entstehen, deren Decken schließlich einstürzen. Zahlreiche derartige Bodeneinbruchstrichter prägen die Landschaften der Transkei (Beckedahl 1998).

Flächenhafte Bodenerosion ist auf einigen intensiv beweideten oder acker- und gartenbaulich genutzten Hangabschnitten bedeutsam. Nach dem sukzessiven flächenhaften Abtrag des humosen Oberbodens gelangten die wenig fruchtbaren Tone der Unterböden oder gar die darunter anstehenden dichten Schluff- und Tonsteine an die Oberfläche einiger Hänge. Diese Erosionsflächen sind nur spärlich mit Vegetation bedeckt und ein Bereich häufiger Abflussbildung.

Konzentriert sich während der häufigen Starkniederschläge Abfluss in Dellen und Tälern, so zerstören die Wassermassen und die resultierende linienhafte Bodenerosion Brücken und Straßen. Dörfer werden von der Außenwelt abgeschnitten, vormals zusammenhängende Weiden zerschnitten und die Tierhaltung erschwert. Menschen und Tiere vermögen die entstandenen steilen, tiefen und bei Nässe glatten Wände der Schluchten oft nicht zu überwinden. Weite Wege für Mensch und Tier sind die Folge. Die Hauptschlucht von Inxu Drift, deren Einzugsgebiet 2,2 km² Fläche einnimmt, ist über 2 km lang, bis zu 30 m breit und maximal 10 m tief (Abb. 37). Das Schluchtsystem entwässert über den Inxu- und den Mzimbuvu-Fluss in den Indischen Ozean.

Bodenerosion erschwert die Versorgung der Haushalte mit sauberem Wasser (Beckedahl 1998). Die Distanzen zu sauberem Trinkwasser wachsen.

Oberflächenabfluss wird in den niederschlagsreichen Sommern in kleinen Erdbecken gestaut. Schwebstoffreicher Oberflächenabfluss füllt die Staubecken mit Sediment und erzwingt kostenintensive Reinigungen. Die zu Beginn der Trockenzeit schrumpfenden Tone lassen gelegentlich die über ihnen liegenden Erddämme einstürzen. Die Restwasservorräte der Becken gehen dann verloren.

Die intensive unter- und oberirdische, linien- und flächenhafte Bodenerosion berührt fast alle Bereiche des täglichen Lebens. Sie hat großen Anteil an der schwierigen wirtschaftlichen und sozialen Situation der Bevölkerung.

▲ **Abb. 37:** Hauptschlucht von Inxu Drift (Transkei, Republik Südafrika); Blick nach Norden.

▲ **Abb. 38:** Im Vordergrund Einbruchstrichter, im Hintergrund Hauptschlucht von Inxu Drift (Transkei, Republik Südafrika).

Die Genese der Höhlen und der Einbruchstrichter

Südlich von Inxu Drift wurde ein mittlerer Jahresniederschlag von 655 mm registriert (South African Weather Bureau 1950–1997). Der weit überwiegende Teil fällt in den Sommermonaten November bis März. Die ausgeprägten sommerlichen Feucht- und winterlichen Trockenphasen sind für die Genese von Höhlen, Einbruchstrichtern (Abb. 38) und Schluchten von entscheidender Bedeutung (Beckedahl 1998). Die Tonminerale der Unterböden können Wasser in ihre Kristallstruktur einlagern und in feuchten Perioden quellen. Im Verlauf der Trockenzeit wird ein Teil des eingelagerten Wassers abgegeben, das Volumen der Tonminerale schrumpft. Die resultierenden, mit Bodenluft gefüllten Rissnetze besitzen eine erhebliche Ausdehnung. Zu Beginn einer Regenzeit füllen stärkere Niederschläge rasch die verborgenen Rissnetze mit Wasser, oftmals bevor die quellenden Tone den Grobporenraum wieder verschließen.

Während des kurzen Zeitraums des Befeuchtens und des allmählichen Quellens fließt das Bodenwasser in den unterirdischen Rissen etwa oberflächenparallel langsam hang- und talabwärts. Ist die Quellung abgeschlossen, nehmen die vergrößerten Tonminerale den ehemaligen Grobporenraum wieder vollständig ein und der dortige, mäßig schnelle Wasserfluss endet.

Durch flächenhafte Bodenerosion des stabileren Oberbodens während starker Niederschläge, infolge von Schluchtreißen oder indem der Oberboden z. B. durch Straßenbauarbeiten lokal vollständig abgetragen wird, können Teile des Rissnetzes an die Geländeoberfläche gelangen. Dann tritt zu Beginn einer Regenzeit das Wasser weitaus schneller aus den Rissen auf die Geländeoberfläche aus. Tonminerale werden zunächst in der Nähe des neu entstandenen Auslasses an den Oberflächen der Risse erodiert. Das Volumen des so vergrößerten Grobporenraums kann durch quellende Tonminerale in der niederschlagsreichen Sommerzeit nicht mehr vollständig verschlossen werden. Dauerhaft offen bleibende Grobporen leiten das durch den Oberboden sickernde Wasser nunmehr stets schnell ab. Weitere Tonminerale werden erodiert, der Grobporenraum wächst. In Bereichen stärkerer unterirdischer Bodenerosion wandeln sich die Rissnetze zu kleinen Tunneln mit größeren Kammern. Schon nach wenigen Jahren können größere Höhlen unter den weiterhin festeren Oberböden entstehen. Wird die Stabilität des Oberbodens durch ein über die Geländeoberfläche laufendes Tier oder bereits alleine aufgrund der horizontalen Ausdehnung des Hohlraumes überschritten, bricht die Oberbodendecke zur Höhle durch (Abb. 38). Über Jahrzehnte wachsen die unterirdischen Höhlen über perlschnurartig aufgereihte Einbruchstrichter zu ausgedehnten Schluchten (Beckedahl 1998).

Andere Schluchten verdanken ihre Existenz dem oberirdischen Abfluss lokaler Starkregen (Bork et al. 1998). Die Aufzeichnungen des südafrikanischen Wetterdienstes aus den umgebenden Wetterstationen belegen lokale Starkregen mit mehr als 200 mm an einem Tag (South African Weather Bureau 1950–1997). Die Schluchten zerschneiden zahlreiche von Menschen und Tieren genutzte Pfade.

Die Veränderung von Inxu Drift in den vergangenen zwei Jahrhunderten

Der jüngste Landschaftswandel wurde von den Verfassern durch bodenkundlich-sedimentologische Profilanalysen sowie die Auswertung von Luftbildern und Schriftquellen untersucht. Phasen der landnutzungsbedingten Reliefveränderung wurden identifiziert.

Nach etwa zwei Jahrtausenden der Oberflächenstabilität und intensiver Bodenbildung schnitten sich um 1800 n. Chr. zwei Rinnen in den zuvor entstandenen, mächtigen Humushorizont ein. Schwache flächenhafte Bodenerosion füllte im frühen 19. Jh. beide Rinnen mit umgelagertem grauem Humushorizontmaterial. Eine Periode sehr geringer flächenhafter Bodenerosion schloss sich an, wovon Kolluvien auf den Unter- und Mittelhängen mit einem Volumen von 13 350 m³ zeugen.

Die traditionelle Subsistenzwirtschaft der Xhosa war von Viehhaltung geprägt und wurde durch Wanderfeldbau ergänzt. Ungern-Sternberg (1975) geht von einer Ausweitung des Ackerbaus in der Transkei während des 19. Jh. aus. Die flächenmäßige Ausweitung des Feldbaus ging offenbar mit einer veränderten Bodenbearbeitung einher. Die schrittweise Einführung des Pfluges durch europäische Siedler seit dem 19. Jh. löste Grabstock und Hacke ab (Ungern-Sternberg 1975, S. 107). Der Wandel der Anbautechnik zugunsten des Pfluges

bedingte ein tieferes Aufreißen des Bodens und eine geringere Vegetationsbedeckung. Die Zunahme der ackerbaulich bewirtschafteten Schläge und die neuen Anbautechniken in der Transkei könnten auch in Inxu Drift flächige, vegetationsarme und damit erosionsanfälligere Areale verursacht haben.

Wann entstanden die Höhlen, wann brachen die Höhlendecken ein und wann wurde Inxu Drift zerschluchtet? Die untersuchten Aufschlüsse belegen, dass Inxu Drift erst nach der flächenhaften Ablagerung der Kolluvien von starker linienhafter unter- und oberirdischer Bodenerosion betroffen war; die Kolluvien sedimentierten im 19. Jh. und im frühen 20. Jh. Die Entwicklung der Höhlen, Einbruchstrichter und Schluchten begann damit in der ersten Hälfte des 20. Jh.

Eine Serie von Luftbildern dokumentiert den Landnutzungs- und Landschaftswandel seit der Mitte des 20. Jh. Die Aufnahme aus dem Jahr 1949 (Abb. 39) zeigt eingebrochene Höhlen, ein dendritisches Schluchtsystem, Ackerterrassen, Lehmrundhütten, locker angeordnet in Halbkreis oder Reihe und Kraale der Xhosa. Schluchten umgreifen Hütten und Kraale zangenartig; Bodenerosion zerstörte einige Hütten. Offene Weiden nehmen den überwiegenden Teil des Untersuchungsgebiets ein.

Von 1949 bis 1976 (Abb. 40) wandelte sich die Landnutzung einschneidend. Hütten sind 1976 nicht mehr erkennbar, das Untersuchungsgebiet war entsiedelt; Gras wuchs auf ehemaligen Pfaden. Benachbarte Siedlungen waren hingegen stark gewachsen. In Reihen angeordnete, quadratische Häuser traten dort in parzellierten Flächen an die Stelle traditioneller Gehöftstrukturen. Die Luftbilder des Jahres 1994 illustrieren eine Wiederbesiedlung von Inxu Drift in traditioneller Lehm- und moderner Steinbauweise.

Die Luftbildanalyse gestattete in Verbindung mit den Aufschlussuntersuchungen eine Quantifizierung des Wachstums der Schluchten in Inxu Drift. Von 1949 bis 1975 wurden im Mittel etwa 54 t Substrat ha⁻¹ a⁻¹ erodiert, von 1976 bis 1993 ca. 16 t ha⁻¹ a⁻¹ und von 1994 bis 1999 kaum 8 t ha⁻¹ a⁻¹.

Die Ursachen der dramatischen unter- und oberirdischen Bodenerosion

Die Umweltentwicklung der Transkei wurde im 20. Jh. maßgeblich von der Apartheidpolitik geprägt. So beschränkte die verordnete räumliche Trennung der Ethnien die Nutzungsflächen der Bantubevölkerung in erheblichem Maße. Im „Native Land Act" von 1913 wurden mehr als zwei Dritteln der gesamten Bevölkerung, den „Schwarzen", 7,3 % der Landesfläche zugesprochen (Sachs, zit. in Preißler 1998, S. 4). Vertreibungen

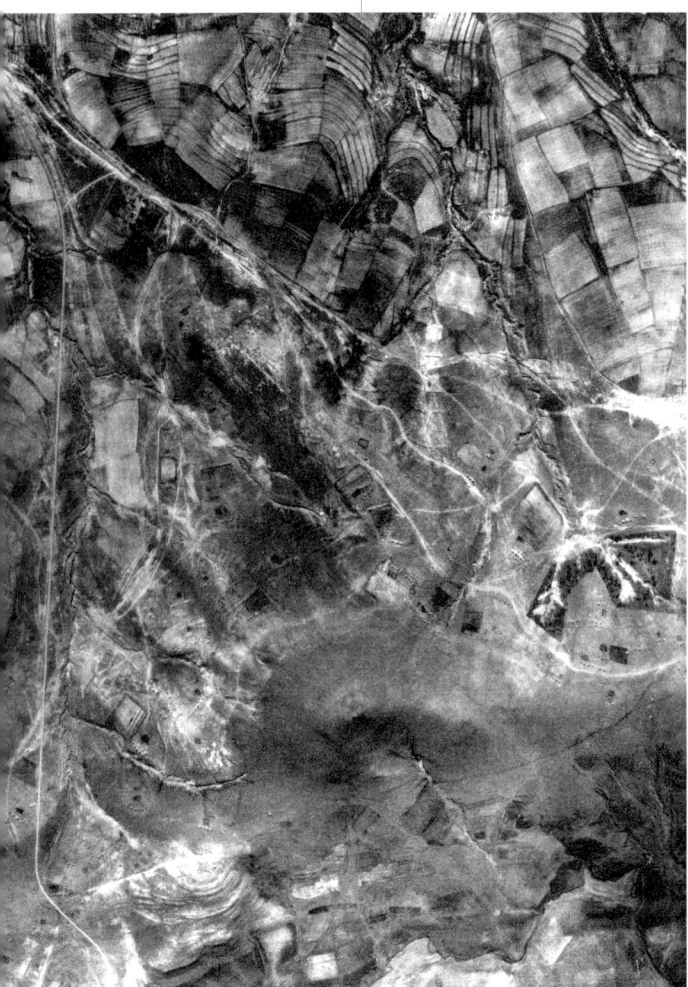
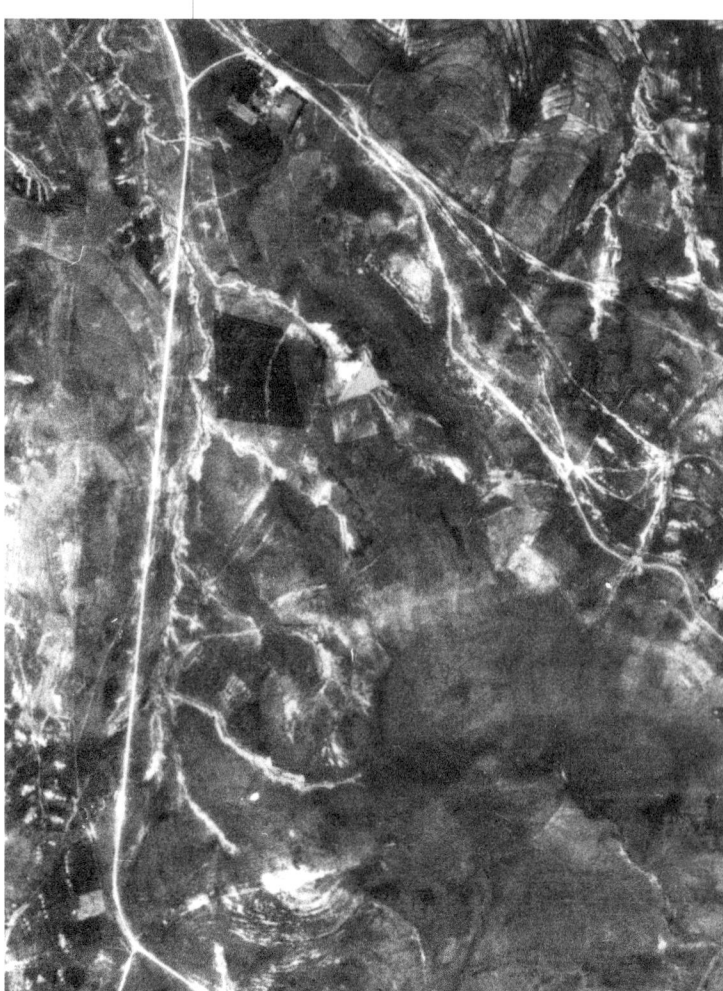

▲ **Abb. 39:** Inxu Drift (Transkei, Republik Südafrika) im Mai 1949 (Flug 207/11727, vergrößerter Ausschnitt, Originalmaßstab ca. 1 : 18 000, Chief Directorate Surveys and Mapping, Mowbray, Republik Südafrika).

▲ **Abb. 40:** Inxu Drift (Transkei, Republik Südafrika) am 6. April 1976 (Flug 765/125, vergrößerter Ausschnitt, Originalmaßstab ca. 1 : 50 000, Chief Directorate Surveys and Mapping, Mowbray, Republik Südafrika).

und Zwangsumsiedlungen, u. a. in die Transkei, resultierten (de Wet 1995; Lang 1999, S. 88). Hohe Geburtenraten erhöhten die Bevölkerungsdichte der Transkei weiter. Zugleich nahmen im Verlauf der 1920er- und 1930er-Jahre der Gesamtviehbestand und damit die Beweidungsintensität stark zu (Ungern-Sternberg 1975, S. 145; Bembridge 1984, S. 69). Neue Siedlungen, neue Wege, die intensivierte Beweidung und die verstärkte Holznutzung ließen auch in Inxu Drift ausgedehnte vegetationsarme und verdichtete Oberflächen entstehen. Die abnehmenden Transpirationsraten erhöhten den Zufluss von Niederschlagswasser in die tonreichen Unterböden. Während starker Niederschläge floss Wasser konzentriert auf den Viehpfaden ab und erodierte den Oberboden. Die lokale linienhafte Entfernung der Oberböden durch Bodenerosion entlang der Viehpfade ermöglichte den Ausfluss

von schwebstoffreichem Bodenwasser aus den unterirdischen Rissnetzen und förderte damit die unterirdische Bodenerosion entscheidend.

Weshalb lagen die mittleren jährlichen Erosionsraten des Zeitraums 1976 bis 1993 um mehr als zwei Drittel unter denjenigen des Zeitraums 1949 bis 1975? Die Schluchten hatten sich häufig schon gegen Mitte des 20. Jh. bis auf das Niveau des weitaus abtragungsresistenteren Festgesteins eingeschnitten, woraufhin das Ausmaß der Tiefenerosion abnahm. Anschließend war nur noch die Seitenerosion wirksam. Zugleich minderte sich die Nutzungsintensität im Einzugsgebiet des Schluchtsystems. Es wurde nach 1949 und vor 1976 vollständig entsiedelt, möglicherweise infolge der „Betterment Policy" der „weißen" Regierung. Der Nutzungsdruck nahm ab, neue Clustersiedlungen entstanden außerhalb des Untersuchungsgebiets.

Nach dem formalen Ende der Apartheid im Jahr 1994 wurde Inxu Drift wiederbesiedelt; kleine Gärten wurden angelegt. So konnten von 1994 bis 1999 weitere 7000 m³ Boden in den Schluchten von Inxu Drift und ihrem Einzugsgebiet erodiert werden. Aufwändige Schutzmaßnahmen scheiterten in Unkenntnis der Prozesse und Ursachen der unterirdischen Bodenerosion (Abb. 41).

Die bedeutendste Umweltveränderung in Inxu Drift, die Vernichtung der Böden durch Erosion, ist bis heute nicht gelöst.

Nordamerika

▲ **Abb. 42:** In Nordamerika untersuchte Landschaften.

Nordamerika

Europäischstämmige Tierhalter und Ackerbauern erreichten, von Osten kommend, in der zweiten Hälfte des 19. Jh. die fruchtbare Lösslandschaft des Palouse im Südosten des heutigen Bundesstaates Washington der USA und den Norden Zentraloregons. Sie nutzten oder beseitigten die in den Jahrhunderten davor kaum von amerikanischen Völkern veränderten Langgrassteppen und die lichten, grasreichen Wälder, um Rinder zu halten und (zunächst als Subsistenzwirtschaft) Ackerbau zu betreiben. Die Bedeutung des Ackerbaus und damit die Ausdehnung der Äcker nahm in beiden Regionen ständig zu.

Im Palouse waren im frühen 20. Jh. fast alle, vorwiegend in den Trockentälern und auf schwach geneigten Hängen liegenden Ackerstandorte genutzt. Auf den Steilhängen wurde Ackerbau erst durch den Ersatz der Zugtiere (hauptsächlich der Pferde) durch Zugmaschinen in der Mitte der 1930er-Jahre ermöglicht. Der Umbruch des Dauergrünlands auf Steilhängen erforderte eine hohe Aufmerksamkeit der Farmer. Der Abfluss sommerlicher Gewitter oder der Schneeschmelzen im Frühjahr riss Erosionsrillen ein, die sich beim nächsten Abflussereignis in Schluchten zu wandeln

drohten. Zur Vorbeugung des dauerhaften Verlusts von Ackerland wurden die Erosionsrillen nach jedem Starkniederschlag beseitigt. Die besondere zweijährige Fruchtfolge mit einjähriger Schwarzbrache begünstigte Abflussbildung und Bodenerosion im Palouse.

Im Norden Zentraloregons hatten die europäischstämmigen Siedler lediglich geringmächtige, mäßig fruchtbare Böden vorgefunden. Die verheerenden Abflüsse von Starkniederschlägen zerschluchteten in den 1920er-Jahren das gerade neu geschaffene Ackerland. Nutzungsaufgabe oder zumindest extensivere Nutzungen waren die Folge. Ein halbierter Brunnen und der verschüttete Kotflügel eines alten Kraftfahrzeugs gestatteten die Datierung dieses Schluchtenreißens.

Die goldene Gans wird zu Tode gerupft: Bodenzerstörung in der Lösslandschaft des Palouse (Washington und Idaho, USA)

Hans-Rudolf Bork, Karl Geldmacher, Björn Röpke, Sibyll Schaphoff, Tilo Schnur, Franka Berdel, Helga Bork, Claus Dalchow und Berno Faust

„Palouse farmers have not killed the golden goose but are plucking it to death"   *(Steiner 1990, S. 94)*

Das Palouse
Die im Osten des US-Bundesstaats Washington sowie im Westen von Idaho gelegene hügelige, fruchtbare Lösslandschaft, das Palouse, empfängt im vieljährigen Mittel lediglich 230 mm (im Westen) bis 600 mm Jahresniederschlag (im Osten). Im trockenen Westen und im Zentralbereich des Palouse dominierte bis zum Ende des 19. Jh. Steppe, die im Osten in eine offene Waldlandschaft überging. Brände, die in den vergangenen Jahrhunderten regelmäßig von indigenen nomadisierenden Bewohnern gelegt worden waren, ermöglichten den Erhalt des Graslandes. Unter diesen Klima- und Nutzungsbedingungen bildeten sich an den Hängen bis zum 19. Jh. im zentralen und östlichen Palouse vorwiegend stark degradierte Schwarzerden, d.h. bis zu 2 m tief entkalkte, verbraunte und lessivierte Böden mit einem etwa 40 cm mächtigen humosen Oberboden.

Die Besiedlung des Palouse durch europäischstämmige Landnutzer
Nachdem europäischstämmige Tierhalter 1834 die ersten Rinder auf das Columbia Plateau gebracht hatten und 1855 bereits 200 000 Rinder dort lebten,

begann in den 1860er-Jahren die Rinderhaltung auch im Palouse. Ein Überangebot an Rindern ließ auch bald die Schafhaltung aufblühen. Im Jahr 1877 wurde die hohe Fruchtbarkeit der mächtigen Lössböden entdeckt. Bald darauf erreichte die Eisenbahn die Region, und auf dem Columbia River und dem Snake River wurde der Frachtschiffverkehr aufgenommen. Neue Absatzmärkte konnten erschlossen werden. In den 1880er-Jahren war das beste Land des Palouse vergeben. Während 1872 nur etwa 200 Menschen im Palouse lebten, waren es 1890 bereits mehr als 30 000. Die Siedler kamen vorwiegend aus den Bundesstaaten des mittleren Westens und der Great Plains sowie aus Deutschland, Russland, England, Kanada, Irland, Österreich, der Schweiz, Skandinavien und China. Deutsche und Russlanddeutsche siedelten hauptsächlich im Grasland, die Skandinavier im gehölzreichen östlichen Palouse. Die besondere Bedeutung dieser überaus fruchtbaren Lösslandschaft zeigt die schon 1889/90 erfolgte Gründung von zwei land-grant colleges, der University of Idaho in Moscow und des kaum 20 km entfernten Washington State College (heute Washington State University) in Pullman (Steiner 1990).

Das 20. Jahrhundert

In den ersten Jahrzehnten des 20. Jh. verdrängten Ackerbauern allmählich die Viehhalter. Seit etwa 1920 wird im zentralen und östlichen Palouse ohne Bewässerung vor allem Winterweizen angebaut, des Weiteren auch Sommerweizen, Sommergerste, Erbsen und Linsen (Geldmacher 2002, S. 91). Das Palouse entwickelte sich bis Mitte des 20. Jh. zu einem der bedeutendsten und ertragreichsten Weizenanbaugebiete Nordamerikas. Ackerbaulich genutzt wurden zunächst hauptsächlich die flacheren und konkaven Unterhänge. Obgleich schließlich eine erhebliche Zahl von Zugpferden vor eine Maschine gespannt wurden, verhinderten bis in die 1930er-Jahre steile Hangabschnitte vielerorts die Beackerung der Kuppen, Ober- und Mittelhänge. Erst der Einsatz von Raupenfahrzeugen mit tief liegendem Schwerpunkt ließ seit den 1930er-Jahren eine nahezu flächendeckende Ackernutzung zu. Selbst Hangabschnitte mit Neigungen weit über 30 % wurden nunmehr unter den Pflug genommen.

Mit dem Wechsel von Zugtieren zu Zugfahrzeugen tauschten die Farmer Ackergeräte aus. Nicht mehr benötigtes Gerät wurde nicht selten an den Tiefenlinien „entsorgt" – dieses junge Archiv bietet uns heute eine willkommene weitere Möglichkeit der Datierung von Sedimenten, die sich seitdem auf den eisernen Relikten abgelagert haben (Abb. 43).

Die Zweifelderwirtschaft fördert Bodenerosion und bearbeitungsbedingte Bodenverlagerung

Abschnittsweise steile Hangpartien behinderten jetzt nicht länger die Einrichtung großer, einheitlich bestellter Schläge. Die meisten Hangstandorte wurden aufgrund des geringen Wasserhaltevermögens nur jedes zweite Jahr bebaut (Geldmacher 2002). Wiederholtes Pflügen hielt im Brachejahr die Flächen weitgehend vegetationsfrei. Auf den

◄ **Abb. 43:** Von Kolluvien überdeckte Ackergeräte im Palouse (Washington, USA).

zur Verschlämmung neigenden Bodenoberflächen reduzierte sich das Wasseraufnahmevermögen insbesondere in den obersten Millimetern des Bodens erheblich. Abfluss, der infolge stärkerer, meist gewittriger lokaler Niederschläge entstanden war, konnte auf der Bodenoberfläche ungehindert die steilen Hänge hinabfließen und dort viele Rillen einschneiden. Früher wie heute fahren die Farmer wenige Tage nach einem Abfluss- und Abtragsereignis auf ihre ausgedehnten Felder, um die entstandenen Rillen mit dem Pflug oder Grubber zu schleifen. Die Weiterentwicklung der Rillen zu tiefen Schluchten wurde und wird so meist verhindert. Das häufige Pflügen hat aufgrund der gravitativen Kräfte zu einem starken hangabwärtigen Transport von Bodenpartikeln geführt. Die Kuppen verloren durch die häufige Bodenbearbeitung den fruchtbaren Boden. Mit den Jahren wurden vor allem die steilen Mittelhänge durch die beschriebenen Prozesse der Bodenerosion und durch die Bodenbearbeitung tiefer gelegt und die Senken mit teilweise geschichteten Kolluvien aufgefüllt. Das Palouse Country gehört aufgrund der beschriebenen Vorgänge zu den erosionsreichsten Landschaften der USA (Steiner 1990).

Die Feststoffbilanzen

Welches landnutzungs- oder klimabedingte Ausmaß besaßen die Feststoffverlagerungen im 20. Jh.? Sind die Effekte von Bodenerosion durch Abfluss und bearbeitungsbedingter Bodenverlagerung differenzierbar?

In den ersten Jahren des Ackerbaus trat nur wenig Abfluss auf der Bodenoberfläche während der häufigen Starkniederschläge und damit kaum Bodenerosion auf. Vegetation schützte die Hänge noch weitgehend vor Bodenabtragung. Mit dem Einsatz schwerer Technik und dem Ablösen von Pferden durch Raupenschlepper als Zugkräfte – z. B. um 1935 auf der nordwestlich von Colfax gelegenen, heute von Dwight Fowler bewirtschafteten Farm – trat eine Beschleunigung der Bodenerosion durch Abfluss als auch infolge der bodenbearbeitungsbedingten Bodenverlagerung auf.

Drei eindeutige Zeitmarken gestatten mit ihren Relikten eine Differenzierung des Ausmaßes der Bodenerosion durch Abfluss in zwei Zeiträume: (1) die Entsorgung der mit der Einführung des Raupenschleppers im Jahre 1935 nicht mehr benötigten Ackergeräte durch den Vater von Dwight Fowler in der Tiefenlinie, (2) die Tephra des Ausbruchs des Mt. St. Helens vom Mai 1980 und (3) unsere Grabungen und Aufnahmen im August und September 1998 (Abb. 43; Geldmacher 2002).

Für einen 180 m langen Hang mit einem steilen unteren Oberhang auf dem Gelände der Farm von Dwight Fowler wurden durch Detailanalysen des Ausmaßes der Kappung der degradierten Schwarzerde und der Mächtigkeiten der Kolluvien Wassererosionsraten ermittelt. Bezogen auf den gesamten Untersuchungshang, also unter Einbeziehung des zugehörigen Akkumulationsbereichs, resultiert eine Bodenerosionsrate von 87 t pro Hektar und Jahr im Zeitraum von 1935 bis 1980 und gar von 120 t pro Hektar und Jahr in den Jahren von 1980 bis 1998 (Geldmacher 2002).

Die Zunahme der mittleren Abtragsraten um fast 40 % seit 1980 ist auf die erosionsbedingte Freilegung weniger wasserdurchlässiger Gesteine am Oberhang und das veränderte Management, nicht jedoch auf einen Wandel des Klimas zurückzuführen. Zwar wurde in den 1980er-Jahren die Zahl der Bodenbearbeitungen in den Brachejahren drastisch reduziert und die Minimalbodenbearbeitung eingeführt. Da jedoch unverändert der steile Oberhang in dem zweijährigen Fruchtfolgezyklus etwa eineinhalb Jahre als Schwarzbrache gehalten und der Pflanzenschutz, also die Beseitigung unerwünschter Pflanzen, hier perfektioniert wurde, stiegen die Bodenerosionsraten nochmals an. Der untersuchte Hang ist hinsichtlich der Form und der Gefällsverhältnisse deutlich erosionsreicher als ein typischer Hang der kuppigen Lösslandschaft im zentralen und östlichen Palouse.

Für den jüngsten Zeitraum – die Jahre von der Ablagerung der Tephra des Mt. St. Helens im Mai 1980 bis zu unseren Aufnahmen im August und September 1998 – konnten Abtragungs- und Ablagerungswerte für das gesamte, 345 ha umfassende Einzugsgebiet, in dem sich der beschriebene Untersuchungshang befindet, rekonstruiert werden. Der Akkumulationsbereich bedeckt 38 % der Oberfläche des Einzugsgebiets. Wassererosion konnte sich hauptsächlich auf den übrigen 62 % (215 Hektar Hangfläche) vollziehen. Entlang der zusammen etwa 7,5 km langen Tiefenlinien wurden mehr als 50 Aufschlüsse zur Ermittlung der Mächtigkeiten der auf dem Tephraband des Mt. St. Helens seit Mai 1980 abgelagerten Kolluvien angelegt. Diese jüngsten Kolluvien wiegen 473 000 Tonnen. Bezogen auf das gesamte 345 Hektar große, vollständig von Dwight Fowler bewirtschaftete Einzugsgebiet ergeben sich Abtragswerte von 76 t pro Hektar und Jahr für den Zeitraum von 1980 bis 1998. Der Erosionsbereich auf den Hängen wurde in jenen 18 Jahren durch Wassererosion durchschnittlich um 14 cm tiefer gelegt (Geldmacher 2002, S. 109).

Die einschlägige agrarwissenschaftliche Literatur schätzt auf der Basis ungeeigneter Methoden (z. B. klassischer Kleinparzellenversuche) die mittlere Bodenerosion im gesamten bzw. im zentralen Palouse mit Werten um 20 t ha^{-1} a^{-1} bzw. 45 t ha^{-1} a^{-1} an den Erosionsstandorten viel zu niedrig ein (Steiner 1990). Diese fehlerhaften Daten führten zu einer falschen Wahl und einer drastischen Unterdimensionierung der erforderlichen Bodenschutzmaßnahmen.

Aufgrund des spezifischen Reliefs mit breiten, flachen und im Längsprofil konkaven Trockentälern geringer Neigung hat nur ein sehr geringer Teil, wahrscheinlich kaum 10 %, des gesamten Bodenabtrags durch Wassererosion das von Dwight Fowler bewirtschaftete Einzugsgebiet verlassen. Untersuchungen der Sedimente in den Auen des Palouse und Messungen von Schwebstoffkonzentrationen der Flüsse belegen diese Aussage. Über den Palouse River verließen 3 Mio. t Boden pro Jahr sein 8100 km^2 großes Wassereinzugsgebiet. Bezogen auf das Ackerland des Einzugsgebiets des Palouse River resultiert ein Bodenaustrag von 6,4 t ha^{-1} a^{-1} (Steiner 1990).

Seit dem Beginn des intensiven, nahezu flächendeckenden Ackerbaus in den 1930er-Jahren hat das Palouse einen signifikanten Anteil seiner Ackerfläche dauerhaft verloren, vor allem Standorte mit einer ehemals geringmächtigen, heute flächenhaft vollständig erodierten Lössdecke sowie Hangabschnitte, in denen Schluchten eingerissen sind. Die Verluste setzen sich fort, die ackerbaulich nutzbare Fläche wird ständig verkleinert.

Selbst Standorte mit mächtiger Lössdecke erfuhren und erfahren gravierende Veränderungen. Zwar hat sich hier die Nährstoffsituation mit der vollkommenen Abtragung der degradierten Schwarzerde und der Freilegung von kalkhaltigem Löss teilweise gebessert, denn Calcium und Kalium stehen nunmehr auch ohne Mineraldüngung ausreichend zur Verfügung. Jedoch verfügt der kalkhaltige Löss über ein erheblich geringeres Wasserhaltevermögen als der abgetragene, mit Ton angereicherte Unterboden der degradierten Schwarzerde. Ein Mangel an für Pflanzen verfügbarem Wasser tritt an Standorten mit vollkommen erodiertem Boden in der Vegetationsperiode daher häufiger auf. An diesen Standorten ist eine Aufgabe des Weizenbaus – zumindest in den trockeneren Bereichen des Palouse – unvermeidbar.

Bodenverlagerung durch Bodenbearbeitung

Der häufigste Boden des Palouse, eine degradierte Schwarzerde mit Kalkanreicherung im darunter liegenden Löss, hatte vor dem Beginn des Ackerbaus und damit bis 1935 auf den Ober- und Mittelhängen Mächtigkeiten um 200 cm. Am oberen Rand des untersuchten Hanges, auf der Kuppe, fehlte im Untersuchungsjahr 1998 bereits nahezu der gesamte Boden. Wassererosion kann ihn hier nicht beseitigt haben, zumal an den steilsten Hangabschnitten – trotz der quantifizierten intensiven Wassererosion – weitaus weniger Material verschwunden war.

Nur Bodenbearbeitung kann derart große Bodenmassen bevorzugt von den höchsten Punkten einer agrarisch genutzten Landschaft hangabwärts bewegen. Wendet ein Bodenbearbeitungsgerät den Oberboden hangabwärts, fällt weitaus mehr Material hangab- als hangaufwärts. Auf dem obersten Abschnitt eines Hanges, der Kuppe, wird Bodenmaterial durch hangabwärtiges Wenden vorrangig in diese Richtung transportiert. Auf dem Hang unterhalb wird es lediglich durchtransportiert.

Aus dem wasserscheidennahen Bereich des untersuchten Hanges wurden von 1935 bis 1998 im Mittel 84 t Bodenmaterial pro Hektar und Jahr durch die Pflugtätigkeit fortbewegt. Wie viele Bodenbearbeitungen bedingten diesen gravierenden Bodenverlust, der die Heterogenität der Böden an der Oberfläche wesentlich erhöhte? Durch Pflügen wurde nach unseren Analysen Bodenmaterial, das 1935 noch an der Wasserscheide lag, in den folgenden 64 Jahren bis zu 80 m hangabwärts verlagert. Durchschnittlich bewegte nach den Berechnungen von Geldmacher (2002, S. 104) eine hangabwärts wendende Pflugbearbeitung am untersuchten Oberhang Bodenmaterial um 57 cm in der Richtung des Gefälles. Um Bodenmaterial 80 m hangabwärts zu verlagern, sind bei dieser Wurfweite 140 Pflugbearbeitungen erforderlich. In den 18 Jahren von 1980 bis zu unseren Grabungen und Aufnahmen wurde der Hang nach Auskunft von Dwight Fowler nur in 4 Jahren je einmal gepflügt. Im 46-jährigen Zeitraum von 1935 bis 1980 wurde der Oberhang nur jedes zweite Jahr bebaut; 23 Jahre mit einmaligem Pflügen resultieren. In den verbleibenden 23 Schwarzbrachejahren wurde der Hang unter Annahme der genannten Wurfweiten also 113 Mal gepflügt: durchschnittlich fünfmal jährlich, um unerwünschte Pflanzen zu beseitigen und vor allem, um Erosionsrillen auszugleichen (Geldmacher 2002). Mehrere ortsansässige Farmer erläuterten den Verfassern die Praxis des häufigen Pflügens von Schwarzbrachen bis etwa 1980.

Landschaftsbilanzen erfordern Angaben über die gesamte Fläche. Die für den schmalen, wasserscheidennahen Bereich ermittelten hohen Werte der bearbeitungsbedingten Bodenverlagerung sind deshalb auch für den gesamten Hang zu berechnen. Bezogen auf den Gesamthang wurden von 1935 bis 1988 etwa 37 Tonnen Bodensubstrat pro Hektar und Jahr allein durch Bodenbearbeitung hangabwärts verlagert.

Bodenerosion und durch Bodenbearbeitung bedingte Bodenverlagerung erhöhten die Heterogenität der Böden und minderten dauerhaft die Erträge an vielen Standorten. Sie verursachten und verursachen eine erhebliche Gewässerbelastung. Sie verhinderten weitgehend die Einrichtung von Erholungsräumen am Snake River durch das US

Army Corps of Engineers. Auch die Beseitigung erosions- und akkumulationsbedingter Straßenschäden verursacht jährlich erhebliche Kosten.

Der halbierte Brunnen am East Fork Cottonwood Creek in Oregon (USA)

Hans–Rudolf Bork, Karl Geldmacher, Sibyll Schaphoff, Claus Dalchow und Berno Faust

Ein begrabener Kotflügel
Schluchten zerschneiden die Weiden einer Farm im Tal des Cottonwood Creek unweit des Ortes Monument im nördlichen Zentraloregon (Abb. 44). In der über einen Kilometer langen Hauptschlucht,

dem East Fork Cottonwood Creek mit senkrechten, bis über 15 m hohen Wänden und einem breiten Talboden, liegen Reste einer bis zweieinhalb Meter hohen Terrasse. Zwischen den faust- bis kopfgroßen gut gerundeten Schottern fanden die Verfasser tief in der Terrasse ein mehr als 100 cm langes, verbogenes Blech mit einem angeschraubten Holzstück. Der ungewöhnliche Fund entpuppte sich als Halterung eines Kotflügels von einem Fahrzeug aus den 1920er-Jahren (Geldmacher 2002). Zweifelsfrei war das Kotflügelfragment in die Schlucht transportiert und zusammen mit den Schottern abgelagert worden. Damit ist die „Kotflügelterrasse" kein Jahrhundert alt.

Der halbe Brunnen
Nahe der Einmündung in den Hauptarm des Cottonwood Creek ist die Hauptschlucht kaum drei Meter tief. Hier nehmen gerundete, etwa kopfgroße Schotter in einem wenige Meter breiten Bereich die gesamte Höhe der östlichen Schluchtwand ein. Die erste Vermutung, es handele sich um Relikte eines mächtigen Schotterkörpers, bestätigte sich nicht. Vielmehr erbrachten unsere Grabungen zweifelsfreie Belege für eine anthropogene Struktur. Die schmale, in der Aufsicht gebogene, an der östlichen Schluchtwand sichtbare Steinlage setzte sich unterhalb des Schluchtbodens als hier vollständig erhaltene, kreisrunde Struktur mit einem lichten Durchmesser von 150 cm fort. Sie entpuppte sich als Rest eines Brunnens, der nach seiner Aufgabe der Müllentsorgung diente (Abb. 45). Nägel, eine Schraube, mehrere Glasscherben, ein Keramikfragment, Knochen, Holzkohle, Holzstücke und eine Schafschere lagen in der Brunnenfüllung.

Das Schluchtreißen hatte die oberen drei Meter des Brunnens zur Hälfte erodiert und damit die ursprüngliche, für die benachbarte Farm günstige hydrologische Situation – hoch anstehendes Grundwasser unmittelbar südlich des Cottonwood-Creek-Tals – umgekehrt. Durch die Einschneidung des Schluchtensystems sank der Grundwasserspiegel am unteren Ende der Hauptschlucht um mehr als drei Meter.

Die Schluchtgeschichte
Erosion durch Wasser schuf im Spätpleistozän südlich des Cottonwood Creek im Bereich des heutigen Schluchtsystems ein breites, flaches Sohlental. Schotter und Feinsedimente sedimentierten wohl noch im Spätpleistozän im Sohlental. Im Verlauf des Holozäns bildete sich ein intensiver und mächtiger Boden, von dem heute meist nur noch wenige Reste erhalten sind.

Extrem intensive Niederschläge erodierten im Sohlental den Boden mitsamt den darunter liegenden Feinsedimenten und Schottern, schufen eine

▼ **Abb. 44:** Schlucht am East Fork Cottonwood Creek (Oregon, USA).

erste große Schlucht und lagerten in ihr Schotter, Sande, Schluffe und Tone in einer Mächtigkeit von 3 bis über 15 m ab. Holzkohlen, die diesen Sedimenten entnommen wurden, weisen kalibrierte ^{14}C-Alter von etwa 2600 bis 2000 Jahren vor heute auf. Am nördlichen Ende der verfüllten Schlucht, am Rand des Cottonwood-Creek-Tals, entstand ein Schwemmfächer. Einflüsse des Menschen auf die beschriebenen Erosions- und Sedimentationsprozesse sind nicht nachweisbar.

Nach dem Schluchtreißen und der Sedimentation bildete sich in der anschließenden, bis zur Einwanderung der ersten Ackerbauern währenden Phase mit einer von Vegetation stabilisierten Oberfläche ein 70 bis 90 cm mächtiger Boden mit einem Humushorizont, Verbraunungs- und Tonanreicherungshorizonten und einem Karbonatanreicherungshorizont.

Um das Jahr 1870 rodeten europäischstämmige Ackerbauern erstmals die lichte, die Böden vor Erosion schützende grasreiche Waldvegetation. Sie betrieben danach im Einzugsgebiet des East Fork Cottonwood Ackerbau und Weidewirtschaft (Schaphoff 2002). Dadurch wurde an den beackerten Hängen flächenhafter Bodenabtrag und auf den konkaven Unterhängen sowie in den Auen die Sedimentation von Kolluvien ermöglicht (Abb. 46b).

Auf dem Schwemmfächer wurde um 1890 ein Brunnen vermutlich über 5 m tief in die gut 2000 Jahre alte Sedimentfolge gegraben und mit Steinen ausgekleidet.

Wenige Jahre später begann sich ein Schluchtensystem, ausgehend vom East Fork Cottonwood Creek, rückschreitend auf einer Länge von weit mehr als einem Kilometer in die beschriebene Sediment-Boden-Folge einzuschneiden. Ermöglicht wurde das Schluchtreißen zu Beginn des 20. Jh. einerseits durch die vorausgegangene Abtragung der geringmächtigen Bodendecke mit hohem Wasseraufnahmevermögen auf den steilen, ackerbaulich genutzten Oberhängen, sodass dort seitdem wenig wasserdurchlässige, die Abflussbildung begünstigende und gravierende flächenhafte Erosion weitgehend verhindernde Gesteine an der Oberfläche liegen. Andererseits ermöglichte der auf die vorausgegangene flächenhafte Abtragung der Böden zurückzuführende Nutzungswandel von Ackerbau zu extensiver Grünlandwirtschaft an vielen Standorten zwar weiterhin Abflussbildung, aufgrund der Grünlandvegetation nicht jedoch flächenhaften Abtrag. Kaum mit Sediment belasteter Abfluss auf der Bodenoberfläche erreichte so im Verlauf stärkerer Niederschläge die Tiefenlinien und leitete die starke Zerschluchtung im frühen 20. Jh. ein (Abb. 46d).

In der Hauptschlucht akkumulierte dann ein bis zu 2,5 m mächtiger, aus gut gerundeten Basalten mit Durchmessern vorwiegend zwischen 5 und 40 cm bestehender Schotterkörper. In ihm wurden das erwähnte Kotflügelfragment aus den 1920er-Jahren und ein Metalltopf gefunden (Abb. 46e).

Der Schotterkörper mit dem Kotflügel wurde in einer weiteren Erosionsphase – wahrscheinlich

a) Entwicklung eines Bodens unter einem grasreichen Wald in einem Tälchen etwa von der Zeitenwende bis 1870;

b) Ablagerung von Kolluvien in der frühen Ackerbauphase von etwa 1870 bis 1890;

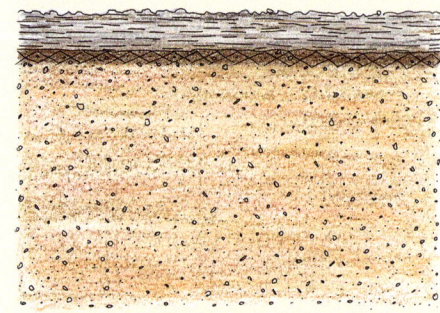

c) Anlage eines Brunnens um 1890;

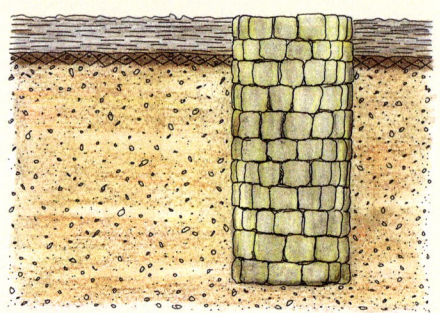

d) Einschneidung einer Schlucht im frühen 20. Jahrhundert;

e) Ablagerung eines Schotterkörpers mit einem Kotflügelfragment und Zerschneidung des Schotterkörpers wahrscheinlich in den 1930er-Jahren.

◄ **Abb. 46:** Die Schluchtentwicklung des East Fork Cottonwood Creek (Oregon, USA).

in den 1930er-Jahren – zerschnitten. Dabei wurden der Brunnen zur Hälfte und der kotflügelhaltige Schotterkörper weitgehend abgetragen.

Zur Verhinderung fortschreitender Zerschluchtung und damit der fortgesetzten Zerstörung von Dauergrünland wurden Fahrzeugwracks in die Kerbenspitzen geworfen.

In der zweiten Hälfte des 20. Jh. akkumulierten in der Schlucht Feinsedimente, die Plastikteile und ein Fass enthalten. Heute schneidet sich das Schluchtensystem in diese jüngsten Sedimente lokal leicht ein. Die rückschreitende Erosion wurde hingegen durch die rauigkeitserhöhenden und abflussbremsenden Fahrzeugwracks fast vollständig eingedämmt.

Südamerika

Zwei Landschaften, die kaum unterschiedlicher sein könnten, wurden in Südamerika untersucht: die Oase San Pedro de Atacama im trockenen Norden Chiles und das Einzugsgebiet des Rio Ribeira im Südosten des brasilianischen Staates São Paulo sowie im Nordosten des Staates Paraná. Der Rio Ribeira entspringt in der immerfeuchten subtropischen Höhenstufe und erreicht die Atlantikküste nach dem Durchfließen der immerfeuchten, tropischen Fußzone. Hier begann im 16. Jh. lokal die Landnutzung. Landschaftsbeherrschend wurde sie erst im späten 19. und im 20. Jh. Die hohen Niederschläge an den Kämmen und östlich der Küstengebirge, der Serra Paranapiaçiaba und der Serra do Mar, trugen die mäßig fruchtbaren Böden bald nach der Rodung der dichten natürlichen Wälder ab. Die Landschaften wurden tief zerschluchtet. Viele Meter mächtige Ablagerungen in den breiten Auen am Unterlauf des Rio Ribeira und seiner Zuflüsse belegen die starke Umgestaltung der Landschaften in dieser jüngsten Zeit.

Nomadisierende amerikanische Völker passierten wohl fast während der gesamten Nacheiszeit die kleinen, dem Salar de Atacama zuströmenden Flüsse auf ihrem Weg vom heute bolivianisch-argentinisch-chilenischen Altiplano in mehr als 4000 m ü.d.M. durch die Atacama zum fischreichen Pazifischen Ozean. Schon vor mehr als zwei Jahrtausenden begannen sie die Vorzüge des schwebstofffreien Flusswassers des Río San Pedro am Nordrand des Salar de Atacama zu nutzen. Eine Oase entstand, welche die Karawanen mit Viehfutter und (allerdings arsenreichem) Wasser versorgte. Spanische Eroberer vernichteten im 16. Jh. das Bewässerungssystem und Teile der Oase von San Pedro de Atacama. Ein neues System der Bewässerung wurde etabliert, das bis in die Mitte des 20. Jh. vorzüglich funktionierte. Dann jedoch führten attraktive Arbeitsmöglichkeiten im Kupferbergbau zur Vernachlässigung eines Teils der Bewässerungsfelder, die daraufhin von unkontrolliert abfließendem Bewässerungswasser zerstört wurden.

Blätter in der Tiefe am Rio Ribeira (Brasilien)

Hans-Rudolf Bork und Holger Hensel

Der Rio Ribeira entwässert den Südosten des brasilianischen Bundesstaats São Paulo und den Nordosten des Bundesstaats Paraná zwischen der Serra Paranapiaçiaba im Norden mit Kammhöhen bis

▲ **Abb. 47:** In Südamerika untersuchte Landschaften.

1100 m über dem Meer und der bis zu 1889 m über das Meer aufragenden Wasserscheide der Serra do Mar im Süden.

In der immerfeuchten tropischen Fußzone hat sich der Rio Ribeira bis über fünf Meter tief in seine ausgedehnten, feinkörnigen und terrassierten Ablagerungen eingeschnitten. Etwa 19 km südwestlich des Ortes Sete Barras befand sich in einer Tiefe von 580 cm unter der Geländeoberfläche der vorrodungszeitliche Schotterkörper des Rio Ribeira (Abb. 48, 49). Auf den sandigen Schottern lagen fein geschichtete humose, schluffige Tone mit zahlreichen Blättern, die sich im Grundwasserkörper bis zu unseren Untersuchungen vorzüglich erhalten hatten (Abb. 48). Die Radiokarbondatierung eines Blattes aus einer Tiefe von 560 cm unter der rezenten Geländeoberfläche erbrachte ein Alter von kaum drei Jahrhunderten (Bork & Rohdenburg 1985a, S. 1451). Erste Rodungen hatten in jener Zeit auf den Hängen im unteren Einzugsgebiet des Rio Ribeira stattgefunden. Der Abfluss einiger Starkniederschläge hatte in kleinen Rinnen die obersten Zentimeter der tonreichen Böden auf den wenigen kleinen Hang-Nutzflächen erodiert und mitsamt einiger Blätter und kleiner Äste der gerodeten Wälder in die Aue des Rio Ribeira transportiert und unweit der Atlantikmündung bei sehr geringem Gefälle und daher niedrigen Fließgeschwindigkeiten abgelagert.

▲ **Abb. 48:** Mächtige Ablagerungen der vergangenen drei Jahrhunderte im Tal des Rio Ribeira (Südbrasilien).

In den folgenden Jahrzehnten verbrachten zahlreiche Überschwemmungen weiteres, vorrangig toniges Material von den Äckern, Gärten, Weiden und Siedlungen in den küstennahen Abschnitt der Aue des Rio Ribeira. Schicht für Schicht sedimentierte. Der Humusgehalt der Ablagerungen ging zurück – offensichtlich war auf den Erosionsflächen der dort zu Rodungsbeginn an der Geländeoberfläche liegende Humushorizont bereits weitgehend abgetragen worden. Das abgelagerte Material wurde gröber; Körner in Schluffgröße überwogen. In einigen, bei Überschwemmungen überfluteten Rinnen der Aue und auf den Gleithängen des Rio Ribeira sedimentierten jetzt auch Sande.

Diese Veränderungen waren das Resultat intensivierter Rodungen im 19. Jh. und vor allem im 20. Jh. Auch mittlere und höhere Lagen im Einzugsgebiet des Rio Ribeira waren in landwirtschaftliche Nutzung überführt worden. Auf den nunmehr oft steileren und größeren Rodungsflächen begann eine gravierende Abflussbildung mit einer verheerenden Bodenerosion. In einigen Gebieten musste nach rascher Zerschluchtung die Nutzung bald aufgegeben werden; hier haben sich zwischenzeitlich Sekundärwälder gebildet.

Im Einzugsgebiet des Rio Ribeira haben wir mehr als 100 Profile untersucht, die Entwicklung und Abtragung der Böden auf den Hängen sowie das Alter und das Volumen der Ablagerungen der vergangenen Jahrhunderte in den Auen bestimmt und den Mindestabtrag im gesamten Flusseinzugsgebiet berechnet (Bork & Rohdenburg 1983, 1985a, b).

Während des Holozäns entwickelten sich unter der natürlichen geschlossenen Waldvegetation auf den Hängen in tiefgründig verwitterten Metamorphiten sowie Plutoniten und deren Umlagerungsprodukten gelbbraune Böden (Semmel & Rohdenburg 1979; Bork & Rohdenburg 1983, 1985b). Ihre Mächtigkeiten schwankten von wenigen Dezimetern in den höheren subtropischen Lagen bis über 2 m in den tropischen Tieflagen. Auf den landwirtschaftlich genutzten Hängen wurden sie hauptsächlich im späten 19. und im 20. Jh. oft vollständig flächenhaft erodiert. Linienhafte Bodenerosion riss tiefe Schluchten in die flachen Dellen vieler Hänge. Ein Teil des Boden- und Verwitterungsmaterials, das in den Schluchten abgetragen worden war, erreichte die Auen des Rio Ribeira und seiner Nebenflüsse nicht. Es sedimentierte vorwiegend am Fuß der Schluchten in Schwemmfächern, flächenhaft als Kolluvium auf den Unterhängen und als Auensediment in den benachbarten kleinen Tälern.

Die ganz überwiegend seit dem 19. Jh. entstandenen Schwemmfächer unterhalb der jungen Schluchten und die gleich alten Kolluvien auf den Unterhängen umfassen ein Volumen von weniger als 1 Milliarde m³. Der größte Teil des erodierten Substrats gelangte in die Auen der Flüsse – anders z. B. als in Mitteleuropa außerhalb der Alpen, wo Kolluvien auf den Unterhängen und Hochflutsedimente in den unmittelbar benachbarten Auen der kleinen Bäche mehr als die Hälfte des umgelagerten Materials speichern. Die vergleichsweise geringe Sedimentation auf den Unterhängen ist in Südbrasilien auf die besondere Reliefform zurückzuführen. Die Unterhänge sind aufgrund der spezifischen jungquartären Reliefentwicklung im oberen Einzugsgebiet (Zerschneidung) zumeist gerade und in den tieferen Lagen oftmals konvex (die zerschnittenen Terrassenkörper haben die Form halbierter Orangen, vgl. Semmel & Rohdenburg 1979; Bork & Rohdenburg 1983), sodass die im

Abfluss mitgeführten Feststoffe in die Auen gelangten. Das seit dem 19. Jh. auf den gerodeten und genutzten Hängen abgetragene und über die Unterhänge in die Auen des Rio Ribeira und seiner Nebenflüsse transportierte und dort auf einer Fläche von 1640 km² abgelagerte Feinmaterial ist im Mittel wenig mehr als 5,5 m mächtig. Sein Volumen überschreitet 9 Milliarden m³ (Bork und Rohdenburg 1985, S. 1452 f.). Etwa 10 Milliarden m³ Boden- und Verwitterungsmaterial wurden demnach seit dem Beginn der spürbaren Nutzung durch den Menschen im Einzugsgebiet abgelagert. Hinzuzurechnen ist der in den Atlantik verfrachtete Anteil. Aufgrund der sehr geringen Hangneigungen und der großen Breite der Auen am Unterlauf wird er kaum 10 % der gesamten Erosion umfassen. Insgesamt wurden damit etwa 11 Milliarden m³ Substrat auf den Hängen des Einzugsgebiets des Rio Ribeira erodiert.

In welchem Zeitraum fanden diese Bodenverlagerungen statt? Bis zum Ende des 18. Jh. wurden nur wenige Prozent der Oberfläche des 24 200 km² umfassenden Wassereinzugsgebiets des Rio Ribeira von Menschen genutzt. Die Volumina der Ablagerungen dieser ersten Nutzungsphase sind für eine Gebietsbilanz vernachlässigbar gering. Seit dem 19. Jh. wächst die Nutzfläche stark. Stetig wurden neue Flächen in Nutzung genommen; andere Standorte fielen aufgrund der mittlerweile erfolgten vollständigen Abtragung ihrer Böden und damit der stark verringerten Bodenfruchtbarkeit oder aufgrund ihrer Zerschluchtung und somit der nicht mehr gegebenen Bearbeitbarkeit wüst. Sie werden seitdem, von der gelegentlichen Entnahme von Holz abgesehen, nicht genutzt oder extensiv beweidet. Bis zum Zeitpunkt unserer Untersuchungen im Jahr 1979 war kaum jemals mehr als ein Drittel der Hangflächen im Einzugsgebiet des Rio Ribeira zeitgleich in intensiver landwirtschaftlicher Nutzung und damit von Bodenerosion betroffen. Von der Mitte des 19. Jh. bis 1979 wurden nach unseren Untersuchungen durchschnittlich etwa 5000 km² Hangfläche landwirtschaftlich intensiv genutzt. In etwa 130 Jahren wurden 11 Milliarden m³ Substrat auf 5000 km² Hangfläche erodiert. Eine Mindesterosionsrate von 170 m³ oder 235 t ha⁻¹ a⁻¹ resultiert für die betroffenen, landwirtschaftlich genutzten Hänge im 130-jährigen Untersuchungszeitraum. Bodenerosion hatte die Hänge des Ribeira-Einzugsgebiets im Mittel um über 50 cm tiefer gelegt. Häufige, heftige Starkregen, die auf unzureichend durch Pflanzen geschützte, sehr steile Hänge mit leicht erodierbaren Substraten fielen, erklären diesen hohen, erstmals fundierten Wert für ein größeres Wassereinzugsgebiet, der die üblichen Schätzungen oder kleinräumigen Messungen über das Ausmaß der Bodenerosion um ein Mehrfaches übertrifft (Bigarella 1974). Wenige Starkniederschläge erbrachten den größten Teil der Bodenerosion und Auensedimentation. So fielen im März des Jahres 1974 in der südbrasilianischen Region Tubarão innerhalb von drei Tagen annähernd 400 mm Niederschlag. Die resultierende Bodenerosion auf den genutzten Hängen ließ die Aue des Rio Tubarão um 30 bis 60 cm aufwachsen (Bigarella & Becker 1975).

Eine empfindliche, von Menschen gemachte Landschaft: die Oase San Pedro de Atacama (Chile)

Hans-Rudolf Bork, Helga Bork, Andreas Mieth und Bernd Tschochner

Salz- und schlammreiches Wasser strömt im Westen der nordchilenischen Anden in die abflusslose, mit mächtigen Evaporiten und fluvialen Sedimenten verfüllte Senke des Salar de Atacama. Der Río San Pedro nimmt den Schlamm – Ton- und Schluffpartikel – zuvor in der Cordillera de la Sal, dem Salzgebirge, auf. Begünstigt durch die hohe Wasserdurchlässigkeit der ausgedehnten Schotterkörper am Nordrand des Salars und durch das abnehmende Gefälle und die damit verminderte Fließgeschwindigkeit versickert ein erheblicher Teil des Flusswassers. Der mitgeführte Schlamm setzt sich in den Fließwegen auf den Schottern ab. Die Fließwege verstopfen und der Río San Pedro sucht sich neue Wege, in denen wiederum Schlamm sedimentiert. So wuchsen über Jahrhunderte und Jahrtausende in dem sich ständig verändernden, verzweigten Flusssystem Schichten auf, in denen wenige, vorzüglich an die Trockenheit angepasste Pflanzenarten genügend Wasser zum Überleben fanden. Die natürlichen Ablagerungen schufen die Voraussetzungen für die Entstehung des heute als San Pedro de Atacama bezeichneten Oasensystems (Abb. 50; Wright 1963).

Auf ihrem Weg vom Altiplano zum fischreichen Pazifik nutzten Menschen während der Nacheiszeit die Oase als überlebenswichtigen Versorgungspunkt. Jedoch war das Wasser des Río San Pedro nicht nur aufgrund des hohen Gehalts an leicht löslichen Salzen, sondern besonders auch aufgrund der ebenfalls in der Cordillera de la Sal aufgenommenen toxischen Stoffe, insbesondere von Arsen und Bor, nur sehr eingeschränkt zum Trinken geeignet.

Schon vor Jahrtausenden erkannten Menschen die Vorteile der natürlichen Sedimentationsvorgänge – eine entscheidende Voraussetzung, um Teile der Oase gezielt bewässern und Kulturpflanzen anbauen zu können. Eine der ältesten Siedlungen Südamerikas entwickelte sich mitsamt ihres Bewässerungssystems in der Atacameña-Kultur, die etwa von 800 v. Chr. bis 700 n. Chr. währte, am Nordrand des Salars in einer Höhe von 2400 m ü. d. M. (P. Núñez 1962; L. Núñez 1992, S. 17 ff.). Die anschließende Tiahuanaco-Kultur beeinflusste die Entwicklung der Oase San Pedro de Atacama ebenso wie kurzzeitig der Inka-Imperialismus von 1480 bis zur Ankunft der Spanier im Jahr 1533.

Die wenigen spanischen Eroberer hinterließen auf der damaligen Geländeoberfläche eine Spur der Zerstörung, die bis heute im Schlamm unter der Oase konserviert ist. In Tiefen von einigen Dezimetern unter der heutigen Oberfläche fanden wir über und unter homogenen, fundarmen Schlammlagen in einem wenige Zentimeter dicken Band zahlreiche Knochen, Keramikbruch und Holzkohle. Die jüngsten von Hunderten identifizierter Keramikfragmente datieren in die frühe spanische Zeit – ein Beleg für die verheerenden Wirkungen

 **► Abb. 50:** Der Río San Pedro und die Oase San Pedro de Atacama (Chile).

a) Anlage eines Bewässerungskanals mit Erdwällen;

b) allmähliches Aufwachsen des Bewässerungskanals und der benachbarten Terrassen durch die Ablagerung der mit dem Bewässerungswasser zugeführten Schwebstoffe;

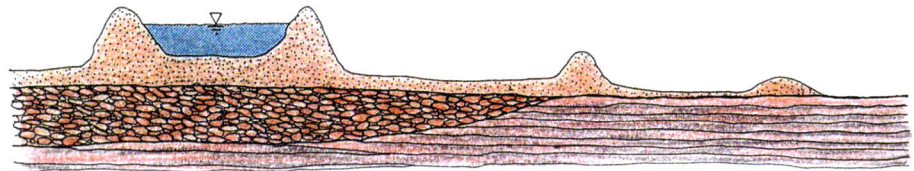

c) die kanalnahen Terrassen wachsen stärker auf als die kanalfernen;

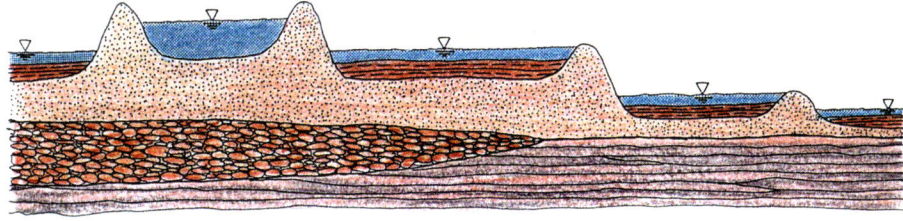

d) durch Bodenbearbeitung wird die Schichtung in den Becken zerstört.

der spanischen Eroberung, die zum Tod von Menschen und Tieren sowie zur Vernichtung von Gebäuden und der Bewässerungslandwirtschaft geführt hatte.

Bald darauf wurden neue Gebäude und ein verändertes Bewässerungssystem etabliert. Ein hierarchisches System von Bewässerungskanälen mit Erdwällen wurde angelegt. Beiderseits der Kanäle wurden kleine Überflutungsbecken mit Erdwällen angelegt. Zur Bewässerung wurde der Erdwall am oberen Rand eines Beckens, der dort zugleich den Schlammwasser führenden Kanal begrenzte, für einige Stunden geöffnet. Wasser füllte das Becken. Der Schlamm setzte sich mit dem versickernden Wasser ab und erhöhte dadurch den Beckenboden. Auch in den Bewässerungskanälen lagerte sich Sediment ab. Um ein ausreichendes Gefälle und das notwendige Füllvolumen in den Becken wiederherzustellen, mussten die Wälle beiderseits der Kanäle und um die Becken häufig erhöht werden.

Hinter dem ersten, neben einem Kanal liegenden Überflutungsbecken schlossen (und schließen) sich weitere an. Wasser für das dritte Becken muss-

te zunächst das erste, kanalnächste und dann das zweite Becken füllen und anschließend durchströmen. Dazu wurden die die Becken begrenzenden Erdwälle hangauf- und -abwärts vorübergehend durchstochen. Im kanalnächsten Becken sedimentierte im Verlauf jedes Bewässerungsvorgangs im Vergleich zum nächsten, kanalferneren Becken ein größerer Teil des im Bewässerungswasser transportierten Schlamms. So wuchsen die kanalnahen Becken schneller und höher auf als die kanalferneren. Über einige Jahrhunderte entstand allmählich beiderseits jedes Bewässerungskanals eine von diesem abfallende Terrassentreppe (Abb. 51).

Während der spanischen Zeit, die bis zum Jahre 1825 währte, in der bolivianischen, 1884 mit dem Pazifikkrieg endenden Phase und in der nachfolgenden frühen chilenischen Periode entwickelten sich nach unseren Untersuchungen in San Pedro de Atacama die Terrassentreppen ungestört weiter.

Auf einer Fläche von 13 km² wurden nach der Eroberung durch die Spanier etwa 23 Mio. m³ oder eine Masse von 37,5 Mio. Tonnen rötlichen Sub-

► **Abb. 52:** Unkontrolliert über Bewässerungsfelder der Oase San Pedro de Atacama fließendes Bewässerungswasser erodiert (Quelle: Bork et al. 2002, S. 61).

strats abgelagert. Die Oase wuchs jährlich im Mittel um 5 mm auf (Bork et al. 2002).

Bis in die ersten Jahrzehnte des 20. Jh. kontrollierte ein Wasserrichter den Zustand der Bewässerungsanlagen und die individuelle Vergabe des Bewässerungswassers (Bowman 1924).

In den 1950er-Jahren wanderten viele Bewohner von San Pedro de Atacama in die aufstrebenden Bergbauorte Nordchiles ab (Bähr 1974, 1985); zahlreiche Bewässerungsfelder fielen wüst. Ohne

Pflege brachen einige Kanalwälle zusammen. Bewässerungswasser überflutete und zerstörte die Erdwälle ungenutzter Felder (Abb. 52). Über leicht eingetiefte Wege abfließend, riss es kleine Schluchten ein (Abb. 53). Die rückschreitende Schluchterosion erreichte schließlich das Bett des Río San Pedro. Der Abfluss einiger intensiver Nie-

► **Abb. 53:** Durch rückschreitende Schluchterosion in den 1950er-Jahren freigespülter und umgefallener *Algarrobo*-Baum (*Prosopis chilensis*) südlich von San Pedro de Atacama (Chile).

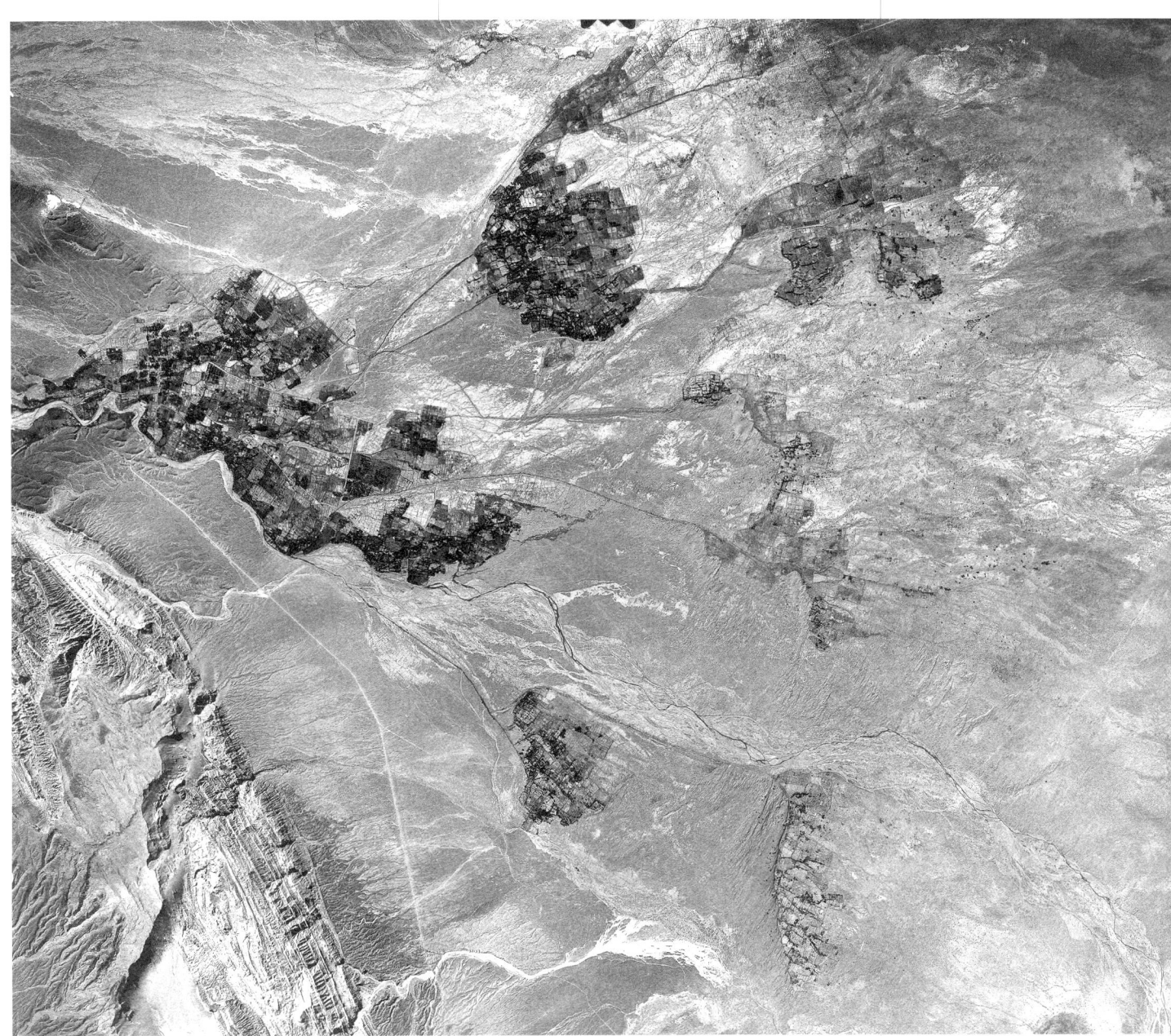

derschläge strömte zeitweise aus dem Río San Pedro in das Schluchtsystem und ließ es auf eine Länge von 1500 m anwachsen. Insgesamt wurden mehr als 85 000 m^3 rotbraunes Sediment erodiert. Ein bis heute zerrissenes Areal blieb zurück. Ein Luftbild aus dem Jahr 1961 zeigt das Schluchtensystem bereits nahezu in der heutigen Ausdehnung (Abb. 54) (Bork et al. 2002).

Die rasche Zerstörung eines Oasenabschnitts im Verlauf weniger Jahre belegt die hohe Fragilität des Systems und die Notwendigkeit einer dauerhaften Pflege der Bewässerungskanäle und -felder. Bereits eine unbedeutend erscheinende Unachtsamkeit vermag weitere Teile der Oase dauerhaft zu vernichten.

▲ **Abb. 54:** Luftbild der Oase San Pedro de Atacama (Chile) vom April des Jahres 1961 (Quelle: SAF, Santiago de Chile, Luftbildnummer 34 – 3144).

▲ **Abb. 55:**
Im Pazifischen Ozean untersuchte Inseln.

Pazifischer Ozean

Mehr als 3700 km westlich des südamerikanischen Kontinents erhebt sich die karge, grasreiche Osterinsel aus den Weiten des Pazifischen Ozeans. Eine bewegende Kultur- und Umweltgeschichte prägte die Osterinsel seit der Erstbesiedlung durch Polynesier vor etwa 1200 oder 1300 Jahren. Nachdem über Jahrhunderte nachhaltiger Gartenbau in einem dichten Palmwald betrieben worden war, fällten die Bewohner systematisch mehr als 16 Millionen Palmen. Bodenerosion setzte auf den ungeschützten Flächen ein. Die exzessive Ausbreitung der Steinmulchungstechnik schützte die verbliebenen Bodenreste und sicherte so den Bewohnern der Osterinsel, den Rapanui, das Überleben. Europäischstämmige Firmen begannen im ausklingenden 19. Jh. auf der Osterinsel Schafe zu halten. In den 1930er- bis 1960er-Jahren wurden unverantwortlich hohe Tierdichten erreicht. Die intensive Beweidung nahm gemeinsam mit dem jährlichen Abbrennen der grasreichen Vegetation den Bodenschutz. Exzessive Bodenerosion war die Konsequenz.

Auf dem Weg von der Osterinsel nach Santiago de Chile überfliegen wir etwa 900 bis 700 km vor der südamerikanischen Küste die drei Inseln des Archipels Juan Fernández. Die östlichste verlor im Jahre 1966 ihren attraktiven geographischen Namen „Näher am Land"; seitdem heißt sie Robinson-Crusoe-Insel. Schon der erste Überflug in großer Höhe offenbart eine Zweiteilung der Insel in vegetationsreiche höhere und nahezu vegetationsfreie tiefere Lagen. Im Jahre 1591 auf die Insel gebrachte Ziegen, anlässlich der Eröffnung des Nationalparks im Jahre 1935 ausgesetzte Kaninchen und der Raubbau an den Wäldern hatten küstennah die Böden und Lockergesteine der Abtragung preisgegeben. Die Begleitung von Schatzsuchern brachte ganz ungewöhnliche Einblicke in die Kultur- und Umweltgeschichte der Insel.

Im Süden des ekuadorianischen Galápagos-Archipels liegt Floreana. Während die außergewöhnliche Fauna und auch die besondere Vegetation des Archipels weit über seine Grenzen bekannt sind, waren die Nutzungsfolgen der Menschen auf die Oberflächenformen und die Böden des Archipels bis zu unserem Besuch unbekannt. In der Mitte des 20. Jh. wurde die Vegetation im Westen Floreanas derart stark gestört, dass in niederschlagsreichen El-Niño-Jahren erstmals seit Jahrtausenden Abfluss entstehen und die Böden zerstören konnte.

Die Zerstörung von Vegetation und Böden der Robinson-Crusoe-Insel (Chile)

Hans-Rudolf Bork, Andreas Mieth, Klaus Dierßen und Susana Bade

> „Im gegenwärtigen Jahr [1837] berichteten die Zeitungen, dass die gesamte Insel auf den Boden des Meeres gesunken war, aufgrund eines Erdbebens; jedoch bedarf dieser Bericht der Bestätigung."
>
> (The Society for the Diffusion of Useful Knowledge 1838, S. 230)

Más a Tierra – „Näher am Land"

Geheimnisumwoben und nebelverhüllt liegen sie einsam abseits der heutigen Hauptschifffahrtswege in den Weiten des Pazifischen Ozeans, mehr als 600 km westlich des südamerikanischen Kontinents: die drei Inseln des Archipels Juan Fernández. Die beiden größeren Inseln erhielten die Namen Más a Tierra („Näher am Land") und Más Afuera („Weiter draußen"). Im Jahr 1966 verfügte der chilenische Präsident auf Antrag von Insulanern jedoch die Umbenennungen in „Isla Robinson Crusoe" und „Isla Alejandro Selkirk". Der Namenswechsel erregte die gewünschte Aufmerksamkeit bei Fernreisenden, hatte doch der Schotte Alexander Selkirk von 1704 bis 1709 auf Más a Tierra (heute Robinson-Crusoe-Insel) in Isolation gelebt und mit seinen Berichten in England über seine außergewöhnlichen Erfahrungen die Anregung für Daniel Defoes Roman „Robinson Crusoe" gegeben.

Die Robinson-Crusoe-Insel misst 47,9 km² in der Fläche, ist 13 km lang und bis zu 4,5 km breit. Der höchste Berg, der sich meist in der Passatwolkendecke verbergende El Yunque („Der Amboss"), ragt 915 m aus dem Pazifik auf. Die Vulkanite des Archipels sind bis zu vier Millionen Jahre alt. Ein aufgrund der Lage im Pazifik geringer Jahresgang der Temperatur und ein deutliches Niederschlagsmaximum im Winter kennzeichnen heute das Klima der Insel, deren schwach reliefierter Südwesten deutlich trockener ist als der höhere zentrale, nördliche und östliche Teil. In der Klimastation des Archipels, die sich in der einzigen dauerhaft bewohnten Siedlung San Juan Bautista im Norden der Insel an der westlichen Peripherie der Cumberland Bay in einer Höhe von 30 m über dem Meer befindet, wurden in den vergangenen Jahrzehnten eine mittlere Jahrestemperatur von 15,3 °C (mittlere Januartemperatur 18,6 °C, mittlere Julitemperatur 12,9 °C) und ein mittlerer Jahresniederschlag von 1016 mm gemessen (http://www.klimadiagramme.de/Plots/Samerika/islarcrusoe.gif [27. 12. 2004]). In den höheren, insbesondere südostexponierten Lagen kämmt die Vegetation in großem Umfang Feuchtigkeit aus den anbrandenden Passatwolken aus, sodass hier die mittleren Jahresniederschläge wohl mehrere tausend Millimeter erreichen können.

Die Robinson-Crusoe-Insel weist heute eine auffällige Zweiteilung auf. Die küstennahen Unterhänge sind nahezu vegetationsfrei und von starker Bodenerosion betroffen. Die Oberhänge der unwegsamen Berge sind (noch?) teils dicht bewaldet (Abb. 56). Haben natürliche Prozesse oder menschliche Eingriffe den heutigen, nicht nur aus Sicht des Boden- und Naturschutzes, sondern auch im Hinblick auf die Erhaltung der Bewohnbarkeit überaus beklagenswerten Landschaftszustand bewirkt?

Bodenerosion hat Reste der jüngsten Böden sowie einst begrabene Böden und Sedimente freigelegt. Mit der vierdimensionalen Landschaftssystemanalyse wurden diese Geoarchive, die detailliert Auskunft über den Landschaftswandel geben können, von den Autoren untersucht. Die zusammengenommen mehrere Kilometer langen, in den Erosionsgebieten aufgeschlossenen Boden-Sediment-Folgen enthalten datierbare Holzkohlen und ganz vereinzelt auch Keramikbruchstücke. Eine auffällige, vor allem auf den Wasserscheiden an der heutigen Geländeoberfläche liegende oder unter wenige Dezimeter mächtigen Kolluvien begrabene, manchmal von Holzkohlen unter- und überlagerte intensiv rote Schicht bedeckt einige Hänge im Norden und im Nordosten der Insel. Führten die Landnutzung oder natürliche Prozesse zur Bildung dieser Schichten?

Voraussetzung für das Verständnis des dramatischen Landschaftswandels ist eine detaillierte Kenntnis der Landnutzungsgeschichte, die nachstehend gemeinsam mit den Befunden unserer naturwissenschaftlichen Untersuchungen zusammengefasst wird.

Der Beginn der Landnutzung

Entdeckt wurden die Inseln vom spanischen Seefahrer Juan Fernández (1530–1599) per Zufall am 22. November 1574. Fernández war auf dem Seeweg vom peruanischen Hafen Callao bei Lima zum chilenischen Hafen Valparaíso mit seinem Schiff von der üblichen Route weit nach Westen abgedriftet und hatte dabei zum großen Erstaunen seiner Zeitgenossen die Fahrtzeit um viele Wochen verkürzt (die Überfahrt währte nur 30 Tage statt der üblichen 3 Monate). Juan Fernández, der die Inselgruppe nach dem Kirchenkalender als „Santa Cecilia" bezeichnet hatte, musste seine Entdeckung beinahe mit dem Leben bezahlen – konnte doch diese schnelle Überfahrt nur mit dem Teufel zugegangen sein. Er entging der Inquisition und dem sicheren Tod, indem er die entdeckten Inseln der Kirche schenkte (Woodward 1969).

Am 20. August 1591 erteilte der chilenische Gouverneur dem Kapitän Sebastián García Carreto de Estremadura die Erlaubnis, die Inseln in Besitz zu nehmen. Bis 1596 unterhielt García eine kleine Kolonie. Er brachte 60 Mapuche aus dem südlichen Chile, Pflanzen, Schweine und Ziegen (Abb. 59) nach Más a Tierra. García wurde 1596 Jesuit. Er schenkte im gleichen Jahr seinem Orden den gesamten Archipel und verließ zusammen mit den noch lebenden Mapuche die Insel. Drei Spanier belebten drei Jahre später die Kolonie für kurze Zeit wieder. Sie rodeten Wald, bauten Häuser, zogen Gemüse und fischten.

▲ **Abb. 56:** Die geteilte Robinson-Crusoe-Insel (Archipiélago Juan Fernández, Chile): erodierte Unter- und Mittelhänge über Oberhängen mit (noch) an Endemiten reichen Bergwäldern.

2

► **Abb. 57:** Der Schwemmfächer an der Bucht El Pangal mit Relikten der ersten Siedler (Isla Robinson Crusoe, Archipiélago Juan Fernández, Chile).

▼ **Abb. 58:** Verbrannte Relikte eines Holzhauses aus dem 18. oder frühen 19. Jh. im Schwemmfächer an der Bucht El Pangal (Isla Robinson Crusoe, Archipiélago Juan Fernández, Chile).

Spuren dieser frühen Besiedlungen wurden in der Bucht El Pangal, einer kleinen Nebenbucht der Cumberland Bay im Norden der Insel, gefunden (Abb. 57). In die Bucht El Pangal mündet ein kleines, meist trockenes Fließgewässer, das jüngst seinen Schwemmfächer zerschnitten hat. Am östlichen, zerschnittenen Rand des Schwemmfächers wurden die geschichteten Ablagerungen untersucht. Eine Schuttdecke lag 45 bis 100 cm unter der heutigen Geländeoberfläche. Sie enthielt zahlreiche, sowohl an Ort und Stelle verbrannte als auch über kurze Distanzen verlagerte Holzkohlen und damit Hinweise auf eine Rodung der Wälder, auf das Verbrennen von Holz sowie auf die Abspülung und Ablagerung von Feinboden und Steinen mit Durchmessern bis über 50 cm während starker Niederschläge. Radiokarbondatierungen belegen, dass Reste der ersten Landnutzungs- und Siedlungsversuche aus dem ausklingenden 16. Jh. gefunden worden waren.

Diese ersten Siedlungsspuren bedeckte eine 10 bis 35 cm mächtige Brandschicht mit Relikten eines verbrannten Holzhauses, wahrscheinlich aus dem 18. oder frühen 19. Jh. (Abb. 58). Grauhumose Kolluvien mit jüngeren, in das 19. Jh. datierenden Keramikfragmenten überzogen und konservierten die Holzkohleschicht der frühen Siedler.

Während die ersten spanischen Siedlungsversuche am Ende des 16. Jh. scheiterten, vermehrten sich die mitgebrachten Haustiere massenhaft. Sie veränderten und lichteten den einzigartigen natürlichen Wald der Inseln, in dem zahlreiche endemische Pflanzenarten wuchsen. Die holländischen Navigatoren Le Maire und Schouten fanden daher 1616 zwar keine Menschen auf den Inseln, jedoch als Hinterlassenschaft der beiden ersten Siedlungsversuche große Herden von Rindern, Schweinen und Ziegen.

Besonders zahlreich waren Ziegen im niederschlagsärmeren Süden der Insel. Bereits die älteste erhaltene, von der Expedition des Freibeuters Sharp zwischen dem 24. 12. 1680 und dem 11. 1. 1681 aufgenommene und 1683 in London durch William Hack veröffentlichte Karte weist im weniger reliefierten Süden „Goat Hills" und „Goat Quarters" aus (Westcott 1999, S. 106) – indirekte Belege für die frühen, von Ziegen verursachten erheblichen Veränderungen der lichteren, südlichen Wälder.

Freibeuter

Im 17. Jh. und in der ersten Hälfte des 18. Jh. hielten sich zum Entsetzen der Spanier immer häufiger Freibeuter in den Gewässern des Archipels auf, welche die Fischressourcen im Meer sowie die Frischwasser- und Fleischressourcen an Land nutzten. Spanische Autoritäten fühlten sich von Freibeutern provoziert, die vor und nach den Besuchen des Archipels Juan Fernández Schiffe im Ostpazifik kaperten und Orte an der süd- und mittelamerikanischen Westküste überfielen. Die spanische Marine setzte Windhunde aus, die Ziegen jagen und damit den Freibeutern die Ernährungsgrundlage nehmen sollten. Die Zahl der Ziegen verringerte sich zwar – der Versuch, die Ziegenpopulation zu vernichten, misslang jedoch. Viele Ziegen zogen sich in die auch für Hunde unzugänglichen Steilhänge des Gebirges zurück. Später töteten Freibeuter die Windhunde, woraufhin die Spanier erneut Jagdhunde aussetzten.

Alexander Selcraig – Robinson Crusoe

Der Engländer Wilhelm Dampier leitete im Jahre 1704 eine Freibeuterexpedition, um spanische und portugiesische Schiffe vor der Küste Südamerikas zu überfallen und auszuplündern. Der Schotte Alexander Selcraig (später Selkirk geschrieben; 1676–1721) aus Largo im County Fife heuerte als Segelmeister (1. Maat) auf der *Cinque Ports* an, einem der beiden Schiffe der Kaperexpedition Dampiers, das Kapitän Stradling befehligte. Am 7. Februar 1704 erreicht die *Cinque Ports* die Robinson-Crusoe-Insel. Nach einem heftigen Streit im Oktober 1704 mit Kapitän Stradling über die Seetüchtigkeit der *Cinque Ports* verlässt Alexander Selcraig das Schiff. Seine Erwartung, der überwiegende Teil der Besatzung würde ihm folgen, wird herb enttäuscht.

Stattdessen segelt Stradling davon und überlässt Selcraig als einzigem menschlichem Bewohner der Insel seinem Schicksal. Die verwilderten Ziegen waren für Selcraig überlebenswichtige Nahrungs- und Bekleidungsgrundlage. Nach vier Jahren und vier Monaten wurde Selcraig am 1. Februar 1709 durch eine weitere, von Kapitän Sir Woodes Rogers angeführte Freibeuterexpedition von der Insel gerettet (Woodward 1969).

Alexander Selcraig wird als „Robinson Crusoe" im gleichnamigen Roman Daniel Defoes Eingang in die Weltliteratur finden (Woodward 1969; Schnyder-Meyer 2000).

Das Strafgefangenenlager

Im Jahr 1750 ließ die spanische Administration an der westlichen Peripherie der Cumberland Bay eine Festung mit acht Batterien und 35 Kanonen errichten. Damit endete abrupt die Zeit der Piraten und Privatiers auf Más a Tierra und eine wechselvolle Periode als Strafgefangenenlager der Spanier begann. Insgesamt 255 Personen wurden noch im Jahr 1750 auf die Festung und in ihre Umgebung gebracht, darunter 62 Soldaten, 171 Kolonisten und 22 Gefangene. Die hohe Luftfeuchte, die häufigen Niederschläge und die rauen Wintermonate, eine Rattenplage und die zumeist sehr schlechte Lebensmittelversorgung vom Festland summierten sich zu unerträglichen Lebensbedingungen. Am 25. Mai 1751 forderte ein Tsunami, eine von einem Seebeben vor Chile ausgelöste Staffel von Riesenwellen, mindestens 38 Todesopfer, darunter das Leben des Colonels Navarro und seiner Familie (Woodward 1969). Sämtliche, kaum ein Jahr zuvor errichtete Gebäude wurden von der Sekundärwelle zerstört, die in der Cumberland-Bucht nach Quellenforschungen von Bernard Keiser bis in eine

▲ Abb. 59: Juan-Fernández-Ziegen in der Arche Warder (Schleswig-Holstein).

Höhe von 45 m ü. d. M. auf den gerade gegründeten Ort traf (frdl. mündl. Mitt. B. Keiser, Isla Robinson Crusoe, am 22. 2. 2005).

Beginnender Raubbau

Raubbau an den Ressourcen des Archipels prägte das 18. und das 19. Jh.: Küstenboote wurden mit einheimischen Hölzern gebaut; Brände vernichteten an einigen Standorten die an Endemiten reiche Vegetation; am 5. Januar des Jahres 1816 verheerte ein großer, an der Hütte des Kaplans ausgebrochener Brand den Norden der Robinson-Crusoe-Insel. Flächenhafte Bodenerosion und die Ablagerung von ausgedehnten, geringmächtigen Kolluvien auf den Unter- und später auf den Mittelhängen resultierten.

Nordamerikanische Jäger erlegten von 1788 bis 1809 mehr als fünf Millionen der endemischen Pelzrobben (*Arctocephalus philippi*) an den Küsten des Archipels. Im Jahr 1801 soll ein Schiff eine Million Pelze zum Londoner Markt gebracht haben (Woodward 1969). Das endemische Sandelholz (*Santalum fernandezianum*) wurde in großem Unfang u. a. für die Herstellung von Essstäbchen nach China exportiert.

Im Jahr 1808, nach einem blutigen Gefecht, kidnappte die Besatzung des amerikanischen Schiffes *Nancy* auf der Osterinsel 12 Männer und 10 Frauen in der Absicht, sie auf die Juan-Fernández-Inseln für Frondienste zu entführen. Als Sklaven sollten sie beim Pelzrobbenfang mitwirken. Nach drei Tagen auf See erlaubte der Kapitän den Gefangenen, ihr Verlies zu verlassen. Einige sprangen so-fort über Bord und schwammen fort. Versuche, sie wieder einzufangen, scheiterten. Das Schiff segelte weiter und ließ die Entflohenen ertrinken (http://www.netaxs.com/~trance/slave.html [27. 12. 2004]).

Die Folgen der Vulkaneruption und des Tsunami vom 20. Februar 1835

Außergewöhnliches beobachteten die Bewohner am Freitag, dem 20. Februar 1835 gegen 11.30 Uhr. Der damalige Gouverneur des Juan-Fernández-Archipels, der Engländer Thomas Sutcliffe, beschreibt die Ereignisse (Abb. 60): „Kurz nach der Explosion beobachtete ich eine riesige Säule, die rasch aus dem Meer aufstieg und die mich überraschte, da dort keine Wolke zu sehen war. Es war Rauch, der rasch den Horizont bedeckte, östlich der Landspitze, die ,Punta de Bacalao‘ genannt wird. […] In der Nacht, bis etwa 2 oder 3 Uhr morgens, traten in Intervallen starke vulkanische Eruptionen auf, die uns alle wach hielten. Etwas ereignete sich, das noch schlimmer war, als wir es bereits davor erfahren mussten. Diese Phänomene wurden seit dem Sonnenuntergang von heftigen Blitzen begleitet, in der Richtung, wo ich den erwähnten Rauch gesehen hatte" (Sutcliffe 1839, S. 7).

Zunächst fielen große Teile der Cumberland-Bucht trocken. Dann raste eine mächtige Flutwelle, ein Tsunami, in die Bucht und zerstörte den Ort, den Garten und einige Boote (Sutcliffe 1839, S. 7). Noch im Jahr 1837 berichteten Zeitungen fälschlicherweise, Más a Tierra sei untergegangen und aufgrund eines Erdbebens auf den Boden des Meeres gesunken (Lee 2001, S. 146). Derartige Gerüch-

▶ **Abb. 60:** Vulkanausbruch am 20. Februar 1835 nördlich der Robinson–Crusoe–Insel (Archipiélago Juan Fernández, Chile; aus Sutcliffe 1839).

◀ **Abb. 61:** Tephra und Holzkohlen der Eruption vom 20. Februar 1835 (Isla Robinson Crusoe, Archipiélago Juan Fernández, Chile).

te führten gar zur Aufnahme eines Kurzberichts über den erdbebenbedingten Untergang der Insel in den zehnten Band des seinerzeit verbreiteten Universallexikons *Penny Cyclopaedia*, der zu Recht mit der Bemerkung „noch der Bestätigung bedürfend" gekennzeichnet war (The Society for the Diffusion of Useful Knowledge 1838, S. 230).

Die vulkanischen Eruptionen im Februar und März des Jahres 1835 hinterließen intensiv rote Tephra in einer Mächtigkeit von mehreren Zentimetern bis einigen Dezimetern im Norden und im Nordosten der Insel, wie unsere Untersuchungen zeigen (Abb. 61). Kolluvien, die auf einigen Unterhängen in geringer Mächtigkeit abgelagert wurden, bezeugen schwache flächenhafte Bodenerosion auf einigen brandgeschädigten Hangabschnitten unmittelbar nach der Eruption. Auf den heutigen Erosionsflächen ist die Tephra freigelegt und daher (wieder) vorzüglich sichtbar. Die vom Leibniz-Labor für Altersbestimmung und Isotopenforschung der Universität Kiel durchgeführten Radiokarbondatierungen von Holzkohlen, die wir über und unter der Tephra gefunden hatten, bestätigen das geringe Alter der Eruption.

Anderson et al. (2002, S. 240) berichten von starker Abholzung für einen lebhaften Handel mit Bau- und Feuerholz im Jahr 1835. Sandelholz und das Holz der endemischen Chonta-Palme (*Juania*

australis) wurden weiterhin in großem Umfang exportiert. Vermutlich hatten die indirekten Wirkungen der Eruption, wahrscheinlich ein Waldbrand, den Holzzugang und -export erleichtert. Bereits im Jahr 1872 zeigte sich die chilenische Regierung besorgt über die anhaltende Abholzung der Insel und insbesondere die exzessive Entnahme von Sandelholz. Als letzter Wissenschaftler sah Carl Skottsberg im Jahr 1908 einen lebenden Sandelholzbaum (Abb. 62), der um 1910 von Insulanern für kunsthandwerkliche Arbeiten gefällt wurde (Danton 2004, S. 82).

Intensive Landnutzung im 20. Jahrhundert

Im Jahr 1877 begann, initiiert vom Berner Baron Alfred von Rodt, die erfolgreiche Kolonisierung und eine bis heute währende Besiedlung der Robinson-Crusoe-Insel. Im selben Jahr lebten auf der Insel 60 Menschen, 100 Stück Großvieh, 60 Pferde und geschätzte 7000 Ziegen. Die Selbstversorgung wurde erreicht und zögerlich begann der Tourismus. Nach Valparaíso wurden im Jahr 1882 insgesamt 330 Säcke Holzkohle, 1500 Langusten (*Jasus frontalis*) und 250 Chontahölzer exportiert (Schnyder-Meyer 2001, S. 41). Bis heute leben die Bewohner, deren Zahl von 122 im Jahr 1905 auf 633 im Jahr 2002 anwuchs, vor allem vom Fisch- und Langustenfang.

PLANTAS CHILENAS
Herbario del Museo Nacional de Historia Natural
Ex Herb. Instituto Pedagógico

Santalum fernandezianum

Isla de Juan Fernández
Más a Tierra

Leg. F.Johow   30-1-92

HERBARIO DEL MUSEO NACIONAL DE
HISTORIA NATURAL, CHILE.

▲ **Abb. 62:** Endemisches Sandelholz (*Santalum fernandezianum*), das im frühen 20. Jh. im Archipel Juan Fernández ausgestorben ist, aus dem Herbar des Museo Nacional de Historia Natural in Santiago de Chile.

Chile erklärte den Archipel 1935 zum Nationalpark. Anlässlich der Eröffnung des Schutzgebiets ließ ein gewisser Otto Rieggel sechs Paare des Europäischen Kaninchens (*Oryctolagus cuniculus*) frei – in Anbetracht der schon damals absehbaren Folgen ein unsäglicher Vorgang (Lee 2001, S. 147)! Mangels natürlicher Feinde vermehrten sich die Kaninchen massenhaft. Wahrscheinlich lebten um 1997 weit mehr als 100 000 Kaninchen auf der Robinson-Crusoe-Insel. Von September 1998 bis August 2001 erlegten über 40 Insulaner gegen Erstattung der Kosten für Munition und für einen Lohn von 0,60 US-$ pro abgegebenem Kaninchenschwanz mehr als 34 000 Kaninchen (http://www.scielo.cl/scielo.php?script=sci_arttext&pid=S0716-078X2001000400016&lng=es&nrm=iso&tlng=en

[20. 5. 2004]). Zusätzlich bevölkerten im 20. Jh. zahlreiche Haustiere, vor allem Rinder und Pferde, die Insel.

Das Erosionsdesaster des 20. Jahrhunderts

Welche Folgen hatte die intensive Landnutzung für die Böden und das Relief? Zehntausende Ziegen hatten seit dem 17. Jh. die sensiblen, an Endemiten reichen Wälder im Süden und seit dem 18. Jh. im Norden stark geschädigt. Im 18. und 19. Jh. trugen Holzentnahme und Brände zur Waldzerstörung bei. Auf den vegetationsarmen Flächen ermöglichte der Angriff heftiger Niederschläge Abflussbildung und Bodenerosion. Die Kaninchen verschlimmerten ab 1935 die Situation wesentlich. Sie fraßen den Boden schützende Gräser und Kräuter; ihre Bauten schufen weitere Abflussbahnen. Rinder und Pferde verdichteten die Geländeoberfläche. Regentropfen zerschlugen die ungeschützten Bodenaggregate an der vegetationsarmen Geländeoberfläche; Bruchstücke der Bodenaggregate verstopften die Poren; die Oberfläche wurde verdichtet und verschlämmt. In den obersten Millimetern des Bodens nahm die Wasserdurchlässigkeit dadurch schätzungsweise um mehr als 90 % ab. Schon das Wasser kurzer, mäßig starker Niederschläge vermochte nicht vollständig im Boden zu versickern. Flächenhaft floss während heftiger Niederschläge Wasser hangabwärts und riss große Massen an Bodenpartikeln unwiederbringlich in den Pazifik. Ein Teil des Wassers strömte in schmalen Fließwegen zusammen und zerriss rasch die dünne, verdichtete und verschlämmte Bodenhaut an der Geländeoberfläche, um sich dann mehrere Meter tief in die darunter liegenden lockeren Böden und Gesteine einzuschneiden. Ausgedehnte Schluchtensysteme entstanden.

Auf den kahlgefressenen und kahlgeschlagenen Flächen hatte die flächen- und linienhafte, von Oberflächenabfluss ausgelöste Bodenerosion damit ein dramatisches Ausmaß angenommen (Abb. 63, 64). Um 1980 waren bereits 39 % der Inseloberfläche stark erosionsgeschädigt und nur noch ein Drittel von dichter Vegetation bedeckt (IREN-CORFO 1982).

In einigen durch Landnutzung vegetationsarmen Wassereinzugsgebieten wurden von etwa 1935 bis zu unseren Untersuchungen im Jahr 2002 im Mittel mehr als die oberen 60 cm der Böden bzw. über 90 m³ Boden pro Hektar und Jahr von Starkniederschlägen flächenhaft abgetragen.

Simon Haberle fotografierte im März 1996 Landschaftsausschnitte, die der schwedische Wissenschaftler Skottsberg bereits im April 1917 aufgenommen hatte. Ein Vergleich der Aufnahmen bestätigt die Resultate unserer Untersuchungen: So waren im Jahr 1917 die Mittel- und Unterhänge

◀ **Abb. 63:** Von starker flächen- und linienhafter Bodenerosion betroffene Hänge im Nordosten der Robinson-Crusoe-Insel (Archipiélago Juan Fernández, Chile).

◀ **Abb. 64:** Abgestorbene Bäume auf den Erosionsflächen im Nordosten der Robinson-Crusoe-Insel (Archipiélago Juan Fernández, Chile).

im Raum Pesca de los Viejos zwar bereits vegetationsarm, jedoch noch nicht zerschluchtet (http:// www.arts.monash.edu.au/ges/who/haberle/JFernandez/ comparison.html [15. 12. 2004], Haberle 2003; Skottsberg 1953).

Die massive Degradation gliedert die Robinson-Crusoe-Insel heute hauptsächlich in folgende Areale (Abb. 56):

▶ nahezu vegetationsfreie, von extrem starker flächen- und linienhafter Bodenerosion betroffene, von ihren Böden entblößte und mit Feinsedimenten bedeckte Unterhänge;

▶ kahle, von schwacher bis mäßig starker flächenhafter Bodenerosion betroffene, oftmals steinreiche Mittelhänge;

▶ Mittel- und Oberhangabschnitte mit Sekundärvegetation, in der sich eingeführte, konkurrenzstarke Arten bevorzugt ausbreiten, sowie

▶ die (noch) mit Primärwäldern bestockten, schwer zugänglichen, sehr steilen Oberhangbereiche der bis zu 915 m aus dem Pazifik aufragenden Berge.

Jüngste kostspielige Versuche, die Bodenerosion durch den Verbau von Erosionsschluchten mit Dämmen aus importiertem Holz zu mindern, blieben erfolglos. CONAF, die staatliche chilenische Forstbehörde, die den Nationalpark verwaltet, führte ein von den Niederlanden finanziertes Entwicklungsprojekt „Konservierung, Restauration und Entwicklung der Inselgruppe Juan Fernández" durch (Cuevas & Van Leersum 2001; CONAF 2003). Zwar wurde durch die Verbauungen oberhalb der Holzdämme in den Schluchten eine geringfügige Sedimentation erreicht. Die unmittelbare Ursache des Schluchtenreißens – die Abflussbildung in den kleinen vegetationsentblößten Wassereinzugsgebieten der Schluchten – wurde nach unseren Beobachtungen in den Jahren 2002 und 2005 aber nicht beseitigt. Vielmehr hätten verschiedene einheimische, in den Abflussbildungsgebieten mit Feinbodenresten wachsende Pioniergehölze in großem Umfang in einem irregulären räumlichen Muster gepflanzt werden müssen. Auch beim Bodenschutz müsste der Fokus auf die Beseitigung der Ursachen für die zerstörenden Prozesse (Abflussbildung) gerichtet werden, die Beschäftigung mit den Symptomen durch „eindrucksvolle" Maßnahmen am falschen Standort (hier auf den durch den Abfluss bereits geschädigten Flächen) bleibt wirkungslos.

Die Vegetation unterliegt weiterhin stark degradativen Prozessen. Invasive, kompetitive Arten verdrängen zunehmend die einheimische Flora und führen zu einem signifikanten Rückgang endemischer Arten (Skottsberg 1953; IREN-CORFO 1982; Danton et al. 1999; CONAF 2002). Brombeergestrüpp der Art *Rubus ulmifolius*, die im frü-

hen 20. Jh. noch nicht hier heimisch war, bedeckt heute bereits etwa 7 % der Robinson-Crusoe-Insel (Dirnböck et al. 2003). Die an Endemiten reichen Wälder in niedrigeren und trockneren Lagen stehen unter starkem Druck zweier invasiver Gehölzarten: *Aristotelia chilensis* und *Ugni molinae*. Letztere dringen über trockene Hänge in diese Wälder ein und verdrängen endemische Taxa wie *Ugni selkirkii*. Das aggressive Kraut *Acaena argentea* verdrängt das endemitenreiche Grasland (http://www. uhpress.hawaii.edu/journals/ps/PS563.html [15. 7. 2004]). In siedlungsnahen forstlichen Monokulturen aus *Eucalyptus globosus, Pinus radiata* und *Cupressus goveniana,* die in der zweiten Hälfte des 20. Jh. angelegt worden waren, haben einheimische Pflanzenarten ebenfalls keine Existenzchance.

Menschen haben somit durch verschiedenartige Landnutzungen und Eingriffe die Robinson-Crusoe-Insel erheblich verändert. Auch die beiden anderen Inseln des Archipels Juan Fernández, Alejandro Selkirk und Santa Clara, durchliefen durch die Massenausbreitung von Ziegen und Kaninchen, durch die Entnahme von Holz und die Ausbreitung invasiver Arten eine der Robinson-Crusoe-Insel grundsätzlich vergleichbare Entwicklung.

Können die unerwünschten Folgen menschlicher Eingriffe der vergangenen Jahrhunderte gemindert werden? Wie sollte der Archipel entwickelt werden? Eine Beseitigung der besonders aggressiven invasiven Pflanzenarten ist mit vertretbaren Mitteln nicht möglich. Daher wird sich die Zusammensetzung der noch an Endemiten reichen Vegetation in den kommenden Jahrzehnten und Jahrhunderten selbst in den für Menschen schwer zugänglichen oberen Bergwäldern weiter ändern. Die Invasion von *Aristotelia chilensis, Rubus ulmifolius, Ugni molina* und *Acaena argentea* wird voranschreiten. Endemische Arten werden weiterhin hochgradig gefährdet sein.

Eine Fortsetzung des intensiven Langustenfangs wird die Population von *Jasus frontalis* weiter dezimieren. Alter und Größe der Langusten werden weiter abnehmen. Fangbeschränkungen würden die Lebensgrundlage vieler Insulaner gefährden, denn alternative Beschäftigungsmöglichkeiten bestehen kaum. Eine erhebliche Ausweitung des Tourismus ist aufgrund der außerhalb des einzigen Ortes San Juan Bautista vollkommen fehlenden Infrastruktur und aufgrund der schwierigen Witterungsverhältnisse nicht realistisch – und wegen der weiteren Gefährdung seltener Arten auch nicht anzustreben.

Der Bodenerosion ist kaum Einhalt zu gebieten, auch wenn die Zahl der Ziegen entscheidend reduziert wurde. Auch die Eindämmung der Kaninchenplage ist unverzichtbar, jedoch zugleich außerordentlich arbeitsaufwändig und kostspielig.

Eine Fortführung der heutigen, mäßig intensiven und staatlich bezuschussten Kaninchenjagd würde einigen Insulanern für mehrere Jahrzehnte eine zuverlässige Lebensgrundlage bieten. Jedoch dauert die Sukzession auf den entblößten Festgesteinen sehr lange. Zwischenzeitlich schreitet die Bodenerosion auf den bereits geschädigten Flächen und selbst in den genutzten Wäldern fort: Rinder und Pferde verdichten hier (abgesehen von besonders steilen und damit unzugänglichen Standorten) die Geländeoberfläche. Sie schaffen neue Pfade auch an bislang nur wenig gestörten Standorten, auf denen dann linienhafte Bodenerosion einsetzt. Die Viehdichte müsste reduziert werden, womit die Ernährungsbasis der Bewohner weiter verringert würde.

Die ökonomischen und ökologischen Perspektiven der Juan-Fernández-Inseln geben kaum Anlass zu Optimismus. Sollten die endemischen Langusten nahezu ausgerottet werden (womit in einigen Jahrzehnten zu rechnen ist), entfiele die Existenzgrundlage für den weit überwiegenden Teil der Bewohner. Selbst wenn sich auf den Inseln größere Gebiete (wieder) vollkommen ohne Landnutzung entwickeln könnten oder von Ziegen und Kaninchen vollkommen befreit werden könnten, würden die einst in Gang gesetzten degradativen Prozesse voranschreiten. Die Dynamik der Bodenerosion und die Verdrängung endemischer Pflanzenarten durch konkurrenzstarke Fremdarten blieben weiter wirksam; sie würden die Inseln ökologisch weiter verändern.

Veränderungen des Klimas haben die für die vergangenen vier Jahrhunderte beschriebene Entwicklung der Robinson-Crusoe-Insel nicht entscheidend beeinflusst. Wenn mit dem globalen Klimawandel Witterungsextreme (Dürren und Starkniederschläge) zunehmen, werden unter den inzwischen gegebenen Bedingungen die Bodenzerstörung und die Ausbreitung eingeführter Arten zusätzlich beschleunigt werden.

Der Schatz von Veracruz (Robinson-Crusoe-Insel, Chile)

Hans-Rudolf Bork, Bernard Keiser, Andreas Mieth und Héctor Vera Carrera

Der Chilene Don Jorge Di Giorgio erfuhr in den 1940er-Jahren anlässlich eines Besuchs der im Juan-Fernández-Archipel gelegenen Insel Más Afuera (1966 umbenannt in Isla Robinson Crusoe) von einem angeblich dort von Lord George Anson vergrabenen Schatz. Di Giorgio ließ in englischen Archiven nach verlässlichen Informationen zu diesem Schatz suchen. In den Hinterlassenschaften des Lords fanden sich zwei geheimnisvolle Briefe, von denen Kopien für Di Giorgio angefertigt wurden. Die Originale sind heute unauffindbar. Der erste der beiden, von Kapitän Cornelius Patrick Webb an Lord Anson gerichteten Briefe war sechs Monate nach dessen Tod im Juni 1762 in England eingetroffen. Er thematisierte Probleme mit dem Schiff *Unicorn*. Erst 15 Monate nach dem Ableben von Lord Anson hatte der zweite Brief England erreicht. Neben einer Karte von Horcón, einem im 18. Jh. häufig von englischen Schiffen frequentierten Hafen 44 km nördlich von Viña del Mar und 163 km nordwestlich von Santiago de Chile, enthielt er ein Schriftstück mit der Jahresangabe 1761 sowie mit fünf Wörtern und zwei Kreuzen in der folgenden Schreibweise und Anordnung:

Hight	Depth
Dschubba	Yellow Stone
×	×

Don Luis Cousiño, ein bedeutender Unternehmer und Schwager von Di Giorgio, zweifelte an der Glaubwürdigkeit der beiden Briefe und der Existenz des mysteriösen Schatzes. Er untersuchte im Jahr 1950 einen auf Webbs Karte unweit Horcón eingezeichneten Standort – und fand dort wider Erwarten ein weiteres Schreiben des englischen Kapitäns in einem Umschlag aus Blei. Webb war 1761, als er dieses dritte Schreiben verfasste, schwer erkrankt und fürchtete, bald zu sterben. Daher hinterließ er seinem Auftraggeber in London, dem Hochadmiral der königlichen britischen Marine Lord George Anson, in diesem bei Horcón vergrabenen Brief detaillierte Angaben über den Inhalt und die Lage eines ganz außergewöhnlichen, folgende Gegenstände enthaltenden Schatzes:

▸ 864 Säcke mit Gold,
▸ 200 Goldbarren,
▸ 21 Fässer mit Edelsteinen und Juwelen,
▸ eine zwei Fuß hohe, vergoldete Truhe, die eine goldene Rose und Smaragde enthielt, sowie
▸ 160 Behältnisse mit Gold und Silber.

Webb schreibt, der Schatz sei in „Anson's Valley" versteckt worden. Di Giorgio und Cousiño nahmen an, Webb habe jenes Tal im Norden der Isla Robinson Crusoe erwähnt, das *heute* Anson's Valley heißt und nahe San Juan Bautista in die Cumberland Bay mündet. Sie suchten 1951 dort nach dem Schatz – allerdings erfolglos.

Im Jahr 1996 erfuhr der Amerikaner Bernard Keiser durch einen Fernsehbericht, in dem die Ko-

„I CORNELIUS PATRICK WEBB CAPTAIN TO HIS MAJESTY'S NAVY MASTER OF THE UNICORN, ONLY SURVIVOR OF THE HORSESHOE EXPEDITION, DEPUTE THIS ACCOUNT TO MY LORD GEORGE ANSON FIRST LORD OF THE ADMIRALTY BECAUSE I JUDGED MALADY WHICH AILLETH ME WILL NOT PERMIT ME TO WAIT.– DEPARTURE UNICORN JUNE NINETEEN CROSSED CAP HORN DECEMBER SIX ARRIVED AT POSITION LAT THIRTY D. EYGHT M. JANUARY THIRTEENTH.– OPENED ROYAL ORDERS.– LOCATED SECRET ENTRANCE TRANSLATED CROWNS BELONGINS.– LOCATED EIGHT HUNDRED SIXTY FOUR BAGS GOLD. ..."

(Der Kopie eines Dokuments von Webb aus dem Jahr 1761 entnommen; Westcott 1999, S. 47)

pie von einem der Briefe Webbs gezeigt wurde, von dem mysteriösen und unauffindbaren Schatz der inzwischen nach Robinson Crusoe benannten Insel. Stimuliert von der faszinierenden und zugleich noch sehr fragmentarischen Geschichte des Schatzes ließ Keiser über mehrere Jahre umfangreiche wissenschaftliche Quellenforschungen in Spanien und Großbritannien durchführen. Demnach hatte Lord George Anson etwa 1759 aus einer unbekannten, vermutlich spanischen Quelle von dem sagenhaften Wert und dem genauen Verbleib des Schatzes Kenntnis erhalten. Lord Anson plante noch im selben Jahr die geheime Horseshoe-Expedition, deren Verlauf der in Horcón gefundene dritte Brief beschreibt.

Kapitän Webb verließ im Auftrag von Lord Anson am 19. Juni 1760 auf der *Unicorn* England mit Kurs auf Kap Hoorn und auf das erste Reiseziel in der Nähe der südamerikanischen Pazifikküste bei 30° 8' S. Am 13. Januar 1761, als die *Unicorn* jenen Breitengrad erreicht hatte, öffnete Webb befehlsgemäß die versiegelte Order und erfuhr, dass die Juan-Fernández-Inseln sein Ziel waren. Bereits am 3. Februar 1761 entdeckte Webb zumindest einen Teil des in einer Höhle auf der Robinson-Crusoe-Insel gut versteckten Schatzes. Er ließ die Höhle von außen aufbrechen und den Schatz bergen. Jedoch nahm der Abtransport der Preziosen einen unerwarteten Verlauf. Das Gewicht des Schatzes beeinträchtigte die Manövrierfähigkeit der *Unicorn* und in einem Sturm brach noch nahe der Robinson-Crusoe-Insel der Hauptmast des Schiffes. Reparaturversuche vor Ort scheiterten. Mit dem Schatz an Bord wäre die Seereise nach Chile für Kapitän und Besatzung lebensgefährlich gewesen. Webb hatte daher keine andere Wahl, als den Schatz wieder zu entladen und in unmittelbarer Nähe des Fundorts neu vergraben zu lassen. Die Zerstörung der Höhle hatte das ursprüngliche Versteck unbrauchbar gemacht. Webb musste ohne den Schatz nach Horcón segeln, wo die Besatzung offenbar meuterte. Webb verließ, nachdem er Schwarzpulver an der *Unicorn* befestigt hatte, sein Schiff auf einem Beiboot und ließ es aus sicherer Entfernung mitsamt der Besatzung, den Mitwissern des Schatzgeheimnisses, explodieren. Niemand überlebte.

Webb, lebensbedrohlich erkrankt, ruderte an Land und verfasste die erwähnten drei Schreiben, um seinen Auftraggeber Lord Anson über das Scheitern der Horseshoe-Expedition und die Lage des wieder vergrabenen und von ihm als Eigentum der britischen Krone angesehenen Schatzes (er wird daher gelegentlich auch als „Ansons Schatz" bezeichnet, s. Westcott 1999) zu informieren. Zwei der Briefe sandte er ab, den dritten vergrub er bei Horcón. Die gesamten verschlüsselten Informationen der drei Briefe hätten es Lord Anson ermögli-

chen sollen, den verlagerten Schatz zu finden. Die Spur des Kapitän Webb verliert sich, nachdem er die Briefe verfasst hatte; wahrscheinlich kam er bald ums Leben. Lord Anson verstarb noch vor dem Eingang der Schreiben wenig später in England. Vermutlich war er neben Webb und seiner Besatzung der einzige Engländer gewesen, der Kenntnis von dem Schatz gehabt hatte.

Nachdem ihm dieser jüngste Teil der Geschichte des Schatzes bekannt geworden war, suchte Bernard Keiser nach den Spuren seiner ursprünglichen Herkunft. In englischen und spanischen Archiven forschte er in Schriftquellen aus den Jahrzehnten vor 1760 nach vermissten, ungewöhnlichen Schätzen. Schließlich stieß er auf Hinweise zu einem unermesslich wertvollen Schatz und wieder auf eine ganz außergewöhnliche Geschichte: In den spanischen Archiven fand Keiser Belege dafür, dass der von Spanien nach Mexiko gesandte Grande und General Juan Esteban de Ubilla y Echeverría in den Jahren 1713 und 1714 jeweils mehrere Monate verschollen gewesen war. Die Recherchen Keisers ergaben, dass Ubilla einen bedeutenden Schatz unterschlagen und versteckt haben musste – vermutlich, um ihn später, nach dem Ende des Spanischen Erbfolgekriegs, machtpolitisch nutzen zu können. Hatte Ubilla die entwendeten Preziosen auf dem Seeweg nach Más a Tierra gebracht und dort in einer Höhle verborgen? In der Nacht vom 30. auf den 31. Juli des Jahres 1715 ging Ubilla auf dem Weg vom mexikanischen Karibikhafen Veracruz nach Spanien während eines Hurrikans mit seiner Armada vor Florida unter – und mit ihm scheinbar das Wissen um den unterschlagenen Schatz. Wie hat Lord Anson, Jahrzehnte nach Ubillas Verschwinden, Kenntnis von dem Schatz erhalten können? Hatte Webb tatsächlich den Schatz Ubillas auf Más a Tierra gefunden?

Keiser interpretierte die verschlüsselten Briefe Webbs anders als Cousiño. Zu suchen war ein gelber Stein, der etwa ein Kabel (230 m) von einem noch unbekannten, jedoch markanten Beobachtungspunkt entfernt liegen musste und der Form des Sternzeichens Skorpion mit dem Stern Dschubba (*Delta Scorpii*) ähnelt. In einer Tiefe von 15 Fuß unterhalb dieses Steines sollte der Schatz verborgen worden sein. Am westlichen Rand der Bucht Puerto Inglés, etwa drei Kilometer nordwestlich des heutigen Ortes San Juan Bautista, fand Keiser auf dem Unterhang zwei Kanonen, die nach seinen Recherchen zweifelsfrei aus dem 18. Jh. und aus England stammen (Abb. 65) – ein markanter Punkt in der Bucht und gleichzeitig ein optimaler Standort, von dem aus Webbs Mannschaft die vor Anker liegende *Unicorn* vor fremden Schiffen hätte schützen können. Ein Kabel westlich dieses von Ka-

nonen markierten Beobachtungspunkts lokalisierte Keiser Strukturen in den anstehenden Vulkaniten, die dem Sternbild des Skorpions ähneln; ein großer, gelblicher, weitgehend in jungem Sediment verborgener Felsblock liegt davor.

Im Januar 1999, nachdem endlich die Grabungsgenehmigungen für eine drei Hektar umfassende Fläche am Ostrand der Bucht vorlagen, konnte Bernard Keiser zusammen mit zwei Archäologen und zwölf motivierten Insulanern mit den Ausgrabungen beginnen (Abb. 66). Seitdem verbringt er jedes Jahr mit seiner Grabungsmannschaft sechs Monate von Oktober bis März in Puerto Inglés. Zunächst waren die Resultate enttäuschend. Dann entdeckte Keiser in einer „Selkirks Höhle" genannten, muschelartig nach Nordwesten geöffneten Hohlform im Osten der Bucht von Puerto Inglés unweit der einem Skorpion ähnelnden Struktur Schichten mit ungewöhnlichen Fundstücken aus dem 18. Jh. Hatte Webb hier den Schatz gefunden und durch die Zerstörung der nordwestlichen Außenwand die heute als „Selkirks Höhle" bezeichnete Form geschaffen? Das Vorbild für Daniel Defoes Romanfigur Robinson Crusoe, Alexander Selcraik (später „Selkirk" geschrieben), der sich von Oktober 1704 bis Februar 1709 auf der Insel aufhielt, kann nach Keisers Grabungsbefunden die Höhle jedoch nicht genutzt haben, sie existierte zu seiner Zeit wahrscheinlich noch nicht. Die ältesten Funde an der Basis der Hohlform

stammen aus der Zeit um 1720. Natürliche Prozesse können nach dem Grad der Verwitterung und den Spuren an den Wänden die Hohlform nicht geschaffen haben. Ein weiterer Hinweis für die Richtigkeit der Wahl des Grabungsstandorts?

Existiert der vermutete Schatz von Veracruz wirklich und liegt er heute noch bei Puerto Inglés auf der Robinson-Crusoe-Insel? Und schließlich: Welchen Landschaftszustand fanden die Spanier und Engländer bei Puerto Inglés im 18. Jh. vor und welche Ablagerungsereignisse haben seitdem zur Verschüttung des möglichen Schatzverstecks beigetragen? Die Funde des chilenischen Archäologen Héctor Vera Carrera, die von Bernard Keiser veranlassten physikalischen Datierungen von Keramikfragmenten und Holzkohlen sowie die geomorphologischen, bodenkundlichen und paläoökologischen Befunde von Hans-Rudolf Bork und Andreas Mieth in den Aufschlüssen der Schatzsucher und in den Schluchtwänden der Umgebung belegen folgende Entwicklung:

Vor dem Eintreffen der ersten Siedler mit ihren Haustieren im Jahr 1591 in der Cumberland-Bucht waren Puerto Inglés und das Einzugsgebiet der dort in den Pazifik mündenden Quebrada Salsipuedes – abgesehen von wenigen Felswänden – vollkommen bewaldet. Während die Siedler bereits 1596 die Insel verlassen mussten, verblieben Ziegen. Die rasch wachsende Ziegenpopulation begann die Vegetation bald merkbar zu verändern,

► **Abb. 66:** Die Schatzgrabung von Bernard Keiser bei Puerto Inglés im Norden der Robinson–Crusoe–Insel (Archipiélago Juan Fernández, Chile).

zunächst an den Wasserscheiden mit ihrer geringeren Vegetationsdichte und -höhe. Zum möglichen Zeitpunkt von Ubillas Besuch im Jahr 1713 fand an nur wenigen, durch Ziegenfraß vegetationsarm gewordenen Standorten an der Wasserscheide des Einzugsgebiets gelegentlich Abfluss und Bodenerosion über Distanzen von einigen Metern statt. Auf den Mittel- und Unterhängen oder in der Aue der Quebrada Salsipuedes waren in der bis dahin vergangenen Zeit des Holozäns noch keine Sedimente abgelagert worden.

In zwei hangnahen Abschnitten der in der Grabungssaison 2004/05 von Keiser aufgegrabenen Bereiche liegen die fundreichen Sedimente des 17. Jh. direkt auf den anstehenden, kaum oder nicht verwitterten Laven, Tephren und Ganggesteinen. Aufgrund der zahlreichen archäologischen Funde und ihrer zeitlichen Datierung sowie der stratigraphischen Befunde ist es wahrscheinlich, dass hier sowohl die spanischen Schatzvergräber in den Jahren 1713/14 als auch die Mannschaft der englischen Horseshoe-Expedition im Jahr 1761 den holozänen Boden mitsamt den darunter liegenden verwitterten Vulkaniten vollständig abgegraben haben – vermutlich im Zusammenhang mit Vergrabungs- und Bergungsarbeiten. Natürliche Prozesse wie Abrasion oder Erosion können jedenfalls das Material an den besagten, geschützt am

Hangfuß gelegenen Standorten nicht selektiv entfernt haben. Keiser fand zahlreiche, verschieden große und ganz ungewöhnlich angeordnete Pfostenlöcher drei Meter oberhalb des damaligen Talbodens sowohl im Anstehenden auf einer schmalen Verebnung neben einem Gang aus härterem Gestein (Abb. 67) als auch in den untersten, fundreichen, im 18. Jh. auf dem Talboden abgelagerten Schichten. Einige Pfostenlöcher im Talboden sind von stabilisierenden Steinen umgeben. Diese Befunde sprechen ebenfalls für aufwändige Vergrabungs- oder Bergungsaktivitäten, bei denen schwere Güter bewegt werden mussten.

Die Grabungen um „Selkirks Höhle" erbrachten in Tiefen von zumeist zwei bis fünf Metern unter der heutigen Oberfläche zahlreiche Fundstücke des 18. Jh. sowohl spanischer, mexikanischer, chinesischer als auch englischer Provenienz, darunter

► heute drei bis neun Jahrhunderte alte Fragmente wertvollen chinesischen Porzellans,
► einen Stein mit außergewöhnlichen Symbolen (u. a. das Malteserkreuz; Abb. 68),
► einen verbogenen Briefumschlag aus Blei mit vergangenem Inhalt, der demjenigen aus Horcón ähnelt (Abb. 69),
► etwa 30 wertvolle, verzierte Knöpfe aus Porzellan und Metall,
► ein langes menschliches Kopfhaar,

▲ **Abb. 68:** Stein mit Petroglyphen (u. a. Malteserkreuz) – ein Fund aus dem Grabungsbereich südwestlich „Selkirks Höhle" auf dem Anstehenden an der Basis geschichteter Sedimente (Puerto Inglés, Isla Robinson Crusoe, Archipiélago Juan Fernández, Chile).

◄ **Abb. 67:** Pfostenlöcher in anstehenden Vulkaniten auf einer schmalen Stufe (Grabungsbereich nordöstlich „Selkirks Höhle", Puerto Inglés, Isla Robinson Crusoe, Archipiélago Juan Fernández, Chile).

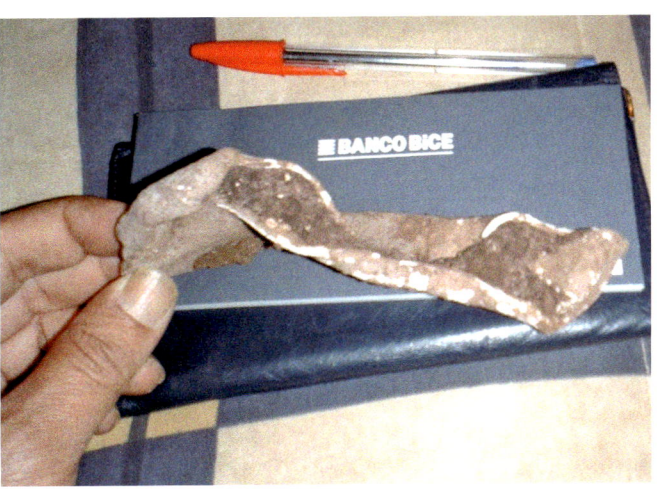

◄ **Abb. 69:** Briefumschlag aus Blei (Inhalt zersetzt) – ein Fund aus der Grabung 1 in der Nähe der Pfostenlöcher (Puerto Inglés, Isla Robinson Crusoe, Archipiélago Juan Fernández, Chile).

◄ **Abb. 70:** Anthropomorpher Pfeifenkopf – ein Fund aus dem Grabungsbereich nordöstlich „Selkirks Höhle" an der Basis geschichteter Sedimente (Puerto Inglés, Isla Robinson Crusoe, Archipiélago Juan Fernández, Chile).

▸ einen wohl aus Mexiko stammenden Pfeifenkopf in der Form einer für die Azteken typischen Gesichtsdarstellung mit übergroßen Zähnen und einer langen, oben auf der Stirn beginnenden Nase (Abb. 70),

▸ sechs feuergeschwärzte Haifischzähne vermischt mit Blättern (vielleicht Relikte eines Maya-Rituals),

▸ eine spanische Silbermünze,

▸ mehrere Dutzend eng beieinander liegende verbogene Kupfernägel,

▸ Knochen von Ziegen und Rindern,

▸ ein Stück einer handgezogenen Glasflasche aus Bristol (England),

▸ weiterer Glasbruch und zahlreiche Keramikfragmente.

Weiterhin belegen rätselhafte Inschriften und Markierungen auf Steinen sowie zu Kreisen gelegte Brandungsgerölle und Bruchstücke von Ganggesteinen außergewöhnliche menschliche Aktivitäten. Die Funde lagen auf den anstehenden Vulkaniten am Hangfuß, in den Kulturschichten und in Auensedimenten unmittelbar darüber, die unzweifelhaft schwache Abflussereignisse über kurze Distanzen

► **Abb. 71:** Seit der zweiten Dekade des 18. Jh. abgelagerte Sedimente im Grabungsbereich nordöstlich „Selkirks Höhle" (Puerto Inglés, Isla Robinson Crusoe, Archipiélago Juan Fernández, Chile).

hierher verbracht hatten. Keiner der Funde aus jener Zeit liefert einen Hinweis auf eine landnutzungsbezogene Besiedlung in diesem Gebiet.

Während der jeweils vermutlich mehrere Monate währenden Vergrabungen des voluminösen und viele Zehnertonnen schweren Schatzes durch Ubilla in den Jahren 1713 und 1714 wurden im Einzugsgebiet der Quebrada Salsipuedes erstmals Wälder gerodet und durch Brände vernichtet, wie die Aufschlussbefunde von Puerto Inglés zeigen. Auf den nunmehr vegetationsarmen Flächen setzte Bodenerosion ein, und während der Schatz versteckt wurde, begann die breite Aue der Quebrada Salsipuedes aufzuwachsen (Abb. 71). Die Neigungen der Sedimente belegen die Schüttungsrichtung des Materials, bevorzugt entlang der Quebrada. Damit müssen auch tal- und dort hangaufwärts gelegene Gebiete vegetationsarm gewesen sein.

Auch nachdem Webb 1761 die Insel ohne den Schatz verlassen musste, hörten die anthropogenen Eingriffe im Untersuchungsgebiet nicht auf. In der zweiten Hälfte des 18. Jh. errichteten Spanier Verteidigungsanlagen bei Puerto Inglés. Einzelne Bäume wurden gefällt, später größere Waldflächen gerodet. Die Vegetation litt außerdem unter der Beweidung durch Ziegen und später auch Rinder sowie unter den sich im 20. Jh. stark vermehrenden Kaninchen. Immer wieder vernichteten Brände bodenschützende Waldreste. Die Bodenzerstörung wurde dadurch in den folgenden Jahrhunderten weiter begünstigt. Im 18. Jh. kam es zu einem flächenhaften Bodenabtrag auf den Hängen. Wenige

Dezimeter hohe Erosionsstufen wanderten mit jedem abflussspendenden Starkregen hangaufwärts. Unmittelbar unterhalb der Erosionsstufen siedelte sich Vegetation an, die aus dem sporadisch ankommenden Abfluss Feststoffe auskämmte und zur Ablagerung brachte. Kolluvien aus umgelagerten Böden und verwitterten Vulkaniten entstanden mit hangaufwärts abnehmender Mächtigkeit. Manche Kolluvien wuchsen auf flacheren und konkaven bis geraden Hängen allmählich bis in Wasserscheidennähe. Ein Vulkanausbruch im Februar 1835 (s. S. 74 f.) verfrachtete rote Tephren auf die Kolluvien, die an einigen Standorten anschließend wieder von jüngeren Kolluvien verhüllt wurden.

Zu Beginn des Jahres 1849 setzten nach Beobachtungen des Schriftstellers John Ross Browne etwa 20 Selkirks Höhle besuchende Kalifornier die Vegetation im Tal der Quebrada Salsipuedes aus Unachtsamkeit in Brand (Woodward 1969, S. 186). Die zunehmende Waldrodungsaktivität auf Más a Tierra erfasste in den 1870er-Jahren auch Standorte bei Puerto Inglés. Waldbrände waren häufig. So führte im Februar 1872 die Nachlässigkeit eines Besatzungsmitglieds des englischen Kriegsschiffs *Reindeer* zum Abbrennen von mehr als zwei Quadratkilometern Wald. Daraufhin verbot die chilenische Regierung ab dem 13. Juni 1872 den Holzeinschlag – um die Ressourcen der Insel zu schützen und um Bodenerosion zu verhindern (Woodward 1969, S. 206 f.).

Im späten 19. und im 20. Jh. wurden an vielen steilen Oberhängen die von Vegetation inzwischen weitgehend entblößten Böden und das verwitterte Gestein vollständig erodiert. Starkniederschläge konnten nicht vollständig versickern. Der resultierende Abfluss strömte in Dellen hangabwärts. Er riss einige Dezimeter bis viele Meter tiefe, mit jedem Starkregen weiter hangaufwärts wandernde Schluchten in die zuvor auf den Unterhängen abgelagerten Kolluvien, Böden und verwitterten Vulkanite. Fotos belegen, dass in der Nähe von „Selkirks Höhle" bereits um 1900 Schluchten eingerissen waren. Zwischenzeitlich sind sie um viele Zehnermeter hangaufwärts gewandert. Die beschriebene, zunächst hauptsächlich flächenhafte und später vorrangig linienhafte Bodenerosion lagerte in der Aue der Quebrada Salsipuedes seit Mitte des 18. Jh. mehrere Meter starke Sedimente ab. Die geringe Mächtigkeit der einzelnen Schichten und ihre feine Körnung im unteren und mittleren Abschnitt der Ablagerungen belegt mehr als 40 schwache Abfluss-, Erosions- und Sedimentationsereignisse. Nach der weitgehenden Abtragung des Feinmaterials auf den steilen Hangabschnitten wurde dort Grobmaterial erodiert. Rutschungen und Felsstürze traten vermehrt auf. In den 1960er-Jahren akkumulierte ein extremer Starkregen in der Aue der Quebrada Salsipuedes einen Schotterkörper mit Steindurchmessern von bis zu zwei Metern. Schwache Abflussereignisse haben die Quebrada seitdem einige Dezimeter tief in ihre Ablagerungen eingeschnitten.

Die Nutzungsintensität hat durch die weitgehende Eliminierung der Ziegen in den vergangenen Jahrzehnten, durch die mäßig erfolgreiche Kaninchenjagd in den letzten Jahren, durch die ausbleibende Nutzung der verbliebenen Restwaldbestände und durch die beginnende Sukzession an unzugänglichen Standorten in dem etwa 5 km^2 umfassenden Einzugsgebiet der Quebrada Salsipuedes abgenommen. Jedoch haben die genannten vorausgegangenen anthropogenen Veränderungen eine Eigendynamik hervorgerufen, der selbst durch drastische Maßnahmen des Bodenschutzes nicht Einhalt geboten werden kann. So wandern auch heute noch kleine Erosionsstufen hangaufwärts, obgleich die dort der Erosion anheim fallenden Böden scheinbar von lichter Sekundärvegetation geschützt sind.

Die mächtigen Kolluvien der Talaue, die aus drei Jahrhunderten Bodenerosion resultieren, erschweren einerseits den heutigen Schatzgräbern unter der Leitung von Bernhard Keiser die Arbeit sehr. Zentimeter für Zentimeter müssen die Ausgräber sich durch die Ablagerungsgeschichte, die Sedimente, in die Tiefe graben. Sie schaffen dabei andererseits wertvolle Aufschlussbedingungen und liefern gleichzeitig mit der Jagd nach einem der vielleicht bedeutendsten Schätze wichtige wissenschaftliche Erkenntnisse zur Entwicklung dieses Landschaftsausschnitts.

Die Rodung von 16 Millionen Palmen und ihre Folgen (Osterinsel, Chile)

Andreas Mieth und Hans-Rudolf Bork

Die vollständige Rodung einst verbreiteter Palmenwälder auf der nur 166 km^2 großen Osterinsel (Rapa Nui) im Südosten des Pazifischen Ozeans dürfte zumindest für die prähistorische Zeit zu den erdweit dramatischsten Beispielen anthropogener Lebensraumveränderungen und hierdurch bewirkter tief greifender Auswirkungen auf eine hoch organisierte menschliche Gesellschaft und Kultur gehören. Die Osterinsel ist vor allem aufgrund ihrer einmaligen Megalithkultur mit ihren riesigen menschenähnlichen Steinfiguren, den sogenannten *moai*, bekannt geworden, deren Herstellung vor etwa fünf Jahrhunderten abrupt endete (Abb. 72). In jüngster Zeit wurden Art und Chronologie des Landschaftswandels sowie die vielfachen Vernetzungen zwischen ökologischen und kulturellen Veränderungen auf der Osterinsel erforscht. Die im Osten Rapa Nuis liegende Poike-Halbinsel diente dabei als Modellgebiet. Böden und Sedimente liefern dort ein reichhaltiges Geo-Bio-Archiv, aus dem viele neue Schlüsselerkenntnisse zur Mensch-Umwelt-Geschichte der Osterinsel herausgelesen wurden (Mieth & Bork 2003; 2004a, b).

Was hat sich ereignet? Polynesische Seefahrer erreichten die im äußersten Osten des polynesischen Dreiecks liegende Osterinsel vermutlich frühestens im 7. oder 8. Jh. n. Chr. (Flenley & Bahn 2003; Martinsson-Wallin 2004). Mit ihren äußerst hochseetüchtigen Doppelrumpf-Kanus waren die

◄ **Abb. 72:** Steinstatuen (*moai*), die tief im Sediment am Unterhang des mit zahlreichen Steinbrüchen durchsetzten Nebenvulkans Rano Raraku stecken, repräsentieren die letzte Phase der Megalithkultur auf Rapa Nui (Chile).

a)

b)

▲ **Abb. 73:** Landschaftswandel auf der Poike-
Halbinsel (Rapa Nui,
Chile):
a) Palmenwald-Bede-
   ckung zur Zeit der polynesischen Entdeckung;
b) Grasland und Erosion
   prägen das heutige
   Landschaftsbild.

Seefahrer zu den einige tausend Kilometer westlich
gelegenen Inseln aufgebrochen und viele Wochen
oder sogar Monate auf dem Meer unterwegs gewesen. Ob die Neuankömmlinge die Osterinsel per
Zufall entdeckten oder ob sie ihre Lage aufgrund
früherer Erkundungsfahrten bereits kannten, ist
ungewiss. Die späte Besiedlung ist aufgrund der extremen Abgelegenheit der Insel, etwa 4000 km östlich der größeren zentralpolynesischen Inseln und

etwa 3700 km westlich der südamerikanischen Kon-
tinentalküste, nicht überraschend. Die Polynesier
waren sowohl für die langen Seefahrten als auch
für die Neubesiedlung vorher unbekannter Lebensräume bestens gerüstet. Zahlreiche Nutzpflanzen-
arten sowie Nutztiere gehörten zur Fracht ihrer
Boote und bildeten den Grundstock für die erfolgreiche Begründung neuer Subsistenzwirtschaften,
in denen der Gartenbau stärkereicher Knollen-
pflanzen und anderer kalorienreicher Früchte sowie der Anbau faserreicher Pflanzen für verschie-
denste technische Anwendungen eine zentrale Rolle spielte (Flenley & Bahn 2003; Stevenson et al.
2002).

Die Kultivierung der mitgeführten Pflanzen
und Tiere ergänzte ganz entscheidend die auf der
Insel und vor ihrer Küste vorgefundenen Ressourcen. Zu diesen natürlichen Grundlagen gehörte
eine Palmenart, welche das Landschaftsbild dominierte, als die ersten Menschen die Osterinsel erreichten (Abb. 73a). Heute jedoch dominiert eine
karg und trocken erscheinende, von Steinen und
Erosionsmalen durchsetzte Grasdecke die Landschaft (Abb. 73b). Die einst landschaftsprägende
Palme existiert nicht mehr. Und dennoch sind ihre
Spuren über Jahrhunderte hinweg konserviert worden und in den Geo-Bio-Archiven unübersehbar:
Wurzelabdrücke der Palmen, im Querschnitt runde Röhren von 5–7 mm Durchmesser, durchziehen die tonreichen Böden und die darunter liegenden verwitterten vulkanischen Gesteine (Abb. 74).
Die Wurzelröhren sind selbst noch in Tiefen von
mehr als 10 m unter der heutigen Oberfläche deutlich nachzuweisen. In den meist gelblich-braunen
Böden heben sich die Wurzelröhren häufig aufgrund schwarzgrauer Auskleidungen der Hohlräume hervor; meist sind es anorganische Beläge aus
Eisen- und Manganoxiden, seltener organische Beläge aus Holzkohle. Die Bodenpartikel an den Be-
grenzungen der Wurzelröhren sind miteinander
verkittet, wodurch die Röhrenstruktur stabilisiert
und konserviert wird. Die Wurzelröhren sind un-
verzweigt, konvergieren an der ehemaligen Oberfläche und verlaufen in der Tiefe nahezu parallel.
Deutlich lassen sich in den Bodenprofilen die Wur-
zelmuster einzelner Bäume differenzieren (Mieth &
Bork 2004b, S. 279). Die Vermessung der Wurzelke-
gelquerschnitte und des Abstandes zwischen den
Wurzelkegeln ermöglichte die Rekonstruktion des
früheren Vegetationsbildes, das einen unterschiedlich dichten Palmenwald zeigt, der sich durch einen
gestaffelten Altersaufbau auszeichnete (Abb. 75).

Bis heute ist nicht eindeutig geklärt, um welche
Art es sich bei der Osterinselpalme handelte. Indi-
zien (Pollen- und Endocarp-Morphologie, Wurzel-
muster) sprechen für eine Zuordnung zur Gattung
Jubaea und damit für eine Verwandtschaft oder so-

◀ **Abb. 74:** Wurzelröhren der ausgestorbenen Osterinselpalme im holozänen Boden (Rapa Nui, Chile).

gar Art-Identität mit der rezenten Chilenischen Honigpalme (*Jubaea chilensis*). Die Bäume letztgenannter Art können mehr als 750 Jahre alt werden, erreichen Wuchshöhen von bis zu 30 m und Stammdurchmesser von mehr als 2 m (Grau 2004). Ansichten aus Gebieten mit rezenten Vorkommen der Honigpalme in Zentralchile vermitteln vermutlich einen recht realistischen Eindruck der ehemaligen Palmenvegetation auf der Osterinsel (Abb. 76). Grau (1996) vertritt die plausible These, dass aus den einstigen kontinentalen Palmenwäldern Chiles Früchte von *Jubaea chilensis* ihren Weg über Flüsse und Meeresströmungen auf die Osterinsel gefunden und dort für die Etablierung dieser Art gesorgt haben.

Die *Jubaea*-Palme ist zwar die einzige Pflanzenart, deren Wurzelabdrücke so deutlich in den Bodenprofilen der Osterinsel überliefert sind. Untersuchungen von Pollen und Holz-Makroresten der Osterinsel weisen jedoch auf eine strauchartige Waldbegleitflora hin (Flenley & King 1984; Orliac 2000). Die Palme der Osterinsel besiedelte ihren Lebensraum überaus erfolgreich. Unsere inselweite Su-

che nach den Spuren der Palmen brachte erstaunliche Ergebnisse: Etwa 70 % der Inselfläche waren von einem dichten Palmenwald mit einem mittleren Wuchsabstand von nur etwa 2,6 m überzogen. Daraus errechnet sich ein ehemaliger Bestand von mehr als 16 Millionen Palmen auf der Insel.

Über Jahrhunderte war der Palmenwald für die Bevölkerung der Osterinsel wichtiger Lebens- und Schutzraum. Rodungen mögen zwar lokal eine Rolle gespielt haben, um kleinere Flächen beispielsweise für den Bau von Siedlungen und Zeremonialstätten zu öffnen. Die gartenbauliche Landnutzung war jedoch sorgsam in den Palmenwald integriert (Abb. 79a). Hierfür finden sich zahlreiche Belege: Bodenbearbeitungsschichten sind in den Aufschlüssen deutlich abgrenzbar; in ihnen sind häufig einzelne, 30 bis 70 cm tiefe Pflanzlöcher sichtbar, die mit Hilfe hölzerner Grabstöcke angelegt worden waren und die der Aufnahme der erwähnten Kulturpflanzen dienten. Im Laufe von Jahrzehnten und Jahrhunderten wurde die Kulturschicht des Bodens durch die mechanische Bearbeitung oft vollständig homogenisiert. Die Boden-

◀ **Abb. 75:** Rekonstruktion der prähistorischen Palmenvegetation für ein Hangsegment im Südwesten der Poike-Halbinsel (Rapa Nui, Chile).

bearbeitungsschichten heben sich in den Profilen nicht nur durch ein lockereres Substratgefüge, sondern auch durch einen deutlich höheren Humusgehalt, visuell erkennbar an einer kräftigen dunkelbraunen Farbgebung, deutlich ab. Die hohen Humusgehalte weisen auf die Einarbeitung organischer Pflanzenreste und damit auf die Praktizierung einer nachhaltigen organischen Kreislaufwirtschaft in der frühen Gartenbauphase hin. Oft wurden die Abstände zwischen den Palmen vollständig durch Bodenbearbeitung genutzt. Die Stämme und entsprechend die Wurzelkegel der Palmen sind häufig eng umgeben von Pflanzlöchern, während die Wurzeln bzw. ihre Abdrücke unversehrt blieben – ein Beweis für die verträgliche Koexistenz von Wald und frühem Gartenbau.

Der Palmenwald stand also zunächst nicht in Konkurrenz zum Anbau von Kulturfrüchten – im Gegenteil: Die Gartenkulturen profitierten von den klimatischen Vorzügen des Waldes. Das Kronendach bot den empfindlichen Pflanzenkulturen Schutz vor starker Sonneneinstrahlung, Austrocknung, heftigem Wind und Starkniederschlägen. Trotz der intensiven Bodenbearbeitung konnte auf diese Weise die Gefahr von Bodenerosion vollständig vermieden werden. Eine sanfte Form der Waldnutzung (z. B. die Ernte der wohlschmeckenden und nahrhaften Palmnüsse) hat vermutlich den Gartenbau ergänzt. Möglicherweise wurde die Wir-

kung kleinräumiger Rodungen durch Strategien eines Wanderfeldbaus abgemildert. Die klimatischen Schutzwirkungen des Waldes kamen auch den Menschen zugute, die im lichten Schatten der Bäume wesentlich bessere Lebens- und Arbeitsbedingungen vorfanden, als es sich heute in der baumarmen Landschaft unter den oft feuchten, heißen und windigen Klimabedingungen der Osterinsel nachempfinden lässt.

Die Phase der friedlichen und förderlichen Koexistenz von Siedlungen, Gartenbau und Palmenwald währte jedoch nur einige Jahrhunderte und endete abrupt. Die Palmen wurden flächenhaft gerodet und die nicht nutzbaren Reste der Palmen und der waldbegleitenden Vegetation wurden verbrannt (Abb. 79b). In Bodenaufschlüssen finden sich deutliche Belege für die Rodungs- und Brandereignisse: Asche- und Holzkohlelagen überdecken die früheren Bodenbearbeitungsschichten und Palmwurzelrelikte (Mieth et al. 2002; Mieth & Bork 2003). Die Brandschichten sind oft mehrere Millimeter mächtig und erreichen flächenhafte Ausdehnungen von mehreren Tausend Quadratmetern; sie enthalten verbrannte Nüsse der *Jubaea*-Palmen (Abb. 77). Manche der Nussschalen lassen trotz der Verkohlung noch Nagespuren der Pazifischen Ratte (*Rattus exulans*) erkennen, die einst von den Polynesiern mitgebracht worden war und heute auf der Osterinsel nicht mehr existiert.

Mächtige Holzkohlepakete über den Wurzelkegeln einzelner Palmen zeichnen in den Aufschlüssen deutlich die nach der Rodung verbliebenen und dann verbrannten Baumstümpfe nach. Die Stammreste konnten nur durch Verbrennung beseitigt werden, denn das Ausgraben der tiefgründig verankerten und zum Teil mächtigen Stümpfe wäre selbst für kräftige Männer kaum zu bewältigen gewesen. Das Verbrennen war sehr aufwändig, weil sich das Holz der Palmen nur schwer entzünden ließ. Dünne Zweige und trockenes Gras wurden als Brandbeschleuniger auf den Baumstümpfen aufgehäuft. Ihre verkohlten Reste sind im Umfeld der Stammrelikte besonders konzentriert zu finden (Mieth & Bork 2003). Mit den Baumstümpfen verbrannten auch die Wurzeln der Palmen. Auch die tief greifende Hitzewirkung führte zur Verbindung der Tonpartikel im Umfeld der Wurzeln und damit zur Stabilisierung der Wurzelröhren. Nur die Wurzelabdrücke der letzten, gerodeten und verbrannten Palmengeneration sind in den Geo-Bio-Archiven erhalten und differenzierbar. Zur dauerhaften Erhaltung der Wurzelspuren trug auch der Umstand bei, dass die Osterinsel arm an Bodenorganismen ist, die durch Grabaktivität die Strukturen hätten zerstören können.

Die Details der Palmenrelikte und die Brandspuren in den Böden bezeugen eindeutig die anthropogene Zerstörung der Vegetation und widerlegen damit die hin und wieder vertretene und nicht belegte Hypothese einer Naturkatastrophe, welche zur Zerstörung der Waldbedeckung auf der Osterinsel geführt haben soll (vgl. Hunter-Anderson 1998). Radiokarbondatierungen belegen einen phasenhaften Ablauf der Rodungsaktivität auf der Poike-Halbinsel (Mieth & Bork 2003). In der zweiten Hälfte des 13. Jh. begann die Entwaldung im Osten der Halbinsel. Nahezu zeitgleich bzw. nur einige Jahrzehnte später wurde der Palmenwald an der Nordküste von Poike gerodet. In der zweiten Hälfte des 14. Jh. oder in der ersten Hälfte des 15. Jh. fielen die Palmen in Poikes Südwesten der Rodung zum Opfer. Auch diese Chronologie ist ein wichtiger Beleg für die anthropogene Waldvernichtung.

Wofür wurden Millionen von Palmen benötigt und wie wurden die Landflächen nach der Rodung genutzt? Und warum wurden auch die letzten Palmen nicht geschont?

Möglicherweise gab es mehrere Gründe für die Rodung der Palmen. So wurde das Holz der Palmen zunehmend als Feuerholz genutzt. In den Geo-Bio-Archiven zeigt sich eine deutlich erhöhte Zahl von Feuer- und Kochstellen ab dem 13. Jahrhundert. Weiterhin ist davon auszugehen, dass die Stämme der Palmen eine wichtige technische Funktion beim Transport der tonnenschweren *moai* hat-

ten. Diese Nutzungen allein können jedoch nicht plausibel erklären, warum inselweit im Verlauf nur einiger Jahrhunderte mehr als 16 Millionen Palmen gefällt wurden.

Eine bislang kaum diskutierte Erklärung liegt möglicherweise in der Gewinnung des nahrhaften Safts aus den Palmstämmen. Die heute noch in Zentralchile mit *Jubaea chilensis* praktizierte Nutzung zeigt, dass ein gefällter Baum über die Dauer von 1 bis 1,5 Jahren weit mehr als 400 l einer zuckerreichen Flüssigkeit zu liefern vermag. Diese Flüssigkeit hat auf der Osterinsel möglicherweise das minderwertige, eisenreiche oder meersalzbelastete Süßwasser, das nur mühsam aus den Kraterseen dreier Vulkane geholt bzw. an wenigen küstennahen Sickerwasseraustritten gewonnen werden konnte, ersetzen können. Ein bis zwei Palmen hätten nicht nur den Trinkwasserbedarf einer Person für ein Jahr decken können, sondern eine wohlschmeckende und kalorienreiche Nahrungsergänzung geboten. Bei einer angenommenen früheren Bevölkerung von 5000 bis 10 000 Menschen wäre mit dieser Nutzungsform die Rodung von mehr als 16 Millionen Palmen auch rechnerisch nachvollziehbar (Bork & Mieth 2003). Hin und wieder wird die Süßkartoffel (*kumara*) als „Treibstoff" der arbeitsaufwändigen Megalithkultur der Osterinsel bezeichnet. Vielleicht spielte der Saft der Jubaea-Palmen in diesem Sinne eine mindestens ebenso wichtige Rolle.

Für die Nachnutzung der gerodeten Gebiete gibt es eindeutige Belege. So wurden beispielsweise im Osten und Norden der Poike-Halbinsel auf den entwaldeten Flächen neue Siedlungen und Zeremonialstätten errichtet, deren direkt auf den Brandschichten liegende Steinsetzungen bis heute erhalten sind. Auch holzkohlenreiche Pflanzlöcher finden sich, die von den Brandschichten aus erstmals auch in die Wurzelstrukturen der Palmen hineingegraben worden waren. Eine außergewöhn-

▼ Abb. 77: Verkohlte Nussschalen der Osterinsel-Palme aus der Rodungszeit (Rapa Nui, Chile).

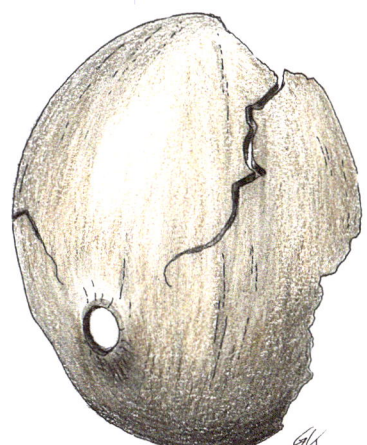

0   10 mm

▲ **Abb. 78:** Geschichtetes Feinsediment – das Resultat von Bodenerosion als Folge der Palmwaldrodung (Rapa Nui, Chile).

lich große Kochgrube im Osten Poikes mit mehreren dicken Holzkohlelagen ist ein eindrucksvoller Beleg für die neue Dimension des Ressourcenverbrauchs in der Waldrodungszeit (Mieth & Bork 2004a).

Die Waldrodung blieb nicht ohne ökologische Folgen. Während über den mit der Waldrodung einhergehenden Verlust von Tier- und Pflanzenarten nur unvollständige Aussagen möglich sind, können zu den räumlichen und zeitlichen Veränderungen der Böden detaillierte Aussagen getroffen werden. Als Folge der Waldrodung wurde nach Jahrtausenden stabiler Bodenentwicklung erstmals Bodenerosion ausgelöst. Der nach dem Verlust der Palmenvegetation ungeschützte Boden wurde unter der Wirkung von zeitweiliger Austrocknung, starken Niederschlägen und Stürmen zunächst im Bereich der unteren Mittelhänge, später auch in den höher gelegenen Hangabschnitten flächenhaft erodiert. Die Erosion wanderte im Verlauf von Jahrhunderten hangaufwärts und erreichte die Gipfelregion des 370 m hohen Poike-Vulkans Pua Katiki erst zu Beginn des 20. Jh.

Radiokarbondatierungen belegen diese eindrucksvoll lange zeitliche Nachwirkung der prähistorischen Waldrodung. Im Bereich schwach konkaver bis gerader Hangabschnitte lagerte sich der abgetragene Boden in Hunderten feiner Schichten wenige Meter bis Zehnermeter unterhalb der Abtragungsbereiche ab (Abb. 78, 79e). Die stratigraphischen, die raumzeitliche Entwicklung aufschlüsselnden Analysen belegen, dass die Kolluvien im Verlauf nur weniger Jahrzehnte Mächtigkeiten von einem Meter und mehr erreichten (Mieth & Bork 2004b). Während der untere Teil der Kolluvien aus den oberhalb erodierten Gartenböden be-

a) in den Palmenwald integrierter Gartenbau;

b) Rodung des Palmenwaldes und Anlage von Bränden;

c) Grünlandentwicklung und Bildung eines Humushorizonts;

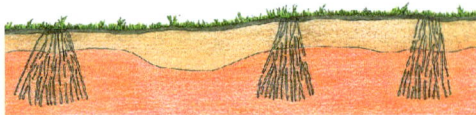

d) extensiver Gartenbau im Offenland;

e) Ablagerung eines geschichteten Feinsediments.

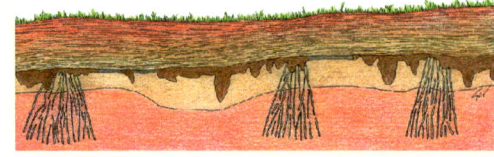

▲ **Abb. 79:** Phasen der Landnutzung im Südwesten der Poike-Halbinsel (Rapa Nui, Chile):

steht, enthält der obere Teil bereits wenig fruchtbare umgelagerte Vulkanite. Unfruchtbares vulkanisches Substrat gelangte bei der Abtragung des Bodens auf den Mittel- und Oberhängen an die Oberfläche. Gartenbau wurde an den Erosionsstandorten und auf den wenig fruchtbaren Kolluvien unmöglich. Nach der Rodung neu entstandene Siedlungen, Begräbnis- und Zeremonialstätten wurden unter den Kolluvien begraben. Die Poike-Halbinsel wie sehr wahrscheinlich auch einige andere Gebiete Rapa Nuis verloren als Konsequenz der Waldrodung und der anschließenden Bodenerosion und Überschüttung ihre Bedeutung als Siedlungs- und Kulturstandort.

Auf die Phase des waldgebundenen Gartenbaus und eine wohl nur kurze und schwache Phase des ungeschützten Anbaus von Feldfrüchten im Offenland folgte eine dritte Phase des Ackerbaus mit einer Bodenschutztechnik in erdweit einmaliger Ausprägung: die Steinmulchung. Hierauf geht das folgende Kapitel detailliert ein.

Eine häufig gestellte Frage zielt auf die Gründe für den Zusammenbruch der Megalithkultur, der sich etwa zeitgleich zur Intensivphase der Waldrodung ereignete. Wahrscheinlich war es die Summenwirkung mehrerer degradativer Phänomene, die einen erheblichen Druck auf die Gesellschaft der Rapa Nui ausübten und zum Kulturbruch führten: der Verlust der Palmen als überaus wertvolle Material-, Nahrungs- und Trinkwasserressource, der Verlust fruchtbarer Böden und Garten-

bauflächen, die erzwungene Aufgabe von Siedlungen und heiligen Stätten, die nutzungsbedingte Veränderung der klimatischen Standortbedingungen, Missernten und erheblich gestiegener Arbeitsaufwand für den schwieriger gewordenen Gartenbau. Offen bleibt die Frage nach dem ersten Auslöser für die flächenhafte Waldrodung. War es die technisch-kulturelle Entwicklung einer Gesellschaft unter den Sonderbedingungen extremer Isolation oder war es ein späterer Technologie-Import, der zum Paradigmenwechsel nach mehreren Jahrhunderten nachhaltiger Subsistenzwirtschaft führte? Eine Frage, die (noch) nicht zu beantworten ist. Nicht so sehr verwundert, dass noch in prähistorischer Zeit „sehenden Auges" auch die letzte Palme der Osterinsel gefällt wurde – gibt es doch auf der Erde zahlreiche analoge Beispiele für den menschlichen Verbrauch letzter und unersetzlicher Ressourcen.

Eine Milliarde Steine, von Menschenhand bewegt: Steinmeer Osterinsel (Chile)

Hans-Rudolf Bork, Andreas Mieth und Bernd Tschochner

Weit mehr als eine Milliarde faust- bis kopfgroße Steine bedecken die Osterinsel (Abb. 80). Ist ihre Herkunft durch natürliche Prozesse oder durch menschliche Aktivitäten erklärbar? In jenen Regio-

▼ **Abb. 80**: Das von Menschen gemachte Steinmeer der Osterinsel (Rapa Nui, Chile).

▲ **Abb. 81:** Von Menschen zum Schutz vor Austrocknung und Bodenerosion auf die Oberfläche im Süden der Osterinsel gelegte Steine (Rapa Nui, Chile).

▲ **Abb. 82:** Steinarme Bodenbearbeitungsschicht unter steinreicher Oberfläche im Süden der Osterinsel (Rapa Nui, Chile).

nen der Erde, wo die chemische Verwitterung schwach ist, oder dort, wo diese erst vor wenigen Jahrzehnten oder Jahrhunderten begonnen hat, Steine zu zersetzen, gibt es ebenfalls steinübersäte Oberflächen. Steindecken werden auch geschaffen durch Vulkanismus, durch die Ablagerung von Schottern in Talauen, durch Steintransport der Gletscher und ihrer Schmelzwässer, durch steinversetzende Frostverwitterung, durch Brandung oder durch die selektive Abspülung oder Auswehung des feinen und damit das Verbleiben des groben Materials.

Die meisten Steine auf der Osterinsel hingegen bedecken fruchtbares Gartenland und weisen keinerlei Spuren natürlicher Transportprozesse auf (Abb. 81, 82). Auch Schlagspuren, die Größenverteilung der Steine und ihre Verbreitung belegen direkte menschliche Aktivitäten. Die heutigen Bewohner der Osterinsel kennen jedoch kaum die Gründe und die Techniken der Steinaufbringung. Ihre Vorfahren konnten diese Kenntnisse offensichtlich nicht überliefern, da die Steinaufbringung

geschah, bevor der größte Teil der einheimischen Bevölkerung in den 1860er- und 1870er-Jahren durch Sklaverei dezimiert wurde oder durch eingeschleppte Krankheiten das Leben verlor. Sklavenhändler hatten 1863/64 mindestens 1400 Menschen, darunter die Intellektuellen und Herrschenden der Insel, nach Peru verschleppt. Viele Rapanui starben bereits auf der Überfahrt, andere unter den unmenschlichen Arbeitsbedingungen oder an Zivilisationskrankheiten. Nur 15 Menschen kehrten zurück und infizierten die verbliebenen Osterinsulaner u. a. mit Pocken und Tuberkulose. Im Jahr 1877 lebten nur noch 110 Menschen auf der Insel.

Während Schriftquellen damit indirekt das späteste Ende der Steinaufbringung mitteilen (vor 1863/64), konnte der Beginn dieser Technik, wie auch ihre Ursachen und Wirkungen, erst durch naturwissenschaftliche Methoden geklärt werden.

Unter der Steindecke liegt ein graues, humoses Substrat, das einzelne, mit der Radiokohlenstoffmethode datierbare Holzkohlen enthält und eine strukturierte, unregelmäßige Untergrenze mit zahlreichen ausgeprägten Vertiefungen aufweist. Eine dreidimensionale Detailanalyse u. a. der Untergrenze des humosen Substrats über längere Strecken beweist, dass Form und Füllung nicht durch natürliche Prozesse wie Abspülung oder Auswehung entstanden sein können (wie Mann 2003 irrtümlich annimmt). Vielmehr sind es Pflanzlöcher, die besonders in feuchtem Zustand gut unterscheidbar sind (Bork et al. 2004; Mieth & Bork 2004).

Die nachhaltig gartenbaulich genutzten Palmwälder hatten die Oberfläche der Osterinsel vollkommen vor Austrocknung, Wind- und Wassererosion geschützt (siehe voranstehendes Kapitel). Mit der Rodung der Wälder und damit der Entblößung der Oberfläche begann Bodenerosion. Im äußersten Osten, auf der Poike-Halbinsel, wurden bald nach der Rodung die humosen, gartenbaulich genutzten Substrate von den Mittel- und Oberhängen auf die Unterhänge und in das Meer gespült. Fortgesetzte Bodenerosion schüttete wenig fruchtbares Substrat auf die umgelagerten Gartenböden der Unterhänge. Der intensive Gartenbau musste dauerhaft aufgegeben werden, da die Bewohner hier offenbar keine Möglichkeiten besaßen, die Bodenerosion und die oberflächennahe Austrocknung auf den steinarmen Oberflächen einzudämmen.

In steinreichen Gebieten der Osterinsel konnte hingegen eine neue, bodenschützende, das Wachstum von Kulturpflanzen fördernde und die genannten menschengemachten Negativwirkungen weitgehend kompensierende Technik eingesetzt werden: die Steinmulchung (Wozniak 1999, 2001; Bork et al. 2004).

In der Zeit der kombinierten Gartenbau-Palmwald-Wirtschaft und in der Rodungszeit des Palmwaldes war die Technik der Steinmulchung offenbar noch nicht bekannt (vgl. S. 87 sowie Mieth et al. 2002, 2003; Mieth & Bork 2004). Auf den Oberflächen der frühen Gartenkulturen unter Palmwald, auf den Brandschichten der Rodungszeit und unter den geschichteten Sedimenten wurde keine einzige durch Mulchung entstandene Steinlage gefunden.

Eine illegale Erdentnahmegrube am Unterhang des Maunga Orito im Südwesten der Insel enthält Belege für den dortigen frühesten Beginn der Steinmulchung. Unter der Steinmulchungsdecke an der Geländeoberfläche liegt ein mehrere Dezimeter mächtiges Kolluvium mit Pflanzlöchern und sichelförmigen Holzkohle- und Aschebändern, die als Relikte von Kochstellen zu deuten sind. Das steinarme Kolluvium ist von älteren, im holozänen Boden angelegten Pflanzlöchern mit humoser und holzkohlehaltiger Füllung unterlagert. Die Holzkohlen der älteren, nicht steinbedeckten Pflanzlochfüllungen und des Kolluviums datieren in die zweite Hälfte des 17. oder in das 18. Jh. Der Steinschleier an der heutigen Oberfläche kann damit nicht älter sein (Bork et al. 2004).

Den ersten Besuchern aus Europa waren bereits die steinbedeckten Oberflächen der Osterinsel aufgefallen. So berichtet Georg Forster (1983), der im Jahre 1774 gemeinsam mit seinem Vater James Cook begleitete, dass „der Boden überall mit Steinen von verschiedner Größe bedeckt" war. Er schreibt weiterhin: „Die Fußsteige waren einigermaßen von den Steinen gereinigt, aber so eng, dass wir mit den Füßen einwärts gehen mussten, [...]."

Die Steinmulchungsphase begann nach der Waldrodung, an einigen Standorten vielleicht bereits im 16. oder sogar schon im 15. Jh. Da sie spätestens 1863/64 endete, resultiert eine wahrscheinliche maximale Dauer der Steinmulchungsphase von drei bis vier Jahrhunderten. Möglicherweise begann die Steinmulchung gemeinsam mit dem „Vogelmannkult", der zumindest 280 Jahre praktiziert wurde und ebenfalls in den 1860er-Jahren endete (Huke Atán & Pauly 1999).

Zur Herstellung des bodenschützenden Steinschleiers trennten die Rapanui anstehendes Festgestein mit Steinwerkzeugen ab, zerkleinerten die Steine und legten sie auf die Oberfläche der benachbarten, von Bodenerosion und damit vollkommener Zerstörung bedrohten Gartenböden. Unsere Untersuchungen an mehr als 500 steingemulchten Standorten belegen einen mittleren Transportweg von 65 m.

Steingemulchte Gärten bedecken 76 km^2 und damit 45 % der Oberfläche der Osterinsel. Unsere Zählungen und Berechnungen ergaben, dass die Steinmulchungsdichten stark variieren, von 8000 Steinen pro Hektar (0,8 Steine pro m^2) bis über 1 700 000 Steine pro Hektar (170 Steine pro m^2) bzw. von unter 1 % bis über 80 % Steinbedeckungsgrad. Steindichten von 60 000 bis 400 000 pro Hektar (9 – 25 % Steinbedeckungsgrad) dominieren. Durchschnittlich wurden 150 000 Steine pro Hektar auf die Gärten zum Schutz der Böden gelegt. Eine Multiplikation der Steinmulchungsfläche der Insel mit der gemessenen mittleren Steindichte resultiert in einer gigantischen Zahl: 1,14 Milliarden Steine wurden von den Rapanui auf den Oberflächen der dadurch bis heute fruchtbar gebliebenen Gärten verteilt (Bork et al. 2004).

Der mittlere Durchmesser eines zum Mulchen verwendeten Steins beträgt 12 cm. Die mittleren Steindurchmesser variieren an den zufällig ausgewählten Untersuchungsstandorten von 9 bis 14 cm. Der größte Stein der untersuchten 520 Flächen besaß ein Gewicht von mehr als 200 kg; jedoch wurden anderenorts auch noch schwerere Steine auf die Oberflächen gelegt.

Den Arbeitsaufwand haben wir grob abgeschätzt und angenommen, dass eine Person 20-mal täglich jeweils 20 kg Gestein über eine mittlere Distanz von 65 m vom Steinbruch zu den gemulchten Flächen tragen und diese Arbeit an 300 Tagen im Jahr über drei Jahrzehnte ausüben kann. Eine Jahresarbeitsleistung von 120 000 kg pro Person bzw. eine Lebensarbeitsleistung von 3,6 Mio. t transportierter Steine resultieren daraus (Bork et al. 2004).

Sämtliche gemulchten Steine wiegen zusammen mehr als 2,15 Milliarden kg. Eine Division dieser Masse durch die angenommene Jahrestransportleistung ergibt etwa 18 000 Personen-Arbeitsjahre. Über vier Jahrhunderte verteilt waren danach im Mittel stets 45 Rapanui nur mit dem Transport der Steine beschäftigt. Eine vergleichbare Zahl dürfte jeweils für die Gewinnung der Steine und ihre Verteilung auf den Ackerflächen notwendig gewesen sein, zusammengenommen 135 Menschen. Weitere müssen mit dem Anlegen der Pflanzlöcher und dem Einsetzen der Kulturpflanzen beschäftigt gewesen sein. Ein signifikanter Anteil der Bevölkerung war damit in die Gartenbautechnik der Steinmulchung eingebunden.

Wären pro Transport 20 kg Steine bewegt worden, hätten aus der Gesamtmasse von 2,15 Milliarden kg insgesamt 107 Millionen Gänge über eine mittlere Distanz von 65 m resultiert. Einschließlich des Rückweges hätten die Rapanui eine Strecke von zusammen fast 14 Millionen km zurückgelegt, entsprechend einer 330-fachen Umrundung des Äquators. Die zurückgelegte Distanz hätte pro Person 23 400 km betragen, die Hälfte dieser Strecke unter jeweils 20 kg Last.

Auch wenn einige der getroffenen Annahmen wohl für immer Denkmodelle bleiben müssen, ist eines sicher: Die Steinmulchungstechnik war über mehrere Jahrhunderte ein bestimmender Faktor im Gartenbau und im Leben der Rapanui. Die Steinmulchung erreichte einen Perfektionierungsgrad und eine Intensität, die – bezogen auf die geringe Zahl der Bewohner – auf der ganzen Erde ohne Beispiel sein dürfte. Nur der positive Effekt der durch die Steinmulchungstechnik deutlich gesteigerten Ernteerträge unter ansonsten schwierigen Anbau- und Lebensbedingungen kann als plausible Erklärung für den extremen, über viele Generationen geleisteten Arbeitsaufwand dienen: Der gewaltige Erfolgsdruck einer ausreichenden Nahrungsversorgung, der auf der Inselbevölkerung nach dem flächenhaften Verlust der wichtigen Boden- und Palmenressourcen lastete, erforderte eine Neuausrichtung des Gartenbaus. Die Entwicklung der Steinmulchung war somit eine technologische Anpassung der Gartenbautechnik an schwierige

Umweltbedingungen und Witterungsrisiken, die allerdings erst durch die Landnutzung früherer Generationen und nicht durch natürliche Prozesse verursacht worden waren (Bork et al. 2004).

Ohne die ertragssichernde Steinmulchungstechnik wären die fruchtbaren Gartenböden nahezu auf der gesamten Insel sukzessive erodiert worden. Die gartenbauliche oder landwirtschaftliche Tragfähigkeit der Insel hätte drastisch abgenommen. Die in ihrer Ausprägung und Dimension erdweit einmalige Steinmulchung hat die Rapanui vor diesem Desaster bewahrt.

Bodenzerstörung durch Beweidung und Brände im 20. Jh. auf der Osterinsel (Chile)

Andreas Mieth, Hans-Rudolf Bork, Ingo Feeser und Klaus Dierßen

Bei der offiziellen Zeremonie anlässlich der chilenischen Annexion der Osterinsel im Jahr 1888 nahm einer der anwesenden Rapanui, Atamu Tekena, ein Büschel Gras auf und übergab es symbolisch dem Vertreter Chiles, Kapitän Policarpo Toro, mit den Worten: „Dies ist für eure Tiere." Dann nahm er eine Handvoll Erde auf, steckte sie in seine Tasche und sagte: „Und dieses bleibt bei uns" (Ebensten 2001, S.65; übersetzt). Atamu Tekena konnte nicht ahnen, dass die Fremden die Insel nun völlig für sich beanspruchten, auch nicht, welche fatalen Wirkungen deren Schafhaltung gerade für den Boden haben würde.

Bereits die polynesischen Bewohner der Osterinsel (Rapa Nui) hatten ihren Lebensraum in etwa fünf Jahrhunderten vollkommen verändert. Durch die Rodung des ursprünglichen Palmenwaldes war eine weitgehend baumfreie Landschaft entstanden. Die dadurch ermöglichte Erosion und Austrocknung der Böden zwang die Bewohner, eine neue Gartenbautechnik zur Bewahrung der Inseloberfläche zu entwickeln. Mit Millionen von Steinen versuchten sie, der Degradation Einhalt zu gebieten. Die resultierende, in ihrer Ausprägung erdweit einmalige Steinmulchtechnik konnte die Erosion der fruchtbaren Böden in weiten Teilen der Insel tatsächlich stoppen, obwohl der schützende Wald inzwischen vollständig fehlte. Die mit der europäischen Entdeckung der Osterinsel im Jahr 1722 beginnende Epoche sollte zeigen, dass durch extreme Landnutzung die Vegetation und die Böden der Insel tiefgreifender und nachhaltiger zerstört wurden als je zuvor.

Die nach dem holländischen Entdecker Roggeveen im 18. und 19. Jahrhundert auf die Osterinsel gelangenden Seefahrer berichteten übereinstimmend von der Baumarmut der Insel. Vermutlich waren noch einzelne Baumgruppen und Gebüsche in einer ansonsten von Grasvegetation dominierten Landschaft vorhanden, darunter der heute nicht mehr wild wachsende Strauch *Sophora toromiro* (von Forster 1784, Neuausg. 1983, S. 494, 504, vermutlich fälschlicherweise als „*Mimosa*" bezeichnet). Frühen europäischen Besuchern der Osterinsel des 18. und 19. Jh. fielen die sorgsam gepflegten Acker- und Gartenkulturen der Ureinwohner auf. So beschrieb der Mitreisende Roggeveens, Carl Friedrich Behrens, im Jahr 1722, dass die „Gegend bepflanzt und genau zu Äckern aufgeteilt" und „schön bearbeitet" sei (zit. in Vogler 1998, S. 55). La Pérouse schilderte für das Jahr 1786 intensiven Gartenbau zum Beispiel an der Westküste (zit. in Wozniak 1999, S. 95). Er schätzte den Flächenanteil kultivierten Landes auf zehn Prozent und erwähnte die sorgfältigen Techniken der Bodenbearbeitung (zit. in Bahn und Flenley 1992, S. 94). Der Wissenschaftlerin Kathrine Routledge imponierte während ihrer ausgedehnten Osterinsel-Studien in den Jahren 1914/15 die augenscheinliche Fruchtbarkeit der Böden. Sie schätzte etwa die Hälfte der Inselfläche als geeignet für den Anbau von Bananen und Süßkartoffeln (Routledge 1919, Neuausg. 1998, S. 215).

Solche Berichte ermutigten Europäer, neue Nutzpflanzen auf der Osterinsel anzubauen. Sie importierten Guave (*Psidium guajava*), Ananas (*Ananas comosus*), Mais (*Zea mais*), Kartoffel (*Solanum tuberosum*), Baumwolle (*Gossypium sp.*), Kaffee (*Coffea arabica*) und Wein (*Vinis vinifera*) (Zizka 1989; Bahn und Flenley 1992). Der kommerzielle Anbau dieser Pflanzen jedoch misslang. Die Europäer kannten den sachgerechten Umgang mit den steinbedeckten Böden nicht und/oder waren nicht bereit, die körperliche Arbeit einer aufwändigen Steinmulchung und die Anlage schützender Steinmauern auf sich zu nehmen. Viele der von ihnen mitgebrachten Pflanzen erwiesen sich als ungeeignet, den harten klimatischen Bedingungen im Offenland (starke Winde, hohe Einstrahlungsintensität, zeitweilige Trockenheit) standzuhalten. Die Kulturen wurden weitgehend aufgegeben. Das steinreiche, karge Grasland schien den Europäern, die zunehmend Besitz ergreifenden Einfluss auf die Osterinsel ausübten, nun nur noch für eine Art der Landnutzung geeignet: als Weideland für Huftiere, insbesondere Schafe. Diese Nutzungsform hatte schwerwiegende, bis heute andauernde ökologische Veränderungen zur Folge, insbesondere die Zerstörung von Vegetation und Böden. Die Historie der europäischen Inkulturnahme ist – wie in vielen anderen Regionen der Erde auch – eng verwoben mit einer von Missionierung, Machtausübung, Menschenhandel, Landnahme und Kulturzerstörung gezeichneten Geschichte.

Im Jahr 1868 kam der Franzose Dutroux-Bornier, ausgestattet mit dem Segen der katholischen Kirche, auf die Osterinsel, um dort zusammen mit seinem tahitianischen Geschäftspartner Brandner eine Schafhaltung aufzuziehen. Die einheimische Bevölkerung war einige Jahre zuvor aufgrund der Verschleppung von mehr als 1400 Menschen durch chilenische, spanische und peruanische Sklavenhändler um mindestens ein Drittel reduziert worden, darunter gerade auch die besonders intelligenten, erfahrenen und kulturtragenden Führungskräfte der Gesellschaft (Ebensten 2001; Huke Atán & Pauly 1999). Bornier „kaufte" nach und nach große Landflächen von den Rapanui, die er gegen billige Gegenstände, z. B. Kleidung, eintauschte (Ebensten 2001; Lee 2001). Die ersten Schafe wurden in den 1860er- und 1870er-Jahren aus Chile und über Tahiti aus Australien importiert (McCall 1994). Durch Besitznahme, Vertreibung, Zerstörung von Häusern und Gewaltausübung zog sich Bornier zunehmend den Hass der Einheimischen zu und machte sich auch die anfangs duldsamen Missionare zu Gegnern. 1876 beendeten die Rapanui die Gewaltherrschaft Borniers durch dessen Ermordung. Die Schafe auf der Insel blieben unter dem Management Brandners und vermehrten sich weiter. Geisler schätzte bei seinem Besuch im Jahre 1883 den Tierbestand auf Rapa Nui bereits auf 12 000 Schafe, 700 Rinder und 70 Pferde (Ayres 1995, S. 21).

Die einheimische Bevölkerung umfasste zu dieser Zeit aufgrund der verheerenden Wirkungen eingeschleppter Krankheiten nur noch gezählte 150 Menschen, die inzwischen alle in der Doppelsiedlung Hanga Roa/Mataveri wohnten (Ayres 1995, S. 49). Viele Rapanui waren von den Schafzüchtern aus ihren traditionellen, familiären Siedlungsplätzen gewaltsam nach Mataveri, dem Sitz der Firma Brandner umgesiedelt worden, teils um zusätzliches Weideland für die Schafe zu gewinnen, teils um die einheimische Bevölkerung besser kontrollieren zu können.

Noch während die Bornier- und Brandner-Erben nach dem Tod der Firmengründer bis in das Jahr 1893 gerichtliche Auseinandersetzungen über den „Besitz" der Insel führten, weckte Policarpo Toro, ein junger chilenischer Korvettenkapitän, beim chilenischen Staat Interesse am Kauf der Insel. Für Toro ging ein lang gehegter Traum in Erfüllung, als er von der chilenischen Regierung Auftrag und Geld zur Umsetzung des Kaufes erhielt. Wegen der noch nicht geklärten und komplizierten Besitzrechte auf Seiten der Schafzüchter und der Kirche konnte er sich den weitaus größten Gebietsanteil nur durch Pachtverträge sichern. Einen kleinen Gebietsanteil „erwarb" er von den Rapanui mittels „Kaufvertrag" und übergab im Jahr 1888 die Insel

▲ **Abb. 83:** Flächenhaftes Abbrennen von Grasland auf der Osterinsel (Rapa Nui, Chile).

der chilenischen Souveränität als erste Kolonie. Die rechtliche Wirksamkeit dieses in zwei Sprachen und zwei unterschiedlichen Fassungen formulierten Vertrages zwischen den kulturell und sprachlich ungleichen Partnern wird heute nicht nur von angestammten Rapanui, sondern auch von Historikern erheblich angezweifelt. Danach haben die Rapanui, wie auch bei allen Verhandlungen zuvor, niemals der Hergabe von Land im Sinne des europäischen Besitzrechts, sondern allenfalls dessen Bewirtschaftung zugestimmt (Ebensten 2001; Huke Atán & Pauly 1999). Die Einheimischen ermöglichten den Europäern die Nutzung des Graslandes, ohne aber nach ihrem Verständnis die ihnen angestammte Erde, also Grund und Boden, herzugeben.

Für Chile erwies sich die abgelegene Insel zunächst ohne wirtschaftlichen oder strategischen Nutzen. Die Osterinsel wurde daher 1895 an den Privatmann Merlet verpachtet, der die Insel weiter zur Schafhaltung nutzte und sie 1903 wiederum an die schottisch-englische Schafzuchtgesellschaft „Williamson, Balfour and Company" verkaufte. Genaue Aufzeichnungen über die Größe des Schafbestands in dieser Zeit sind heute nicht mehr erhalten bzw. nicht mehr auffindbar. Überliefert sind für die erste Hälfte des 20. Jh. geschätzte Zahlen von 60 000 bis 80 000 Schafen (Lee 2001; Ramírez 2001; Huke Atán 1999). In den 1950er- und 1960er-Jahren klang die intensive Schafhaltung auf Rapa Nui aus – nicht aus ökologischer Vernunft oder kultureller Einsicht, sondern weil der Weltmarktpreis für Wolle drastisch gefallen war. Weidende Tiere gibt es auf der Osterinsel jedoch auch heute noch – in Gestalt von Rindern und Pferden, die sich auf nahezu der gesamten Inselfläche frei bewegen können und deren Gesamtzahl auf etwa 6000 Tiere beziffert wird (Ramírez 2002).

Mit den Nutztieren kamen neue Pflanzenarten, vor allem verschiedene Grasarten auf die Insel. Sie wurden teils gezielt als Weidegräser höherer Futterqualität importiert, teils kamen sie als unerwünschte Begleiter mit den Tieren oder anderen Pflanzen nach Rapa Nui. Die neuen Invasoren veränderten und verändern die Artenzusammensetzung, die Artendiversität und die Dynamik des Grünlandes nachhaltig (siehe nachfolgendes Kapitel). Das Grasland wurde in der Schafhaltungszeit regelmäßig abgebrannt, um das Wachstum junger Weidegräser zu fördern und unerwünschte Pflanzenarten zu unterdrücken (Ramírez 2001). Auf der Poike-Halbinsel erfolgte das flächenhafte Abbrennen über Jahrzehnte hinweg jährlich (Velasco, frdl. mündl. Mitt. 2002) mit der Folge einer periodischen Totalzerstörung der bodenschützenden Vegetationsdecke. Das Abbrennen des Graslandes wird auf Poike seit dem Ende der Schafhaltung zwar nicht mehr betrieben, ist jedoch heute noch in weiten Bereichen der übrigen Inselfläche häufig zu beobachten (Abb. 83). Dabei zeigt sich – entgegen der eigentlichen Absicht –, dass gerade besonders durchsetzungsfähige invasive Pflanzenarten durch das Abbrennen eher gefördert als unterdrückt werden.

Nirgendwo auf Rapa Nui haben Weidenutzung und Brandmanagement der Schafhaltungszeit so deutliche Spuren in der Landschaft hinterlassen wie auf der Poike-Halbinsel. Das an der Geländeoberfläche sehr steinarme Grasland der Halbinsel im Osten von Rapa Nui galt den Schaf- und Rinderzüchtern stets als ideales Weideland. Das von einem hohen Kliff umgebene Grünland kann an der relativ schmalen Landverbindung zur übrigen Inselfläche ohne Mühe mit einem Zaun abgetrennt werden. Der Zugang zur Weidefläche ist damit kontrollierbar, nicht zuletzt mit dem Vorsatz, Störungen und Viehdiebstähle zu verhindern. Die zur Verfügung stehende, auch heute noch (für Rinder) genutzte Weidefläche auf Poike beträgt nur etwa 900 ha. Und doch weideten allein dort in den 1930er- bis 1960er-Jahren 7000 bis 10 000 Schafe (Velasco, frdl. mündl. Mitt. 2002).

Auffallendes landschaftliches Merkmal der Halbinsel sind von flächenhafter, junger Bodenerosion betroffene Flächen im Osten und Südwesten. Exponierte verwitterte vulkanische Gesteine geben den nahezu vegetationsfreien Erosionsflächen eine kräftig rote Farbe (Abb. 84). Am Ost-, Nordost- sowie Nordwesthang des zentralen Vulkans Pua Katiki fallen weiterhin tief eingeschnittene Schluchtensysteme auf (Abb. 85). Die Erosionsgebiete umfassten im Jahr 2003 eine Gesamtfläche von etwa 3 km², entsprechend ca. 20 % der Halbinselfläche.

Diese Erosionsmale in der Graslandschaft hat es zu Beginn des 20. Jh. noch nicht gegeben. Sorgfältig angelegte Zeichnungen von Routledge aus

◄ **Abb. 84:** Ostansicht der Poike-Halbinsel (Rapa Nui, Chile) mit Gebieten junger flächenhafter Erosion und Anpflanzungen von *Eucalyptus*.

▼ **Abb. 85:** Schluchtreißen im Nordosten der Poike-Halbinsel (Rapa Nui, Chile).

den Jahren 1914/15 zeigen die südwestliche Küste der Poike-Halbinsel ohne die heute weithin sichtbaren Erosionsflächen oberhalb des Kliffs (Abb. 73b, s. S. 86) und den nordwestlichen Hang des Pua Katiki ohne jede Schluchtenbildung (Routledge 1919, Neuausg. 1998, dort Fig. 23, 24, 73, 78). Neben diesem historischen Dokument beweist auch ein stratigraphischer Befund, dass die Schluchten und Erosionsflächen erst während der europäischen Landnutzung entstanden sind: Die Kerben zerschneiden auch die jüngsten Kolluvien am Oberhang des Pua Katiki, die nachweislich erst zu Beginn des 20. Jh. abgelagert wurden (als Spätfolge der prähistorischen Waldrodung).

Verantwortlich für die junge Erosionsdynamik ist zweifelsfrei die einstige Massenhaltung der Schafe. Das regelmäßige Abbrennen der Weideflächen, der starke flächenhafte Verbiss der Grasdecke in Kombination mit der in Laufspuren extrem forcierten Vegetationszerstörung und Bodenverdichtung förderten die Entstehung linienhafter Erosion. Konzentrierter Oberflächenabfluss bei Starkregen ließ anfangs schmale (trittspurenbreite) Rinnensysteme entstehen, die jedoch rasch in die Tiefe und in die Breite wuchsen. Im Verlauf weniger Jahrzehnte bildeten sich Schluchten von gewaltigen Dimensionen. Die Kerben erreichen heute Tiefen von 9 m, Breiten von über 50 m und Längen von mehreren hundert Metern. Durch Verbreiterung und seitliches Zusammenwachsen der Schluchten entstanden die erwähnten großen rot gefärbten Erosionsflächen im Osten und Südwesten der Halbinsel.

Auf den ausgedehnten exponierten Erosionsflächen oberhalb des Kliffs wirken neben der Wassererosion auch die häufigen starken Winde bodenabtragend. Über den Badlands der Poike-Halbinsel sind an windigen Tagen oft rötliche Staubfahnen zu sehen. Bodensubstrat und Sedimente gingen und gehen durch das Erosionsgeschehen im großen Umfang unwiederbringlich verloren. Das Material wurde und wird zum größten Teil über das Kliff in den Pazifik gewaschen und geweht. In den Wassereinzugsgebieten der Schluchten wurden mittlere Bodenerosionsraten von 350 t Bodenabtrag pro Hektar und Jahr errechnet (Mieth & Bork 2004). Die Werte der jungen Bodenerosion auf der Osterinsel rangieren damit selbst im globalen Vergleich an oberer Stelle (Bork et al. 2003).

Mit den Böden gingen bereits viele wertvolle Kulturrelikte verloren, darunter prähistorische Häuser und Zeremonialstätten, Grabsetzungen, Kochstellen und Vorratsgruben, die alten Gartenböden und schließlich die Rodungs- und Brandrelikte des ehemaligen Palmenwaldes. Nachdem die Schafhaltung auf der Poike-Halbinsel um das Jahr 1960 ausklang, hat sich die Intensität der Erosion zwar abgeschwächt. Unter dem Einfluss einer fortgesetzten Rinderbeweidung dauert die Erosionsdynamik jedoch bis heute an. In den „Erosionswüsten" im Osten der Poike-Halbinsel werden in den nächsten Jahren und Jahrzehnten letzte und in ihrer Art einmalige Spuren und Relikte alter Siedlungen und Kultstätten vollends verloren gehen, ohne dass sie vorher erforscht und dokumentiert werden konnten (Abb. 86).

Nicht ausschließlich die Poike-Halbinsel ist von junger flächenhafter Bodenerosion und Zerschluchtung betroffen. Vergleichbare Erosionserscheinungen finden sich insbesondere auch am Innenhang des Vulkankraters Rano Raraku (dem Zentrum der früh-prähistorischen Megalithkultur), an den kliffnahen Unterhängen des Vulkans Rano Kau (dem Zentrum der spät-prähistorischen Vogelmannkultur) sowie in schwächer ausgeprägter Form an mehreren anderen Vulkanhängen – auch dort oft in unmittelbarer Nähe zu prähistorischen Kulturzeugnissen.

Schwierig erscheint der Ausweg aus der Erosionsdynamik. Lösungsversuche in den 1950er- bis 1980er-Jahren schlugen fehl, weil den zuständigen Behörden die richtigen Erkenntnisgrundlagen fehlten. Galerieartige Anpflanzungen von *Eucalyptus spp.* (Abb. 84), die dem Bodenschutz dienen sollten, bewirkten das Gegenteil. Die Bäume verhindern durch ihre vergrämend wirkenden ätherischen Öle in Blättern und Zweigen die Ansiedlung einer bodenschützenden Begleitvegetation und Humusbildung. Spuren konzentriert abfließenden und erodierenden Niederschlagswassers sind daher selbst noch inmitten dieser Anpflanzungen zu finden. Inzwischen wird zudem befürchtet, dass die Intensität der Winderosion durch Förderung von Turbulenzen am Rand der Anpflanzung sogar zugenommen hat. Auch in die Schluchtwurzeln von Ost- Poike integrierte kleine „Dämme" aus Blechen alter Ölfässer blieben wirkungslos oder förderten gar das Schluchtenreißen, weil sie lediglich als Sedimentfänger unterhalb der Abfluss-Entstehungsbereiche wirkten und sich der von Sedimenten befreite Abfluss auf den nahezu wasserundurchlässigen Oberflächen mit umso größerer Erosionsenergie fortsetzen konnte (Mieth & Bork 2003).

Zwei Maßnahmen könnten die Bodenerosion auf der Osterinsel stark verlangsamen: einerseits die völlige Aufgabe der Beweidung an den Vulkanhängen, vorrangig auf der Poike-Halbinsel, am Vulkan Rano Kau und am Vulkan Rano Raraku; andererseits die Wiederbewaldung der Abfluss-Entstehungsgebiete u. a. mit der chilenischen Honigpalme (*Jubaea chilensis*). Auf den Sonderstandorten der durch Erosion entblößten Rohböden könnten sich zudem Stickstoff bindende, trockenheitstolerante Baum- und Straucharten zur allmählichen Etablierung einer schützenden Vegetationsdecke eignen. Wie in vielen anderen, von Menschen genutzten und bewohnten Regionen der Erde wird sich auch auf der kleinen und abgelegenen Osterinsel die heutige Landnutzungspraxis zusammen mit dem Natur- und Denkmalschutz einer Konfliktdiskussion und Konfliktlösung stellen müssen, sollen nicht limitierte und wichtige Existenzgrundlagen der lokalen Ökonomie, namentlich Böden, Kulturdenkmäler und typische Landschaftsformen für immer verloren gehen.

Wirkungen der Landnutzung auf die Vegetation der Osterinsel (Chile)

Klaus Dierßen, Ingo Feeser, Andreas Mieth und Hans-Rudolf Bork

Die Lebensgemeinschaften der Ökosysteme von Inseln sind aufgrund ihrer Isolation erheblichen Risiken ausgesetzt. Aussterbende bodenständige Arten können nicht leicht durch zuwandernde ersetzt werden. Vorsätzlich oder auch unbeabsichtigt eingebrachte Arten zeigen demgegenüber vielfach in den Lebensräumen ihrer neuen Heimat mit veränderter Artenzusammensetzung ein abweichendes Verhalten. Keineswegs alle können sich etablieren. Einige behaupten sich erfolgreich, und wenige der schließlich Etablierten können ihrerseits heimische Arten in Bedrängnis bringen. Die Mechanismen sind vielfältig und lassen sich schwer vorhersagen. So können invasive Arten über Pilzmykorrhizen den einheimischen Pflanzen erfolgreich Kohlenstoff und Nährstoffe entziehen und dadurch Konkurrenzvorteile erlangen (Stampe & Daehler 2003; Carey et al. 2004).

Aktuelle Situation

Die Osterinsel ist ähnlich dem Hawaii-Archipel extrem isoliert – das nächste Festland ist über 3700 km entfernt. Ihre Flora ist im Vergleich zu weniger stark isolierten Inseln wie dem Juan-Fernández-Archipel artenarm (etwa 180 Gefäßpflanzenarten wachsen auf den 166 km[2] Oberfläche der Osterinsel), sodass nur 16 % der Flora aus einheimischen Arten bestehen (Zizka 1991). Davon sind wiederum die meisten in den Tropen, Subtropen und gemäßigten Breiten weiter verbreitet, was für einen effektiven Ferntransport der betroffenen Arten während der Besiedlungsphase spricht. Eine geringe topographische, geomorphologische und klimatische Diversität sowie ein vergleichsweise geringes erdgeschichtliches Alter haben die Entwicklung einer artenreichen lokalen Flora durch adaptive Prozesse verhindert, wie sie etwa für den Hawaii-Archipel bezeichnend ist; dort existieren etwa 1000 bis 1500 einheimische Arten auf etwa 16 500 km[2] Oberfläche, der Endemitenanteil beträgt 91 bis 96 % (Loope & Müller-Dombois 1989; Müller-Dombois & Forsberg 1998). Derzeit gibt es auf der Osterinsel lediglich drei endemische Blütenpflanzenarten, und nur eine von ihnen, das Gras *Axonopus paschalis*, tritt in ausgedehnteren Beständen in den höheren Lagen des Maunga Terevaka auf.

Die gegenwärtige Vegetation ist ganz überwiegend nutzungsgeprägt. Seit Einführung der intensiven Beweidung mit Schafen im späten 19. Jh. überwiegt auf weiten Teilen der Insel eine kommerzielle Weidenutzung, gegenwärtig durch Rinder

▶ **Abb. 87:** Überweidung durch Pferde trägt zur Standortdegradation und Monotonisierung der Vegetation bei; Weideflächen östlich des Rano Raraku (Rapa Nui, Chile).

und vor allem durch Pferde (Abb. 87). Kombiniert mit der Beweidung werden viele Flächen episodisch abgebrannt, um die trockene Streuschicht zu beseitigen und dadurch die Futterqualität zu verbessern. Mit jeder Veränderung der Nutzungsform und -intensität wandelt sich auch das Gefüge der Pflanzendecke. Entwicklungsprognosen sind angesichts der unterschiedlichen Herkünfte und Lebensstrategien der beteiligten Arten heikel.

Die heute beweideten Flächen machen den weitaus größten Teil der Landfläche aus und enthalten etwa ein Drittel der Gefäßpflanzenarten auf Rapa Nui. Nur 23 % dieser Arten sind einheimisch, der Rest ist durch den Menschen eingebracht, zu einem erheblichen Anteil wohl erst in jüngerer Zeit. Die Produktivität wird wohl vornehmlich durch die Wasserversorgung im Wurzelraum gesteuert. Flachgründige Böden, unter diesen anstehende durchlässige Gesteine sowie hohe Evapotranspirationsraten bedingen eine eher mäßige bis schlechte Wuchsleistung.

Ausdauernde Gräser und Krautige (49 % der Arten) sowie Einjährige (35 % der Arten) dominieren (Feeser 2003). Der Anteil der Einjährigen steigt mit abfallender Deckung und Phytomasse der Grasnarbe an.

Reste oligohemerober Lebensräume

Die Osterinsel ist im Vergleich zu zahlreichen Inseln und Archipelen des Pazifiks schwach reliefiert. Nur wenige Standorte sind so schwer zugänglich, dass sie sich dem Einfluss des Menschen und seiner

Weidetiere in der Vergangenheit weitgehend entzogen haben und weiterhin entziehen: Teile des Kliffs und des Klifffußes, des Kraterrandes und Kratersees des Rano Kau sowie einige schmale und kleine, zeitweilig wasserführende Schluchten an den Hängen des Maunga Terevaka. Auch diese Gebiete sind keineswegs frei von menschlichen Spuren, sie treten aber gegenüber der naturräumlichen Ausgestaltung stärker in den Hintergrund. Hier findet man noch am ehesten Elemente einer ursprünglichen, wenig von der Tätigkeit des Menschen gestörten Vegetation und Tierwelt. Rano Kau und Rano Raraku enthalten die einzigen großräumigen Feuchtgebiete der Insel; der Kratersee des Rano Kao enthält eine Schwingdecke mit in seiner Art wohl erdweit einzigartigem und ungestörtem Vegetationsgefüge.

Die historische Landschaft

Die ursprüngliche Vegetation und Flora, welche die ersten polynesischen Siedler auf der Osterinsel vorfanden, hat wohl mit der gegenwärtigen wenig gemein gehabt. Von den etwa 45 ehemals bekannten einheimischen Arten sind aktuell nur noch 29 vorhanden. Tatsächlich war die Aussterberate wohl noch höher, da der ehemalige Bestand auf der Basis archäobotanisch nachgewiesener Sippen geschätzt wurde und bei den vergleichsweise ungünstigen Ablagerungsbedingungen kaum der gesamte ehemalige Artenbestand erfasst worden sein dürfte. Aus pollenanalytischen Untersuchungen an Bohrkernen aus Kraterseen und aus Großrestanalysen an Holzkohlen lässt sich immerhin belegen, dass vor der Besiedlung mehr verholzte Pflanzen auf der Insel vorkamen als gegenwärtig, auch wenn eine eindeutige systematische Zuordnung der Funde nicht in allen Fällen möglich ist (Flenley et al. 1991; Orliac 2000, 2003).

Nach aktuellem Kenntnisstand ist die Annahme realistisch, dass die Insel zumindest in großen Teilen von einem mehr oder minder strauchreichen, schütteren Palmenwald bedeckt war (vgl. Beitrag zur Rodung des Palmenwaldes auf der Osterinsel in diesem Buch sowie Mieth & Bork 2004). Die Landnutzung nach der Besiedlung konzentrierte sich zunächst auf den Küstenraum und bezog später auch das landeinwärtige Tiefland und die höheren Lagen mit ein. Sie war vom 13. bis 17. Jh. am intensivsten und fällt mit der praktisch vollständigen Zerstörung der Wälder zusammen. Die Berichte europäischer Seefahrer seit dem 17. Jh. schildern bereits ausnahmslos den kargen, weitestgehend baumfreien Charakter der Insel (Forster 1784, Neuausg. 1983).

Nutzung und invasive Arten

Nutzungsform und -intensität bestimmen das Artengefüge in Kulturlandschaften. Als Kulturpflanzen sowie zur Aufforstung und zur Verbesserung der Weidequalität wurden auf der Osterinsel Pflanzen eingeführt, die den Charakter der heutigen Insellandschaft mitprägen. Taro (*Colocasia esculenta*), Yam (*Dioscorea alata*), Banane (*Musa sapientium*), Zuckerrohr (*Saccharum officinarum*) und Keulenlilie (*Cordyline fruticosa*) sind als Kulturpflanzen und wichtige Ernährungsgrundlage wohl bereits von den ersten Siedlern mitgebracht worden, möglicherweise erst einige Zeit danach auch die Süßkartoffel (*Ipomoea batatas*). Seit der zweiten Hälfte des 19. Jh. kamen weitere Arten hinzu, unter anderem Guave (*Psidium guayava*), Ananas (*Ananas comosus*), Mais (*Zea mays*), Kartoffel (*Solanum tuberosum*), Kaffee (*Coffea arabica*) und Wein (*Vitis vinifera*). Nur die Guave hat sich außerhalb bebauter Gebiete nennenswert ausgebreitet. Im Vergleich zur Weidenutzung spielt kommerzieller Landbau heute in Rapa Nui keine wichtige Rolle. Lediglich einige Weinstöcke haben sich nach Pflanzungsversuchen an den inneren Hängen des Rano Kau halten können.

Im Zuge von Aufforstungsversuchen und als Zierpflanzen sind an verschiedenen Orten Gehölze angepflanzt worden, so Akazien-Arten (u. a. *Acacia dealbata*, *Leucaena leucocephala*), Robinien (*Robinia pseudoacacia*), Persischer Flieder (*Melia azedarach*), Eucalyptus (*Eucalyptus globosus* und *E. botryoides*) und Jambosen (*Syzygium jambos*). Diese Arten sind potenziell stark ausbreitungsfähig und lassen sich dann nur schwer kontrollieren (Weber 2003). *Eucalyptus globosus* ist derzeit der beherrschende Forstbaum auf der Osterinsel, jedoch aus mancherlei Gründen für den Lebensraum problematisch. Er produziert viel schwer abbaubare Streu und schattet stark. Dies behindert die Etablierung und Entwicklung einer geschlossenen Vegetation der Kraut- und Strauchschicht und fördert das Brandrisiko. Kahlschlag kann zudem zu einer Massenentwicklung von Keimpflanzen führen.

Im Zuge der Bewirtschaftung großer Weideflächen wurden mit den Schafen aus den Herkunftsländern auch Diasporen von Weidepflanzen eingeschleppt oder auch als Saat eingebracht, die sich ausbreiten konnten und heute neben den – wenigen – bodenständigen Arten den Grundstock der Vegetation des Graslandes bilden. Zugleich und auch später wurden zusätzlich Gräser bewusst eingeführt, um für die Weidewirtschaft bessere Erträge und eine höhere Futterqualität zu erzielen. Auf diese Weise konnte sich ein „kosmopolitisches" Grünland aus vergleichsweise weit verbreiteten Arten entwickeln, das nun wiederum in seiner aktuellen Zusammensetzung wahrscheinlich einzigartig ist. Es ist allerdings nur schwach differenziert und vergleichsweise artenarm (Feeser 2003). Das Grünland entwickelt sich insoweit dynamisch, als teilweise erst vor kurzer Zeit heute dominierende Arten eingeschleppt wurden, die ihr potenzielles Areal noch keineswegs vollständig erschlossen haben, wie etwa das Bartgras (*Botriochloa ischaemum*) und eine Hirseart (*Melinis minutiflora*). Das Bartgras ist in Trockenrasen Eurasiens heimisch und wurde zuerst 1983 von der Osterinsel belegt, die Hirse aus den Savannen Afrikas seit 1982 (Zizka 1991). Beide Gräser sind heute auf Rapa Nui häufig; *Melinis* baut inzwischen weiträumig nahezu monodominante, dichte Bestände auf und droht die vergleichsweise artenreichen Lebensgemeinschaften in den Schluchten des Maunga Terevaka unter ihren dichten Matten zu begraben (Abb. 88). Die jetzige Form der Landnutzung scheint dieses Gras zu fördern. Die Rücknahme der Beweidungsintensität vor allem auf entlegenen Flächen und regelmäßiges oder gelegentliches Brennen fördern *Melinis* gegenüber ihren Konkurrenten (Weber 2003).

Die Osterinsel ist auch heute noch unstrittig potenziell waldfähig. Wird die Beweidung zurückgenommen, so setzen sich auf nicht zu stark degradierten Substraten Gebüsche und Vorwälder durch. Drei ebenfalls eingebürgerten Arten mag in diesem Zusammenhang künftig eine wachsende Bedeutung zukommen, falls die Beweidungsintensität zurückgenommen werden sollte: der Guave sowie den beiden Schmetterlingsblütlern *Crotalaria pallida* und *C. grahamiana*. Erstere wurde als Kulturpflanze eingeführt; sie breitet sich derzeit auf brachfallendem Weideland aus und lässt sich schlecht

▲ **Abb. 88:** *Melinis minutiflora* bildet nahezu einartige Bestände in den Bachschluchten der Südhänge des Maunga Terevaka (Rapa Nui, Chile).

kontrollieren. Die *Crotalaria*-Arten tragen aufgrund ihrer Symbiose mit Knöllchenbakterien zur Bodenverbesserung bei und eignen sich demzufolge tendenziell zur Eindämmung der Bodenerosion. Sie behindern oder verzögern damit aber zugleich aufgrund ihrer Konkurrenzkraft die Sukzession zu Wäldern.

Entwicklungsperspektiven

Obgleich abgelegen, sind doch die Spuren menschlichen Wirkens und einer Störung der natürlichen Lebensgrundlagen auf der Osterinsel allgegenwärtig. Entwicklungskonzepte einer künftig nachhaltigeren Landnutzung lassen sich deswegen nur schwer an die aktuelle Bewirtschaftung anknüpfen. Die erfolgte Erosion lässt sich nicht rückgängig machen, eine wirklich autochthone Vegetation fehlt selbst ansatzweise, und die einzigartige Anreicherung gebietsfremder potenziell invasiver Problemarten ist für die Insel eine besondere Herausforderung.

Will man die Erosion vor allem auf der Poike-Halbinsel eindämmen, so bietet sich eine Be-

grünung mit solchen Pflanzenarten an, die auf trockenen Rohböden mit geringen Wasser- und Nährstoffvorräten eine Vegetationsdecke aufbauen können und tendenziell eine Sukzession zu Wäldern einleiten können. Gegenwärtig existieren weder geeignete Arten noch Vegetationsstrukturen als Vorbilder auf Rapa Nui.

Will man für eine gleichermaßen eintönige wie wenig rentable Weidelandschaft ein Konzept erarbeiten, das sowohl der Erhaltung einzigartiger Kulturschätze als auch einer zukunftsträchtigen und ästhetisch ansprechenden Landschaftsentwicklung verpflichtet ist, so mag dabei einer durchdachten Erhöhung des Waldanteils auf Rapa Nui eine besondere Bedeutung zukommen – mit dem Versuch, zumindest in Ansätzen den Charakter eines Primärwaldes mit Palmen zu rekonstruieren, soweit dies bei den gegenwärtigen Standortverhältnissen realistisch sein kann.

Das Arbeiten mit gebietsfremden Arten ist durchweg risikobelastet. Folglich gilt es, potenzielle Risiken und mögliche Vorzüge der gewählten Arten sorgfältig zu prüfen und die Entwicklungsmöglichkeiten in einer Risikokontrolle abzuwägen. Kontrollierte Versuchspflanzungen vor einer generellen Förderung ausgewählter Arten sind unstrittig sinnvoll.

Für eine Begründung von Waldstandorten auf trockenen Rohböden wie auf der Poike-Halbinsel hat sich die Anpflanzung von *Eucalyptus globosus* als ungeeignet erwiesen. Die starke Transpiration der *Eucalyptus*-Arten bei geringer Wasserhaltefähigkeit der Böden macht in den Plantagen das Aufkommen zusätzlicher Pflanzenarten weitgehend unmöglich. Eine merkliche Erosionsminderung ist unrealistisch. Schmetterlingsblütler der Gattungen *Prosopis* und *Mimosa* aus Mittel- und Südamerika können demgegenüber die Nährstoffversorgung der Böden verbessern und spenden zugleich bei abgeschwächter Transpiration Schatten, verbessern das Waldbinnenklima und schaffen so unter ihrem Laubdach gleichsam „Inseln" besserer Ressourcenverfügbarkeit für weitere Gefäßpflanzen. Teilweise liegen Erfolg versprechende Berichte vor über kleinräumige Muster von einer kombinierten Wald-, Weide- und ackerbaulichen Nutzung derartiger Systeme (Reynolds et al. 1999; Camargo-Ricalde et al. 2002).

Wie immer sich der Kosmos gebietsfremder Arten auf der Osterinsel entwickeln mag: Die in guter Absicht mit dem Ziel einer Verbesserung der Weideflächen eingeführte Hirse *Melinis minutiflora* dürfte mit ziemlicher Sicherheit den Insulanern als „Horrorpflanze" der Landschaftsplaner langfristig erhalten bleiben – mit ihrer Tendenz, in Ruhe gelassen „alles einzuwickeln", was sich ihr in den Weg stellt.

El Niño verheert. Klima- und Nutzungsfolgen im 20. Jahrhundert auf Floreana (Galápagos, Ekuador)

Hans-Rudolf Bork und Andreas Mieth

Regelmäßige, starke Veränderungen der Meeresströmungen und der Witterung beeinflussen die Lebewesen im Galápagos-Archipel und ihre Ausbreitung entscheidend. Betreffen die Auswirkungen dieser Anomalie seit jeher auch die Entwicklung und die Zerstörung der Böden der Galápagos-Inseln? Oder ließen erst Eingriffe des Menschen Abfluss und Bodenerosion zu? Antworten finden wir auf der im Süden des Archipels gelegenen Insel Floreana.

„El Niño" – „Das Christkind"

Der Nährstoffreichtum des vom Antarktischen Meer als Humboldtstrom parallel zur südamerikanischen Pazifikküste zunächst äquatorwärts und dann in Äquatornähe durch Ostwinde westwärts getriebenen, kühlen Wassers bewirkt im Meeresgebiet vor der peruanischen Pazifikküste bis zu den Galápagos-Inseln die wahrscheinlich höchste biologische Produktivität der Erde.

Flauen in Äquatornähe die Ostwinde ab, wird der Auftrieb des kühlen Wassers durch zurückfließendes warmes, nährstoffarmes Oberflächenwasser aus dem westlichen Pazifik blockiert; die biologische Produktivität nimmt dann im Ostpazifik drastisch ab. Zugleich strömen zeitweise feuchte Luftmassen ostwärts; sie lösen in den Trockengebieten westlich der Anden exzessive Niederschläge aus. Diese in Rhythmen von zumeist etwa drei bis acht, seltener mehr Jahren regelhaft auftretende, zumeist um Weihnachten beginnende und mehrere Monate während Meeres- und Windströmungssituation wird von Ozeanologen und Klimatologen als „El Niño" bezeichnet (der zeitliche Beginn begründet den Namen „El Niño", spanisch für „das Christkind"; missverständlich und tautologisch ist das zumeist synonym verwendete Akronym ENSO für „El Niño – Southern Oscillation", auf dessen Gebrauch daher hier verzichtet wird) (Philander 2004; Schönwiese 2003).

Die genannten Strömungsverhältnisse verändern sich stetig zyklisch in der Atmosphäre über dem und im tropischen und subtropischen südlichen Pazifik. Ein Zyklus besteht aus einer Folge von El-Niño- und La-Niña-Ereignissen und von Normalereignissen mit einer äquatornahen Meeresströmung von Ost nach West und gleichgerichteten Winden. La-Niña-Ereignisse bringen meist Trockenheit und folgen oft den niederschlagsreichen El-Niño-Ereignissen.

El-Niño-Ereignisse unterscheiden sich erheblich im Hinblick auf ihren zeitlichen und räumlichen Verlauf, ihre Dauer und Intensität, die lokalen, regionalen und wohl auch globalen Auswirkungen. Während manche El-Niño-Ereignisse kaum messbar sind, kann hingegen ein „Super-El Niño-Ereignis" Erhöhungen der mittleren Pazifiktemperatur um bis zu 5 bis 6°C an der peruanischen Küste bewirken (Philander 2004; Schönwiese 2003). Ebenso treten Lufttemperatur- und Niederschlagsanomalien auf. Trockengebiete können außergewöhnlich hohe Niederschlagsmengen erhalten, niederschlagsreiche Räume von Dürren heimgesucht werden.

Wirkungen von El-Niño-Ereignissen auf dem Galápagos-Archipel

In den vergangenen Jahrtausenden versickerten die intensiven Niederschläge der El-Niño-Ereignisse an den zahlreichen Standorten der Galápagos-Inseln mit kluft- bzw. grobporenreichen Vulkaniten vollständig. Abfluss entstand lediglich lokal während starker Niederschläge auf wenig wasserdurchlässigen Böden und jungen Festgesteinen. Starke Abspülung von Bodenpartikeln wurde durch die dichte Vegetation und die raue, unverschlämmte Geländeoberfläche verhindert. Lediglich Vulkanausbrüche vermochten insbesondere auf den westlichsten Inseln des Galápagos-Archipels neue Abflussbildungsbereiche zu schaffen. Die hohe Oberflächenrauigkeit der Lavadecken und die Klüftigkeit des Gesteins ließen den schwebstoffarmen Abfluss nach kurzen Fließstrecken versickern. Auch die hohe Abtragungsresistenz der harten Laven verhinderte das Einreißen von Erosionsrinnen.

Von frühen europäischen Besuchern und Siedlern ab dem 16. Jh. ausgesetzte Haustiere (Ziegen, Esel, Rinder, Pferde, Schweine, Hunde), die sich in Ermangelung natürlicher Feinde erheblich vermehrten, veränderten diese stabile Situation (Abb. 89). Die verwilderten Haustiere zerstörten

> „Der dichte Nebel, der über der Insel gelegen hatte, löste sich auf. Ich konnte das Meer wiedererkennen. Es war eine hässlich braungelbe Wasserbrühe, gefärbt von der Erde unserer Insel. Es sah so aus, als ob es auf Floreana überhaupt keine Erde mehr gäbe. Ich sah an der Küste nur Steine. Steine ... Steine ..."

(Beschreibung der Folgen eines Starkniederschlags eines El-Niño-Ereignisses am 1. Mai 1953 an der Westküste Floreanas von Margret Wittmer 2004, S. 327)

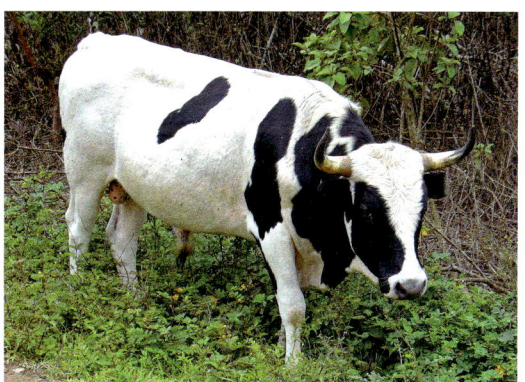

◀ **Abb. 89:** Verwildertes Rind im Hochland von Floreana (Galápagos, Ekuador).

▲ **Abb. 90:** Floreana
(Galápagos, Ekuador).

zunehmend die natürliche Vegetation und verdichteten lokal die vorwiegend geringmächtigen Böden an der Oberfläche. So konnte während der Starkniederschläge wahrscheinlich nur lokal etwas Abfluss auf der Bodenoberfläche entstehen: Bodenerosion wurde auf wenigen Tierpfaden relevant, wo kleine Rillen einrissen.

Die für Vegetation und Fauna sehr schwerwiegenden direkten und indirekten Folgen menschlicher Eingriffe modifizierten die Böden, den Wasser- und Stoffhaushalt der Galápagos-Inseln jedoch zunächst noch nicht entscheidend.

Landnutzung lässt El Niño wirken: Floreana in der 2. Hälfte des 20. Jh.

Floreana, eine der südlichen Inseln des Galápagos-Archipels, blickt auf eine besonders interessante Siedlungs- und Landnutzungsgeschichte zurück (Abb. 90). Hier wurden junge und jüngste Wirkungen menschlichen Handelns auf das Landschaftssystem und die Böden untersucht. Während das Hochland und die Nordküste im 19. und frühen 20. Jh. vorübergehend besiedelt worden waren, blieb die Westküste bis Mitte des 20. Jh. unbewohnt. Der Berliner Zahnarzt Dr. Friedrich Ritter lebte mit seiner Lebensgefährtin Dore Strauch von 1929 bis 1934 auf Floreana, bis der „Vegetarier" Ritter an einer Fleischvergiftung starb. Im Jahr

1932 verließ Heinz Wittmer mit seinem Sohn Harry und seiner Ehefrau Margret Köln, um auf Floreana zu siedeln. Die beiden ersten auf Floreana je geborenen Kinder, Rolf und Inge Wittmer, wohnen noch heute auf der Insel. Die Wienerin Baronesse Eloisa von Wagner-Bosquet lebte von 1932 bis zu ihrem spurlosen Verschwinden 1934 mit mehreren Liebhabern auf der Insel (Wittmer 2004). Ritter, Strauch, die Wittmers und die Baroness mit Begleitung siedelten zuerst im feuchten Hochland in Höhen von etwa 300 bis 350 m über dem Meer, um dort Garten- und Ackerbau zu betreiben und verwilderte Haustiere zur Fleischversorgung zu jagen. Nach dem Zweiten Weltkrieg errichtete die Familie Wittmer an dem im Westen gelegenen Black Beach die ersten Gebäude, um von hier aus Produkte des Hochlands verschiffen und Touristen beherbergen und versorgen zu können. Eine kleine Siedlung entstand, die den Namen „Puerto Velasco Ibarra" trägt und in der im Jahr 2006 etwa 100 Menschen lebten. Ein reger Warenverkehr entwickelte sich zwischen dem fruchtbaren semihumiden Hochland und der semiariden Westküste. Kulturfrüchte des Hochlandes wurden zu einigen anderen Galápagos-Inseln transportiert, um die dortigen Bewohner zu versorgen. Zunehmend besuchten wohlhabende Touristen die Wittmers an der Westküste und im Hochland.

Das El-Niño-Ereignis von 1952/53

Die Siedlungstätigkeit an der Westküste, der Anbau von Kulturfrüchten, die „Urbarmachung" des Landes durch Rodung, die Anlage von Wegen und Pfaden, der wachsende Holzbedarf der Bewohner und Brände veränderten die Vegetation durch Menschenhand stärker als jemals zuvor. Zeitweise ging der Schutz der Böden verloren. Die Starkregen des El-Niño-Ereignisses 1952/53 wirkten erstmals seit Jahrtausenden nicht nur auf Vegetation und Fauna, sondern, wie die Zeitzeugin Margret Wittmer (2004, S. 320 ff.) eindringlich beschreibt, auch gravierend auf die Böden: „Das Wasser kommt in Bächen von den Bergen heruntergelaufen. […] Der Weg zur Farm ist stellenweise ein dreißig Meter breiter Fluss. […] Rinnsale, die von den Höhen herunterflossen, rissen die Erde auf, spülten sie fort. Das Meer färbte sich kilometerweit braun. Rund um meinen Hühnerstall hatte das Wasser tiefe Grä-

▲ **Abb. 91:** Erosionsrinne in einem ehemaligen Weg im Westen von Floreana (Galápagos, Ekuador).

ben in den lockeren Boden geschnitten. […] Die Erde vor dem Kücheneingang war fast einen Meter hoch angeschwemmt." Margret Wittmer kämpfte, Tiere und wichtige Güter vor der Fortspülung rettend, am 1. Mai des Jahres 1953 in den Wassermassen, die die Berge hinabstürzten, am Black Beach um ihr Leben. Abgeschnitten von den Familienangehörigen, die im Hochland von dem Extremereignis festgehalten wurden, musste Margret Wittmer zwei Tage warten, bis die vom Abfluss zerrissenen Wege wieder passierbar waren.

Im September 2004 wurde mit Unterstützung von Inge Wittmer auf dem Grundstück der Wittmers in Puerto Velasco Ibarra erfolgreich nach den von Margret Wittmer beschriebenen Wirkungen dieses außergewöhnlichen, aus zahlreichen extremen Starkniederschlägen bestehenden El-Niño-Ereignisses gesucht. Von einer mächtigen, im Westen Floreanas zumeist die Oberfläche einnehmenden, wohl im Spätpleistozän abgelagerten und im Holozän verbrannten schluffreichen Schuttdecke waren 1952/53 Feinsedimente flächenhaft abgespült worden (Abb. 92, 93). Seitdem bedecken Steine die Geländeoberfläche. Zugleich waren Steine mit Durchmessern von mehreren Dezimetern in Rinnen erodiert und in den Pazifik gespült worden. Südlich

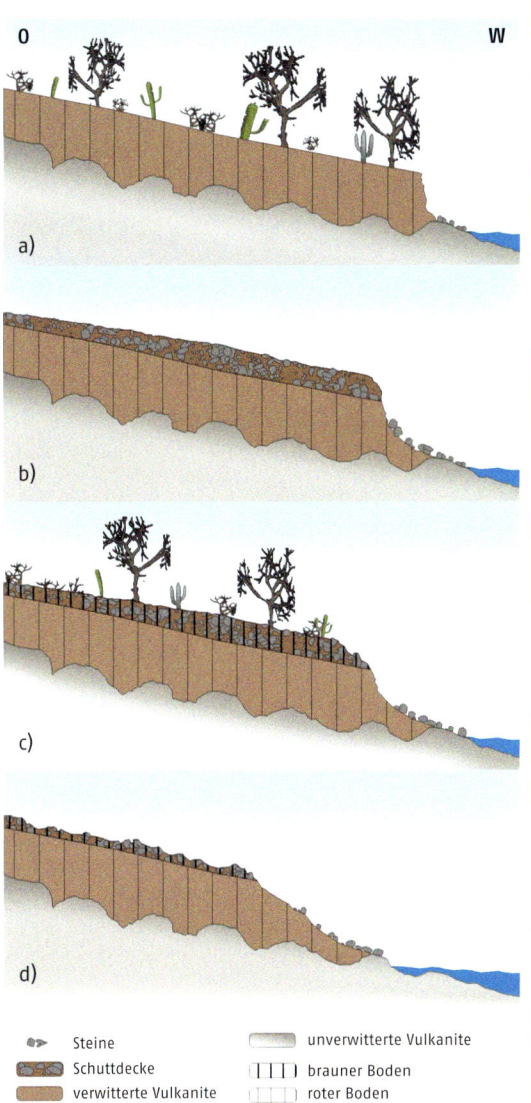

◀ **Abb. 92:** Die Entwicklung der Unterhänge am Black Beach im Westen Floreanas im Längsprofil (Galápagos, Ekuador).
Phase a) Entwicklung eines intensiven rotbraunen Bodens im Jungpleistozän;
Phase b) Ablagerung einer Schuttdecke im ausklingenden Pleistozän;
Phase c) Entwicklung eines gelben Bodens in der Schuttdecke (Cambisol);
Phase d) Abflüsse des El-Niño-Ereignisses 1952/53 tragen flächenhaft Teile der Schuttdecke ab und reißen Rinnen ein.

Steine
Schuttdecke
verwitterte Vulkanite

unverwitterte Vulkanite
brauner Boden
roter Boden

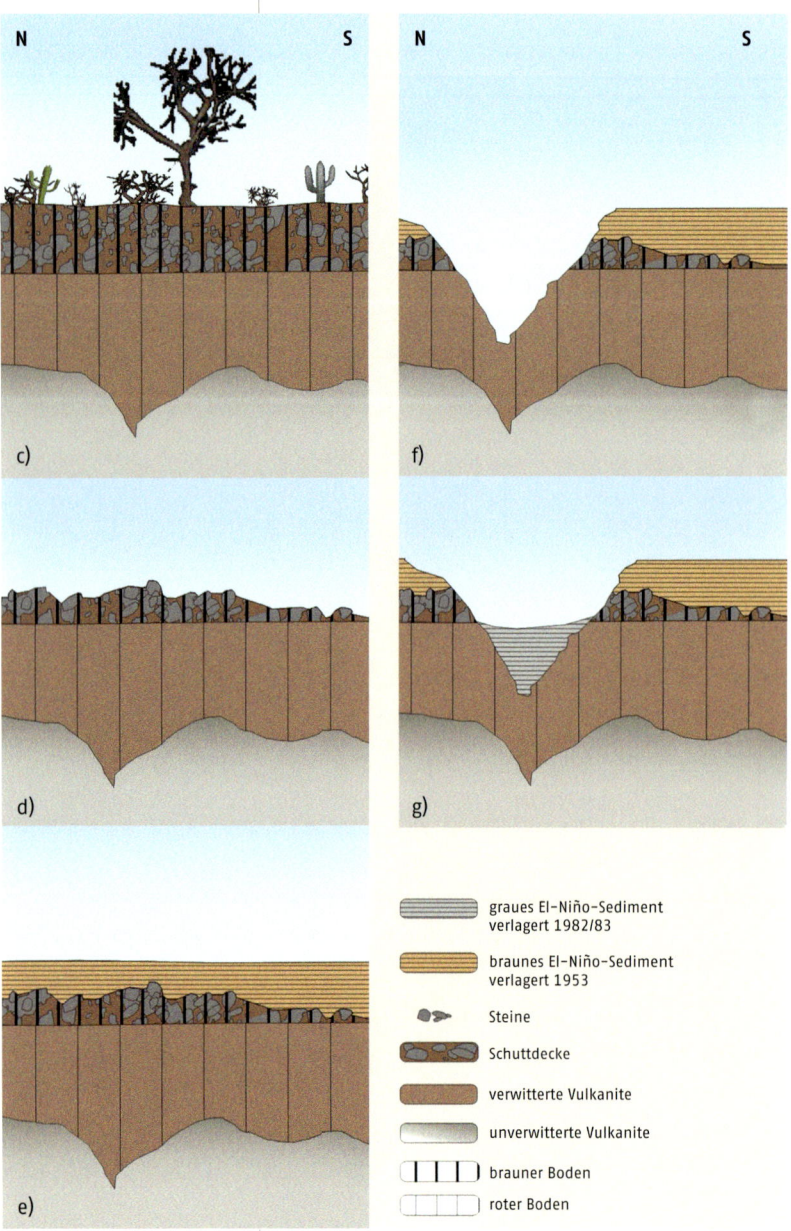

N S N S

c) f)

d) g)

e)

graues El-Niño-Sediment
verlagert 1982/83

braunes El-Niño-Sediment
verlagert 1953

Steine

Schuttdecke

verwitterte Vulkanite

unverwitterte Vulkanite

brauner Boden

roter Boden

◄ **Abb. 93:** Die Entwicklung der Unterhänge am Black Beach im Westen Floreanas im küstenparallelen Querprofil (Galápagos, Ekuador).
Phase c) Entwicklung eines gelben Bodens in der Schuttdecke (Cambisol);
Phase d) Abflüsse des El-Niño-Ereignisses 1952/53 tragen flächenhaft Teile der Schuttdecke ab und reißen Rinnen ein;
Phase e) gelbe Sande verfüllen 1953 die Rinnen;
Phase f) Abfluss des Super-El-Niño-Ereignisses 1982/83 reißt Rinnen ein;
Phase g) grauer Grus verfüllt 1983 teilweise die Rinnen.

mer spürte in den Rinnen Tonscherben auf (Wittmer 2004, S. 320). Die Keramikfragmente erwiesen sich nicht nur als präspanisch (1535 hatte der Bischof von Panamá, Fray Tomás de Berlanga, zufällig den Galápagos-Archipel entdeckt), sondern eindeutig auch als vorinkaisch (Heyerdahl & Skjölsvold 1956). Jedoch gelang es der Heyerdahl'schen Expedition nicht, die Standorte zu identifizieren, an denen die Keramik erodiert worden war, und damit Aufenthaltsorte oder gar Siedlungsplätze zu finden. Wahrscheinlich hatten bereits im ersten vor- oder im ersten nachchristlichen Jahrtausend südamerikanische Fischer Floreana besucht und dort zumindest wertvolles Trinkwasser von der einzigen Quelle im Hochland geholt. Das Auffinden der versteckten kleinen Quelle setzte eine besondere Beobachtungsgabe voraus; wahrscheinlich waren die ersten Besucher – wie die Spanier Jahrhunderte später (Darwin 1986, S. 268) – den aus allen Richtungen von den Küsten zur Quelle führenden Pfaden der Riesenschildkröten gefolgt.

Das El-Niño-Ereignis der Jahre 1952/53 war das erste, das bis heute erhaltene Spuren in der Landschaft hinterließ. Weder die El-Niño-Ereignisse der von Menschen beeinflussten Jahrhunderte davor noch diejenigen der vorausgegangenen Jahrtausende mit einer von Menschen nicht beeinträchtigten Landschaftsentwicklung hatten heute noch nachweisbare Erosion und Sedimentation verursacht. Zwei Thesen könnten diese Befunde erklären. Die erste These: Das Ereignis der Jahre 1952/53 war weitaus stärker als die der gegenwärtigen Klimaphase vorausgegangenen Ereignisse und war damit ein tausendjähriges oder noch selteneres El-Niño-Ereignis. Befunde, die diese These bestätigen, liegen weder vom Galápagos-Archipel noch aus benachbarten Räumen vor; vielmehr war jenes El-Niño-Ereignis dort eher schwach ausgeprägt (z. B. Philander 2004; Schönwiese 2003). Die zweite These: Die Eingriffe der Menschen waren zum ersten Mal in der Mitte des 20. Jh. so stark, dass die Oberfläche an den untersuchten Standorten im Westen Floreanas durch Starkniederschläge erstmals seit Jahrtausenden destabilisiert werden konnte. Für die zweite These sprechen die starken Veränderungen und Zerstörungen der Vegetation

und westlich des Wittmer'schen Hühnerstalls aufgegrabene Erosionsrinnen erwiesen sich als einige Dezimeter bis mehrere Meter breit und mehrere Dezimeter tief. Braune, geschichtete Sande hatten sie noch während des El-Niño-Ereignisses im Jahr 1953 vollkommen verfüllt. Die Sande enthielten eindeutige Relikte jener Zeit, wie Keramikfragmente, verarbeitetes Metall und Kunststoffstücke, und auch weitaus ältere Keramik.

Thor Heyerdahl hatte im Jahr 1953 zusammen u. a. mit dem norwegischen Archäologen Arne Skjölsvold Floreana besucht, um Relikte vorkolumbianischer Besucher aufzuspüren. Während ihres Aufenthalts rissen auf dem Wittmer'schen Grund die erwähnten Erosionsrinnen ein. Margret Witt-

nach dem Zweiten Weltkrieg durch die Bewohner in einem schmalen Streifen vom westlichen Rand des Hochlands bis zum etwa 3 km entfernten Black Beach an der Westküste.

Das Super-El Niño-Ereignis von 1982/83

Grabungen belegen das Einreißen eines im Vergleich zu 1952/53 breiteren und tieferen Rinnensystems in einer zweiten, späteren Abfluss- und Erosionsphase. Abfluss entstand hauptsächlich auf den an der Oberfläche stark verdichteten und vegetationsfreien, das Hochland mit der Westküste verbindenden Pfaden. Lokal wurden besonders steile und verdichtete Abschnitte der Pfade vom abfließenden Wasser zerrissen (Abb. 91). Die größte untersuchte Rinne am Südrand des Black Beach ist mehr als 12 m breit und über 1 m tief. In der verbraunten Schuttdecke wurden Steine erodiert und in den Pazifik gespült. Die braunen, sandig-lockeren Füllungen des El-Niño-Ereignisses der Jahre 1952/53 wurden ebenso zerschnitten. Wenige Abflussereignisse verfüllten anschließend die Rinnen nur teilweise mit geschichteten, grusigen grauen Sedimenten (Abb. 92, 93, 94). Sie sind daher noch heute im Oberflächenbild unmittelbar westlich des Black Beach sichtbar. Nach den Beobachtungen der Familie Wittmer vollzog sich diese starke Geomorphodynamik in den Jahren 1982/83 während eines Super-El Niño-Ereignisses.

Dieses verheerende Naturphänomen verursachte erdweit Schäden in Höhe von mehr als 10 Milliarden US-$. Ostaustralien wurde von extremer Trockenheit heimgesucht; Melbourne verzeichnete den trockensten Sommer seit 200 Jahren. Ein Staubsturm ließ in 40 Minuten mehr als 11 000 Tonnen Staub auf Melbourne niedergehen.

Von Dezember 1982 bis Juni 1983 fielen in einer meteorologischen Messstation auf Santa Cruz (Galápagos) 3325 mm statt der „normalen" 374 mm Niederschlag (Schönwiese 2003, S. 199). In der ekuadorianischen Hafenstadt Guayaquil wurden 13-fach höhere Niederschläge gemessen. Eine intensive Geomorphodynamik war die Folge: Rutschungen, Schluchtenreißen und Schlammströme vernichteten Gebäude und Straßen vielerorts an der Westküste Südamerikas. Das Hochwasser des peruanischen Flusses Piura zerstörte Bananenplanta-

gen und Reisfelder, lebenswichtige Brücken und Orte; die drastisch verschlechterte hygienische Situation förderte hier eine virulente Ausbreitung von Krankheiten (http://www.tec.army.mil/publications/elnino/ [19. 12. 2004]).

Die Grabungen auf dem Grundstück der Familie Wittmer am Black Beach Floreanas beweisen, dass gravierende Veränderungen der Vegetation, der Böden und des Landschaftshaushalts durch Menschen notwendig sind, damit die extreme Witterung der El-Niño-Ereignisse selbst in semiariden Räumen geomorphodynamisch (oberflächenverändernd) wirksam werden kann. Die vor der jüngsten Siedlungsperiode etwa vier Jahrhunderte währenden menschlichen Besuche und die Fraßtätigkeit zahlreicher verwilderter Haustiere veränderten zwar die indigene Flora und Fauna drastisch. Böden und Oberflächenformen modifizierten sie hingegen auf Floreana kaum – ein Beleg für die unerwartete geomorphodynamische Stabilität dieser Insel am Äquator.

▲ **Abb. 94:** Ablagerungen des El-Niño-Ereignisses von 1982/83 am Black Beach im Westen Floreanas (Galápagos, Ekuador).

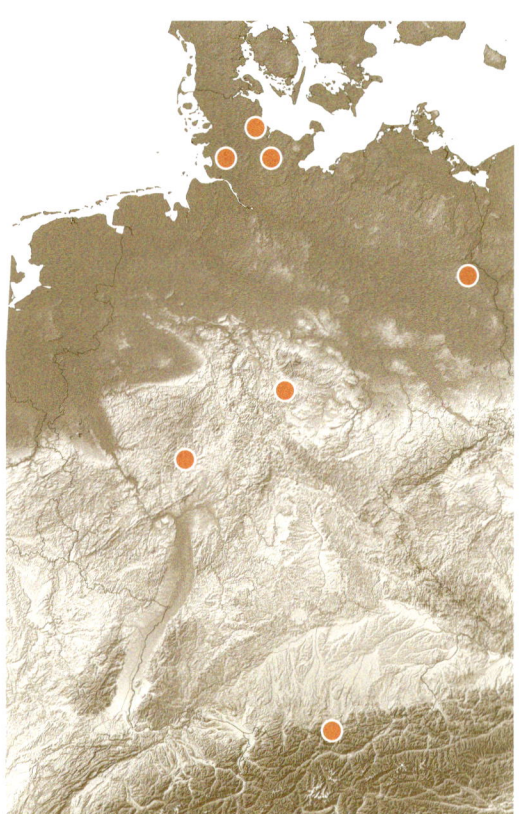

▲ **Abb. 95:** In Europa untersuchte Landschaften.

Europa

Europa

Seit 1978 untersuchten die Autoren mehr als 2700 Standorte in Mitteleuropa. Besonders bemerkenswerte, auf Witterungsextreme und besondere Landnutzungssysteme zurückzuführende lokale und regionale Befunde werden hier vorgestellt. So offenbarten die untersuchten, großen und kleinen Gruben

▶ urgeschichtliche Dramen in Dithmarschen (Schleswig-Holstein),

▶ die kleinräumigen Wirkungen von Orkanen, die manchmal noch nach Jahrtausenden in Böden nachweisbar sind,

▶ die Folgen des tausendjährigen Niederschlags, der im Sommer des Jahres 1342 Deutschland verheerte,

▶ Geheimnisse im Belauer See (Schleswig-Holstein),

▶ Ablagerungen des Sturmhochwassers der Ostsee im Jahre 1872,

▶ Bodenveränderungen durch die gezielte Überschwemmung einer Aue im nordöstlichen Brandenburg zur Verbesserung der Wiesenfruchtbarkeit,

▶ verborgene Fahrspuren im Nationalpark Roztocze im Lubliner Land (Polen) sowie

▶ heute aus dem Oberflächenbild verschwundene, kollabierte Lössschluchten in Flämisch-Brabant (Belgien).

Schriftquellen belegen die Wirkungen von schweren Unwettern und ihren Folgen im Obereichsfeld im 19. und frühen 20. Jh. Gottesdienste erinnern bis heute jährlich an einen Hagelschlag am 2. September des Jahres 1771 im hessischen Lahn-Dill-Bergland. Die Oberammergauer errichteten ihrem Hochwasserschutzpatron die Gregori-Kapelle.

Die Reise durch die Landschaften der Erde endet auf Island, einer seit mehr als 1000 Jahren intensiv genutzten Insel, die zugleich von natürlichen Ereignissen wie Vulkanausbrüchen sowie wachsenden und schrumpfenden Gletschern geprägt wird.

Urgeschichtliche Dramen in Dithmarschen

Stefan Reiß, Hans-Rudolf Bork, Rüdiger Kelm und Volker Arnold

Eindrucksvollen neolithischen und bronzezeitlichen Denkmälern verdankt die Umgebung von Albersdorf in Dithmarschen die Bezeichnung „Quadratmeile der Archäologie Westholsteins" (Arnold & Kelm 2004, S. 6). Im Jahre 1997 wurde das Pro-

▲ **Abb. 96:** Rekonstruiertes neolithisches Dorf auf dem Gelände des Archäologisch Ökologischen Zentrums Albersdorf (Dithmarschen, Schleswig-Holstein).

▼ **Abb. 97:** Detailfoto des untersuchten Geoarchivs in der Flur Falloh (Albersdorf, Dithmarschen, Schleswig-Holstein).

jekt „Archäologisch-Ökologisches Zentrum Albersdorf" (AÖZA) gegründet, um für die Öffentlichkeit einen Landschaftsausschnitt bei Albersdorf zu gestalten, der neben außergewöhnlichen archäologischen Denkmälern Strukturen der neolithischen Kulturlandschaft demonstriert – und der nachhaltig bewirtschaftet wird. Auf etwa 40 ha Fläche werden mehr als fünf Jahrtausende alte Landnutzungs-, Siedlungs- und Grabformen präsentiert. Besucher können in einem rekonstruierten Dorf (Abb. 96) Techniken wie die Herstellung von Steinwerkzeugen und die Verarbeitung von Leder erlernen und manche andere Lebensgewohnheiten neolithischer Menschen nachvollziehen. Vergangenheit wird aktiv gelebt (Kelm 2000, S. 14 ff.; Kelm 2001, S. 145 ff.).

Die nacheiszeitliche Landschafts- und Siedlungsentwicklung in den benachbarten Fluren Bredenhoop, Falloh und Reddersknüll wurde am nördlichen Rand des Gieselautals südlich von Albersdorf rekonstruiert. Über Grabungen und Bohrungen wurden Geoarchive (Abb. 97) untersucht, die eine Sedimentfalle für Material bilden, das auf den umliegenden Hängen abgetragen worden war. Etwa 150 Bohrungen wurden niedergebracht und

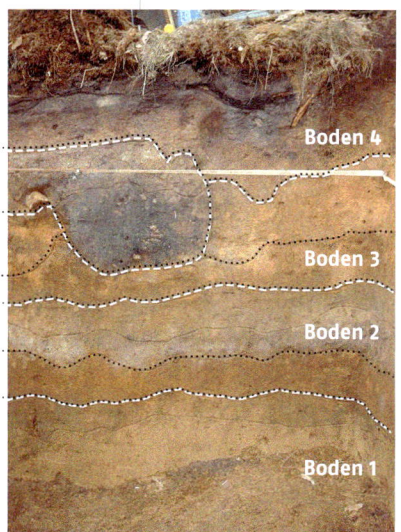

Kolluvium 5 (Römische Kaiserzeit)

Brandgrube (Bronzezeit)

Kolluvium 4 (Mittelneolithikum)

Kolluvium 3 (Mittelneolithikum)

Kolluvium 2 (Frühneolithikum)

Kolluvium 1 (Endmesolithikum)

Anstehendes Material

Boden 4

Boden 3

Boden 2

Boden 1

25 Aufschlüsse angelegt. Zur Datierung der Befunde wurden die Radiokohlenstoffgehalte von 30 Holzkohlen aus Sedimenten und Brandgruben im Leibnizlabor für Altersbestimmung und Isotopenforschung der Christian-Albrechts-Universität zu Kiel gemessen.

Das Mesolithikum (Mittelsteinzeit, 8000 – 4200 v. Chr.)

Erwärmung und die damit verbundene Einwanderung von Arten veränderten im frühen Mesolithikum das Artenspektrum der Wälder. Wild ermöglichte die Sesshaftwerdung der jagenden, sammelnden und fischenden Menschen (vgl. Schwabedissen 1961, S. 7 ff.; Lange 1996, S. 11 ff.; Küster 1998, S. 48 ff.). Humose Böden bildeten sich in den Wäldern (vgl. Bork et al. 1998; Bork 2001). Im späten Mesolithikum (5200 – 4200 v. Chr.) setzte in der Flur Falloh die erste nachweisbare Nutzungsphase ein (Abb. 98, 99). In kleinen Arealen wurde der Wald gerodet und über etliche Jahrzehnte bedeckte nur wenig Vegetation die Oberfläche. Der Beginn ackerbaulicher Tätigkeit ist wahrscheinlich. Die Rodungen und die anschließende Offenhaltung ermöglichten erstmals Bodenerosion und Sedimentation in der Nacheiszeit (Reiss & Bork 2004). Dann wurden Brandgruben in den Sedimenten angelegt. Holzkohlen aus dem wahrscheinlich ackerbaulich genutzten humosen Oberboden des ersten nacheiszeitlichen Bodens und aus einer Brandgrube wurden radiokarbondatiert und Alter zwischen etwa 4750 und 4550 v. Chr. gemessen.

Das Neolithikum (Jungsteinzeit, 4200 – 1700 v. Chr.)

Der Ackerbau breitete sich in den folgenden Jahrhunderten nur zaghaft aus. Die Bewohner bewirtschafteten offenbar Äcker in kleinen Rodungsinseln mit Siedlungen, die aus wenigen Gebäuden bestanden, in einer nach wie vor waldreichen Landschaft.

Ein Nutzungszyklus, der an einigen Standorten mehrfach durchlaufen wurde, prägte die Kulturlandschaft um das heutige Albersdorf im Neolithikum und in den nachfolgenden urgeschichtlichen Kulturphasen: Auf den wenige Jahre währenden Anbau von Kulturfrüchten, der die Bodenfruchtbarkeit durch die Entnahme der angebauten Pflanzen und damit von Nährstoffen rasch minderte, folgten die Wiederbewaldung und eine Nutzung der neuen Wälder. In extensiv genutzten Wäldern reicherte sich organische Substanz in den Oberböden an; Verwitterungsprozesse führten zur Verbraunung (Bildung von Ton und Oxidationsprozesse) und Lessivierung (Tonverlagerung aus dem Ober- in den Unterboden) der Waldböden im Verlauf vieler Jahrhunderte bis weniger Jahrtausende. Braunerden und Parabraunerden waren das Resultat. Intensive Beweidung begünstigte in lichten Wäldern einen Unterwuchs aus schwer zersetzbaren Kräutern (u.a. Heide, *Calluna vulgaris*) und dadurch eine raschere Degradierung der Böden (Dörfler 2001): Podsole mit stark versauerten, nährstoffarmen Oberböden und der Anreicherung von Sesquioxiden (u.a. rötliche oder braune Eisenoxide) und dunklen Huminstoffen in den Unterböden entstanden im Verlauf weniger Jahrhunderte. Auf geneigten Äckern verlagerte der Abfluss starker Niederschläge Bodenmaterial um einige Meter bis Zehnermeter hangabwärts.

Ackerbau und Beweidung hatten die Bodenbildungsprozesse dramatisch beschleunigt und die Verlagerung von Bodenpartikeln auf der Bodenoberfläche ermöglicht. Nutzung zerstörte lokal und vorübergehend (für Jahrhunderte) die Lebensgrundlage der Ackerbauern und Tierhalter. Eine niedrige Bevölkerungsdichte und damit kleine Rodungsinseln ließen im Neolithikum jedoch noch keinen Mangel an landwirtschaftlich nutzbarer Fläche aufkommen. Die ersten sesshaften Bewohner zogen weiter und verlagerten ihre Wirtschaftsflächen und teilweise auch die Siedlungen zumeist über kurze Distanzen. Es sind weitere Belege für die hohe, sicher auch vom Überlebensdruck geleitete Lernfähigkeit der frühen Ackerbauern und für das Überdauern von Kenntnissen der Jagd- und Sammelphase über viele Generationen hinweg.

Im mittleren Neolithikum (3350 – 2600 v. Chr.) nimmt die Intensität der Landnutzung zu. Der abrupte Anstieg Siedlungen anzeigender Pollen belegt die Ausweitung der landwirtschaftlichen Nutzflächen südlich des heutigen Ortes Albersdorf und in anderen Regionen Norddeutschlands (Dörfler 2001, 2004; Behre 2001). Neolithische Siedlungsplätze liegen nicht nur in Dithmarschen perlschnurartig aufgereiht an den Rändern der schwach eingeschnittenen, zunehmend vernässenden Talauen.

Die Bronzezeit (1700 – 500 v. Chr.)

Während in einigen anderen Regionen Schleswig-Holsteins die Siedlungsintensität in der Bronzezeit rückläufig ist, prägt eine Expansion der Siedlungen und damit der landwirtschaftlichen Nutzflächen zulasten der Wälder die westholsteinische Geest (Kelm 2004, S. 81; Lange 1996, S. 26). Mehrere Brandgruben bestätigen die Anwesenheit von Menschen (Falloh: 1133–1001 v. Chr.; Reddersknüll I: 764 – 407 v. Chr.).

Wechselnde Klimabedingungen zwangen die Bauern zu Anpassungen der Wirtschaftsmethoden (Ennen & Jannsen 1979, S. 47). Das Ausmaß der flächenhaften Bodenerosion verminderte sich. Waldweide förderte in der Bronzezeit die Ausbreitung von Heidevegetation. Degradierungen der Böden waren die Folge, in den Fluren Bredenhoop und Reddersknüll II entstanden Podsole. Ein Viehpfad führte in einer Tiefenlinie der Flur Reddersknüll II zum nahen Gewässer Gieselau. Die trittverdichtete Oberfläche des Pfades schuf die Voraussetzungen für starke linienhafte Bodenerosion. Eine Schlucht erodierte den Pfad und die beiden

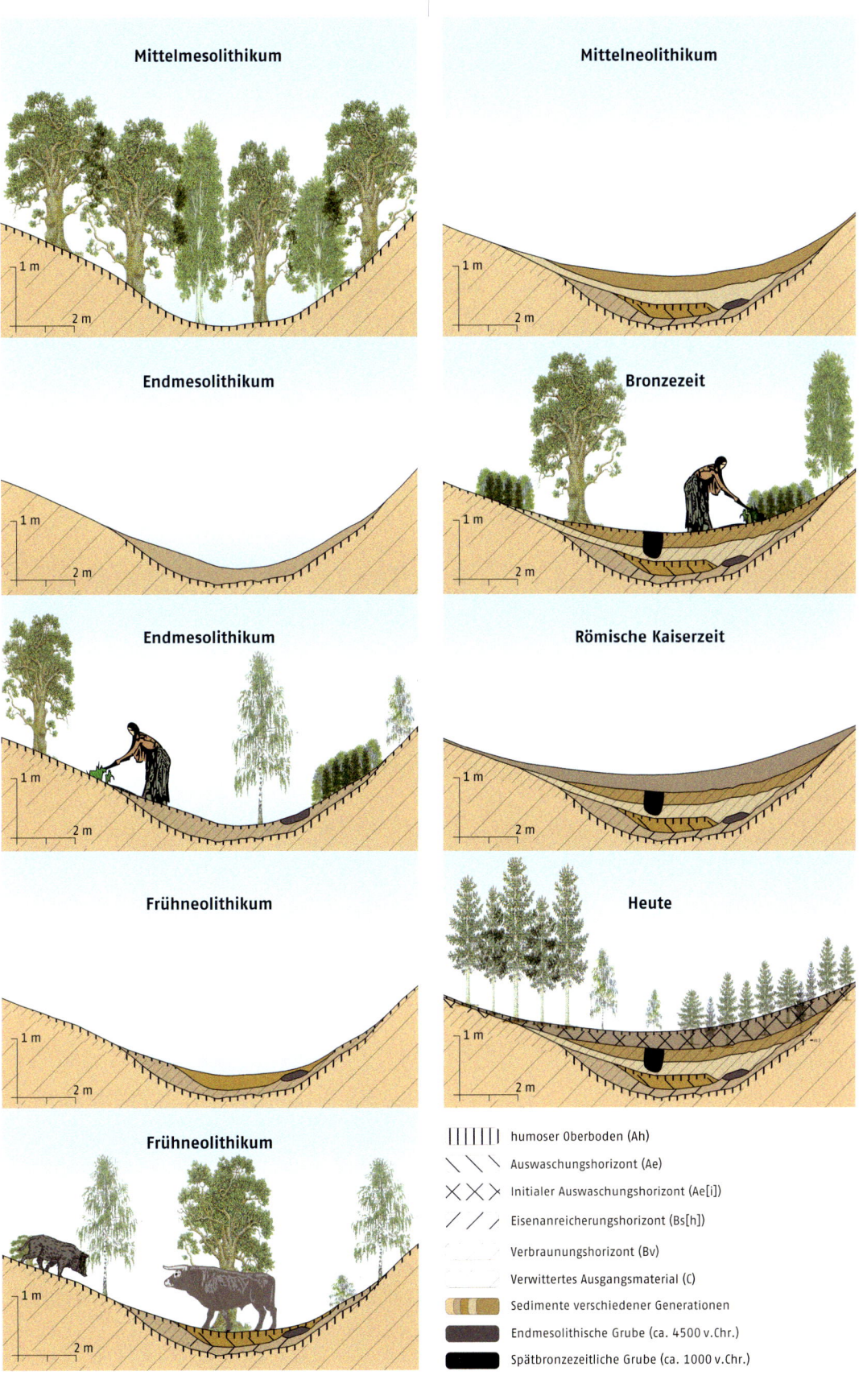

◀ **Abb. 98:** Rekonstruierte Entwicklung der Flur Falloh (Albersdorf, Dithmarschen, Schleswig-Holstein).

► **Abb. 99:** Entwicklungs-modell für den unter-suchten Abschnitt des Gieselautals (Albersdorf, Dithmarschen, Schleswig-Holstein).

Neuzeit

In der neuzeitlichen Siedlungslandschaft sind alle Strukturen einer heutigen Kultur-landschaft zu finden: forstlich genutzte Waldflächen, große Siedlungen, moderne Landwirtschaft, Straßen, Bahntrassen usw., aber auch Relikte vergangener Perioden, wie Hügelgräber und Großsteingräber.

Mittelalter

Die Zeit der starken Ausdehnung der Ackerfläche betraf die untersuchte Region, verglichen mit dem größten Teil Deutschlands, nur relativ gering. Der östliche Teil blieb nahezu bewaldet. Der Ort Albersdorf wurde im Mittelalter gegründet und die Ackerflächen wurden westlich des Ortes angelegt. Die Niederungen des Gieselautals wurden als Weidefläche genutzt. Dies ermög-lichte den Eingriff in den Gebietswasserhaushalt z.B. durch das Aufstauen der Gieselau weiter nördlich.

Völkerwanderungszeit

Eine großflächige Wiederbewaldung prägte das Gieselautal während der Völkerwanderungszeit. Dadurch war die Landschaft geomorpho-dynamisch stabil, die Bodenbildung stag-nierte auf den Flächen mit den Podsolen, auf den anderen Flächen setzte sie sich fort.

Eisenzeit

Die Siedlungsaktivität nahm ab, aber der hohe Nutzungsdruck blieb aufgrund von Ackerbau, Waldweide und des gestiegenen Holz-bedarfes für Verhüttung, Siedlung etc. in etwa gleich. Die lichten Waldflächen blieben erhalten. Erst in der zweiten Hälfte der Eisenzeit, während der römischen Kaiserzeit, konnte sich der Wald langsam regenerieren. Der Siedlungs-schwerpunkt verlagerte sich in die frucht-baren Marschen, welche in den vorausge-gangenen 600 Jahren entstanden waren.

Bronzezeit

Durch den weiter gestiegenen Holzbedarf wurde der Wald weiter aufgelichtet. Weiterhin wurde Ackerbau und Wald-weide betrieben, jedoch wurde die Nutzung in-tensiver. Die bronzezeitlichen Hügelgräber (links, Mitte, Mitte hinten) wurden an gut sichtbaren Standorten in der Nähe der Siedlungen errichtet.

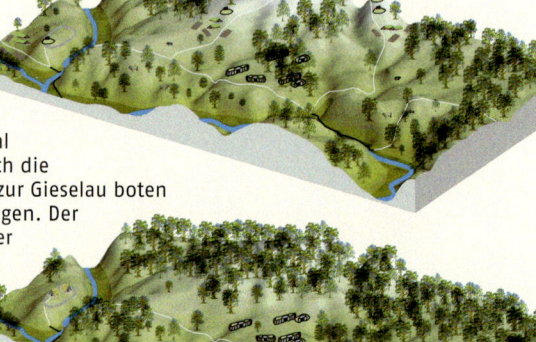

Neolithikum

Im Neolithikum wurden die Hänge zum Gieselautal bereits für Ackerbau und Waldweide genutzt. Durch die geschützte Lage in der Niederung sowie die Nähe zur Gieselau boten sich den neolithischen Siedlern gute Voraussetzungen. Der Wald wurde teilweise aufgelichtet. Großsteingräber (Mitte) und ein Erdwerk auf einem Geländesporn der Flur Dieksknöll (links) wurden angelegt. Die Niederung des Gieselautals wies er-hebliche Vermoorungen (dunkelgrün) auf. Erste Bohlenwege (schwarze Linie im Moor) ermöglichten die Überquerung trockenen Fußes.

Mesolithikum

Eine nahezu vollständig natürliche Bewaldung prägt die Landschaft. Durchziehende Jäger und Sammler griffen nur sehr selektiv in die Landschaft ein. Eine erste postglaziale Bodenbildung setzte während dieser geomorphodynamischen Stabilitäts-phase ein.

jungsteinzeitlichen Böden. Sie schnitt sich bis in das Jungpleistozän ein. Holzkohlen, die der Verfüllung der Schlucht entnommen worden waren, besaßen Alter von 1313 – 1021 v. Chr. und 1127 – 897 v. Chr.

Die Eisenzeit (500 v. Chr. – 400 n. Chr.)

Zwar wurde im Untersuchungsgebiet für die Eisenzeit eine im Vergleich zur vorausgegangenen Nutzungsphase geringere Zahl an Siedlungsspuren nachgewiesen (Kelm 2004, S. 81); die Nutzungsvielfalt erhöhte sich jedoch. Eisenverhüttung verstärkte den Holzbedarf und lichtete die Wälder. Der intensivierte Getreidebau bedingte eine rasche Erschöpfung der Nährstoffreserven der Böden. Erste Düngungsversuche und die Verlagerung von Siedlungen und Ackerland wirkten der Bodendegradierung entgegen (Lange 1996, S. 30 ff.). Waldweide begünstigte in der Flur Reddersknüll I erneut die Ausbreitung von Heidevegetation und die Bildung von Podsolen. Die Zunahme der Bodenerosion und die Ablagerung der bis dahin mächtigsten Sedimente spiegeln die intensivierte agrarische Nutzung wider.

Völkerwanderungszeit, Mittelalter und Neuzeit (400 n. Chr. bis heute)

In der Völkerwanderungszeit bedeckte Wald die Untersuchungsgebiete (vgl. Lang 1994; Bork et al. 1998), was durch fossilen Windwurf in der Flur Bredenhoop belegt ist. Ein Brand in den ersten Jahren nach dem Windwurf hinterließ Holzkohlen im Bereich der Wurzelteller der geworfenen Bäume. Eine Datierung dieser Holzkohlen ergab Alter von 382 – 532 n. Chr

Zu Beginn des Mittelalters wanderten sächsische Stämme in das Untersuchungsgebiet ein (Witt 2002). Auf der Dithmarscher Geest entstand im frühen und vor allem im hohen Mittelalter eine wachsende Zahl ortsfester Dörfer mit Kirchen und den zugehörigen landwirtschaftlichen Nutzflächen (Meier 2004, S. 20; Arnold 1981). Das Gieselautal und seine unmittelbare Umgebung südlich von Albersdorf blieben jedoch unbesiedelt (vgl. Arnold 1981). Lediglich im Untersuchungsgebiet Reddersknüll II veränderten Rodungen und der nachfolgende Ackerbau den Landschaftshaushalt; Bodenerosion trat hier auf. An den anderen Untersuchungstandorten blieb die Oberfläche stabil. Unter Wald entwickelten sich Braunerden. Eine Verlagerung der Siedlungsschwerpunkte in die bedeutend fruchtbareren, wenige Kilometer westlich gelegenen Marschen ist wahrscheinlich (Meier 2000). Der bereits hohe Waldanteil nahm in der Neuzeit weiter zu. Nadelholzbestände begünstigen an einigen Standorten heute erneut die Bodendegradierung.

Orkane im Gedächtnis des Bodens

Stefan Dreibrodt, Stefan Reiß und Hans-Rudolf Bork

Bodenhorizonte, Kolluvien, Auensedimente sowie Landnutzungs- und Siedlungsrelikte wie Pflugschichten, Siedlungsgruben oder Hausfundamente bezeugen die Lage, die Form und den Zustand ehemaliger, heute verschütteter Oberflächen. Prozesse, die die Geländeoberfläche in der Vergangenheit veränderten, sind ebenfalls häufig erkennbar. Gelegentlich sind außerhalb von Feuchtgebieten frühere Veränderungen der Vegetation an der Geländeoberfläche nachweisbar. Eine derartige Besonderheit sind Relikte von sehr alten Sturmwürfen, also von Bäumen, die Stürme vor einigen Jahrhunderten oder Jahrtausenden umgeworfen haben.

Wirft ein Sturm einen Baum, dreht sich zumeist mit dem Stamm der Wurzelteller um etwa 90° nach oben. Der Boden zwischen den Wurzeln wird mitgerissen, ehemals oberflächenparallele Wurzeln und Bodenhorizonte stehen senkrecht zur Geländeoberfläche (Abb. 100). Ein schmaler, hoher Hügel unmittelbar am Stammfuß (der Leeseite) und eine geschlossene Hohlform auf der Gegenseite (der Luvseite) des gefallenen Baumes sind das Resultat eines Sturmwurfes.

Ein in Schleswig-Holstein geworfener Baum veranschaulicht exemplarisch die Wirkung von Stürmen auf die Waldvegetation und die Aussagekraft derartiger Geo-Bio-Archive (Abb. 101). In der Nähe des Westufers des Belauer Sees wurde ein mächtiger, mitsamt den Ober- und Unterbodenhorizonten gekippter Wurzelteller entdeckt (Abb. 101). Auch Spuren des zersetzten Stammes blieben erhalten. Der Sturmwurf konnte datiert werden, da der Boden im ehemaligen Wurzelbereich des Baumes und die Verfüllung der durch den Wurf entstandenen Hohlform urgeschichtliche Keramik und Holzkohle enthielten. Demnach wurde der Baum zwischen etwa 500 v. Chr. und der Zeitenwende geworfen. Verschiedene Klimaindikatoren belegen für diesen Zeitraum eine Häufung von Schlechtwetterperioden. So berichten zeitgenössische römische Quellen von starken Stürmen, die um 350 v. Chr. die Migration von Kimbern und Teutonen ausgelöst haben sollen (Gram-Jessen 1985).

Pollenanalysen an Seesedimenten des Belauer Sees belegen für die Zeit des Sturmwurfs eine starke Öffnung der Landschaft durch Rodung und anschließenden Ackerbau (Wiethold 1998). Die Füllung der durch den Wurf entstandenen Hohlform ist nicht chaotisch. Das teilweise geschichtet in der Hohlform abgelagerte Substrat stammt von einem benachbarten, ackerbaulich genutzten Hang. Dort

▲ **Abb. 100:** Windwurf aus dem Jahr 2003 in einem Wald nördlich des Schaalsees (Schleswig-Holstein).

wurde es während einiger Starkniederschläge abgelöst. Bemerkenswert ist die Konservierung von Spuren des Stammes. Die Ablagerung mächtiger Kolluvien bald nach dem Sturmwurf hat die Erhaltung der Stammspuren ermöglicht. Siedler konnten das Holz des Baumes offenbar nicht nutzen. Hatten die starken Stürme zum Verlust der Lebensgrundlagen der Menschen an diesem Ort geführt? Wurde der Raum infolge der widrigen Ereignisse verlassen? Die Pollenanalysen belegen eine stark abnehmende Siedlungsdichte am Ende der vorrömischen Eisenzeit in der Umgebung des Sees (Wiethold 1998).

Bis zum hohen Mittelalter wurde am untersuchten Sturmwurfstandort kein weiteres Sediment abgelagert. Es ist daher von einer Bewaldung des benachbarten Hanges auszugehen. Nach der Rodung und Nutzung der hangaufwärts liegenden Fläche im Zuge der deutschen Ostsiedlung nach 1143 wurde ein weiteres Kolluvium abgelagert, das die heutige Bodenoberfläche bildet.

▶ **Abb. 101:** Eisenzeitlicher Windwurf in der Nähe des Westufers des Belauer Sees (Schleswig-Holstein).
Starker Wind hat in der Eisenzeit vermutlich an einem Waldrand einen großen Baum gestürzt. Während die stärkeren Wurzeln mit dem fallenden Stamm verbunden geblieben sind, wurde der Wurzelteller mit dem umgebenden Boden und seinen Horizonten um 90° gedreht. Der herausgerissene Wurzelteller hinterließ einen kleinen asymmetrischen Hügel und eine Hohlform. Der aus dem Boden ragende Abschnitt des Wurzeltellers wurde in den Jahrzehnten nach dem Windwurf allmählich abgetragen und das Material teilweise in die benachbarte Hohlform transportiert. Schließlich überdeckten und konservierten Kolluvien den Windwurf.

Der gekippte und nachfolgend durch Überdeckung konservierte Wurzelteller ist zugleich eine Urkunde der Bodenentwicklung am ehemaligen Standort des Baumes. Bis zum Einsetzen der landwirtschaftlichen Nutzung im Neolithikum am benachbarten Hang fand lediglich eine Humusanreicherung im sandigen Oberboden statt. Anzeiger einer weitergehenden Bodenentwicklung fehlen unter den ältesten Kolluvien, die am benachbarten Unterhang während des Neolithikums abgelagert wurden.

In den folgenden drei Jahrtausenden verbraunte der Sand: Unter dem Humushorizont wurden Eisenverbindungen intensiv rötlich-braun oxidiert und Ton gebildet. Anschließend, gesteuert durch die Abnahme des pH-Werts, wurden Tonminerale mit den Eisenverbindungen aus dem oberen Bereich des Verbraunungshorizonts ausgewaschen und in feinen Tonbändchen in Tiefen von mehr als einem Meter unter der heutigen Oberfläche wieder abgeschieden. In diesem Stadium der Bodenentwicklung wurde der Baum geworfen. Abb. 101 illustriert den Bodenzustand: einen dunkelgrauen, durchwurzelten Humushorizont, den ausgeblichenen Tonverarmungshorizont und den noch Ton- und Eisenverbindungen enthaltenden, unteren Teil des Verbraunungshorizonts (von links). Nach der kolluvialen Überdeckung des Sturmwurfes wurde der Zustand konserviert. In den Kolluvien entwickelte sich der Boden, beeinflusst durch menschliche Nutzung, weiter. Begünstigt durch die Aufforstung der Fläche mit Koniferen bildet sich seit etwa zwei Jahrhunderten ein Podsol.

Da Sturmwürfe stets die beschriebenen, noch nach Jahrtausenden eindeutig erkennbaren Spuren in Böden und Sedimenten hinterlassen, geben ausgedehnte Untersuchungen der Geo-Bio-Archive Hinweise auf die Bedeutung von Sturmwürfen in der Vergangenheit. Hans-Rudolf Bork untersuchte mit seinen Mitarbeitern seit 1978 mehr als 2500 Standorte in Mitteleuropa. Sturmwurfrelikte (verstellte Bodenhorizonte und Schichten, vereinzelt auch Reste zersetzter Stämme und Wurzeln) waren selten. Auf weniger als einem Prozent der ehemals oder noch heute bewaldeten Oberfläche Deutschlands konnten für das Holozän Sturmwürfe nachgewiesen werden. Die untersuchten Sturmwürfe vollzogen sich nahezu ausschließlich in Phasen intensiver Landnutzung. Die räumlichen Ausmaße begrabener Relikte von ausgerissenen Baumtellern zeigen an, dass hauptsächlich große, alte Bäume geworfen wurden.

Die extreme Häufung von Sturmwürfen im 20. und im frühen 21. Jh. beruht auf einem nicht standortgerechten Waldbau (insbesondere der Wahl flach wurzelnder und schon dadurch von Sturmwurf gefährdeter Baumarten) und auf nicht gestuften und nicht geschützten Waldrändern in der Hauptsturmrichtung (in Mitteleuropa West bis Nord).

Spuren des tausendjährigen Niederschlags von 1342

Hans-Rudolf Bork, Christian Russok, Stefan Dreibrodt, Markus Dotterweich, Stefan Krabath, Hans-Georg Stephan und Helga Bork

Schluchten und ihre Schwemmfächer: Schatzkammern der Landschaftsforscher
Schluchten gehen hang- oder talabwärts oftmals in Schwemmfächer über. Schwemmfächer enthalten nicht selten den überwiegenden Teil des Materials, das in den Schluchten und ihrem Wassereinzugsgebiet abgetragen wurde. Hang- und talaufwärts wachsende Schluchten verfüllen sich häufig selbst: Die unteren Abschnitte von Schluchten enthalten dann Material, das oberhalb an den Schluchtwurzeln abgetragen wurde. Derartige Schluchtensysteme durchziehen zahlreiche mitteleuropäische Landschaften. Aufgrabungen in den Schwemmfächern und in den (teil-)verfüllten Schluchten können Informationen zum Zeitraum, zum Ausmaß und zu den Ursachen des Schluchtreißens geben. Seltene Extremereignisse wie die tausendjährigen Niederschläge und ihre Auswirkungen werden identifizierbar.

Die Entdeckung der Folgen des jüngsten tausendjährigen Niederschlags
Bei Rüdershausen im Untereichsfeld (Landkreis Göttingen) wurde in der ersten Hälfte des 20. Jh. Lehm abgebaut. Brunk Meyer, damals Assistent am Institut für Bodenkunde der Universität Göttingen (und später dort international renommierter Professor für Bodenkunde), fand während der 1950er-Jahre in der Grube nicht erklärbare, chaotische Strukturen. Eine Klärung der Entstehung dieser Strukturen war aufgrund der unzureichenden Tiefe des Aufschlusses nicht möglich. Im Jahr 1979 – die Lehmgrube war schon lange aufgelassen – untersuchte Hans-Rudolf Bork im Rahmen seiner Dissertation die holozäne Veränderung der Böden im Untereichsfeld. Brunk Meyer bat ihn, den Standort aufzugraben. Brunk Meyer, Hans-Rudolf Bork und Holger Hensel gruben bis in eine Tiefe von zwei Metern, ohne dass die Basis der chaotischen Strukturen erreicht worden wäre. Dann wurde nahezu das gesamte Personal des Göttinger Bodenkunde-Instituts um erdbewegende Mitwirkung gebeten. Die Basis war nicht erreichbar. Das Geheimnis konnte nur mit einem größeren Bagger

▶ **Abb. 102:** Aufschluss Rüdershausen (Südniedersachsen).

▶ **Abb. 103:** Ausschnitt des Aufschlusses Rüdershausen (Südniedersachsen); verfüllte Schlucht des tausendjährigen Niederschlags mit einem Block, der von der nördlichen Schluchtwand gerutscht war.

gelüftet werden (Abb. 102). Dieser wühlte sich durch den Löss bis in eine Tiefe von 10 m. Erst unterhalb dieser Tiefe wurden normal gelagerte kaltzeitliche Lockergesteine gefunden, Schluffe mit Sandbändern (Sandlöss), die kräftige Winde hierher verbracht hatten, sowie Sande und Schotter, welche die benachbarte Rhume hier als Schmelzwasserstrom abgelagert hatte.

Die chaotischen Strukturen zogen in mehreren, mehr als 10 m breiten Keilen vertikal in den Sandlöss hinein (Abb. 103). Zwischen den Keilen lag der Sandlöss ungestört seit seiner Ablagerung während der letzten Kaltzeit. Große Blöcke kalkhaltigen Sandlösses, kleinere Blöcke aus dem Material der Bodenhorizonte einer Parabraunerde, Bruchstücke eines Pflughorizonts und zwischen den Blöcken abgelagerte Feinschichtungen füllten die Keile.

Die Keile entpuppten sich als tiefe, verfüllte Schluchten – die bei weitem größten des gesamten Holozäns – mit ehemals senkrechten bis teilweise überhängenden Schluchtwänden (Bork 1983, 1988; Bork et al. 1998). Letztere bleiben an feuchten Standorten nur kurze Zeit stabil. Wenige Stunden oder Tage nach einem Schluchtreißen kollabieren zumeist die steilen Schluchtwände, um ein Blockchaos mit großen und kleinen Hohlräumen zu hinterlassen. Blöcke der vor dem Schluchtreißen bei Rüdershausen an der Oberfläche anstehenden Parabraunerde und der ursprünglich darunter liegenden sandigen Lösse fielen in den Grund der ge-

rade entstandenen Schlucht. Sogar die Pflugschicht der ehemaligen Geländeoberfläche konnte in den abgestürzten Blöcken identifiziert werden. Diese Formen wären nicht erhalten geblieben, wenn die Schluchten allmählich durch die Einwirkung vieler Starkniederschläge über Jahre oder Jahrzehnte hinweg entstanden wären.

Zwischen die verschieden großen Blöcke floss in den Monaten und Jahren nach dem Schluchtreißen und dem Zusammenbruch während schwächerer Starkniederschläge sedimentreicher Abfluss von den oberhalb liegenden steilen Äckern. Die unregelmäßigen Hohlräume minderten die Fließgeschwindigkeit des Abflusses, das mitgeführte Material sank ab. Zunächst sedimentierten die gröbsten, später, nach dem Ende des Abflusses, in kleinen Pfützen die feinsten Partikel. So hinterließ jeder Abfluss eine regelhafte und einfach zählbare Folge von Schichten:

▸ eine Lage gerundeter Bodenaggregate und kleiner Steine an der Basis,
▸ Sand- und Schlufflagen darüber und
▸ eine Tonlage am oberen Ende.

Dutzende Schichtfolgen füllen schließlich die Hohlräume zwischen den Blöcken.

Rutschmassen und die Schichtfolgen in den ehemaligen Hohlräumen füllten die Schluchten nicht vollständig und ausgeprägte Dellen blieben zurück. Der Ackerbau kam zum Erliegen. An der Oberfläche der Dellen und in deren Einzugsgebieten wuchsen Gräser und Kräuter, ein Humushorizont bildete sich. Einige Jahrzehnte später wurde das Dauergrünland oberhalb der Dellen umgebrochen. In der folgenden Zeit des Ackerbaus spülte der Abfluss mäßig starker Niederschläge Bodenpartikel in die Dellen. Das Dauergrünland kämmte sie aus, die Dellen wurden allmählich flacher. Schließlich waren sie vollständig zusedimentiert und aus dem Oberflächenbild verschwunden.

Die Analyse der beschriebenen Sedimente gibt Aufschluss über die zeitliche Abfolge und die Intensität der Prozesse, jedoch noch keinen Hinweis auf den absoluten Zeitpunkt des Geschehens. Erst die Identifizierung und Datierung besonderer Funde in den Ablagerungen der Schluchten ermöglichte eine zeitliche Einordnung der geschilderten Ereignisse.

Zwischen den Blöcken, in den Grobmateriallagen der Schichtfolgen, sedimentierten auch kleine Ziegel- und Keramikbruchstücke; auch die Ablagerungen oberhalb des Humushorizonts enthalten datierbares Material. Eine grobe Datierung des Schluchtreißens und der Verfüllung wird durch die sorgfältige Analyse der winzigen Bruchstücke durch den heute in Halle (Saale) tätigen Archäologen Prof. Dr. Hans-Georg Stephan möglich. Im unteren Teil lagen Keramikfragmente aus dem 13./ 14. Jh., oberhalb des Humushorizonts dominierten frühneuzeitliche Artefakte. Die Schlucht war im frühen Spätmittelalter rasch eingerissen und mit Blockmassen teilverfüllt worden (Bork 1983, 1988). Erst in der frühen Neuzeit war die Sedimentation abgeschlossen. Die geringe Größe der Artefakte verhinderte eine genauere Datierung.

Die Datierung der Geoarchive des jüngsten tausendjährigen Niederschlags

Nicht nur bei Rüdershausen rissen zahlreiche Schluchten ein. Auch in der weiteren Umgebung fanden sich vergleichbare, heute verfüllte, gelegentlich mehrere Kilometer lange Schluchtsysteme. Eines durchzieht ein Trockental unweit der Trudelshäuser Mühle in der Suhleaue, etwa 13 km östlich von Göttingen. Im Jahr 1979 hatte Hans-Georg Stephan bei Routinekartierungen westlich der Mühle auf einem lössbedeckten Rücken eine hohe Dichte von Keramikfragmenten an der Geländeoberfläche vorgefunden. Forschungsgrabungen in den Jahren 1982 bis 1985 erbrachten interessante Befunde. Hans-Georg Stephan identifizierte die Fundamente eines 17 m langen und 7,5 m breiten, wohl in der ersten Hälfte des 13. Jh. errichteten massiven Kirchengebäudes. Im späteren 14. oder im 15. Jh. war die Kirche einem Feuer zum Opfer gefallen. Ein Friedhof umgab die Kirchenrelikte (Stephan 1988; Bork et al. 1998).

Zwischen der Wüstung, dem ehemaligen Dorf Drudevenshusen und der heutigen Trudelshäuser Mühle liegt ein Trockental. Die archäologische Situation ließ den Transport von Keramikfragmenten mit dem gelegentlich auftretenden Oberflächenabfluss in das Trockental und damit ungewöhnlich exakte Datierungen der dort zu vermutenden mittelalterlichen Kolluvien erwarten. Eine von Hans-Rudolf Bork geleitete bodenkundlich-quartärgeologische Grabung bestätigte die Erwartungen, denn in den Kolluvien waren Hunderte von Keramikbruchstücken eingebettet. Die Überraschung war: Eine hier kleine Schlucht zerschnitt die unteren mittelalterlichen Kolluvien; die oberen mittelalterlichen Kolluvien überdeckten die verfüllte Schlucht. Hans-Georg Stephan datierte die jüngsten Keramikstücke des jüngsten der unteren Kolluvien, das zum Zeitpunkt des Schluchtreißens an der Geländeoberfläche lag, und die jüngsten Artefakte in der unteren Füllung der Schlucht unerwartet exakt in die dritte, vierte oder fünfte Dekade des 14. Jh. (Bork 1985; Bork et al. 1998).

Im heute ackerbaulich genutzten Abschnitt des Trockentals war die zwischen 1320 und 1350 entstandene Schlucht vollständig verfüllt. Talaufwärts liegt eine alte Landnutzungsgrenze. Oberhalb der Grenze stockt Wald, unterhalb wird das Trockental mit der verfüllten Schlucht landwirtschaftlich ge-

▶ **Abb. 104:** Hochwassermarke an der Kirche St. Blasien in Hannoversch Münden.

nutzt. Im Wald blieb die Schlucht bis heute nahezu in ihrer ursprünglichen offenen, spätmittelalterlichen Form erhalten. Waldkontinuität seit dem Schluchtreißen ist damit dort sehr wahrscheinlich. Untersuchungen der Böden in der bewaldeten Umgebung der Schlucht beweisen: Während die Schlucht einriss, wurden die fruchtbaren, geringmächtigen und bis dahin ackerbaulich genutzten Böden zumeist vollständig flächenhaft abgetragen. Drudevenshusen verlor während eines einzigen Starkniederschlags im Zeitrum von 1320 bis 1350 wohl innerhalb weniger Stunden einen erheblichen Teil seines Ackerlandes. Die abfließenden Wassermassen konzentrierten sich vermutlich entlang eines Weges, an dessen Stelle die Schlucht verblieb. Das verheerende Erosionsereignis begünstigte zweifellos die spätere Aufgabe des Dorfes; möglicherweise löste es die lange währende Abwanderung aus.

Aufgrund des stärkeren Gefälles besitzt die Schlucht von Drudevenshusen im heutigen Wald größere Ausmaße. Sie ist mit den Schluchten bei Rüdershausen und an anderen Standorten in Südniedersachsen im Hinblick auf das abrupte Einreißen, die Entstehungszeit und die für das gesamte Holozän einmalige Ausdehnung vergleichbar.

In den vergangenen zwei Jahrzehnten fanden Hans-Rudolf Bork, Helga Bork, Markus Dotterweich, Stefan Dreibrodt, Thomas Schatz und Gabriele Schmidtchen gegenwärtig unter mächtigen Sedimenten verborgene Schluchten – ebenso wie gravierende flächenhafte Veränderungen des 14. Jh. auch in Hessen, Bayern, Brandenburg, Mecklenburg-Vorpommern und Schleswig-Holstein (Bork et al. 1998; Schatz 2000; Dotterweich 2003; Bork et al. 2003; Dreibrodt & Bork 2005).

Schriftquellen zum jüngsten
tausendjährigen Niederschlag
Enthalten Schriftquellen eindeutige Informationen zum Zeitpunkt und dem Verlauf des Ereignisses in der ersten Hälfte des 14. Jh., das die in den Geoarchiven identifizierte Erosionskatastrophe verursachte? Kühle und ungewöhnlich feuchte Sommer, außergewöhnliche Temperaturschwankungen und extreme Niederschläge prägten Mitteleuropa in jener Zeit (Lamb 1982; Russell 1983; Flohn 1985, 1991; Henning 1996; Glaser 2001; HISKLID: http://www.geog.uni-heidelberg.de/physio/forschung/hisklid.htm).

Eine verheerende Hungerkrise suchte Mitteleuropa in der Mitte der zweiten Dekade des 14. Jh. heim. Sie wurde jedoch nicht von einem extremen Witterungsereignis, sondern durch die anhaltend kühle und feuchte Witterung in der zweiten Deka-

de des 14. Jh. ausgelöst (Bork et al. 1998). Auch in der dritten Dekade waren nach Schriftquellenanalysen folgenreiche Starkregen rar.

Dann, im Juli des Jahres 1342, verheerte der heftigste Niederschlag mit den stärksten Überschwemmungen und Erosionsschäden zumindest des zweiten nachchristlichen Jahrtausends das westliche Mitteleuropa (Abb. 104, 105; vgl. Bork et al. 1998, S. 165). Pfister (1985) bezeichnet die Ereignisse vom 19. bis zum 22. Juli 1342 und die folgenden nasskalten Sommer zu recht als die vielleicht härteste ökologische Belastungsprobe des letzten Jahrtausends.

Verlauf und Ausdehnung des
tausendjährigen Niederschlags im Juli 1342
Einige Schriftquellen verweisen auf den zeitlichen Verlauf des Ereignisses und damit indirekt sogar auf die Wetterlage. Demnach drangen wasserreiche, warme Luftmassen aus dem östlichen Mittelmeerraum über den Balkan in das westliche Mitteleuropa ein (Roth 1996; Bork et al. 1998). Die aus Südosten anströmenden, leichteren, feuchtwarmen Luftmassen trafen auf schwerere, kühle Luftmassen im Nordwesten. Die feuchte Warmluft kühlte sich ab, kondensierte an den kühlen Luftmassen und löste anhaltende Niederschläge aus. Die Niederschläge begannen am 19. Juli des Jahres 1342 im Raum Franken und Thüringen. Das Niederschlagsgebiet wanderte nach Nordwesten. Von der Donau

◀ **Abb. 105:** Bauinschrift vom Hof zum Großen Löwen (Mainfränkisches Museum in Würzburg): „Am 21. Juli 1342 stieg der Main in wenigen Stunden gewaltig an. Die Mainbrücke mit ihren Türmen, die Mauern und viele steinerne Häuser der Stadt stürzten zusammen. Am Domportal erreichte das Wasser die steinernen Statuen, oberhalb der Stufen."

bis Nordfriesland, von der Maas bis zur Oder „fiel Regen auf die Erde wie im 600. Jahre von Noahs Leben" (Michaelis de Leone Canonici Herbipolensis annotata historica, Übersetzung von Weikinn, verändert von Dämmgen; vgl. Bork 1988).

Nach dem niederländischen Meteorologen W. J. van Bebber wird die beschriebene meteorologische Situation im Juli 1342 als Vb-Zugbahn bezeichnet. Vergleichbare Wetterlagen waren für die Hochwässer der Elbflut im Sommer des Jahres 2002, für die Oderflut im Juli und August 1997 und viele vorausgegangene Hochwässer mitteleuropäischer Flüsse verantwortlich.

Die Folgen des tausendjährigen Niederschlags im Juli 1342

Die landwirtschaftliche Nutzung erreichte in der ersten Hälfte des 14. Jh. im westlichen Mitteleuropa die größte Ausdehnung und Intensität des gesamten Holozäns. Wenig mehr als ein Zehntel der Oberfläche war bewaldet, selbst die Wälder wurden intensiv genutzt. Dennoch vermochten die auf den wasserdurchlässigen Substraten Norddeutschlands stockenden Wälder nahezu den gesamten Niederschlag aufzunehmen. In den Wäldern der Mittelgebirge, die auf Hängen mit geringmächtigen Böden und Festgestein mit geringem Wasseraufnahmevermögen wuchsen, floss ein Teil des Niederschlags auf der Geländeoberfläche ab. Hänge mit Dauergrünland spendeten ebenfalls Abfluss.

Gleichwohl war die Bodenerosion unter Wald und auf Dauergrünland in den Mittelgebirgen nur schwach. Die Rauigkeit der Vegetation und die Unebenheiten der Geländeoberfläche verhinderten nach den Geländebefunden meist hohe Fließgeschwindigkeiten und die Konzentration des Abflusses in Bahnen. Auf intensiv beweideten und daher vegetationsarmen Ödland- und Brachflächen, im Wintergetreide und besonders im Sommergetreide sowie auf unbefestigten Wegen trat die stärkste Abflussbildung und flächenhafte Bodenerosion auf. Auf manchen Hängen mit lockeren Substraten bewegten sich innerhalb weniger Stunden kleine Erosionsstufen hangaufwärts. In ackerbaulich genutzten Dellen und auf Wegen floss das nicht versickernde Wasser zusammen. Besonders in wenig widerstandsfähigen Substraten rissen tiefe Rinnen ein; sie schritten rückschreitend hangaufwärts voran. Auch auf den nicht durch Zerschneidung zerstörten Äckern wuchs durch flächenhafte Bodenabspülung die Heterogenität der verbliebenen Bodenrelikte erheblich.

Die ackerbaulich nutzbare Fläche nahm deutlich ab. Äcker, die ihre geringmächtige fruchtbare Bodendecke durch flächenhafte Bodenerosion verloren hatten oder die zerschluchtet worden waren, fielen vorübergehend oder dauerhaft wüst. Sie bewaldeten sich wieder oder wurden als Dauergrünland genutzt. Nicht zerschluchtete Standorte mit Sanden und Lössen, in denen sich im Verlauf weni-

▶ **Abb. 106:** Städte und Flüsse im westlichen Mitteleuropa, die vom tausendjährigen Niederschlag betroffen waren (Quellen: heute noch existierende zeitgenössische Quellen, vgl. Bork et al. 1998).

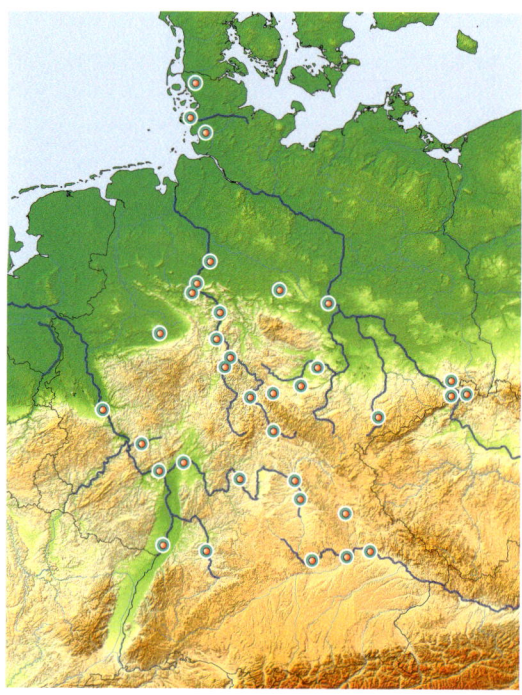

▼ **Abb. 107:** Schriftquellen zur Jahrtausendflut im Sommer des Jahres 1342.

ger Jahrhunderte neue Böden entwickelten, konnten während der Neuzeit wieder in ackerbauliche Nutzung überführt werden. Die Bildung neuer nutzbarer Böden in den Festgesteinen der Mittelgebirge wird hingegen einige Jahrtausende dauern.

Der Abfluss wurde über die Auen in die Meere geführt. Der weit überwiegende Teil des abgetragenen Substrats sedimentierte bereits in den Schwemmfächern, auf den Unterhängen und in den unmittelbar vor den Hängen liegenden kleinen Auen. Durchschnittlich erreichten weniger als 10 % des insgesamt bewegten Substrats die Auen der größeren Flüsse, die Nordsee, die Ostsee oder das Schwarze Meer.

Viele Flüsse hatten im Juli 1342 die höchsten Wasserstände zumindest des vergangenen Jahrtausends, möglicherweise des gesamten Holozäns (Abb. 106, 107). Alte und junge Holz- und Steinbrücken wurden an den Nebenflüssen des Rheins, an Werra, Fulda und Weser, an der Elbe und ihren Nebenflüssen sowie an der oberen Donau fortgerissen (Abb. 107). Zahllose Menschen ertranken. Viele Gebäude und Wege wurden in den Über-

---

Meiningen und Thüringen: „Wie schrecklich damals die Werra in Thüringen, besonders zu Meiningen, gewütet, erzählt ... Güthe. Er sagt: Am 21 sten Jul. kam gar schnell ein großes Wasser, welches noch vor der Nacht so groß ward, daß es durch die ganze Stadt lief und alle Keller erfüllte, auch an vielen Orten in die Häuser und Stuben drang, alte Leute sammt den Kindern ersäufte; die Aecker, Wiesen, Gärten und alles verwüstete, in und außerhalb der Stadt an Vieh, Gebäuden, Bäumen und Getraide unsäglich großen Schaden that." (Pötzsch 1786: 20)

Hannoversch Münden: „Das Jahr 1342 war reich an Schrecken der Natur, Wasserfluten vernichteten die Hoffnungen des Landmanns, auch unsere ganze Stadt war überschwemmt. Ja, die Flut war so hoch, daß sie ihren Strom zum Oberntore herein nahm. Viele Häuser stürzten ein und eine Anzahl von Menschen und Vieh kamen um, weil unser ganzer Ort, außer der Höhe der Aegidii-Kirche mehrere Tage unter Wasser stand." (Lotze 1909: 261)

Meißen: „In Meißen soll das Wasser in der Franciskaner Kirche daselbst die Altäre weit überstiegen, und zwey Joch an der Brücke weggerissen haben, ..." (Pötzsch 1784: 21)

Zwickau, Deutschland: „Im Jahr 1342. Hat sich die Mulda hier zu Zwickau und anders wo mehr sehr ergossen und an Brücken Stegen etc. in Gärten und Feldern an Maria Magdalenen Tag überaus grossen Schaden getan. Über dieser Ergiessung der Mulden ist sich hoch zuverwundern weil sie eben den Tag ergangen da fast an allen Wassern in

Teutschland dergleichen geschehen und die stattlichsten Brücken weggeführt worden als die zu Dresden, zu Meissen, zu Regenspurg, Würtzburg, Franckfurt, Bamberg, Erphurd etc." (Schmidt 1656: 162f.)

Frankfurt am Main: „1242 hat sich auff Marien Magdalenen Tag eines solche Flut ergossen, da mancher Ort unter Wasser gesetzt worden. Dermalen haben sich der Main, die Pegnitz bei Nürnberg, der Rhein, Waal und Maaß gewaltig aufgeschwoellt, wodurch ein großer Teil von Holland und der ganze Thiler Weert (ohne die Stadt Thiel und das Dorf Drumpt samt Wadenau) unter Wasser worden.

Der Main war so hoch gestiegen, daß das Wasser rings um Sachsenhausen herumging und zu Frankfurt alle Straßen unter Wasser standen. Selbst in den Kirchen hatte man etliche Schuh hoch Wasser, darum Jedermann in der Furcht gestanden, die ganze Stadt würde vergehen.

Die Frankfurter halvierten sich schon auf die hochgelegenen Felder und Dörfer. [...] Zumittelst wollte die hohe Flut ganz nicht ablassen sondern es rieß auf St. Jacobs Tag um 1 Uhr die Brücke und der Turm samt dem Pfeiler darauf die neu erbaute Kapelle gegen Sachsenhausen zugestanden, aus dem Grund hinweg bis auf 6 Schwibbogen gegen Frankfurt zu. Zu Sachsenhausen machte das Wasser ein Loch oder Grube in die Erde welche 100 Ellen lang, 10 Ellen tief und 25 Ellen breit war, der Steinweg war auch ganz zerrissen."
E. W. Joh. Waaf in Unglücks=Chronik (Abschriften von Quellen über Naturkatastrophen, zusammengestellt von Dr. Jos. Witt-

mann aus dem Nachlass der Rheinischen-Naturforschenden Gesellschaft. Stadtarchiv Mainz, AZ 471210)

Würzburg: „A. 1342 den 21. Hewmonats (VII 21) bey zeithen des bischofs Ottho des andern, einer von Wolffskäl, geschahe ein wolckhen [...] bruch welcher die steinern brückhen zu Würtzburg zerrieß, die stattmauern erniederwarf, gärten und äckher, auch vil häuser verflözet, an dem viehe auch großen schaden thet, der statt ein merklichen nachtheil bracht." (Engel 1950: 27, Nr. 77)

Westdeutschland: „Es ergossen sich nämlich vom Himmel Regenmassen, Wasser brach aus der Erde hervor, Flüsse zerstörten die Dämme, Quellen und Gießbäche strömten aus der Erde, die Flüsse erhoben ihre Wasser, so daß sie über ihre Ufer traten, nicht nur die Saaten und viele Pflanzen auf den Feldern, sondern auch die Äcker selbst und die Wege vernichteten ..." „De origine et abbatibus monasterii Luccensis" und „Geschichte des Klosters Loccum" (zitiert in Bork et al. 1998: 243)

West- und Süddeutschland, Frankreich: „In diesem Sommer war eine so große Überschwemmung der Gewässer durch den ganzen Erdkreis unserer Zone, die nicht durch Regengüsse entstand, sondern es schien, als ob das Wasser von überall her hervorsprudelte, sogar an den Gipfeln der Berge, so daß [das Wasser] Gegenden bedeckte, wo es ungewöhnlich war." „ Vitae papr. Avenoniesium" und „Corp. Hist. Med. aevi" (zitiert in Bork et al. 1998: 243)

schwemmungsgebieten zerstört. Nach groben Schätzungen übertrafen die im Juli 1342 an Rhein, Weser, Elbe und Donau abfließenden Wassermengen diejenigen der großen Fluten des 20. und frühen 21. Jh. um das Zehn- bis Hundertfache (Bork 1988; Bork et al. 1998).

See-Geheimnisse: das Geschichtsbuch unter dem Belauer See (Schleswig-Holstein)

Stefan Dreibrodt und Hans-Rudolf Bork

Sedimente unter und an Seen – bedeutende Archive der Umweltgeschichte

Schlamm, der sich am Grund eines Sees abgesetzt hat, bildet ein zeitlich hoch auflösbares Archiv der Geschichte des Sees und seines Umlandes. Gelingt die Entschlüsselung der in ihm enthaltenen Informationen und ihre Verknüpfung mit Daten aus dem Umland des Sees, so werden ungewöhnlich exakte Aussagen zu den Auswirkungen von Witterungsereignissen und Landnutzungssystemen möglich.

Seen entstehen, wenn:

▸ eine Hohlform existiert, die Wasser zu speichern vermag

▸ im Mittel über viele Jahre die Menge des Niederschlags die Menge der Verdunstung (Evaporation) übertrifft, also ein Niederschlagsüberschuss besteht

▸ die Wasserdurchlässigkeit des Seebodens geringer als der Niederschlagsüberschuss ist

▸ ausreichend Fremdwasser in eine Hohlform fließt, die in einem Trockengebiet liegt.

Hohlformen, die sich mit Wasser füllen, entstehen durch die Bewegung tektonischer Platten, durch Vulkanausbrüche, durch die ausschürfenden und ausspülenden Prozesse der Gletscher oder mit dem Einsturz von Gesteinen an der Oberfläche durch die Auslaugung tieferer löslicher Schichten.

Als bedeutende Süßwasserreservoire sind Seen Lebensraum vieler Arten. Entsprechend der geographischen Lage wird das Leben in Seen durch das Klima beeinflusst. In Regionen mit einem Jahreszeitenklima weisen die Wasserkörper häufig einen typischen jährlichen Lebenszyklus auf. In den Mittleren Breiten wird dieser von der Intensität des eingestrahlten Lichts sowie den wechselnden Temperaturen und der Verfügbarkeit von Nährstoffen gesteuert.

Während der Vegetationsperiode betreiben am Seegrund verankerte und schwebende Pflanzen Photosynthese, vergleichbar den höheren Pflanzen der Landökosysteme. Die Biomasse der Pflanzen dient kleinen Tieren als Nahrung. Diese Kleinlebe-

wesen (z. B. Wasserflöhe, Amöben, Insektenlarven) werden zur Beute von Räubern (z. B. von Fischen), die ihrerseits von Räubern höherer Ordnung, wie dem Fischotter oder dem Seeadler, gefressen werden. Auf jeder Ebene solcher Nahrungsketten findet die Ausscheidung von Stoffwechselprodukten statt. Nach dem Absterben der Organismen wird ihre Biomasse von Bakterien zerlegt. Damit werden die Nährstoffe wieder freigesetzt und anschließend erneut konsumiert. Energie wird in Bakterien zwischengespeichert, auf die Konsumenten bei Versorgungsengpässen zurückgreifen können.

Die beschriebene Stoffkreislauf ist nicht geschlossen: Permanente Stoffeinträge erfolgen mit dem Grundwasser; die regelmäßige Sedimentation am Seegrund entzieht dem Wasserkörper Stoffe. Die kontinuierliche Ablagerung der im Wasserkörper produzierten Stoffe (des autochthonen Sediments) führt zur stetigen Bedeckung und Konservierung älterer durch jüngere Schichten. Die wichtigsten Bestandteile des autochthonen Seesediments sind Schalen abgestorbener Kieselalgen, im Wasserkörper gefällter Kalk (Abb. 108) und abgestorbene Biomasse von Wasserpflanzen und -tieren.

Die Anteile im See produzierter (autochthoner) und eingetragener (allochthoner) Bestandteile im Seesediment variieren in Abhängigkeit von der geographischen Lage und der Nährstoffversorgung eines Gewässers. In Gebirgs- und Eisrandseen kann der Eintrag von Partikeln aus dem Einzugsgebiet dominieren. Auch in nährstoffarmen Seen ist der Anteil allochthoner Sedimentbestandteile hoch. In den nährstoffreichen Tieflandseen Nord-

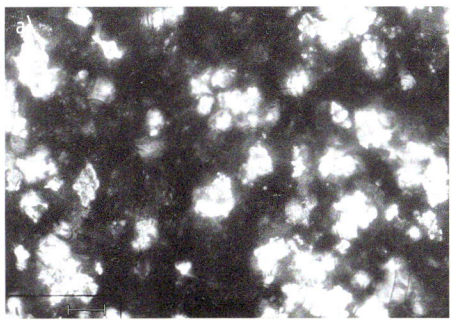
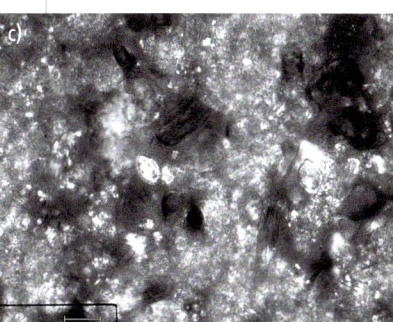

▲ **Abb. 108:** Im See in verschiedenen Formen gefällter Calcit:
a–c) im Freiwasser gefällte Formen mit a, b rhomboedrische Form, c mikritische Form (calcifizierte Schalen der Grünalge *Phacotus lenticularis* in der Bildmitte);
d) litorale Form, die, Makrophytenstängel ummantelnd, gefällt wird;
Maßstabsbalken:
a, c, d: 25 µm,
b: 2 µm
(Dreibrodt et al. 2003).

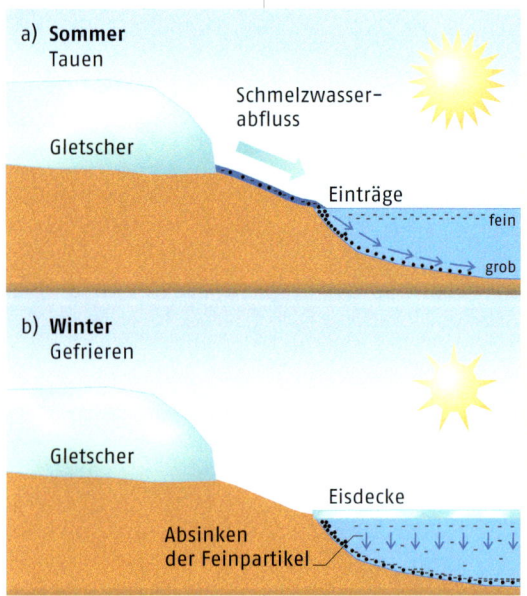

▲ **Abb. 109:** Klastische Warven:
a) und b) Bildung;
c) klastische Warven der letzten Kaltzeit aus Nordamerika (Quelle: A.C. Rocha–Campos, http://www.igc.usp.br/ glacial/imagem/ galeria/5063t.JPG; [05. 01. 2006]); lithifizierte klastische Warven (Quelle: Universität Radford, Virginia, USA, http:// www.radford.edu/ ~fldsch/RUFieldschool/ fieldtrips/MountRogers/ Stop2page/Pics2/ MRst2varves1.jpg; [05. 01. 2006]).

deutschlands ist die autochthone Sedimentproduktion bedeutsamer.

Veränderungen in der Umgebung eines Sees hinterlassen unterschiedliche Signale im Sediment. Am Seegrund sedimentierte Schalen von Kieselalgen und Muschelkrebsen, Relikte von Insektenlarven und Blütenstaub (Pollen) enthalten Hinweise zum Klima- und Landnutzungswandel in der Umgebung. Der Wandel der chemischen Zusammensetzung des Seesediments weist ebenfalls auf Umweltveränderungen. Auf vegetationsfreien Flächen im Einzugsgebiet eines Sees kann während starker Niederschläge Oberflächenabfluss Bodenpartikel ablösen, die mit dem Gefälle transportiert und im See abgelagert werden. Stofflich ist dieser Eintrag von dem im See gebildeten Sediment eindeutig unterscheidbar; eine Quantifizierung des Eintrags ist möglich. Allochthones Material kann auch durch Wind eingetragen werden. Stoffe, die mit dem Grundwasser in den See gelangen, hinterlassen ebenfalls messbare Spuren im Seesediment.

Mit der Radiokohlenstoffmethode, der Pollenanalyse, mit tephrochronologischen und magnetostratigraphischen Methoden können Seesedimente datiert werden (z. B. Geyh 2005). Außergewöhnlich exakt kann das Alter gewarvter Seesedimente bestimmt werden.

Warven – der Kalender am Seegrund

Im Tiefsten von Seen und auf dem Meeresboden können Jahresschichten (Warven) abgelagert und konserviert werden (z. B. von Rad et al. 2001; Brauer 2004). Die beschriebenen, saisonal wechselnden Zustände innerhalb von Seen führen zur regelhaften Bildung unterschiedlicher Feinschichten in den einzelnen Jahreszeiten. Vergleichbar den Jahresrin-

gen von Bäumen können die Feinschichten gezählt und vermessen werden, um Datierungen vornehmen und die Schichtmächtigkeit als Indikator verwenden zu können. Da die Schichten an einem Ort oft über mehrere Jahrtausende kontinuierlich übereinander abgelagert wurden, entfallen Konnektierungen, die bei Baumresten zur Herstellung einer langen dendrochronologischen Zeitfolge nötig sind. Der stoffliche Aufbau und die Struktur gewarvter Sedimente werden von den Ablagerungsbedingungen und damit von den Umweltbedingungen im und um einen See bestimmt.

Regelmäßige Veränderungen des Abflusses führen zu zyklischen Stoffeinträgen und zur Bildung klastischer Warven (De Geer 1912; Sturm & Matter 1978, Abb. 109): In den Tauphasen des Sommerhalbjahres werden in Seen unterhalb von Gletschern und in Gebirgsseen gröbere Partikel abgelagert; im Winter seigern die während des Jahres in Suspension verbliebenen feinsten Partikel (Tone) ab. Jahresschichten aus je einer groben und einer feinen Sub-Lage resultieren (Abb. 109).

Jedes Jahr werden mit zunehmender Erwärmung und damit wachsender Evaporation die Sättigungskonzentrationen bestimmter Minerale in den Seen der trockenen Subtropen überschritten; evaporitische Warven entstehen (Abb. 110). Das Absinken der im Seewasser gebildeten evaporitischen Minerale hinterlässt am Seegrund typische, jährlich wiederkehrende regelhafte Muster. In der Jahreszeit mit erhöhtem Abfluss kann allochthones Material in den See eingetragen werden. Evaporitische Warven wachsen am Boden z. B. des Toten Meeres auf (Heim et al. 1997).

Der jährliche Lebenszyklus innerhalb eines Sees erzeugt biogeochemische Warven (Abb. 111;

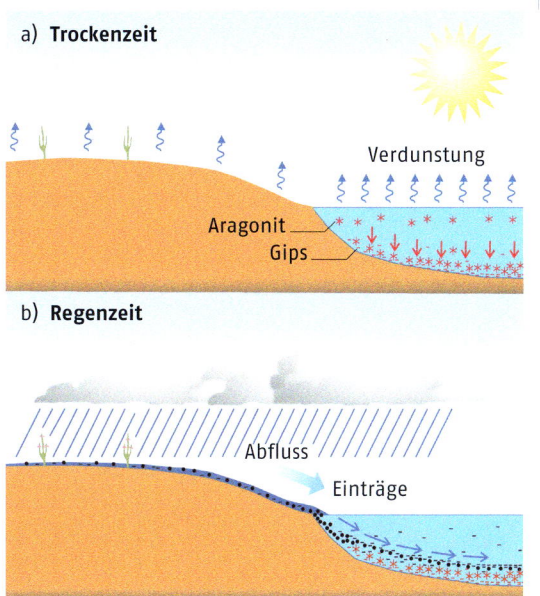

a) Trockenzeit

Verdunstung

Aragonit
Gips

b) Regenzeit

Abfluss

Einträge

▲ **Abb. 110:** Evaporitische Warven:
a) und b) Bildung;
c) Beispiele aus der Nähe des Toten Meeres
(Quelle: Geology of Israel in Pictures by Dov Frimerman,
http://www.geology-israel.co.il/WEB%20PAGE/
GE01-1-25=1.HTML; [05. 01. 2006]).

▼ **Abb. 111:** Biogeochemische Warven, Bildung und
Struktur in Hartwasserseen (Fotos der Kieselalgen aus
Krammer, K., Lange-Bertalot, H.: Bacillariophyceae,
Süßwasserflora von Mitteleuropa, Fischer Verlag Stutt-
gart, Bd. 2/1 bis 2/4).

**Sedimentationsbedingungen
und -prozesse**

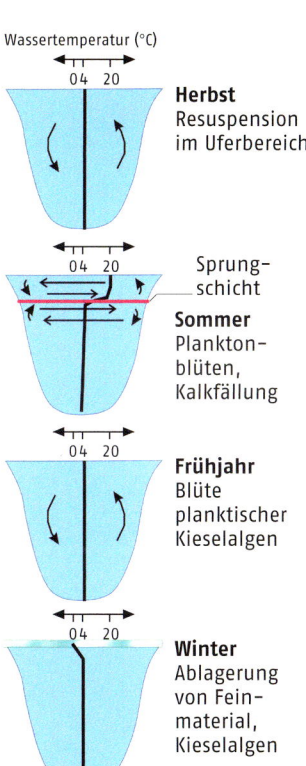

Wassertemperatur (°C)

Herbst
Resuspension
im Uferbereich

Sprung-
schicht

Sommer
Plankton-
blüten,
Kalkfällung

Frühjahr
Blüte
planktischer
Kieselalgen

Winter
Ablagerung
von Fein-
material,
Kieselalgen

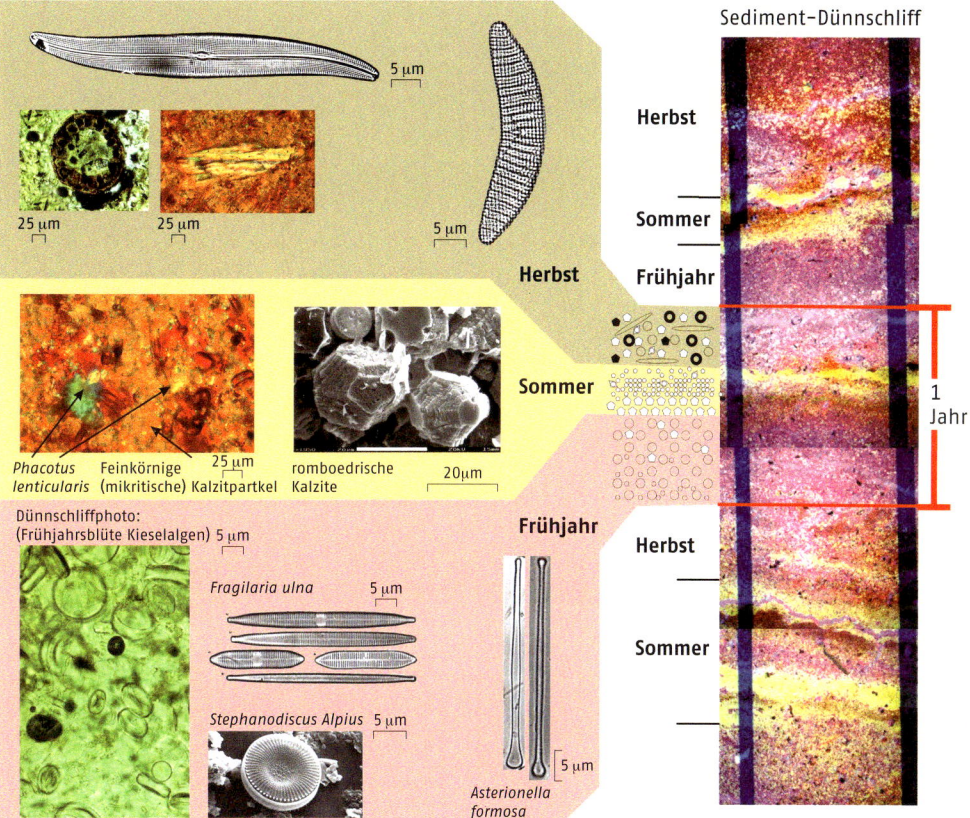

Phacotus *Feinkörnige* *25 µm*   romboedrische   *20µm*
lenticularis (mikritische) Kalzitpartkel   Kalzite

Dünnschliffphoto:
(Frühjahrsblüte Kieselalgen) 5 µm

Fragilaria ulna   5 µm

Stephanodiscus Alpius   5 µm

*Asterionella
formosa*   5 µm

Sediment-Dünnschliff

Herbst

Sommer

Frühjahr

Herbst

Sommer

Frühjahr

Herbst

Sommer

1
Jahr

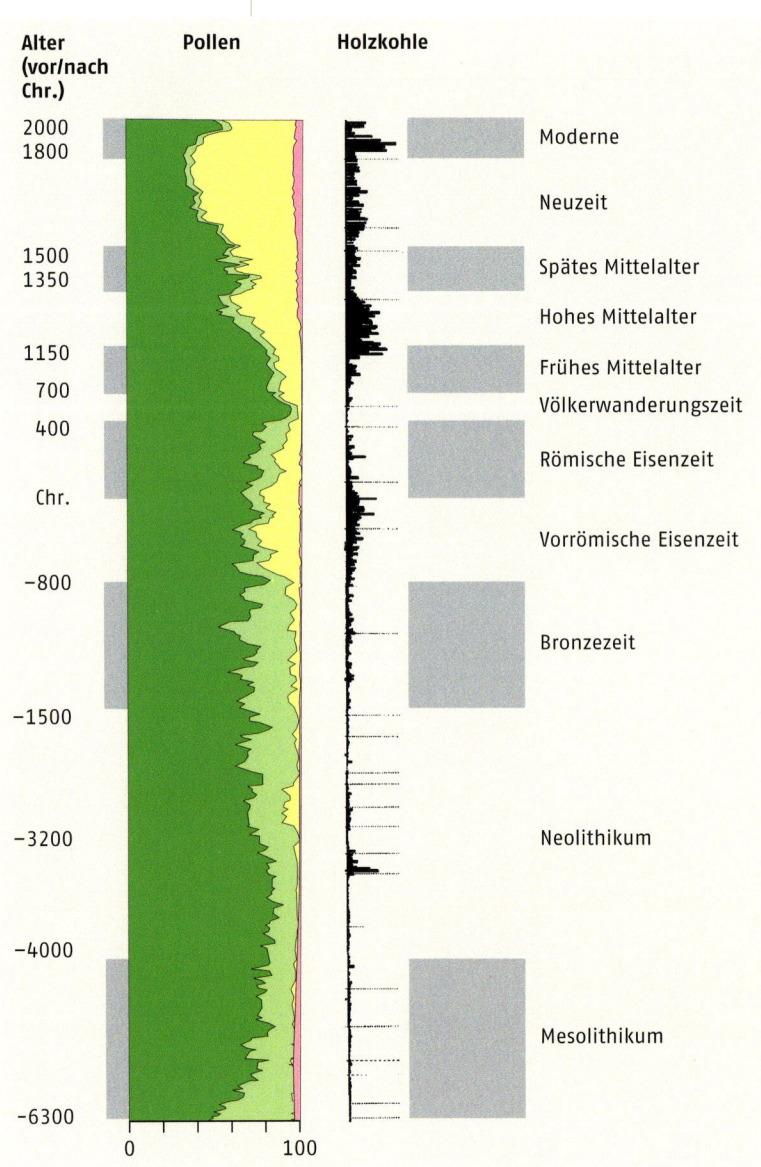

Alter (vor/nach Chr.)	Pollen	Holzkohle	
2000 1800			Moderne
			Neuzeit
1500 1350			Spätes Mittelalter
			Hohes Mittelalter
1150 700			Frühes Mittelalter
			Völkerwanderungszeit
400			Römische Eisenzeit
Chr.			Vorrömische Eisenzeit
−800			Bronzezeit
−1500			
−3200			Neolithikum
−4000			
−6300			Mesolithikum

0   100

◀ **Abb. 112:** Vereinfachtes Pollendiagramm aus dem Belauer See:
dunkelgrüne Fläche = Bäume
hellgrüne Fläche = Sträucher
gelbe Fläche = Kräuter und Gräser
magentafarbene Fläche = Ericaceen
Gezählt wurden pro Probe mindestens 500 Baumpollen; in der rechten Kurve ist die Anzahl von Holzkohlepartikeln in den Proben angegeben (nach Wiethold 1998).

vgl. Brauer 2004; Dreibrodt et al. 2003; Zolitschka 1998. Im Belauer See, einem Hartwassersee im östlichen Hügelland Schleswig-Holsteins, werden im Verlauf eines Jahres eine Frühjahrs-, eine Sommer-, und eine Herbst-Winterschicht abgelagert (Abb. 111).

Im zeitigen Frühjahr, wenn die Seetemperatur etwa 4°C erreicht hat, wird der gesamte Wasserkörper durchmischt (Abb. 111). Pflanzennährstoffe (vor allem P, Si, C, N), die sich durch die Zersetzung der vorjährigen organischen Substanz im vergangenen Winter am Seegrund angereichert haben, werden in die Nähe der Seeoberfläche transportiert. Die mit zunehmender Sonneneinstrahlung im Frühjahr wachsende Nährstoffzufuhr in das vom Licht durchflutete Oberflächenwasser (Epilimnion) führt zur Blüte planktisch lebender Kieselalgen (Diatomeen).

Erst spärlich vorhandene Fraßfeinde (das Zooplankton) können nicht alle Diatomeen konsumieren; ein Teil der absterbenden Kieselalgen sinkt auf den Seegrund und bildet eine Sub-Lage (Abb. 111). Mit dem Absinken, der Ablagerung und der Einbettung im Sediment beginnt der Sauerstoff verbrauchende Abbau der Biomasse. Gleichzeitig kann die Algenblüte eine photosynthetisch ausgelöste Kalkfällung (biogene Kalkfällung) auslösen.

Im Sommerhalbjahr bildet sich, bedingt durch Dichteunterschiede, eine stabile Schichtung im Wasserkörper (Abb. 111). Der Stoffaustausch zwischen dem wärmeren Oberflächenwasser und dem unterlagernden kälteren Wasser wird stark behindert. Die Nährstoffe zirkulieren im Oberflächenwasser in kurzen Nahrungsketten. In dieser Zeit erreicht wenig Material den Seeboden. Die typische

▼ **Abb. 113:** Im Seesediment gebildete Minerale (a, b) und allochthoner Eintrag (c); Strichlänge jeweils 1 mm:
a) Vivianit;
b) Pyrit;
c) Eintragsschicht, die zahlreiche Quarzkörner enthält.

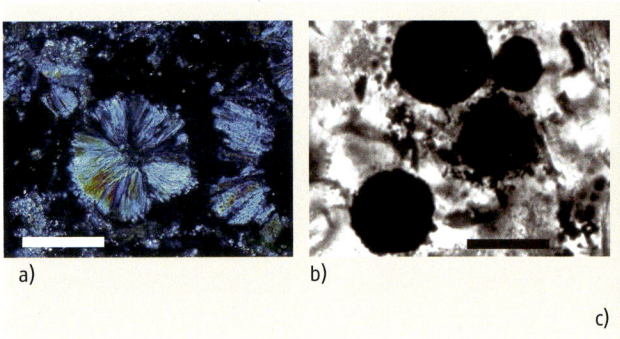

a)   b)

c)

Sommerschicht besteht aus Calcitmineralen. Sie entstehen durch Kalkfällung im Hochsommer, wenn Algenblüten und stark ansteigende Temperaturen zum Entzug von CO_2 aus dem Oberflächenwasser führen. Die oft sehr kleinen Kalkkristalle zeigen eine starke Übersättigung und ein schnelles Wachstum der Minerale an (Abb. 111). Während der herbstlichen Abkühlung des Wasserkörpers wird die temperaturbedingte Dichteschichtung aufgehoben; es findet eine zweite vollständige Durchmischung des Wasserkörpers statt. Pflanzennährstoffe gelangen erneut in das Oberflächenwasser, Algenblüten können ausgelöst werden. Die Herbstlage des Sediments des Belauer Sees ist eine überwiegend aus umgelagertem Material bestehende Resuspensionslage. Schalen von planktischen und benthisch-litoralen Kieselalgen zählen neben gröberen organischen Resten aus dem Uferbereich zu den Bestandteilen, die durch die starke herbstliche Wasserbewegung im Flachwasser aufgewirbelt und schließlich im Seetiefsten abgelagert werden (Abb. 111).

Ton führende Winterlagen können nach solchen Jahren gebildet werden, in denen vermehrt mineralisches Material in den See eingetragen wurde. Während der winterlichen Schichtung, vor allem im Verlauf einer längeren Vereisung des Sees, verlangsamt sich die Bewegung des Wasserkörpers so stark, dass die feinen Körner absinken. Unter schneefreien Eisdecken können auch Kieselalgen gedeihen und nach dem Absterben ebenfalls zum Seegrund absinken. Der Abbau der eingetragenen organischen Reste der Herbstschicht findet während der winterlichen Schichtung am Seegrund statt. Dadurch werden erneut Nährstoffe angereichert, die mit dem Einsetzen der im folgenden Frühjahr stattfindenden Durchmischung die nächste Frühjahrsblüte der Algen ermöglichen und damit den jährlichen Lebenszyklus im See komplettieren.

Das Sediment des Belauer Sees – eine Umweltgeschichte der vergangenen 9000 Jahre

Mehrere Forschergruppen untersuchten detailliert die Sedimente des Belauer Sees. Wiethold (1998) rekonstruierte die Polleneinträge in den See in hoher zeitlicher Auflösung. Ein in Abb. 112 wiedergegebenes, vereinfachtes Pollendiagramm illustriert die Vegetations- und Besiedlungsgeschichte der vergangenen 8300 Jahre.

Vom Beginn des Holozäns bis zum Einsetzen der landwirtschaftlichen Nutzung wuchsen Wälder heran. Es dominierten zunächst Birken und Kiefern, später kam die Hasel hinzu. Um 5000 v. Chr. hatte sich ein artenreicher Laubwald mit Eichen, Linden, Ulmen, Eschen und Erlen etabliert. Men-schen, die bis zu dieser Zeit in der Umgebung des Belauer Sees lebten, nutzten die natürlichen Ressourcen als Jäger und Sammler. Sie veränderten ihre Umwelt in sehr geringem Maße.

Der sich verstärkende Einfluss Ackerbau treibender Menschen wird im Pollendiagramm erstmals in der mittelneolithischen „Landnam-Phase" sichtbar (ca. 3200–2750 v. Chr.). Der Waldanteil nahm ab, die Hasel wurde seltener. Im Spät- oder Endneolithikum ging die Intensität der Landnutzung deutlich und abrupt zurück. Die Ursachen dieser überregional beobachteten Entwicklung sind unklar. Wald eroberte die Umgebung des Belauer Sees zurück.

Rodungen und Ackerbau vor allem im südlichen Umland des Sees kennzeichneten die Bronzezeit. In der Vorrömischen Eisenzeit nahm die Intensität der Landnutzung erheblich zu. Zugleich nahmen die Polleneinträge der Hasel stark ab.

Mit dem Beginn der Römischen Eisenzeit begann eine Abnahme der genutzten Fläche, die ihren Höhepunkt in der nahezu vollständigen Wiederbewaldung der Umgebung des Belauer Sees während der Völkerwanderungszeit fand. Die Buche, seit etwa 1900 v. Chr. im Untersuchungsgebiet sicher nachweisbar, erreichte erstmals geschlossene Bestände. Die Umgebung des Sees war nahezu siedlungsfrei.

Gegen 700 n. Chr. wanderten slawische Stämme ein, rodeten in geringerem Umfang die Wälder und trieben Ackerbau. Die Intensität der Landnutzung entsprach ungefähr jener der Vorrömischen Eisenzeit. Während der slawischen Besiedlung, auf die auch zahlreiche Ortsnamen der Umgebung weisen (z. B. Belau), war die Umgebung des Belauer Sees Grenzgebiet zu den Sachsen, die westlich siedelten. Zeitgenössische Quellen der Karolinger bezeichnen den Grenzbereich als „limes saxoniae", der sich von der Kieler Förde, natürlichen Grenzen wie Flussläufen und Feuchtgebieten folgend, bis nach Lauenburg an der Elbe erstreckte (z. B. Müller-Wille 2002).

Nach der Eroberung der slawischen Gebiete durch die deutschen Nachbarn erreichten die Besiedlungs- und Nutzungsintensitäten eine neue Qualität. Innovationen in der Landwirtschaft (Wendepflug, Verbesserung des Pfluggeschirrs, Fruchtfolgen) ermöglichten die permanente ackerbauliche Nutzung stetig zunehmender Flächen.

In der Mitte des 14. Jh. kam es nochmals zu einer kurzfristigen Extensivierung. Während der spätmittelalterlichen Krise führte eine Häufung von Witterungsextremen, Hungersnöten und Epidemien – vor allem der Pest – zu einer vorübergehenden, starken Abnahme der Bevölkerung und zu einem nachlassenden Nutzungsdruck. Danach nahmen Bevölkerungsdichte und landwirtschaft-

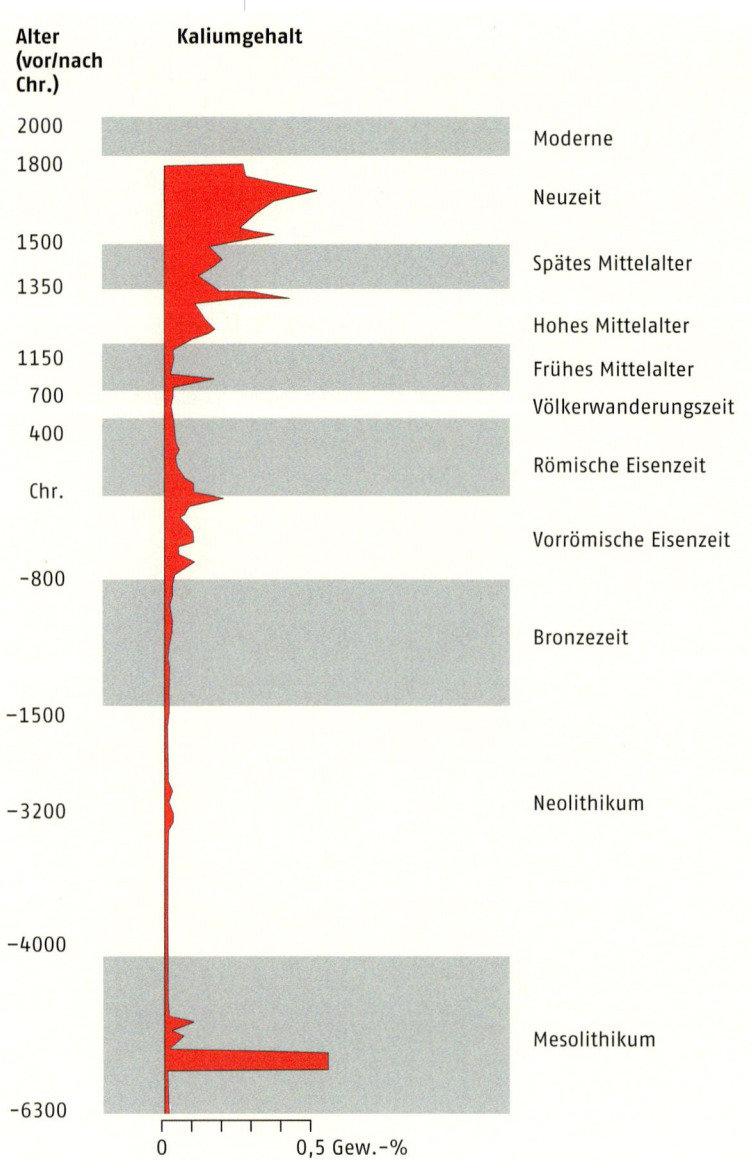

Abb. 114: Kaliumgehalt des Seesediments als Indikator für allochthone Einträge in den See (Garbe-Schönberg et al. 1998).

(Abb. 113, Mikroskop-Fotos). Während Calcite, Kieselalgenschalen und organischer Detritus sichtbare Relikte der seeinternen Sedimentproduktion repräsentieren, sind mikroskopisch nachweisbare Quarz- und Feldspatkörner zweifellos auf stoffliche Einträge über den Oberflächenpfad aus der Umgebung des Sees zurückzuführen. Daneben treten Minerale wie Pyrit oder Vivianit auf, die nach der Ablagerung des Sediments, vor allem während des Abbaus organischer Substanz, neu kristallisiert sind (Abb. 113).

Geochemische Untersuchungen des Seesediments ermöglichen die Quantifizierung des Anteils der eingetragenen Komponenten. Genutzt werden die Gehalte bestimmter Elemente, die in den seeintern gebildeten Komponenten nicht oder nur in Spuren enthalten sind. Geeignet sind vor allem Aluminium und Kalium, die meist in Böden (besonders im Ton) angereichert sind. In der Sedimentsequenz des Belauer Sees fällt die Synchronität von Abschnitten hoher Kalium-Einträge mit Phasen der Offenheit und Landnutzung auf (Abb. 114; Garbe-Schönberg et al. 1998). Im Neolithikum und in der Bronzezeit erreichten den See geringe Mengen abgetragener Bodenpartikel. Mit der Ausdehnung der Landnutzung in der Vorrömischen Eisenzeit wuchsen die Feststoffeinträge. In den siedlungsarmen Phasen der Römischen Eisenzeit und der Völkerwanderungszeit wurden nur wenige Bodenpartikel eingetragen. Nach der Besiedlung des Gebiets durch slawische Stämme und vor allem mit der deutschen Ostsiedlung erreichten die Einträge wieder deutlich höhere Werte. Intensive, ausgedehnte Landnutzung im hohen und im späten Mittelalter wurde von hohen Einträgen begleitet. Zur Mitte des 14. Jh. nahmen die ackerbaulich genutzte Fläche und die Feststoffeinträge kurzfristig ab. In der frühen Neuzeit erreichten mit der Ausdehnung der Ackerflächen auch die Einträge in den Belauer See die höchsten bisher beobachteten Werte. Seitdem nahm die Bodenerosion mit der Landnutzungsfläche auf das heutige Niveau ab.

Starkniederschläge
Die Verknüpfung der Untersuchungen von Seesedimenten und von Kolluvien aus der Umgebung des Belauer Sees erbrachte erstmals den eindeutigen Beleg, dass tiefe Erosionsschluchten während extremer Starkniederschlagsereignisse eingerissen waren. Sie sind damit nicht allmählich infolge nachlässiger oder ausbleibender Bewirtschaftung entstanden, wie z. B. Richter und Sperling (1967) annehmen.

Statistische Analysen zeigen den engen Zusammenhang zwischen der Offenheit der Landschaft und den Einträgen in den See (Dreibrodt & Bork 2005). Allerdings werden kurzfristig stark erhöhte Einträge in den See nicht durch Veränderungen der

liche Nutzfläche zu. In der Mitte des 19. Jh. führten Neuerungen in der Landnutzung zu einem Rückgang der ackerbaulich genutzten Fläche. Milchvieh wurde verstärkt im Dauergrünland gehalten. Heide- und Ödlandflächen wurden aufgeforstet. Heute säumen Wald und Wiesen den Belauer See. In der Umgebung wird auf einigen Schlägen Ackerbau getrieben.

Einträge in den See als Spiegel der Bodenerosion
Stoffeinträge in Seesedimente, die Bodenerosion im Einzugsgebiet belegen, können durch mikroskopische und geochemische Methoden nachgewiesen werden. Vor allem eingetragene gröbere Körner können in Dünnschliffpräparaten mithilfe optischer Mikroskopie sichtbar gemacht werden

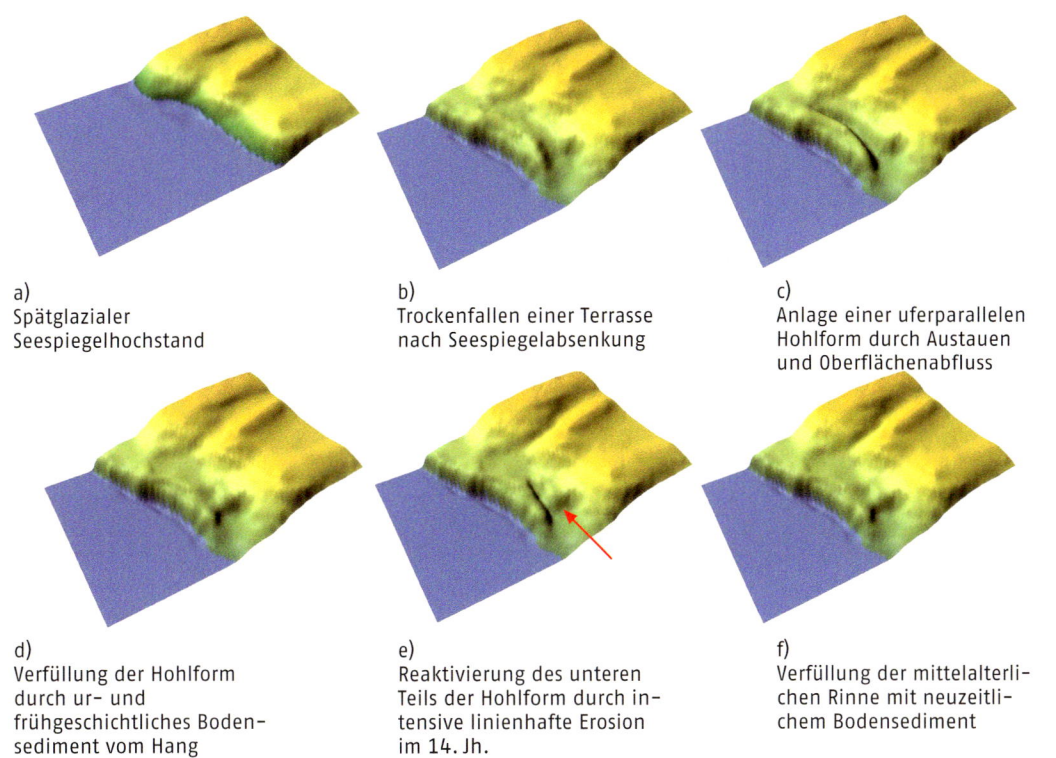

a)
Spätglazialer
Seespiegelhochstand

b)
Trockenfallen einer Terrasse
nach Seespiegelabsenkung

c)
Anlage einer uferparallelen
Hohlform durch Austauen
und Oberflächenabfluss

d)
Verfüllung der Hohlform
durch ur- und
frühgeschichtliches Bodensediment vom Hang

e)
Reaktivierung des unteren
Teils der Hohlform durch intensive linienhafte Erosion
im 14. Jh.

f)
Verfüllung der mittelalterlichen Rinne mit neuzeitli-
chem Bodensediment

Offenheit der Landschaft erklärt. Kolluvien und verfüllte Schluchten im Einzugsgebiet des Sees enthalten Informationen zur Landnutzungsgeschichte und insbesondere zum Ausmaß und zu den Wirkungen extremer Ereignisse und damit zu den kurzzeitig hohen Einträgen in den See (Dreibrodt 2005; Dreibrodt & Bork 2005).

Verschiedenartige Bodenerosionsprozesse erzeugten unterschiedliche Erosions- und Ablagerungsformen. In den Phasen ackerbaulicher Nutzung dominierte von schwach erosiven Starkniederschlägen ausgelöste flächenhafte Abtragung und Ablagerung. Mehrere Dezimeter mächtige Kolluvien sedimentierten allmählich. Wenige Starkniederschläge unterbrachen diese schleichenden Veränderungen. Sie führten jeweils für einige Stunden zu starkem, zusammenströmendem Abfluss, der Schluchten in die zuvor abgelagerten Kolluvien riss und unterhalb Schwemmfächer aufschüttete, sowie zu einem hohen Eintrag von Feststoffen in den Belauer See. So entstand, sehr wahrscheinlich während des tausendjährigen Niederschlags im Juli des Jahres 1342, am Ostufer des Belauer Sees (Abb. 115) eine 3 m tiefe, 10 m breite und etwa 120 m lange Schlucht (s. S. 115). Zeitgenössische Schriftquellen bezeugen die Witterungskatastrophe auch für das heutige Schleswig-Holstein (Kuss 1825).

Weitere Schluchten wurden am Westufer entdeckt. Gegen 1800 ermöglichte die Anlage einer Wallhecke mit Graben in der Tiefenlinie einer klei-

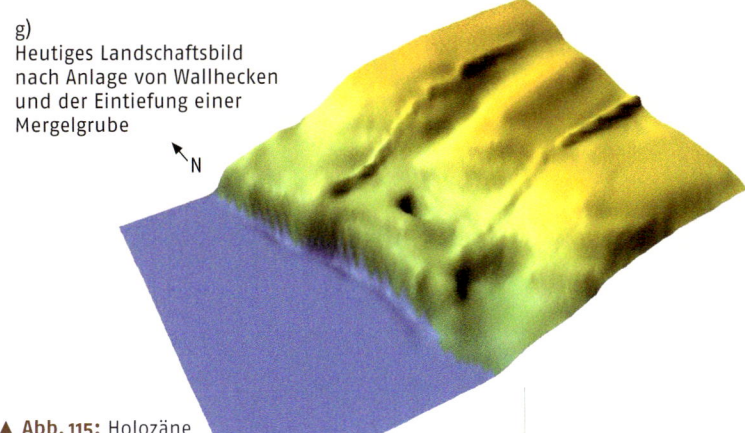

g)
Heutiges Landschaftsbild
nach Anlage von Wallhecken
und der Eintiefung einer
Mergelgrube

N

▲ **Abb. 115:** Holozäne
Reliefentwicklung am
Ostufer des Belauer Sees.

nen Delle die Einschneidung einer kleinen Schlucht. Schriftquellen liefern zahlreiche Hinweise auf ungewöhnlich ergiebige Niederschläge in jener Zeit (Kuss 1825). Die Ereignisse mit hohen Feststoffeinträgen in den See während der Vorrömischen Eisenzeit und das Einreißen einer tiefen Rinne am südlichen Westufer dokumentieren das Potenzial solcher Untersuchungen.

Jahreschronologien extremer Niederschlagsereignisse, wie sie für den Belauer See und seine Umgebung erarbeitet worden sind, können damit über Zeiträume mit großer Schriftquellendichte hinaus in die Vorgeschichte verlängert werden und endlich eine von Pfister und Brändli (1999) beklagte Forschungslücke füllen. Naturwissenschaftliche Jahreschronologien werden unser Wissen über das räumliche Ausmaß, das zeitliche Auftreten sowie die Ursachen und Folgen von Witterungsextremen in der Vergangenheit erheblich erweitern.

Die Blitze zuckten fürchterlich: folgenreiche Unwetter im Obereichsfeld

Karl Tilman Rost und Mathias Deutsch

„Die Berghänge sind nur zum Theil bewaldet; zum größten Theil dienen sie dem Ackerbau und sind von jenen tiefen unregelmäßigen, fast ganz baum = und strauchlosen, zu gewöhnlichen Zeiten trockenen Wasserrissen durchzogen, welche für das Eichsfeld, wie für die Vorberge des Harzes so charakteristisch sind. [...] Jeder heftige Gewitterregen vertieft die Wasserrisse, lässt in kleinerem Maßstab neue entstehen, spült von den Hängen werthvolle Ackerkrume ab und führt dem unteren Gelände mit den Wassermassen und Theilen werthvoller Ackerkrume große Mengen von Sand und Steinen zu. Die letzten gewitterreichen Jahre, von deren verderbenbringendem Einflusse für das Eichsfeld sich nur derjenige einen genügenden Begriff machen kann, welcher dies Bergland seit lange kennt und vergleichen kann, wie sehr sich, abgesehen von den in die Augen springenden Zerstörungen der Gebäude, Brücken, Wegen die Thalsohlen mit ihren Bachläufen verändert haben, haben auch die Ortslage Neuendorf wiederholt in Gefahr gebracht" (Wintzingerode 1891, S. 413).

Mit diesen Worten beschreibt der Landesdirektor Graf Wilko von Wintzingerode in einem mehrseitigen Beitrag über die Verbauung „landschaftscharakteristischer" Erosionskerben in der Feldflur der thüringischen Gemeinde Neuendorf (etwa 12 km nordöstlich von Heiligenstadt, Landkreis Eichsfeld) anschaulich die Auswirkungen bodenerosiver Prozesse auf die Landschaftsgestalt des Eichsfeldes gegen Ende des 19. Jh. Wie dem Text weiter zu entnehmen ist, hatten die zuständigen Staatsbehörden das Wesen der Abtragungsvorgänge erkannt; sie leiteten Gegenmaßnahmen in Form von Verbauungen sowie Aufforstungen ein. Dass solche Schritte in den damals zur preußischen Provinz Sachsen gehörenden Kreisen Mühlhausen, Heiligenstadt und Worbis dringend notwendig waren, belegen zahlreiche historische Berichte. Seit der Mitte des 18. Jh. ist für das Eichsfeld eine auffällige Zunahme von Meldungen über die Bodenerosion infolge schwerer Unwetter nachweisbar.

Eine erste Analyse der historischen Bodenerosion im niedersächsischen Untereichsfeld hat Lena

Hempel (1957) anhand einzelner Schriftquellen und heute noch im Relief sichtbarer Erosionsformen vorgenommen. Später widmete sich Hans-Rudolf Bork (1983, 1988) während seiner Arbeiten zur holozänen Relief- und Bodenentwicklung im Untereichsfeld vor allem der quantitativen Erfassung und Analyse der mittelalterlichen und neuzeitlichen Bodenerosion. Er konnte, neben einer extremen Zerschneidungsphase im 14. Jh., auch eine sekundäre neuzeitliche Zerschneidungsphase feststellen. Sie konzentriert sich im Wesentlichen auf den Zeitraum 1744 bis 1792 (Bork 1983, S. 59). Auslöser der verstärkten linienhaften Bodenerosion und Abspülung auf den Hängen waren in beiden Phasen extreme Starkniederschläge.

Im Rahmen interdisziplinärer Forschungen der Arbeitsgruppe „Historische Hochwasser/Historischer Hochwasserschutz" konnten in den letzten zehn Jahren an den Universitäten Erfurt und Göttingen auch umfangreiche Quellen zu historischen Unwetterereignissen in Thüringen (ca. 1650 bis 1950) ausgewertet werden (Deutsch & Pörtge 1996 u. a.). Ein Großteil des Materials stammt aus dem thüringischen Eichsfeld, wodurch ein überregionaler Vergleich mit den Untersuchungen von Hempel (1957) und Bork (1983) im niedersächsischen Untereichsfeld möglich wurde. Bei den erfassten Quellen handelt es sich um handschriftliche und gedruckte Berichte, um Karten, historische Fotos und Hochwassermarken (u. a. Deutsch 1997/98). Sie werden ergänzt durch Beiträge in der Regionalliteratur (u. a. Goldmann 1906, 1926). Genaue Unwetterangaben sind vor allem in den Schilderungen von Augenzeugen zu finden. Sie informieren über den Zeitpunkt, die Dauer und den Verlauf der jeweiligen Ereignisse und enthalten häufig Beschreibungen zum Ausmaß der Flur-, Sach- und Personenschäden. Sofern eine breite, gesicherte Quellenbasis vorhanden ist, wird die ungefähre Abschätzung des räumlichen Wirkungsgrades eines Unwetters möglich. Ferner liegen seit Ende des 18. Jh. viele amtliche Rapporte sowie Zeitungsmeldungen u. a. mit „Aufrufen zur Wohlthätigkeit" vor (Abb. 116). Indem sie die Geschehnisse aus Sicht der Lokalbehörden und der Presse schildern, eröffnen sich interessante Einblicke in die Wahrnehmung von Natur- und Umweltkatastrophen. Insgesamt gesehen liefern damit die Quellen zu Unwettern im thüringischen Eichsfeld aufschlussreiche qualitative Aussagen zu den Wechselwirkungen zwischen Mensch und Umwelt.

Überschaut man die Befunde aus dem thüringischen Eichsfeld ab etwa 1800 bis um 1950, so fällt auf, dass sich die Angaben über schwere Unwetter zwischen 1839 und 1926 häufen. Mit Blick auf das 19. Jh. ist das insofern interessant, da für die Jahre 1800 bis 1838 weder in den Schriftquellen noch in der Sekundärliteratur Hinweise auf herausragende katastrophale Ereignisse gefunden werden konnten. Die Auswertung zeitgenössischer Quellentexte ergab, dass es sich bei allen Unwettern um schwere Gewitter mit Starkregen und Hagelschlag handelte. Sie konzentrierten sich erwartungsgemäß auf die Monate April bis September und führten in den oberen Einzugsgebieten von Hahle, Leine, Wipper, Frieda und Unstrut zu verheerenden Überschwemmungen. Auf den ackerbaulich genutzten Hängen trat während bzw. kurz nach den Starkniederschlägen erheblicher Bodenabtrag auf. Immer wieder sind Klagen zu finden, dass das „tragbahre Land" von den Äckern fortgerissen sei und zugleich „tiefer liegende Felder mit Steinen u. Sand bedeckt" wurden (Vockrodt o. J.). Nach den Ereignissen waren die Lokalverwaltungen verpflichtet, den preußischen Steuerbehörden alle Unwetterschäden bzw. Verluste zu melden (u.a. Mühlhäuser Kreisblatt 1849). Die dazugehörige namentliche Auflistung der Betroffenen sowie der Schäden sowohl an Gebäuden als auch in der Flur wurde benötigt, um später die Höhe der finanziellen Zuwendungen aus privaten bzw. öffentlichen Hilfs- oder Spendenfonds zu ermitteln. Ferner dienten sie auch zur Festlegung steuerlicher Vergütungen. Solche Auflistungen ermöglichen noch heute eine Rekonstruktion des räumlichen Ausmaßes der Schäden.

Zu besonders schweren Unwettern mit erheblichen Sachschäden und Verlusten kam es im Ober- und Untereichsfeld sowie im südlich angrenzenden Raum Mühlhausen u.a. in den Jahren 1841, 1852, 1872, 1906 und 1926 (Abb. 117). Stellvertretend soll hier das verheerende Ereignis vom 26. Mai 1852 vorgestellt werden. In Anlehnung an die katastrophale „Thüringische Sintflut" Ende Mai 1613 (Militzer & Glaser 1994; Deutsch & Pörtge 2003) wird es als „Zweite Sintflut des Eichsfeldes" bezeichnet (Goldmann 1926, S. 39). Am späten Nachmittag des 26. Mai 1852 zog aus Süden und Westen ein Unwetter auf. Von Hagelschlag und starken Windböen begleitet, entlud es sich über dem oberen Einzugsgebiet der Unstrut (Kreis Mühlhausen) sowie über den Eichsfeldkreisen Heiligenstadt und Worbis. Da auch noch andere Gebiete im Nordosten des preußischen Regierungsbezirks Erfurt Schäden meldeten, schätzte man die vom Unwetter betroffene Gesamtfläche später auf ca. 15 Quadratmeilen mit 85 Ortschaften und fast 80 000 Einwohnern (Mühlhäuser Kreisblatt 1852b, S. 394). Zum Witterungsverlauf vor dem Ereignis sowie zur Niederschlagsmenge am 26. Mai 1852 heißt es:

„Nach ungewöhnlicher Kälte im Monat April trat im Mai ziemlich plötzlich warme Temperatur ein, in der Mitte dieses Monats erreichte die Hitze selbst in den hoch gelegenen Gegenden 24 °R[eaumur] [ca. 30 °C] im Schatten. Dabei stellten sich

Mühlhäuser Kreisblatt.

№ 49.
Den 19. Juni
Redacteur und Verleger:
G. Denner.
1852.

Bekanntmachungen.
Aufruf zur Wohlthätigkeit.

Die öffentlichen Blätter haben bereits Kunde gebracht von den Verheerungen, welche ein mit Wolkenbruch und Hagelschlag verbundenes Gewitter in den Kreisen Mühlhausen und Heiligenstadt, zu denen die ärmsten Districte des Eichsfeldes gehören, am 26. v. M. angerichtet hat.

Noch läßt sich der Umfang der Beschädigungen, mit deren specieller Feststellung die Behörden eifrig beschäftigt sind, nicht ganz genau übersehen.

Leider aber ist es schon nach den jetzt vorliegenden amtlichen Berichten gewiß, daß das Unglück über alle Erwartung groß ist. Im Kreise Mühlhausen allein sind in 25 Ortschaften die Wintersaaten durch Hagelschlag ganz oder theilweise vernichtet, die Bäume stehen des Laubes und der Früchte beraubt, die Wiesen sind an vielen Orten mit Schlamm überdeckt, und damit die Hoffnungen auf eine nahe reiche Heu-Ernte verschwunden. Von vielen abhängig gelegenen Feldern ist das tragbare Erdreich abgeschwemmt, die tiefer liegenden Felder sind mit Sand und Steinen so überdeckt, daß jahrelange Mühe und Arbeit erfordert wird, um diese Flächen wieder culturfähig zu machen. In neun von dem Landrathe bereits besichtigten Ortschaften sind über 100 Wohnhäuser, eine noch größere Zahl von Wirthschaftsgebäuden und 3 Mühlen eingestürzt oder doch in ganz unbrauchbaren Zustand versetzt. Daneben haben diese armen Landbewohner vieles Mobiliar und eine große Zahl kleines Vieh verloren. Ein gleiches, theilweise ein noch traurigeres Bild der Verwüstung und Zerstörung bieten viele Ortschaften des Kreises Heiligenstadt dar.

In Dingelstedt allein sind 5 Wohnhäuser und 5 Scheunen von der Erde weggerissen. Leider ist auch der Verlust von Menschenleben zu beklagen. In den Dörfern Großgrabe, Ammern, Helmsdorf, Zella und Küllstedt sind 13, in Dingelstedt 5 Menschen in den Fluthen umgekommen, viele andere werden noch vermißt.

Die armen hartbedrängten Gemeinden, die kaum die Folgen des Mangels im letzten Winter überwunden haben, sind ohne Hülfe von außen ganz außer Stande, die drückendste Noth der nächsten Zukunft und des kommenden Winters von ihren Angehörigen abzuwenden, noch weniger ihre sonstigen schweren Verluste einigermaßen zu ersetzen. Die Hülfe der benachbarten Gemeinden und Kreise, welche selbst, wenn auch in geringerem Grade, von Hagel oder Wasserfluthen betrof-

fast täglich zum Theil sehr heftige Gewitter ein, die jedoch keineswegs eine Abkühlung der Luft herbeiführten. […] Bisher waren die Gewitter, ungeachtet ihrer Heftigkeit, ohne erhebliche Beschädigungen anzurichten, vorübergegangen, bis das am 26. v.[origen] M.[onats] eintrat. Das Eichsfeld erreichte dasselbe am Nachmittag zwischen 4 und 6 Uhr von Westen und Süden her. […] Hagel und Regen, von einem furchtbaren Orkan begleitet, stürzten in einer in jenen Gegenden, so weit die Nachrichten reichen, nie vorgekommenen Menge vom Himmel herab; es fielen nach den angestellten Beobachtungen 17 Pariser Linien [38,42 mm] auf den Quadratzoll [6,84 cm²] oder etwa 10 000 Hauseimer auf den Morgen [2553 m²]; der Hagel bedeckte kleinen Hügeln gleich die Erde; an Stellen wo das Wasser seinen Abfluß nahm, ist es in der Zeit von 5 Minuten theilweise um 15 bis 18 Fuß [4,70 m bis 5,64 m] gestiegen" (ebd.).

Die starken Niederschläge verursachten u.a. an der oberen Unstrut und ihren Zuflüssen katastro-

▲ **Abb. 116:** Aus dem Aufruf des Oberpräsidenten der preußischen Provinz Sachsen, von Witzleben, zur Unterstützung der Unwetteropfer vom 26. Mai 1852 (Quelle: Stadtarchiv Mühlhausen, Mühlhäuser Kreisblatt 1852a, S. 381).

Datum	Ereignis	Quelle
6./7. Sept. 1829	Anhaltender Regen mit Überschwemmungen an Unstrut, Werra und Luhne, Bodenerosion	Goldmann (1926)
4. Juni 1839	Unwetter, u.a. bei Worbis schwere Überschwemmungen	Türich (1928)
23. Juli 1841	Wolkenbruch im Raum Bickenriede/Dörna verbunden mit Bodenerosion an den Hängen in der Flur	Goldmann (1926)
25. April 1845	Unwetter im Obereichsfeld, viele Täler wurden mit Steinen und Schlamm bedeckt	Berichte (1844/47)
26. Mai 1852	Schweres Unwetter, Überschwemmungen, katastrophale Schäden in der Landwirtschaft, starker Bodenabtrag an den Hängen im Eichsfeld	Goldmann (1926), Berichte (1852/58) etc.
22.Juni 1853	Unwetter mit bedeutenden landwirtschaftl. Schäden	Vockrodt (o. J.)
Sommer 1855	Sehr viele Gewitter im Eichsfeld	Goldmann (1926)
4. Juni 1856	Wolkenbruch im Raum Bickenriede, Bodenerosion	Goldmann (1926)
12./ 13. Mai 1860	Unwetter, bedeutende Schäden im Obereichsfeld, Bodenerosion an den Hängen	Berichte (1858/66), Goldmann (1926)
10. Juni 1864	Schweres Unwetter im Südosten des Eichsfeldes mit Sturm und Hagelschlag, starke Bodenerosion	Goldmann (1926)
21. Mai 1872	Starkes Unwetter im oberen Unstruttal	Goldmann (1906)
17. Juni 1872	Schweres Unwetter im Unstruttal bei Dingelstädt	Goldmann (1906)
1./2. Juni 1886	Schweres Unwetter, Überschwemmungen, bedeutende Schäden und Verluste	Goldmann (1926), Türich (1928)
10. August 1886	Unwetter und Hochwasser	Goldmann (1926)
21. Mai 1890	Unwetter im Ohmgebirge, Hochwasser in Worbis	Türich (1928)
4. Sept. 1902	Unwetter mit Starkregen und Hagelschlag bei Dingelstädt	Schaefer (1926)
11. Juli 1906	Schweres Unwetter im Eichsfeld, Hochwasser, starke Bodenerosion im oberen Unstruttal	Mühlhäuser Zeitung (1906), Goldmann (1906)
9. Sept. 1909	Schweres Gewitter im Raum Leinefelde/Heiligenstadt	Goldmann (1926)
5. Juni 1913	Schweres Unwetter im Raum Kella	Burchart (1936)
7./ 8. Juli 1926	Unwetter in den Abendstunden des 7. und 8. Juli, katastrophale Schäden u. a. auf den Wiesen und Äckern	Türich (1926), Mühlhäuser Anzeiger (1926)

▲ **Abb. 117:** Verheerende Unwetter mit Starkregen und Überschwemmungen im Eichsfeld (1829 bis 1926).

phale Überschwemmungen (o. A. 1852; Schaefer 1926, S. 109). Nach amtlichen Mitteilungen starben im Raum Dingelstädt 11 Menschen und in der Nähe des Dingelstädter Pfingstrasens ertranken etwa 650 Schafe (Berichte 1852/58). Verheerend wirkte sich das Hochwasser der Unstrut auch flussabwärts aus. Zahlreiche Brücken, Stege, Mühlen und Wohngebäude wurden völlig zerstört (o. A. 1852; Klingebiel 1909, S. 140; Goldmann 1926, S. 40). Allein in der kleinen Ortschaft Helmsdorf hatten die Fluten 3 Häuser, 34 Scheunen und 56 Ställe bzw. Schuppen „theils niedergerissen, theils unterwaschen" (Berichte 1852/58). Der Gesamtschaden für das Obereichsfeld wurde auf 800 000 Taler geschätzt (Goldmann 1926, S. 42). Ebenso verheerend wie die Überschwemmungen in den Auen müssen im Mai 1852 aber auch die Schäden für die Landwirtschaft durch Hagelschlag und Bodenerosion gewesen sein. Das verdeutlichen die folgenden Zitate:

„In wenigen Minuten waren kleine Bäche, ja sogar trockene Schluchten in reißende Ströme verwandelt, die alles auf ihren Wegen befindliche, selbst Häuser, die stärksten Bäume und Steinmassen mit unwiderstehlicher Gewalt mit sich fortrissen; die Saaten auf den Feldern waren vernichtet; die Bäume nicht nur der ansetzenden Früchte und Blüthen, sondern sogar der Blätter beraubt; die tragfähige Erde war von den Höhen herabgeschwemmt, so daß der nackte Fels zu Tage lag, während alle tiefer gelegenen Punkte mit Steingeröll, Felstrümmern und Schlamm zum Theil fußhoch [ca. 31 cm] bedeckt wurden. [...] Man kann annehmen, daß auf 9550 Aeckern [in der Feldflur der Stadt Mühlhausen] die jungen Pflanzen ganz zerstört sind, auf 2500 höchstens eine halbe Ernte geblieben, und ferner 600 Acker Wiesen und Grasgärten so verschwemmt sind, daß sie im laufenden Jahre gar keinen Ertrag gewähren werden" (Mühlhäuser Kreisblatt 1852b, S. 394).

Weiter wird zum Quellgebiet der Frieda, einem Nebenfluss der Werra, berichtet: „Ueberall ist die Saat vom Hagel niedergeschlagen oder vom Wasser niedergeschwemmt, dick mit Schlamm und Steingeröll bedeckt, die Wiesen durch Schlamm und ungeheure Felsengeschiebe so zerstört, daß auf Jahre hin an einen Ertrag nicht zu denken ist; von den meist erst mit Hülfe der Unterstützungsgelder beschafften Saatkartoffeln ist keine Spur mehr zu sehen [...]" (ebd., S. 396).

Der Verlust der Kartoffelernte bedeutete für die armen Eichsfelder Bauern und ihre Familien Hunger und Not, da sie bereits im Vorjahr (1851) erhebliche Ertragsausfälle hinnehmen und nun erneut auf staatliche Hilfe hoffen mussten. Angesichts dieser Situation und der enormen Unwetterschäden erschienen in vielen Zeitungen Spendenaufrufe (s. Abb. 116). Darüber hinaus wurde den Unwetteropfern Steuererlass gewährt (Goldmann 1926).

Insgesamt zeigt die bisherige Auswertung der Quellen, dass zwischen 1650 und 1950 schwere Unwetter im thüringischen Eichsfeld zu fast allen Zeiten in unregelmäßigen Abständen auftraten. Für die Jahre 1800 bis 1829 konnten hingegen keine Hinweise auf stärkere Ereignisse gefunden werden. Die Aussage von Bork (1983, S. 59), dass seit Mitte des 19. Jh. für das niedersächsische (Unter-)Eichsfeld wieder vermehrt Unwetter- bzw. Schadenmeldungen vorliegen, findet auch in den Quellen zum Unwettergeschehen im thüringischen Ober- und Untereichsfeld Bestätigung (Abb. 117). Nicht nachvollziehbar ist aber die Feststellung, dass es sich dabei überwiegend um schwächere Starkregen als bei den Unwettern zwischen 1744 und 1792 gehandelt haben soll (Bork 1983, S. 59). Vielmehr müssen laut den thüringischen Quellenbefunden vor allem die Unwetter vom Juni 1841, Mai 1852, Juni 1864, Juli 1906 und Juli 1926 als außergewöhnlich und in ihrer Schadwirkung katastrophal bezeichnet werden. Ein möglicher Grund für die in der 2. Hälfte des 19. Jh. im Vergleich zum 18. Jh. vermindert abgelaufene linienhafte Bodenerosion könnten die von staatlicher Seite eingeleiteten Erosionsschutzmaßnahmen sein (Wintzingerode 1891). Die Arbeiten umfassten zum einen die Anlage von Flutgräben und die planmäßige Verbauung der Erosionsrinnen. Zum anderen gehörten dazu aber auch die im Obereichsfeld im Rahmen des sogenannten „Eichsfeldfonds" durchgeführten Aufforstungen.

Die durch bodenerosive Vorgänge entstandenen und noch Ende des 19. Jh. als charakteristische Landschaftselemente des Eichsfelds bezeichneten morphologischen Kleinformen wurden im Verlauf der weiteren intensiven agrarischen Flächennutzung Schritt für Schritt verwischt. Nur wenn infolge bodenerosiver Zerstörung einzelne Ackerflächen aufgegeben und aufgeforstet wurden, sind die Erosionsrisse und -gräben heute noch unter Wald gut erkennbar.

Das Sturmhochwasser der Ostsee im Jahr 1872

Christian Russok und Hans-Rudolf Bork

Sturmfluten, die von Stürmen während der Tidenhochwässer erzeugt werden, prägen die Entwicklung der deutschen Nordseeküste. Weniger bekannt und seltener, jedoch ähnlich wirksam sind Sturmhochwässer an der deutschen Ostseeküste. Aufgrund der unbedeutenden Tide erzeugen Stürme in der intrakontinentalen Ostsee lediglich Sturm-

▲ **Abb. 118:** Blick vom Versuchsgut Lindhof in die Eckernförder Bucht (Schleswig-Holstein).

hochwässer und keine Sturmfluten. Gleichwohl haben lange Verweilzeiten, das oft überraschende Einsetzen und der nur schwer einschätzbare Verlauf gefährliche Sturmhochwässer an der glazial geprägten schleswigschen Fördenküste zur Folge. Die hohe Energie der auflaufenden Wassermassen und der Brandungsbrecher eines Sturmhochwassers setzen intensive geomorphodynamische Prozesse in Gang. Topographische Besonderheiten beeinflussen die Intensität der Strömung und die Sturmwirkung. In den glazial geprägten Rinnen und Förden der schleswigschen Küste wird die Strömungsgeschwindigkeit kanalisiert, sodass beträchtliche Stromgeschwindigkeiten auftreten können (Duphorn et al. 1995; Kuratorium für Forschung im Küsteningenieurwesen 2003).

„Wie wenn die Hölle losgelassen …"

So traf in der Nacht vom 13. auf den 14. November 1872 ein Sturmhochwasser unvermutet die Bewohner der westlichen Ostseeküste. Die Stadt Eckernförde und die weit nach Nordosten geöffnete Eckernförder Bucht waren in der Vergangenheit schon häufiger von Sturmhochwässern heimgesucht worden (Abb. 118). Seit Jahrhunderten war jedoch keine Katastrophe, die derjenigen des November 1872 glich, an der schleswigschen Ostseeküste beobachtet worden (Kiecksee 1972).

Die kaum über dem Niveau der Ostsee gelegene Stadt Eckernförde war dem Sturm schutzlos preisgegeben; sie erlitt im Verlauf der Sturmnacht schwerste Schäden (Abb. 119). „Seit 4 Uhr morgens stieg das Wasser unablässig. Als es um 8 Uhr plötzlich zurückging, war das nur eine vorübergehende Erscheinung, weil der Damm, der zwischen dem Hafen und dem Windebyer Noor verlief, gebrochen war. Er bildete den Verkehrsweg von Eckernförde nach Norden. Das vor der Stadt aufgestaute

▲ **Abb. 119:** „Erinnerung an das Sturmhochwasser" (Foto der Mühlenstraße und des Jungfernstieges in Eckernförde, Schleswig-Holstein; Stadt Eckernförde 1997).

▼ **Abb. 120:** Blockbild des untersuchten Landschaftsausschnitts im Süden der Eckernförder Bucht (Schleswig-Holstein).

Wasser strömte nun mit aller Kraft ins Noor, zerstörte dabei den Damm restlos und riß Boote und Netze mit sich. Auch ein Stück der Kaimauer versackte. Als der Ausgleich geschaffen war, stieg das Wasser von neuem und beschädigte nun auch die von Kiel her verlaufende niedrige Straße mehrfach. Dadurch wurde jede Verbindung mit Eckernförde unterbrochen. In der überfluteten Stadt kämpften Boote mit den Wellen. Jeder versuchte, sich in Sicherheit zu bringen. Bis 16 Uhr dauerte das Toben der entfesselten Elemente. Das Wasser erreichte eine Höhe von 12 Fuß über dem Normalwasserstand (NN +3,76 m). Dann erst begann es zu fallen. [...] Die Gaszufuhr von Kiel war unterbrochen. In den Straßen waren Berge von Sand, Schlick und Seetang, vermischt mit allen möglichen Trümmern, aufgeschichtet" (Kiecksee 1972, S. 40 f.).

Am 16. und am 20. November 1872 beschrieb die Eckernförder Zeitung die Katastrophe: „Die Schiffbrücke lag voll von Balken und Brettern. [...] Auf dem Holzlager war Alles durcheinander geworfen, ein Schuppen völlig verschwunden. [...] Längs dem Jungfernstieg war der Anblick schrecklich. Fast alle Häuser hatten gelitten, viele sehr stark, eine bedeutende Zahl war völlig zerstört. Von mehreren sah man nur noch einen Haufen Steine; das Dach war fortgerissen. Andere waren wie wegrasiert; noch andere standen mit dem Fachwerk auf; wieder andere hatten so viele Tafeln aus der Wand verloren, daß eine Reparatur nicht mehr möglich schien. Und dazwischen und daneben die Trümmer von Hausgeräth, von Holzwerk und Kleidern."

Die Wirkung der Wetterlage auf die Wasserstände am 13./14. November 1872

Rasch über die Ostsee wandernde Stürme können erhebliche Wasserstandsschwankungen mit charakteristischen Eigenschwingungen und stehenden Wellen (Seiches) auslösen. Im November des Jahres 1872 folgte ein Tiefdruckgebiet der von Meteorologen mit Vb bezeichneten Zugbahn vom östlichen Mittelmeerraum über Ungarn nach Südost-Polen. Hochdruckgebiete über Nordeuropa bewirkten ein starkes nord-südliches Luftdruckgefälle über der westlichen Ostsee und damit einen Nordoststurm (Klug 1986; Kuratorium für Forschung im Küsteningenieurwesen 2003). Über See herrschten über mehrere Stunden Windstärken von 9 bis 12. Die Wellen erreichten Höhen von etwa 5,5 bis 7 m. Nach Kiecksee (1972) lastete eine morphodynamische Kraft von mehr als 25 Tonnen auf einem Quadratmeter Küste.

Eine Sturmstrandwallsequenz im Süden der Eckernförder Bucht

Im November 1872 führte der Trichtereffekt des Nordoststurms in der zur Brandungsrichtung geöffneten Eckernförder Bucht zu den beschriebenen starken Schäden. Welche Wirkungen hatte das Sturmhochwasser auf Abrasion und Sedimentation? Sind die morphologischen Auswirkungen dieses Sturmhochwassers und weiterer Ereignisse heute noch nachweisbar? An der südlichen Kliffküste der Eckernförder Bucht wurde eine Strandwallsequenz untersucht (Abb. 120). Im Aufschluss wechselt in einer Strandwallsequenz eine chaotische Lagerung mit einer auffälligen, dachziegelartigen Schrägschichtung aus lockeren, groben Sedimenten, die auf ein Sturmhochwasser zurückzuführen ist (Abb. 121; Duphorn et al. 1995; Füchtbauer 1988). Die Lage der schräg geschichteten Sedimente und ihre Nähe zur rezenten Geländeoberfläche sowie das Ausmaß der postsedimentären Bodenbildung lassen auf ein Sturmhochwasserereignis im

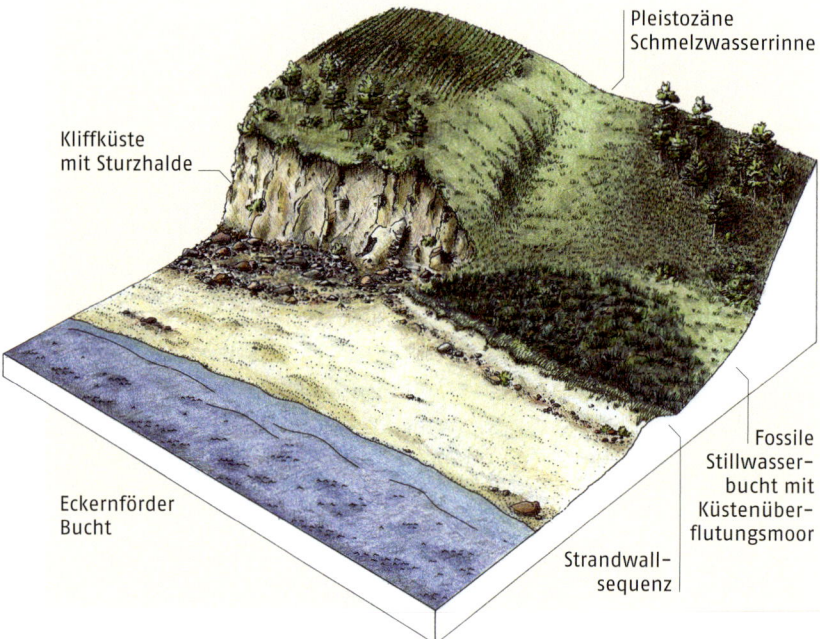

Pleistozäne Schmelzwasserrinne

Kliffküste mit Sturzhalde

Eckernförder Bucht

Strandwallsequenz

Fossile Stillwasserbucht mit Küstenüberflutungsmoor

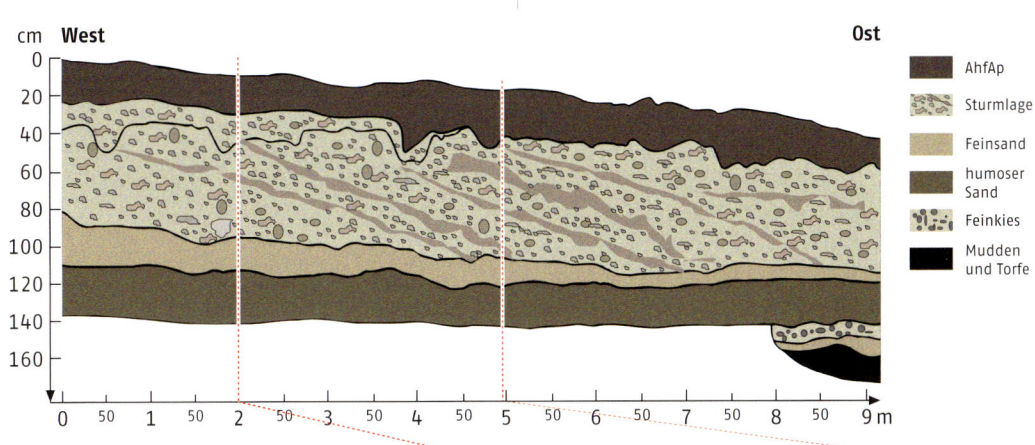

◄ **Abb. 121:** Ein Sturm-
strandwall im Aufschluss
am Versuchsgut Lindhof
bei Eckernförde (Schles-
wig-Holstein).

19. oder frühen 20. Jh. schließen. Möglicherweise sedimentierte dieser aus schräg geschichteten sandreichen Brandungsgeröllen bestehende Teil der mehrphasigen Strandwallsequenz im November 1872.

Die Schwemmwiesen Albrecht Daniel Thaers bei Möglin (Ostbrandenburg)

Claus Dalchow, Hans-Rudolf Bork, Martin Frielinghaus und Christian Russok

> „Da die Oberfläche des rohen Bodens mit dem Modder aus dem Luche befahren ward, so bewirkte die Bewässerung einen solchen Graswuchs, dass schon in den Jahren 1809 und 1810 dreißig vierspännige Fuder Heu von dieser Wiese geerntet"
>
> *(Thaer 1815, S. 54).*

Wenn das Vieh Futternot litt, traf das Ungemach auch die Äcker, da für sie weniger Dung anfiel. Ertragreiche Wiesen konnten damit nicht nur die Futterbereitstellung erhöhen, sondern auch die Ernten verbessern. Die Wiese galt als „Mutter des Ackerlandes".

Heuernten ließen sich durch sachgerechte Bewässerung erheblich steigern. Die Berieselung verlangte neben einem ausgeklügelten Grabensystem zur Zu- und Ableitung des Wassers auch Wiesenflächen mit ausgeglichenen Oberflächen und geringer Neigung. Den zu berieselnden oder zu bewässernden Wiesen fehlten allerdings von Natur aus oft die erforderlichen Oberflächeneigenschaften. Unebenheiten, vornehmlich Altarme und Uferwälle mäandrierender Gerinne, aber auch von benachbarten Ackerflächen erodiertes und in der Aue ungleichmäßig abgelagertes Bodenmaterial erforderten ausgleichende Erdbewegungen.

Die Anlage und der Betrieb von Bewässerungswiesen waren im 18. Jh. im Lüneburgischen schon lange verbreitet. Dennoch schien das Verfahren verbesserungswürdig und einer weiteren Verbreitung würdig, wie die Auslobung einer Preisaufgabe am Ende des 18. Jh. durch die Königlich-Churfürstliche Landwirthschafts-Gesellschaft im Hannoverschen Magazin zeigt. Im Jahre 1800 konnte Albrecht Daniel Thaer, der international renommierte landwirtschaftliche Praktiker und zugleich ein Begründer der Agrarwissenschaften in Deutschland, gemeinsam mit J. C. Beneke die gekrönte Preisschrift des Gewinners J. F. Meyer in seinen „Annalen der Niedersächsischen Landwirthschaft" veröffentlichen. Thaer mutmaßte im dortigen Vorwort, das einst durch Zufall entdeckt wurde, wie die „Ebnung und Vergrößerung der Wiese besser vermöge der Kraft des Wassers, als durch Abkarren geschehen konnte" (Thaer 1800, S. III).

Meyers siegreiche Schrift „Ueber die Anlage der Bewässerungs-Wiesen, sowohl derjenigen, welche durchs Schwemmen hervorgebracht werden, als solcher, deren ebene Fläche von Natur schon vorhanden ist", beschreibt für die Wiesen an der Meisse in der Amtsvogtei Bergen das Wiesenschwemmen. „Es wird dazu ein Fluß oder Bach erfordert, der ein nicht gar zu geringes Gefälle von Natur besitzt oder einen zweckmäßigen Stau zulässt; der ferner einen Bruch, eine Sinke, ein Moor

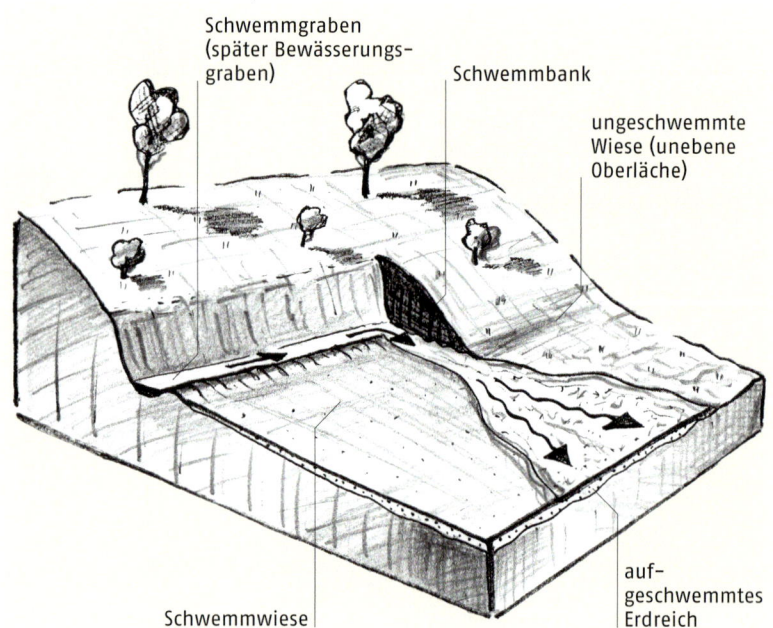

Schwemmgraben
(später Bewässerungs-
graben)

Schwemmbank

ungeschwemmte
Wiese (unebene
Oberfläche)

Schwemmwiese

auf-
geschwemmtes
Erdreich

▲ **Abb. 122:** Prinzipskizze des Wiesenschwemmens wie bei Meyer (1800) beschrieben.

zur Seite hat, und weiter landeinwärts durch sandige Ufer, Anhöhen und Berge eingeschlossen wird" (Meyer 1800, S. 7). In die randlichen Höhen wird der Schwemmgraben sukzessive hineingeführt, wobei an der fortrückenden Arbeitskante, der Schwemmbank, Erdreich gelöst und, ggf. unter weiterer Zerkleinerung mit einem Rühreisen, in die Wiese geschwemmt wird (Abb. 122). Dort können Ausdehnung und Position der einzelnen Schwemmlagen über Faschinen gesteuert werden. „Durch das Schwemmen erhält man, ohne weiteres Zutun, eine ebene, etwas abhängige Lage des Wiesenbodens, und diese Lage schickt sich am besten zur Bewässerung." (Meyer 1800, S. 18).

Neben der Verbreiterung der Wiesenfläche und der Schaffung der gewünschten Neigungsverhältnisse bietet das Schwemmen nach Meyer, wie von Thaer im Vorwort hervorgehoben, überdies eine Arbeitsersparnis: „Ohne Übertreibung darf ich behaupten, dass bey hinlänglichem Wasser 4 Mann durch das Schwemmen mehr leisten, als 12 derselben mit der Karre" (Thaer 1800, S. 18 f.). Wenn umgehend humusreiches Material aufgebracht und eingearbeitet sowie Samen ausgestreut werden, ist spätestens im vierten Jahre eine vollständige Heuernte zu erwarten. Nach der betriebswirtschaftlichen Kalkulation Meyers würden sich in 20 Jahren die bewässerten Schwemmwiesen „durch ihren Ertrag [...] völlig freiarbeiten" (Meyer 1800, S. 106).

Bei der späteren regelmäßigen Wiesennutzung findet der Schwemmgraben Verwendung zur Zuleitung des Bewässerungswassers, während ein Mittelgraben das Wasser geregelt ableitet. Zur Projektierung des Schwemmens gehört die Abschätzung

des verfügbaren Wassers, welches oberhalb des zu behandelnden Auensegments angestaut werden kann, sowie eine Kalkulation der zu verlagernden Erdmassen, indem „durch Pfähle, nach der Wasserwaage eingeschlagen, bezeichnet würde, wie weit man zur Seite in die Anhöhen eindringen könne und müsse, um die zur Ausfüllung der Sinken oder Thäler erforderliche Erde zu erhalten" (Meyer 1800, S. 37).

Basierend auf dem ausgeführten Kenntnisstand zuzüglich persönlicher Erfahrungen und Beobachtungen griff Thaer einige Jahre später, um 1806, auf seinem wiesenlosen, westlich des Oderbruchs am Ostrand der Barnimplatte gelegenen Gut Möglin die Gelegenheit auf, „durch Abschwemmung der Höhe in ein daneben liegendes morastiges, von einem Fließ gebildetes Luch, eine Berieselungswiese, auf die im Lüneburgischen und Bremischen bekannte Art, zu bilden [...]" (Thaer 1815, S. 53). Er wollte damit die in Preußen offenbar noch wenig geläufige, aber nach seiner Einschätzung dort ebenso viel versprechend anzuwendende Methode beispielhaft vorstellen. Nach Thaers Auffassung hatte Preußen das Potenzial zur Schaffung von 50 000 Hektar Schwemmwiesen.

Nach Quellenlage wurde auf 27 Morgen Land in der Aue der Büchnitz südlich von Möglin (Abb. 123) mit hervorragendem Resultat geschwemmt: „Da die Oberfläche des rohen Bodens mit dem Modder aus dem Luche befahren ward, so bewirkte die Bewässerung einen solchen Graswuchs, dass schon in den Jahren 1809 und 1810 dreißig vierspännige Fuder Heu von dieser Wiese geerntet wurden" (Thaer 1815, S. 54). Schon vorher hatte er den Erfolg des Projektes finanziell bewertet (Thaer 1810). Er kalkulierte, mit einem Aufwand von 1000 Talern Schwemmwiesen im Wert von 10 000 Talern geschaffen zu haben.

So gut zeitgenössische Dokumente Zeitraum, Ort und Erfolg des Vorhabens nachweisen, so wenig teilen sie zur Durchführung selbst mit. Die projektierten Gräben (Abb. 124), die Lage des Stauteiches westlich der Straße nach Reichenow, der kartierte Ausgangszustand sowie der Bezug auf „die im Lüneburgischen und Bremischen bekannte Art" lassen Analogien erwarten.

Einige Flanken der Büchnitzaue südlich Möglins könnten Teil eines Schwemmwiesenexperiments sein, das Albrecht Daniel Thaer hier um das Jahr 1806 durchführte. Eine kleine Probegrabung im Herbst 2003 offenbarte eine vielversprechende komplexe Folge aufgeschwemmter und anderweitig aufgetragener Substrate (Dalchow et al. 2004, S. 14). Im Oktober 2004 wurden zwei Aufschlüsse beiderseits der Büchnitz östlich der von Möglin nach Batzlow führenden Straße quer zum Verlauf des Vorfluters angelegt (Abb. 125 – 128).

▶ **Abb. 123:** Karte von 1808 mit Lage der Grabungsprofile bei Möglin (Ostbrandenburg).

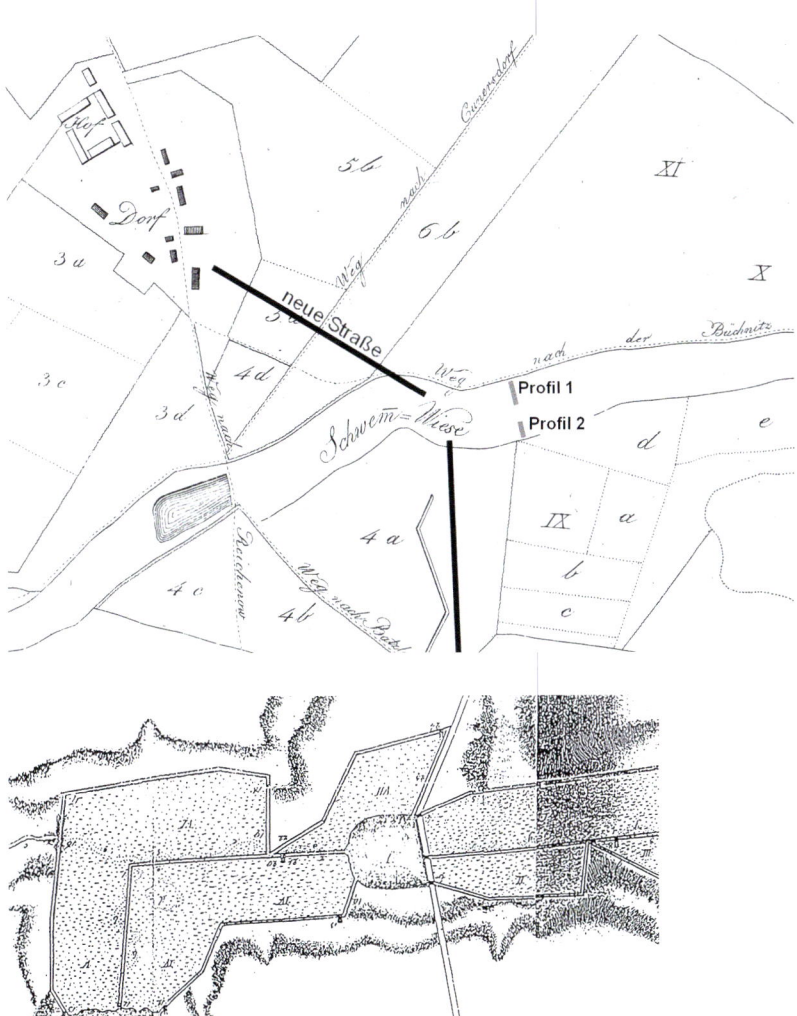

Zum besseren Verständnis der Thaer'schen Schwemmwiesenanlage sei hier zunächst die Genese des Standortes vor dem 19. Jh. vorgestellt. In der letzten Kaltzeit lagerte das Gletschereis Geschiebemergel ab. Auf diesem Mergel sedimentierten nach dem Abschmelzen des Eises geschiebereiche Sande, die im Spätglazial durch reliefverändernde Verwitterungs- und Bodenbildungsprozesse umgestaltet wurden (Abb. 128, Schichten I und II). Unter den alt- und mittelholozänen Wäldern bildeten sich Böden. Bis zum frühen Mittelalter hatten sich auf den nicht staunassen Unterhängen Parabraunerden entwickelt, die in der Büchnitzaue durch den zunehmenden Staunässeeinfluss in einen Parabraunerde-Pseudogley und schließlich in einen Pseudogley übergingen. Die hohen Transpirationsraten der Wälder im Einzugsgebiet der Büchnitz ließen den Grundwasserspiegel ein bis drei Meter unter den heutigen Ständen verweilen. Im Mittelalter wurde das Einzugsgebiet weitgehend gerodet und anschließend agrarisch genutzt. Der Grundwasserspiegel stieg im Taltiefsten bis an die Geländeoberfläche, Anmoore und Gleye entstanden. Auf den geneigten Äckern erodierten episodische Starkregen über Jahrhunderte Bodenpartikel, sodass an beiden Flanken der Büchnitzaue im Bereich der unteren Feldränder 1 bis 2 m mächtige Kolluvien als Ackerterrassen aufwuchsen (Abb. 128, Schicht III).

Unterhalb des Schwemmteiches an der Straße von Möglin nach Reichenow ließ Thaer dann um 1806 die Standortqualität der kaum nutzbaren Aue auf einem 1150 m langen und durchschnittlich 60 m breiten Abschnitt durch Schwemmen verbessern, um Ödland in ertragreiche Wiesen zu wandeln; Thaer wollte eine verbesserte Futterproduktion für die von ihm propagierte Stallhaltung erreichen.

Ganz offensichtlich erfolgte das Aufschwemmen des Ausgangsmaterials III (Abb. 128) in mehreren Arbeitsgängen. Dabei kamen im Profil scharf abgrenzbare Schichten unterschiedlicher Körnung zur Ablagerung (Abb. 128, Schicht IV).

Die geringmächtigen unteren Schwemmlagen im Profil 1 (Abb. 128) werden den Bodenzustand kaum verbessert haben. Vermutlich sind dies Spuren der Vorversuche, des ersten Ausprobierens der Technik. Die entscheidenden Schwemm- und Auftragsvorgänge begannen talaufwärts, wahrscheinlich unmittelbar unterhalb des Stauteiches. Zunächst kam eine wenige Millimeter mächtige tonige Schicht im Bereich des Profils 1 (Abb. 128) im Taltiefsten auf einer Breite von etwa 15 m zur Ablagerung. Versickerndes, tonreiches Schwemmwasser hatte Tonpartikel auf der Geländeoberfläche abgelagert. Mit dem

▲ **Abb. 124:** Thaers Skizze der geplanten Schwemmwiesen; lediglich der Abschnitt östlich der Straße Möglin–Reichenow unterhalb des „Schwemmteiches" kam zur Ausführung.

◀ **Abb. 125:** Übersichtsfoto der Grabungsstelle in der Büchnitzaue (Blickrichtung Norden).

▲ **Abb. 126:** Profil 1 nördlich der Büchnitz bei Möglin (Ostbrandenburg).

Näherrücken der Schwemmvorgänge wurde das im Taltiefsten abgelagerte Material gröber.

Ein etwa 90 cm breiter und 35 cm tiefer Schwemmgraben a mit einem U-förmigen Querprofil wurde zum Zwecke der Wasserzuführung am südlichen Auenrand annähernd talparallel gegraben. Schwemmprozesse hinterließen im Schwemmgraben und im Taltiefsten mehrere Schichten. Dann wurde ein zweiter, etwa 1 m breiter und etwa 20 cm tiefer Schwemmgraben b in der Füllung des ersten geöffnet. Mehrere Dezimeter mächtige, schwach schluffige Sande, oberhalb des Grabens abgestochen und mit Wasser des Schwemmgrabens transportiert, kamen in der Taulaue zur Ablagerung. Die Neigung der Aue in Nord-Süd-Richtung verringerte sich. Reste hangaufwärts abgestochenen, vorwiegend sandigen Materials umgelagerte mittelalterlich-frühneuzeitliche Kolluvien, füllten den zweiten Schwemmgraben b vollständig und bedeckten die Geländeoberfläche auf über 3 m Breite in einer Mächtigkeit von bis zu 30 cm. Am südlichen Ende, dem höchsten Abschnitt des Profils 2 (Abb. 127), bezeugen bei d in einer Mächtigkeit von 1 bis 2 cm stark verdichtete und leicht pseudovergleyte, heute begrabene Geländeoberflächen das Befahren mit Wagen und zahlreiche Aggregate den Transport von humosem Material. Hier handelt es sich wohl um Spuren des Abdüngens der fertig geschwemmten Fläche mit dem von Thaer erwähnten „Modder", um das Entstehen einer leistungsfähigen Grasnarbe zu unterstützen.

Ein dritter Schwemmgraben c wurde in der Füllung des zweiten Grabens angelegt. Die folgenden Schwemmprozesse lagerten bis zu 20 cm mächtige helle Sande im Taltiefsten ab, gefolgt von

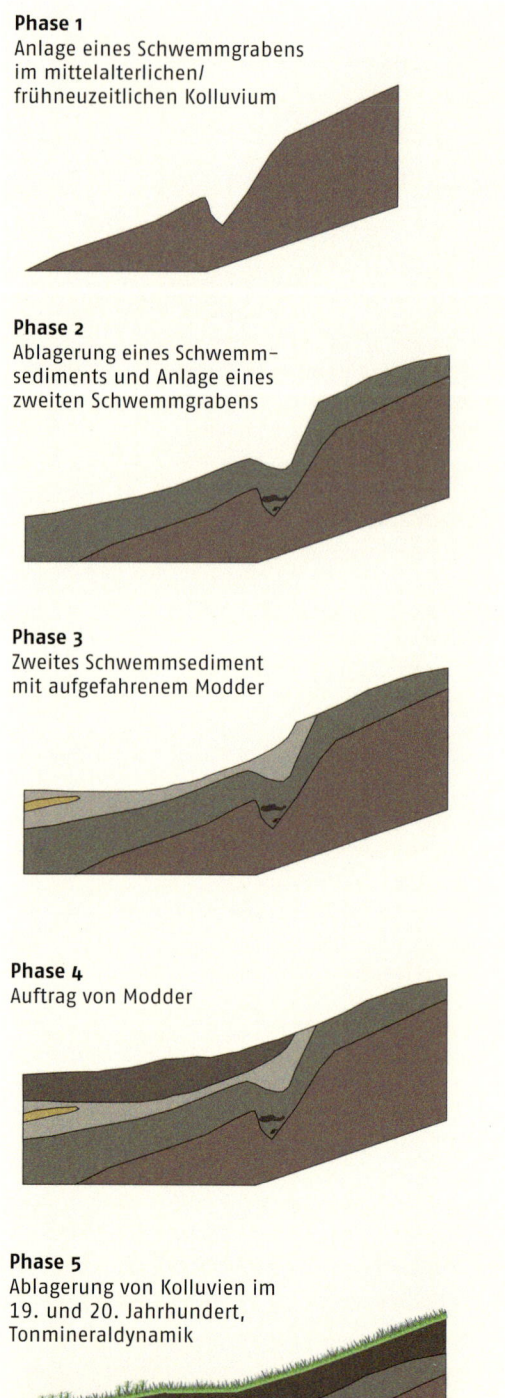

Phase 1
Anlage eines Schwemmgrabens im mittelalterlichen/frühneuzeitlichen Kolluvium

Phase 2
Ablagerung eines Schwemmsediments und Anlage eines zweiten Schwemmgrabens

Phase 3
Zweites Schwemmsediment mit aufgefahrenem Modder

Phase 4
Auftrag von Modder

Phase 5
Ablagerung von Kolluvien im 19. und 20. Jahrhundert, Tonmineraldynamik

1,0

0,5

0   5   10 m

▲ **Abb. 127:** Profil 2 südlich der Büchnitz bei Möglin (Ostbrandenburg).

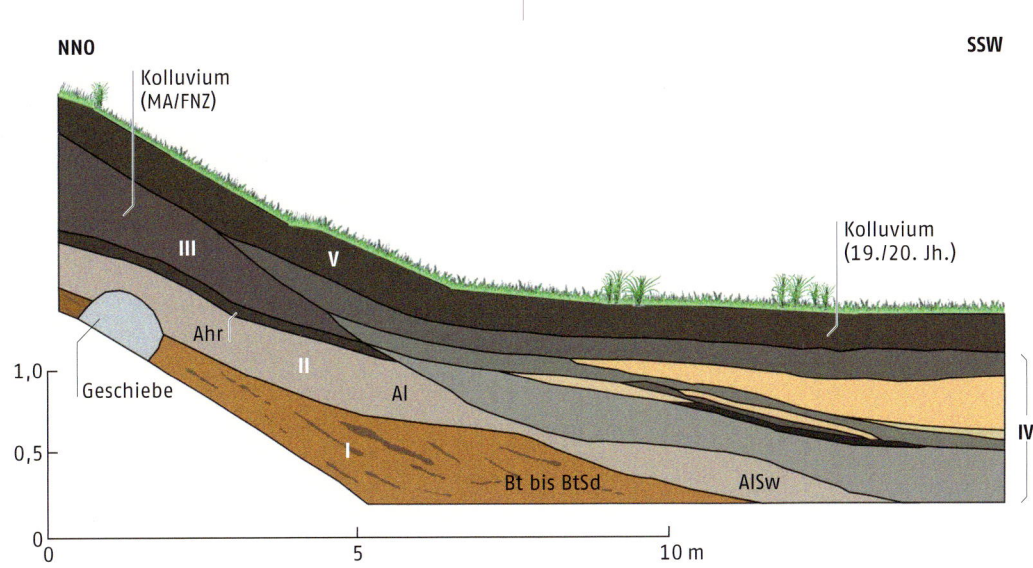

NNO

Kolluvium
(MA/FNZ)

SSW

III

V

Kolluvium
(19./20. Jh.)

Ahr

1,0

Geschiebe

II

AI

IV

0,5

I

0

Bt bis BtSd

AISw

0   5   10 m

◄ **Abb. 128:** Profil 1 nördlich der Büchnitz bei
Möglin (Ostbrandenburg).
Schichten I, II u. III: Substrat, das vor Thaers
Schwemmexperiment ab-
gelagert wurde;
Schicht IV: Schwemmsedi-
mente unter Thaers
Schwemmaktivitäten um
1806 verlagert;
Schicht V: Substrat, das
nach Thaers Schwemm-
experiment abgelagert
wurde.

humoserem Material und einer letzten, bis über
10 cm starken Sandschicht. Mit dem Ende des
Spülprozesses verschwand schließlich auch der
dritte Schwemmgraben.

Die mehrmaligen Schwemmvorgänge haben
das Relief des Taltiefsten fast vollständig ausgegli-
chen. Die gesamte Schicht IV ist bis über 1 m stark.
Die durchschnittliche Mächtigkeit der Schichtfol-
gen in den untersuchten Profilen beträgt auf einer
Ablagerungsbreite von 26 m 80 cm. Wären diese
Werte repräsentativ für die gesamte Aue, so hätte
Thaer 23 000 m³ Substrat bewegen lassen. Auf der
Basis eines LKW „W50" mit 5 Tonnen Zuladung
wären das etwa 6000 Fuhren. Eine beeindruckende
Leistung.

Die Talaue war nach Abschluss der Schwemmvorgänge wie skizziert weitgehend eben und damit
leicht bewässerbar. Nach den hier beschriebenen
Eingriffen des frühen 19. Jh. entwickelte sich gemäß Thaers Einschätzung ein ertragreiches Grünland, das als Wiese genutzt und bewässert werden
konnte. Eine Karte von 1838 weist „Rieselwiesen"
aus und zeigt ein Grabensystem, das über Stauhal-
tung zum Wassereinstau genutzt worden sein
könnte.

Später, nach der Anlage eines Drainagesystems
im frühen 20. Jh., lagerten sich auf den Schwemmwiesen Kolluvien ab (Abb. 128, V). Die korrelate
Bodenerosion vollzog sich auf den benachbarten,
beackerten Hängen. Die Talflanken haben aufgrund der Kolluviation heute wieder ein deutliches
Gefälle zum Taltiefsten.

Die Bodenaufschlüsse offenbaren erhebliche
Abweichungen vom eingangs beschriebenen Verfahren. So verlief das Schwemmen vielphasig, humose
Schichten wurden damit wiederholt übersandet und
in ihrer standortverbessernden Wirkung eingeschränkt, einige humose Schichten erhielten überraschend hohe Mächtigkeiten, und ein Schwemmgraben ist an der südlichen Flanke in dreiphasiger la-
getreuer Wiedereinrichtung nachweisbar. An der
Geländestufe oberhalb des Schwemmgrabens ist
das Material anstelle einer klaren Kappung tiefgründig gestört.

Für die Erklärung dieser Befundlage kommen
sowohl beabsichtigte wie unerwünscht nötig ge-
wordene Vorgehensweisen in Frage. Eine vorgese-
hene Mehrphasigkeit würde sich aus zu Versuchs-
oder Lehr- und Demonstrationszwecken vorge-
nommenen Wiederholungen am selben Ort ergeben oder aus der Intention, humoses Material auch
in tieferen Bodenschichten bereitzustellen. Eine
ungewünschte Mehrphasigkeit kann auf Mangel
an Schwemmwasser zurückgehen, der wiederholte
Schwemmungen nötig machte, oder auf Nachbes-
serungsbedarf, welcher erst nach der jeweiligen
Modderaufbringung erkannt wurde. Die mächtigen humusreichen Schichtpakete könnten, obwohl
im Zuge der Schwemmarbeiten umgelagert, durch-
aus aus der Büchnitzaue stammen. Im Jahr 1805,
in gedanklicher Vorbereitung auf die Anlage von
Schwemmwiesen im gerade bezogenen Möglin,
schreibt Thaer zur Büchnitzaue: „Das Luch sticht
übrigens voll Modder, den ich an den Hauptstel-
len zuvor werde ausfahren lassen" (Thaer 1805,
S. 132).

Der überraschend fallende Wasserstand des für
die Schwemmung weiterer Auenbereiche angestau-
ten Teiches verhinderte zu Thaers Verdruss die geplante Weiterführung des Vorhabens, und die von
ihm hochgeschätzte Methode konnte damit nach
seiner Einschätzung in Möglin „nur unvollkom-
men und nicht eindringlich genug" (Thaer 1815,
S. 57) demonstriert werden.

▶ **Abb. 129:** Hagelkörner (Durchmesser 3 bis 5 mm) eines Gewitterregens in Kiel am 2. Juli 2004.

▲ **Abb. 131:** Die Kirche in Erda (Foto: Gemeinde Erda).

Dauerhafte Erinnerung: der Hagelschlagtag im hessischen Lahn-Dill-Bergland

Hans-Rudolf Bork und Gertrud Bork

Außergewöhnliche Witterungsereignisse bleiben lange im Gedächtnis vor allem der Menschen haften, die unmittelbar von ihnen betroffen sind. Nur sehr wenige Witterungsextreme erfahren gewissermaßen eine institutionalisierte Erinnerung. Der sogenannte „Hagelschlagtag" ist ein solches Ereignis. Die nordwestlich von Gießen im hessischen Lahn-Dill-Bergland gelegenen Gemeinden Roßbach und Wilsbach erinnern seit mehr als 230 Jahren am 2. September mit Gottesdiensten an ihn (Abb. 129, 130).

Pfarrer Heinrich Christian Peter Köhler (1752–1794) beschreibt das dramatische Geschehen im Salbuch (1689 ff., S. 306): „Anno 1771 den 2. September Nachmittags nach 1 Uhr ist ein starkes Donnerwetter gewesen, welches vordem nach Roßbach gezogen. Dabei Schloßen und Kiesel in Größe eines Eies, ja ganze Klumpen Eis gefallen, welche die Sommerfrüchte Gerste und Hafer in hiesigem Feld nach Oberweidbach zu zerschlagen, das Roßbacher aber ist gänzlich ruiniert; […]"

„Das Bestellen der Felder, das Pflügen, Pflanzen und Hegen der gesamten Frucht war praktisch umsonst gewesen. Und vergeblich hatte man sich auf die Zeit gefreut, in der man alles Gewachsene geerntet, in die trockenen Scheunen eingefahren und in dunklen Kellern eingelagert hatte. Für viele Men-

schen von damals muss es so gewesen sein, als wäre ihr ganzes Leben wie ein Kartenhaus zusammengefallen, und Gott hatte das zugelassen" (Stanke 2000). Das Gewitter hatte nicht nur die Ernte vernichtet, sondern Wohnhäuser, Scheunen und Ställe beschädigt, Brücken und Wege zerstört, fruchtbare Ackerböden abgespült, Wiesen mit Schlamm bedeckt und in den Wäldern Bäume entwurzelt und abgeknickt (Zimmermann 2000, S. 194).

Die Unwetterkatastrophe empfanden die rat- und hilflosen Roßbacher, Wilsbacher und Erdaer als eine gezielte Strafe Gottes (Abb. 131). Acht Tage später, am 9. September 1771, hielt Pfarrer Heinrich Christian Peter Köhler im Betsaal der Roßbacher Schule erstmals einen Sühne- und Gedenkgottesdienst ab.

Die Bewohner der betroffenen Gemeinden beschlossen, jährlich am Stephanstag, dem 2. September, Gott mit einem Feiertag und Gottesdiensten zu besänftigen (Salbuch 1689 ff., S. 306).

Der Brauch wurde Jahrzehnte gehorsam gepflegt. Dann jedoch fiel in einem Jahr der Wochenmarkt in der benachbarten Stadt Gießen auf den Feiertag. Die jungen Bewohner Erdas belächelten den aus ihrer Sicht befremdlichen Brauch der Älteren. Sie besuchten den Markt, um landwirtschaftliche Produkte zu veräußern. Abends nach Hause zurückkehrend, fanden sie die Feldflur verwüstet vor. Ein Hagelschlag hatte die Ernte vernichtet. Die nunmehr schweigsamen Spötter fügten sich. Niemand wagte mehr, den Hagelschlagtag dauerhaft auf einen Sonntag zu verlegen (Kloos 1968; Zimmermann 2000, S. 194).

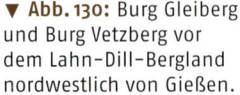

▼ **Abb. 130:** Burg Gleiberg und Burg Vetzberg vor dem Lahn-Dill-Bergland nordwestlich von Gießen.

Bis in das 20. Jahrhundert blieb der Hagelschlagtag ein beschaulicher, arbeits- und schulfreier Feiertag mit Gottesdienst um 10 Uhr (Arbeitskreis für Dorfchronik 1971, S. 115/16). Die moderne Gesellschaft erforderte dann Anpassungen an die üblichen Arbeitszeiten und eine Verlegung des Gottesdienstes in die Abendstunden. So erinnern Pfarrer Stanke und mittlerweile sein Nachfolger vom Pfarramt Wilsbach in Gedenkgottesdiensten am 2. September eines jeden Jahres um 18.00 Uhr an den Hagelschlagtag (Stanke 2000). Hoffnung besteht, dass die ungewöhnliche, lange Tradition durch das Engagement des Pfarrers zumindest in Roßbach und Wilsbach erhalten bleibt.

Hochwassergedenken und Hochwasserschutz: die Gregorikapelle in Oberammergau

Hans-Rudolf Bork und Helmut W. Klinner

Nordöstlich des oberbayerischen Ammergebirges in einer Höhe von 1390 m ü. NN entspringt am Himmelreich, einem bewaldeten Rücken östlich des kleinen Aufackers, ein Wildbach. Mit starkem Gefälle fließt das Wildwasser als Himmelreichgraben nach Südosten, dann in einer tiefen, waldreichen Schlucht über zahlreiche Dämme, die aus nördlicher Richtung vom Großen Aufacker zufließende Graflaine aufnehmend, als Laine westwärts. Schließlich strömt es heute als kanalisierte und von Dämmen umgebene Große Laine nach Westen und Nordwesten durch Wiesen, Weiden und das Dorf Oberammergau, um wenige Hundert Meter nördlich des Passionsspielhauses, etwa in einer Höhe von 835 m ü. NN, nach einer Fließstrecke von kaum sechs Kilometern in die Ammer zu münden (Abb. 132).

Seit dem Jahr 1703 berichten die Gemeinderechnungen Oberammergaus, des aufgrund der Passionsspiele vielleicht bekanntesten Dorfes der Erde, von erheblichen Kosten für die Beseitigung von Hochwasserschäden der Großen Laine. Erstmals werden für das Jahr 1748 Verwüstungen durch Laine-Hochwasser detailliert beschrieben. Der Wildbach brach aus seinem damals noch nicht von Dämmen begrenzten Bett aus, spülte die Feldstraße in den Kreuzwegen so tief aus, dass ein tiefer Hohlweg hinterblieb, überschwemmte Felder bis hinunter zum Dorf, lagerte Tausende Fuder Kalkschotter ab und setzte das Dorf unter Wasser. Am folgenden Tag, einem Sonntag, musste gar der Frühmesser durch die überfluteten und mit Steinen verschütteten Dorfstraßen zur Kirche reiten, der Pfarrer vom Messner dorthin getragen werden und der Schulmeister aus dem Fenster der Schulstube steigen, um zur Kirche zu gelangen (Daisenberger 1859–1861, S. 156/57).

Die leidgeprüften Oberammergauer suchten Trost in religiös motivierten Zeremonien. Als Beschützer vor Hochwasser wählte die Gemeinde im Jahr 1750 den heiligen Gregorius zu ihrem besonderen Fürbitter bei Gott (Abb. 133). Eineinhalb Jahrzehnte später errichtete sie am Austritt der Laine-Schlucht in die Feldmark die St.-Gregorius-Kapelle (Daisenberger 1859–1861, S. 156/57). Erlöse aus dem Passionsjahr 1860 – einhundert Gulden – ermöglichten eine erhebliche Erweiterung der Kapelle im Folgejahr (Abb. 134). Sie wurde ohne Baugenehmigung ausgeführt – ein Beleg für das besondere Selbstbewusstsein der Oberammergauer. Erst im Jahr 1896 bemängelte das königliche Bezirksamt Garmisch die fehlende Genehmigung (Gemeindearchiv Oberammergau AXIII/46).

Bald nach der Errichtung der St.-Gregorius-Kapelle, vom 25. bis zum 30. September 1767, verheerte ein gewaltiger Starkregen das Feld und die meisten Häuser des Dorfes, füllte den Mühlbach mit Kalkschottern, riss die Brücke am Mühlbach und das Wehr fort. Das Wasser lief durch die Fenster von Hueters Haus in die gute Stube. Viele Bewohner des unteren Dorfes konnten ihre Häuser nicht verlassen, um am Kirchweihfest teilzunehmen.

S'Kirchla am Roa

Neb'r am Boach, sell am Roa,
stehat a Kirchla goar kloa,
d'r Loabar schaugt rei
den föllt arg viel doa ei.

Woas von ganz schlecht'r Zeit
mit viel Kumm'r f'r d'Leit
hat d'r Boach oft arg g'haust
Woald und Feld'r d'zaust!

Auszug aus einem Gedicht von Hans Daisenberger sen., Oberammergau, 6. Dezember 1987, Gemeindearchiv Oberammergau AXIII/46

▼ **Abb. 132:** Oberammergau und das Einzugsgebiet der Laine.

▲ **Abb. 133:** Oberammergau – Altar mit einem Bildnis des heiligen Gregorius in der Gregori-Kapelle.

Zum Schutz vor weiteren Überschüttungen von Feld und Dorf mit Schottern ließ die Gemeinde bald in der Laine-Schlucht sechs Dämme anlegen. Die Maßnahmen schlugen jedoch fehl. Am Fronleichnamsfest, dem 25. Mai des Jahres 1769, zerstörte die Laine alle sechs Dämme, verließ an mehreren Stellen ihr Bett, bedeckte Feld und Dorf mit vielen Tausend Fudern Kalkschottern und füllte den Mühlbach mit Schottern und Schlamm. Neben dem Pfarrhaus lagen Steine und Sand vier Fuß hoch. In den folgenden vier Tagen setzten die Bewohner Oberammergaus eine Straße und den Mühlbach wieder teilweise in Stand. Doch brach die Große Laine am 16. Juni und am 1. Juli 1769 erneut aus ihrem Bett aus. Lediglich zwölf Häuser blieben unbeschädigt. Tag für Tag, über vier Wochen hinweg, bemühte sich die Hälfte der Oberammergauer die allgemeinen Schäden einigermaßen zu beseitigen.

Der Landesfürst sandte vier Wochen nach dem dritten und letzten Desaster des Jahres 1769 eine Kommission, der u. a. der Prälat von Ettal, Bernhard Graf von Eschenbach, der Pater Hausmeister, der Pfleger von Murnau, der zuständige Hofrichter und der kurfürstliche Commissär, Ingenieur-Hauptmann Riedl, angehörten. Letzterer empfahl eine Verlegung der Großen Laine aus dem Ort heraus nach Norden und steckte sogleich im Beisein der Kommission das neue Bett aus. Bald darauf wurde der Bau ausgeführt.

Einflussreiche Oberammergauer befürchteten offenbar Nachteile für ihren am neuen Bachbett gelegenen Besitz. Sie verhinderten nach fundierten Erkenntnissen des Pfarrers und Chronisten Joseph Alois Daisenberger (1799 – 1883) die nötige Pflege des neuen ortsfernen Wasserlaufs und nahmen fortgesetzte Schäden am Eigentum Dritter im Dorf in Kauf. So kehrte die Große Laine alsbald in ihr ursprüngliches Bett zurück (Daisenberger 1859 – 1861, S. 160 ff.).

◄ **Abb. 134:** Oberammergau, Gregori-Kapelle mit Laaberköpfe. Künstlerpostkarte No. 2501 von Ottmar Zieher, Kunstanstalt München (1900); Gemeindearchiv Oberammergau Pk-Slg 3.
Auszug aus der Ansprache bei der Grundsteinlegung zur Erweiterung der Kapelle zur Ehre Gottes und des heiligen Gregorius des Wunderthäters in der Gemeinde Oberammergau am 8. Juli 1861: „Liebe Freunde und Pfarrgenossen! Unsre Väter haben vor 96 Jahren diese Kapelle hier erbaut zur Ehre Gottes des Allmächtigen und des Hl. Bischofes Gregorius des Wunderthäters. Oft von Wassergefahren bedrängt, hatten sie ihre Zuflucht genommen zu Gott, der allein helfen und schützen kann, und zur Fürbitte des verklärten Diener Gottes Gregorius, von dem die Legende berichtet, daß er bei seinen Lebzeiten auf Erde der Gemeinde, deren Bischof er war, wunderbare Rettung aus Wassernöthen von Gott erfleht habe" (Quelle: Gemeindearchiv Oberammergau AXIII/46).

„Bei jedem stärkeren Regenfall wurde also der Gebirgsbach auch weiterhin zu einem tosenden Wasserstrahl, der große Mengen an Gestein mit hinunter führte und das Dorf ,… in einen Stein- und Sandhaufen zu verwandeln" drohte, wie man 1814 in einem Brief an das Landgericht Schongau mitteilte. Immer wieder wurden die Felder und Wiesen überschüttet und die aus Brettern angelegten Uferdämme waren bei schwerem Hochwasser nicht stark genug, das Dorf selbst vor Überschwemmung zu schützen" (Rädlinger 2002, S. 53).

An der Laine wurden nach 1850 neue Dämme errichtet und die Große Laine wurde erneut aus dem Dorf verlagert. Kaum war das Bauvorhaben am 28. Juni 1856 abgeschlossen, musste der enttäuschte Bürgermeister Oberammergaus dem Garmischer Landgericht mitteilen, dass eine Wasserflut die neuen Dämme auf einer Strecke von 150 Zoll zerstört hatte. Weitere Hochwasser ließen die nunmehr den neuen Lauf der Großen Laine begleitenden Felder überfluten – sehr zum Verdruss der ungewollt zu Anrainern gewordenen Besitzer. Weitere Verbauungen der Laine und benachbarter Wildwasser schlossen sich im ausklingenden 19. und im frühen 20. Jahrhundert an (Abb. 135, 136). Sie waren wenig erfolgreich (Rädlinger 2002, S. 53/4).

Nach fünf Jahren ohne große Hochwasserschäden suchte am 12. Juni 1915 neues Unheil Ober-

◀ **Abb. 135:** Reparatur der Verbauungen an der Windbachlaine östlich von Oberammergau um 1893. Aufnahme: Korbinian Christa (Quelle: Gemeindearchiv Oberammergau Pk-Slg 0140/47).

◀ **Abb. 136:** Verbauung der Laine östlich von Oberammergau.

▶ **Abb. 137:** Oberammergau – Überschwemmung der Großen Laine am 12. Juni 1915. Aufnahme: Korbinian Christa (Quelle: Oberammergauer Männer helfen Räumen bei Schauer Anton; Gemeindearchiv Oberammergau Pk–Slg 791).

ammergau heim (Abb. 137). „Nach halb 8 Uhr Abend waren die Ammer wie die Laine nahezu klar und gar nicht gestiegen, aber schon ein paar Minuten später ertönten die Alarmsignale der Feuerwehr, da das Wasser der Laine plötzlich in der vollen Höhe der Dämme heranschoß. Rasch wurden die Brücke und Stege abgetragen, damit sie keine Stauung verursachten; aber schon überfluteten die Wellen die Ufer und dumpf donnerte das Rollen mächtiger Steinblöcke im Flußbette; da urplötzlich sank das Wasser nahezu gänzlich zurück zum Erstaunen der arbeitenden Rettungsmannschaften. Leider nur zu rasch löste sich das Rätsel! Ein reißender Strom wälzte sich in das Dorf, die Dämme mussten abgerissen sein. […] Ein Stück oberhalb des Affensteges war es unmöglich, weiter vorzudringen. Schwere Baumstämme, Alleebäume, Wurzelstöcke und Steine waren zu einer haushohen Barrikade über die Dämme aufgetürmt; gleich oberhalb flutete der wilde Strom nach beiden Ufern. […] Von St. Gregor aufwärts zum sogenannten großen Fall sind die Dämme, sowie die ganzen Verbauungen verschwunden, ebenso all die jungen Linden zwischen Laine und Alpleweg. Oberhalb des großen Falles liegen ungeheure Schuttmassen, die jeder stärkere Gewitterregen ins Tal bringen kann. Weiter hinein hat die Flut alle Verbauungen sowie den Alpleweg entlang vollständig weggerissen; beim ‚Eisernen Eck' hat sich das Flußbett auf eine lange Strecke um 5 bis 10 Meter tiefer gegraben bis hinauf zu der großen neuen Talsperre, welche im vorigen Jahre zur Sicherung des Bergrutsches errichtet worden wurde" (AZ 1915a).

„Die Baumstämme, Wurzelstöcke und ausgerissenen Bäume hatten sich zum größten Teil an dem so netten, sauberen Häuschen des im Felde stehenden Landsturmmannes Franz Bierling aufgefangen, nahezu bis an die Dachrinne reichend, […]. Am südlichen Ufer wurden die Vorgsteigäcker sowie die oberen Kreuzwege fast ganz mit Schutt und Steinen überschüttet, selbst die größten Baumstämme noch bis in einen Teil der Hinterlaichenäcker getragen, während die Wassermenge mit all dem Holz und Wurzelwerk über die Peteräcker in die Gärten und Straßen des oberen Dorfes eindrangen, alles was nicht niet- und nagelfest war, mit sich fortreißend; vom Krankenhause an bis hinüber zum Landhause Ruederer. Die an der Strecke liegenden Krautgärten und Kartoffeläcker wurden zum Teil mit dem ganzen Erdreich abgeschwemmt. […] Wie groß die Gewalt des Wassers noch im Dorfe war, zeigt am deutlichsten, daß die Hofmauer des kgl. Forstamts mitsamt dem Tore hinausgestoßen und die steinernen Deckplatten der Mauer bis zum ‚Weißen Lamm' getragen wurden. […] Die Heu- und Grummeternte von 250 – 300 Tagwerk Grund dürfte zum größten Teil vernichtet sein, ebenso ein großer Teil der Kartoffel- und Getreideernte. […] Am Sonntag morgens wurde mit dem Freimachen des Flußbettes begonnen und es war wirklich eine Freude zu sehen, wie tatkräftig und rastlos hunderte von Händen schafften, um die gemeinsame Gefahr gemeinsam zu bekämpfen. […] Tag und Nacht wird seither in Häusern und Gärten gearbeitet, um Wasser, Schlamm und Schutt wegzuschaffen und dabei Unglaubliches geleistet. Inzwischen waren auch schon

Kommissionen des Bezirksamtes, des Bauamtes und der Regierung hier, um die ersten Schritte zur Sicherung vor weiterer Gefahr zu beraten; das Bauamt ließ sofort mit der Sicherung des Falles beginnen. Nach Mitteilung des Bauleiters sind 56 Talsperren und kleinere Bauten mitgerissen worden und wird die Neuverbauung eine sehr schwierige und kostspielige werden; vor allem wird eine neue große Talsperre oberhalb des großen Falles gebaut werden müssen, um die nachschiebenden Schuttmassen aufzufangen. Die vollständig weggerissenen Wege zum Alple und in der Graflaine werden kaum wieder herzustellen sein und wird wohl die Anlage eines Höhenweges gegen die Kühberge heraus ins Auge gefasst werden müssen. Um wenigstens das Dorf selbst für alle Zeiten vor solchem Unglück zu bewahren, wird von den meisten Bürgern die Verlegung der Laine in den Köckengraben und am Warbüchl vorbei beantragt, da das jetzige Lainenbett sich als viel zu enge erweist" (AZ 1915b).

Während die Flutschäden weitgehend von den Bewohnern Oberammergaus beseitigt wurden, erhöhten russische Kriegsgefangene von August 1915 bis Januar 1916 die Dämme an der Großen Laine – „Oberammergau verdankt also den russischen Kriegsgefangenen die relative Sicherheit vor Hochwasser in der Laine, denn der Damm blieb im wesentlichen bis heute erhalten" (Rädlinger 2002, S. 90).

Wie wurde das Land genutzt, in dem Hochwasser, Sand- und Schottertransport so häufig auftraten? Für die 1860er-Jahre teilt Daisenberger (1859–1861, S. 236) folgende, dem Grundbuch der Gemeinde Oberammergau entnommene Nutzungsdaten mit: „Der Flächeninhalt des Gemeindebezirkes beträgt 8788 Tagwerke oder etwas über eine halbe Quadratmeile. Hiervon sind 2410 Tagwerke Aecker und Wiesengruende, 4894 Tagwerke Waldungen, 1008 Tagwerke Alpenweiden, 399 Tagwerke Weiden in der Thalebene, 77 Tagwerke unsteuerbare Gründe." Ein Tagwerk umfasst 3407 m² Oberfläche. Das obere Wassereinzugsgebiet der Laine, in dem sich die Abflussbildung vollzog, war demnach ganz überwiegend von intensiv genutzten Wäldern und nur zu einem sehr geringen Teil von vegetationsfreien Kalkfelsen bedeckt. Stark geneigte und intensiv beweidete Hangabschnitte mit Oberflächenverdichtung durch Menschen und Tiere unterlagen während heftiger Starkniederschläge intensiver Erosion. Konzentrierten sich größere Abflussmassen in ausgeprägten Dellen, in den Tiefenlinien von Seitentälern und in der Laine, war die Erosion besonders verheerend. Zuvor eingerichtete, gemauerte oder aus Holz bestehende Dämme, die eine Verlangsamung der Fließgeschwindigkeit und die Ablagerung der mitgeführten Kalkschotter und Sande bewirken sollten, wurden fortgerissen,

die linienhafte Abtragung dadurch gar verstärkt. Überflutet wurden die ortsnahen wertvollen Nutzflächen und vor allem Straßen und Wohnhäuser in Oberammergau.

Starkniederschläge und das abrupte Schmelzen mächtiger Schneedecken werden während der gesamten Nacheiszeit gelegentlich vorwiegend schwache Hochwasser, Sand- und Schottertransporte verursacht haben. Durch anthropogene Eingriffe war die Abflussbildung jedoch nicht länger auf wenige vegetationsfreie Felsen und Standorte mit sehr geringmächtigen Böden und damit geringen Infiltrationskapazitäten beschränkt. Die Waldnutzung minderte die Infiltrationskapazität und erhöhte so die Abflussbildung und den Feststofftransport erheblich. Hinzu tritt die ungünstige Lage des Dorfes am Zusammenfluss von Großer Laine und Ammer.

Dämme leiteten bei normalem Abfluss und bei schwachem Hochwasser das Wasser der Großen Laine schadlos in die Ammer. Gar nicht seltene stärkere Hochwasser überströmten und zerrissen jedoch die Dämme. Große Wassermassen und erhebliche Feststoffmengen bedeckten dann im Verlauf weniger Minuten Äcker, Wiesen und Wege. Zahlreiche Häuser wurden von etlichen Dezimeter mächtigen Sand- und Steinschüttungen umhüllt, was ein sorgfältiger Beobachter noch heute im Ortsbild zu rekonstruieren vermag. So ragen die bergseitigen Erdgeschossfenster des Gasthauses zum Stern, Dorfstraße 35, kaum über den Bürgersteig (Abb. 138). Verschüttet wurde der untere Teil des Erdgeschosses nicht nur dieses Gebäudes am 12. Juni des Jahres 1915. Nach dieser Katastrophe waren alle nachfolgenden Schäden durch die Große Laine unbedeutend. Der geringe Querschnitt des Laine-Grabens im mittlerweile stark gewachsenen Ort lässt jedoch trotz des starken Gefälles erwarten, dass ein hundertjähriges oder noch selteneres Laine-Hochwasser aufgrund der heute in Gebäuden aufbewahrten Werte weitaus größere Schäden als in der geschilderten Verheerungsgeschichte verursachen dürfte.

▼ **Abb. 138:** Oberammergau – Gasthaus zum Stern in der Dorfstraße 35. Der untere Teil des Erdgeschosses wurde am 12. Juni 1916 von Schottern der ausgebrochenen Laine verschüttet.

Böden speichern die Auswirkungen ökonomischer Krisen (Nationalpark Roztocze, Lubliner Land, Polen)

Anne Schmitt, Hans-Rudolf Bork, Jan Rodzik, Christian Russok und Wojciech Zgłobicki

In einem Höhenzug, der sich von der südostpolnischen Region Roztocze bis in die Ukraine erstreckt, überlagern Lösse kalkhaltige, glaukonitische Sandsteine des Oberen Maastricht. Die fruchtbaren, bis zu 30 m mächtigen Lösse wurden von neolithischen Kulturgruppen bereits im dritten vorchristlichen Jahrtausend landwirtschaftlich genutzt (Skowronek 1999). Mit der Eisenzeit klingen die Spuren

früher Besiedlung nahezu vollständig aus. Bis zum Ende der Völkerwanderungszeit dominierten in der Umgebung des heutigen Dorfes Guciów in der Region Roztocze Wälder (Skowronek 1999; Bałaga 1998). Noch im frühen Mittelalter beendeten Rodungen die siedlungsarme Phase. Die anschließende Blütezeit des Vorgängerortes von Guciów, dokumentiert durch eine Fliehburg aus dem 10. Jh. und mehr als 200 Gräber (Zoll-Adamikowa 1974; Maruszczak 1997), endete mit dem Einfall der Mongolen im Jahr 1241. Eine erneute Bewaldung resultierte.

Das Dorf Guciów wurde in den 1820er-Jahren von Stanisław Zamoyski gegründet (Skowronek 1999). Bereits im Siedlungsplan aus jener Zeit ist eine Langstreifenflur mit mehreren Kilometer langen, an den Häusern beginnenden Feldern für Guciów belegt. Heute enden die schmalen Äcker bereits nach kaum 300 m an den Waldrändern des Nationalparks Roztocze (Abb. 139). Inmitten der Tannen- und Buchenwälder liegende Ackerrandstreifen bezeugen die frühere landwirtschaftliche Nutzung.

Straßendörfer wie Guciów mit farbenfroh gestrichenen, kleinen Holzhäusern beiderseits der Hauptstraßen prägen mit ihren malerischen Langstreifenfluren den Südosten Polens. Aus der Ferne fügen sich die verschiedenartigen Feldfrüchte zu einem anmutigen Webteppich. Lediglich einzelne Gehölzinseln und häufig dreieckige Wäldchen unterbrechen das harmonische Farbmuster. In den Wäldchen wechselt das sanft wellige Relief plötzlich zu steilen Schluchten und Hohlwegen (Abb. 140). An den nahezu senkrechten Hohlwegwänden steht zumeist Löss an. Während der sommerlichen Starkniederschläge oder der Schneeschmelzen im Frühjahr sammelt sich in den Hohlwegen kurzzeitig Abfluss, der tiefe Kerben einzureißen vermag. Der starke Abfluss spült den erodierten Löss bis auf die Hauptstraßen und blockiert sie vorübergehend.

Die Spuren von Menschen reichen tief unter die heutige Geländeoberfläche, wie ein Aufschluss auf einem Schwemmfächer zwischen zwei Schluchtarmen unterhalb eines Hohlweges zeigt (Abb. 141).

Eine zwei Meter mächtige Abfolge fein geschichteter Sedimente mit im unteren Teil eingelagerten Schotterkörpern und -linsen wurde sichtbar (Abb. 142). Die Schotterkörper belegen starke Abflussereignisse, bei denen die unter dem Löss anstehenden Gesteine erfasst und im Schluchtsystem transportiert wurden.

Zahlreiche schwächere Abflussereignisse, bei denen jeweils wenig Löss aus den Fahrspuren des Hohlweges auf den Schwemmfächer gespült wurde, erzeugten die feine Schichtung. In der Feinschichtung fallen dunkle Körper mit einem höheren Gehalt an organischer Substanz auf, dabei han-

▼ **Abb. 139:** Luftbild des Kerbensystems von Guciów (Nationalpark Roztocze, Lubliner Land, Polen).

◄ **Abb. 141:** Schwemmfächer unterhalb des Hohlweges (Kerbensystem Guciów, Nationalpark Roztocze, Lubliner Land, Polen).

delt es sich um ehemalige Oberflächen mit ihren Humushorizonten. Im oberen Bereich des Aufschlusses sind die humoseren Bänder in einem Abschnitt humusärmer und seltener. In kurzen Ruhephasen zwischen den Abflussereignissen bildeten sich die geringmächtigen Humushorizonte.

Mehrfach ist die Feinschichtung gestört. Im Verlauf feuchter Phasen über den Schwemmfächer fahrende Fuhrwerke sanken in die weiche Schichtung. Zurückgeblieben sind die Abdrücke der Wagenräder (Abb. 143).

Das Befahren des Hohlweges und damit die Verdichtung des Lösses in den Fahrspuren förderte die Bodenerosion. Die Oberfläche des Weges war nicht durch Vegetation geschützt, Niederschlags- und Schneeschmelzwasser sammelte sich auf der verdichteten Oberfläche, spülte den Hohlweg aus und schüttete den Schwemmfächer auf.

◀ **Abb. 142:** Aufschluss auf dem Schwemmfächer (Kerbensystem Guciów, Nationalpark Roztocze, Lubliner Land, Polen). Die fein geschichteten Ablagerungen sind auf zahlreiche schwache Abflussereignisse zurückzuführen. Eine starke Entnahme von Streu und Holz in der zweiten Hälfte des 20. Jahrhunderts bedingte sehr geringe Humusgehalte. Rechts der Zahlen 17 und 18 des Maßstabes ist der Abdruck eines in die Feinschichtung eingesunkenen Wagenrades sichtbar.

▲ **Abb. 143:** Verschüttete Fahrspur im Schwemmfächer des Hohlweges (Kerbensystem Guciów, Nationalpark Roztocze, Lubliner Land, Polen).

rasch. Selbst die Ablagerungen im Schwemmfächer unterhalb des Hohlweges, die vorwiegend aus umgelagertem, entkalktem Löss bestanden, versauerten ungewöhnlich rasch. Die Humushorizonte jener Jahre sind daher nur sehr schwach ausgeprägt; sie zeichnen sich durch ungewöhnlich geringe Gehalte an organischer Substanz aus.

Die Nutzung des heute von Kerben und Hohlwegen tief zerschnittenen Gebiets ist schwierig und wenig rentabel. Die Aufgabe der landwirtschaftlichen Nutzung wird durch die Ausweisung des Nationalparks Roztocze verstärkt. Wie bereits nach dem Ende der eisenzeitlichen und der hochmittelalterlichen Ackerbauphase, kehrt der Wald zum dritten Mal zurück.

Radiokarbondatierungen von Holzkohlen aus dem Aufschluss belegen das geringe Alter der gesamten im Aufschluss sichtbaren Ablagerungen. Sehr wahrscheinlich sind sie eine indirekte Folge der Neugründung des Dorfes Guciów im 19. Jh. und der damit verbundenen Rodungen der Wälder und anschließenden ackerbaulichen Nutzung der Hänge. Nach dem Zweiten Weltkrieg begann die Abwanderung aus dem Dorf.

Die Versorgungskrisen in der Zeit vom Zweiten Weltkrieg bis zur Regierungszeit Giereks in den 1970er-Jahren hinterließen bis heute weitgehend unbekannte, verborgene Spuren in den Landschaften Polens. Vor allem in den Phasen mit gravierenden Engpässen in der Lebensmittelversorgung mussten auch die Wälder besonders intensiv genutzt werden. Die umfangreiche Entnahme von Laub und Holz wurde nicht durch Düngung kompensiert. Der resultierende Nährstoffmangel in den Waldböden minderte das Wachstum der Gehölze; die Böden in den Wäldern um Guciów verarmten

Verlust und Rückgewinnung von Ackerland: ein Knäuel verfallener Löss-Schluchten wird entwirrt (Flämisch-Brabant, Belgien)

Hans-Rudolf Bork, Tom Vanwalleghem, Markus Dotterweich, Gabriele Schmidtchen, Jean Poesen, Jozef Deckers und Helga Bork

Die jüngste Schlucht im Kinderveld

Der konzentrierte Abfluss von zwei Starkniederschlägen schnitt am 20. Mai und am 6. Juni des Jahres 1986 eine kleine Schlucht in die ackerbaulich genutzte Flur Kinderveld im flämischen Brabant (Nachtergaele et al. 2002; Vanwalleghem et al. 2005). Jean Poesen (Physical and Regional Geogra-

▶ **Abb. 144:** Die Entwicklung der Schluchten im Kinderveld bei Leuven (Belgien) seit dem 17. Jh.

Phase a: Eine Parabraunerde hat sich an der Geländeoberfläche entwickelt (bis zum 17. Jh.).

Phase b: Eine Schlucht ist während eines Starkniederschlags eingerissen (ca. 18. Jh.).

Phase c: Von den steilen Wänden unmittelbar nach dem Schluchtreißen abgerutschtes Material hat die Schlucht teilweise verfüllt.

Phase d: Am linken (westlichen) Schluchtrand haben sich schmale tiefe Kerben eingeschnitten.

Phase e: Geschichtete Kolluvien haben sich in der Schlucht abgelagert.

Phase f: Linienhafte Bodenerosion hat einen Teil der geschichteten Kolluvien schluchtabwärts geführt.

Phase g: Die Schlucht ist weitgehend mit geschichteten Kolluvien verfüllt worden; eine flache Delle verbleibt.

Phase h: Linienhafte Bodenerosion hat einen Teil der geschichteten Kolluvien schluchtabwärts geführt.

Phase i: Menschen haben die Schlucht vollständig mit Material aus der näheren Umgebung verfüllt.

Phase j: Zwei Starkniederschläge haben im Mai und im Juni 1986 eine kleine Schlucht eingerissen.

Phase k: Von 1986 bis 2000 sind in der kleinen Schlucht geschichtete Kolluvien sedimentiert.

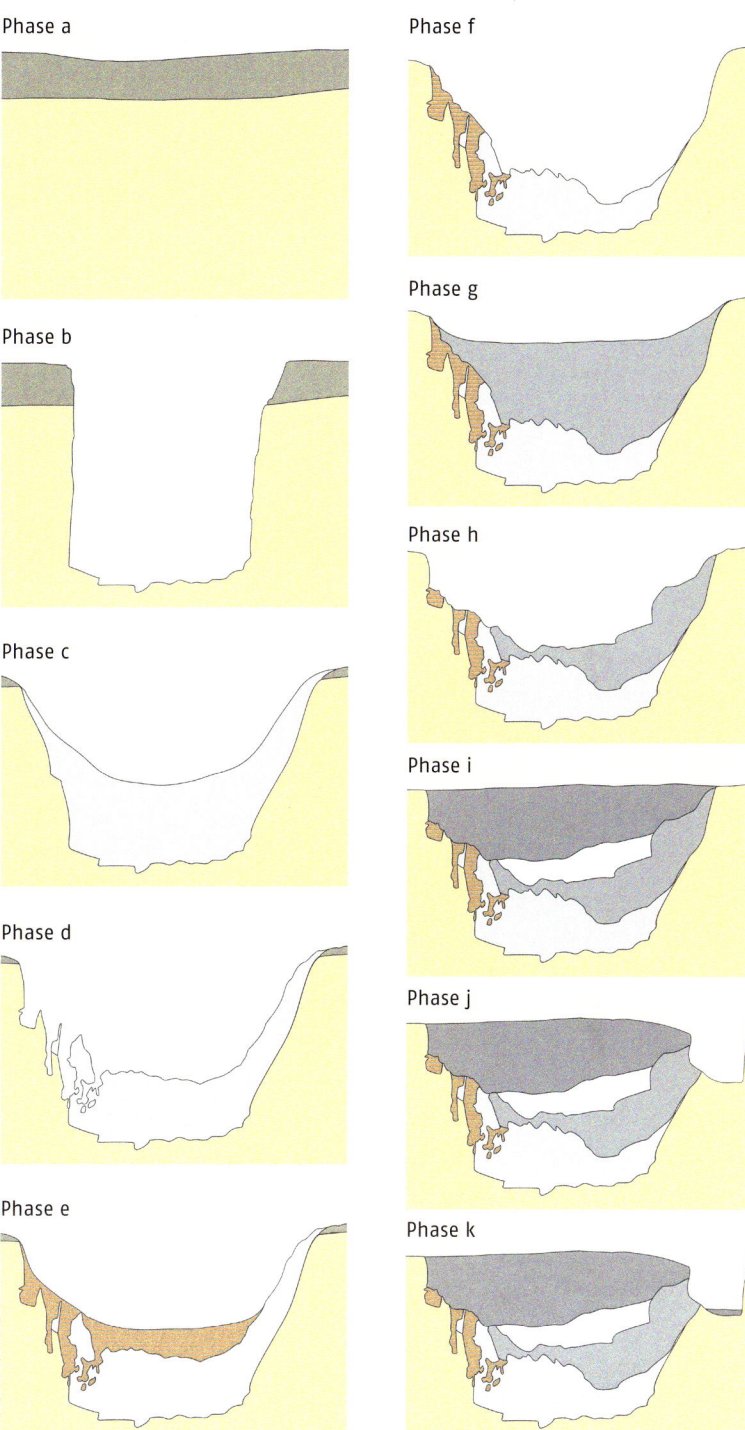

Phase a

Phase b

Phase c

Phase d

Phase e

Phase f

Phase g

Phase h

Phase i

Phase j

Phase k

phy Research Group, K. U. Leuven) untersuchte mit seiner Arbeitsgruppe die Entwicklung der kleinen Schlucht von 1986 bis 2001. Zahlreiche erosive Starkniederschläge ließen die im Frühjahr des Jahres 1986 entstandene kleine Schlucht in den folgenden eineinhalb Jahrzehnten hangaufwärts wachsen (Abb. 144 Phase j, 145). Das am Kerbensprung, dem oberen Ende der kleinen Schlucht erodierte Material lagerte sich in tieferen Schluchtabschnitten ab: Etwa 110 Schichtfolgen sedimentierten von 1991 bis 2000 in der Schlucht. Eine Schichtfolge ist das Resultat des Abflusses eines Starkniederschlags, der hier am Kerbensprung und im Einzugsgebiet erodierte. Sie besteht aus Sanden an der Basis und aus Schluff in der Mitte. Eine dünne Tonhaut schließt eine meist wenige Millimeter mächtige Schichtfolge ab. Die Abflüsse von mehr als 100 Starkniederschlägen wurden durch die Zählung der Schichtfolgen für nur neun Jahre nachgewiesen – ein Beleg für die ungewöhnlich hohe Erosionssensitivität des Untersuchungsgebiets.

Am 20. März des Jahres 2001 verfüllte der Landbesitzer die Schlucht mithilfe schweren Geräts, worauf die Forschungsarbeiten in der jungen Schlucht endeten.

Das Untersuchungsgebiet Kinderveld

Das Kinderveld liegt bei Bertem (Korbeek-Dijle, zwischen Leuven und Brüssel) im zentralbelgischen Lössgürtel. Am untersuchten, im Mittel 16% geneigten Hang im Kinderveld ist der Löss 1 m (Unterhang) bis 4 m (Oberhang) mächtig. Er bedeckt Schotter und tertiäre Sande (Poesen et al. 1993). Der unverwitterte Löss ist kalkreich (14 – 15% $CaCO_3$) und schluffreich (70–80%); der Tongehalt liegt zwischen 10 und 20% (Goossens 1993). Ein dichtes Netz von Trockentälern und lössbedeckten Rücken durchzieht die Umgebung des Hanges. Heute dominiert der Anbau von Winterweizen, Gerste, Zuckerrüben, Kartoffeln, Mais und Chicorée auf den Hängen. Der mittlere Jahres-

▲ **Abb. 145:** Junge kleine Schlucht und Aufschluss mit verfüllter Schlucht im Kinderveld bei Leuven (Belgien).

Holozäns eine Parabraunerde unter Wald. Rodungen und agrarische Landnutzung ermöglichten während des Mittelalters und der Frühneuzeit die flächenhafte Abtragung des Oberbodens und von Teilen des Unterbodens der Parabraunerde (Abb. 144 a).

Die große Schlucht entsteht und kollabiert

Konzentrierter Abfluss riss dann eine bis zu 3,5 m tiefe und 4,5 bis 5,5 m breite, kastenförmige Schlucht mit senkrechten, teilweise überhängenden Wänden ein (Abb. 144 b). Der Unterboden der Parabraunerde wurde fortgerissen und mit ihr der darunter anstehende kalkhaltige Löss.

Auf dem flachwelligen Boden der Schlucht wurden zum Ende des die Schlucht einreißenden Starkniederschlages Schotter abgelagert, die hauptsächlich Lösskindel sowie umgelagerte pleistozäne Schotter, einige Ziegelstücke und sehr wenige Keramikfragmente enthielten. Bald darauf sedimentierten die nächsten Abflussereignisse einige Schichtfolgen in Mächtigkeiten von wenigen Zentimetern bis über 30 cm. Diese bestanden jeweils aus

▶ feinen Basisschottern mit gut gerundeten B-Horizont-Aggregaten und Eisen-Mangan-Konkretionen,

▶ einer Sandschicht,

▶ einer Schluffschicht und

▶ einer zumeist weniger als 0,5 mm mächtigen Tonhaut als Abschluss.

Pflugmarken überzogen einen Sandstein, der vom oberen Abschnitt einer Schluchtwand auf den Schluchtboden gestürzt war. Vermutlich war der Stein mit einer Fuhre Mist vor dem Schluchtreißen auf den Acker gebracht, untergepflügt und in den Folgejahren wiederholt von der Pflugschar geritzt worden.

Die Starkniederschläge veränderten nicht nur direkt mit ihrem Abfluss und der resultierenden Ablagerung der Schichtfolgen den Habitus der Schlucht. Sie bewirkten auch eine tief reichende Durchfeuchtung des Bodens und damit eine Minderung der Bodenstabilität in der Umgebung der Schlucht. Bald nach der Durchfeuchtung öffneten sich mehrere Meter tiefe und einige Millimeter breite Risse hinter den instabilen Schluchtwänden (einige mit Feinmaterial verfüllte Risse blieben bis zu unserer Grabung erhalten). Die Schluchtwände kollabierten im Verlauf wohl weniger Sekunden. Kleine und große Blöcke der Bodenreste und des kalkhaltigen Lösses purzelten in das Schluchttiefste auf die gerade ablagerten Schichtfolgen (Abb. 146, 147). Schwache Abflussereignisse sedimentierten in den folgenden Monaten Material in die Hohlräume zwischen den Rutschmassen. Eine tiefe Delle war an die Stelle der kastenförmigen Schlucht getreten (Abb. 144 c).

niederschlag variiert zwischen 700 und 800 mm (Messstationen Brüssel und Leuven) (Vanwalleghem et al. 2005).

Die verborgene Schlucht

Die kleine Schlucht hatte sich überwiegend nicht in den kalkhaltigen Löss, sondern in die Füllung einer älteren und weitaus größeren Schlucht eingeschnitten (Abb. 144, 145). Mit einem Kleinbagger wurde die ältere Schlucht durchtrennt. Die komplizierte Füllung wurde entschlüsselt und detailliert aufgenommen; die nachstehend zusammengefasste, faszinierende Geschichte wurde rekonstruiert (Vanwalleghem et al. 2005).

Nach der Ablagerung von Sanden im Tertiär sowie von Schottern und Löss im Pleistozän entwickelte sich im Untersuchungsgebiet während des

◀ **Abb. 147:** Rutschmassen aus kalkhaltigem Löss, B-Horizont-Material und geschichteten Kolluvien in der verfüllten Schlucht (Kinderveld bei Leuven, Belgien).

Kerben reißen ein und verschwinden

In den folgenden Jahren lief häufig schwacher bis mäßig starker Abfluss vom westlich benachbarten Acker über den verstürzten Rand der Schlucht. Er riss in der Delle schmale, bis zu 120 cm tiefe Kerben ein (Abb. 144 d). Ein Teil des an Schwebstoff reichen Wassers strömte durch noch nicht voll-

kommen verfüllte Hohlräume in den Rutschmassen, erodierte dort Teile der Blöcke und schuf unregelmäßig geformte, durchgängige Tunnelsysteme mit Durchmessern bis zu 21 cm. Rasch wurden die Tunnel und Kerben der zweiten Einschneidungsphase mit zahlreichen Schichtfolgen verfüllt; neue Kerben entstanden und verschwanden im Oberflä-

▲ **Abb. 148:** Von Menschenhand in die Schlucht geworfene Blöcke aus geschichteten Kolluvien (Kinderveld bei Leuven, Belgien).

▼ **Abb. 149:** Rezente Rutschung im Aufschluss Kinderveld bei Leuven (Belgien).

chenbild durch Verfüllung. In einer verfüllten, 101 cm tiefen Kerbe wurden 77 Schichtfolgen und damit 77 Abflussereignisse gezählt. Die unterschiedlichen Mächtigkeiten der Schichtfolgen belegen verschieden starke Abflüsse. Die erste 12 cm mächtige Schichtfolge in einer Kerbe enthielt eine 11,9 cm hohe Lage aus kleinen B- und C-Horizont-Aggregaten und eine 0,1 cm dünne Tonschicht; ein Transport über Distanzen von einigen Metern hatte die Aggregate gerundet. Die übrigen Schichtfolgen bestanden vorwiegend aus Schlufflagen.

Eine dreidimensionale Analyse der Kerben und Tunnel mit ihren bis zu unserer Grabung erhaltenen Füllungen belegt die unregelmäßige Struktur der Erosionsformen der zweiten Einschneidungsphase im Chaos der Rutschmassen (Abb. 146). Eine Kerbe mit einer horizontalen Ausdehnung von weniger als 3 cm weitete sich plötzlich auf 30 bis 40 cm, um dann in einem Tunnel zu verschwinden, der bald wieder die Oberfläche der Delle erreichte und als Kerbe weiterlief.

Die zweite Einschneidungsphase hinterließ 140 Schichtfolgen – Belege für 140 Starkniederschläge und Abflussereignisse innerhalb weniger Jahre. Zum Ende dieser Phase nahm (erneut) eine tiefe Delle die Oberfläche ein (Abb. 144 e).

Dann riss starker Abfluss eine breite, 1,5 m tiefe Kerbe in die Delle, die von 165 Abflussereignissen mit 165 Schichtfolgen verfüllt wurde (Abb. 144 f, g). Verlagerter kalkhaltiger Löss dominiert in den Schichtfolgen. Die Quelle des Materials war damit nachgewiesen: Auf der Geländeoberfläche herrschte in jener Zeit noch der Unterboden der Parabraunerde vor (der untere Teil des B-Horizonts). Lediglich am oberen Rand der Kerbe, im Kerbensprung, konnte kalkhaltiger Löss erodiert werden.

Während eines jeden der 165 Abflussereignisse war die Kerbe um einige Zentimeter bis Dezimeter hangaufwärts gewachsen. Die unteren Schichtfolgen waren erheblich mächtiger als die oberen: ein Indikator für die Nähe des Kerbensprungs zum Ablagerungsort (unserer Grabung) zu Beginn der Verfüllung und für eine Entfernung von vielen Metern zu deren Ende.

Keine der 165, die Kerbe erneut zu einer Delle umformenden Schichtfolgen war durch anthropogene Eingriffe (wie Grab- oder Pflugtätigkeit) oder Bioturbation (die Aktivität z.B. von Regenwürmern) gestört. Eine rasche Ablagerung der insgesamt 168 cm mächtigen Folge ist wahrscheinlich.

Der nächste Starkniederschlag schnitt eine 110 cm tiefe Kerbe in die Folge (Abb. 144 h). Eine bemerkenswerte Füllung verhüllt die Kerbe vollkommen: Hunderte Blöcke mit Durchmessern von 15 bis 20 cm (Abb. 144 i, 148). Jeder Block besteht aus vielen dünnen Sand-Schluff-Ton- oder Schluff-Ton-Schichtfolgen. In einigen Blöcken liegen die Schichten annähernd horizontal, in anderen sind sie verstellt. Natürliche Prozesse können derartige Strukturen nicht hinterlassen, also müssen Menschen Blöcke geschichteten Kolluviums in die Schlucht geworfen haben. Wahrscheinlich wurden Spaten oder Schaufeln zur Verfüllung der Kerbe eingesetzt. Ein Pflughorizont bezeugt die ackerbauliche Nutzung der ehemaligen Schlucht nach ihrer vollständigen Verfüllung mit Bodenblöcken.

Das einleitend erläuterte Einschneiden der kleinen Schlucht im Jahr 1986 und ihre Plombierung im Jahr 2000 beschließt (vorläufig) die dramatische Entwicklung im Kinderveld.

Die Instabilität des Substrats zeigte sich in den Grabungen. Eine der mehr als 2 m tiefen Gruben kollabierte in einer Feuchtphase kurz nach der Öffnung des Aufschlusses (Abb. 149). Das unbeabsichtigte und nicht ungefährliche Experiment trug zum Verständnis der Schluchtentwicklung bei. Das Blockchaos des verstürzten Aufschlusses ähnelte stark demjenigen der kollabierten ersten großen Schlucht.

Die Datierung des Schluchtreißens

Wann zerriss die erste Schlucht die fruchtbaren Lössäcker im Kinderveld? Die jüngsten, im Tiefsten der Füllung der großen Schlucht gefundenen und mit archäologischen sowie physikalischen Methoden datierten Keramikfragmente und Holzkohlen sind nicht älter als 350 Jahre: Die große Schlucht entstand zweifellos nach der Mitte des 17. Jh., sehr wahrscheinlich im Verlauf der für zahlreiche Standorte in Deutschland nachgewiesenen Phase linienhafter Bodenerosion des 18. Jh. (Bork et al. 1998; Vanwalleghem et al. 2005).

Löss – ein erosionsanfälliges Substrat

Mehr als 500 Starkniederschläge waren seitdem, d.h. in den vergangenen drei Jahrhunderten, abfluss- und erosionswirksam. Aber nicht nur die Lösse in Zentralbelgien sind extrem erosionsanfällig. Ackerbaulich genutzte Standorte im gesamten, West-, Mittel- und Osteuropa durchziehenden Lössgürtel haben durch seltene extreme Starkniederschläge in den vergangenen Jahrhunderten und Jahrtausenden gravierende Veränderungen erfahren.

Das „dünnhäutige" Island im Nordatlantik

Klaus Dierßen

„Island ist zweifellos das am stärksten erodierte Land Europas, wenn nicht der Welt", so das Zitat eines Isländers auf einer Tagung über Restaurationsökologie (Bjarnason 1978). Eine aktuelle Studie auf der Basis von Landsat-Satellitenaufnahmen belegt, dass 73 % der 103 000 km^2 großen Insel durch Erosion beeinträchtigt sind, davon fast 20 % besonders schwerwiegend (Arnalds et al. 1997). Seit der Besiedlung durch die Wikinger sollen über 50 % der Vegetation und über 90 % der Wälder verändert oder zerstört worden sein. Als Beleg müssen vor allem Sentenzen isländischer Sagas herhalten. So schilderte der „weise" Ari Þorgilsson (1130), dass Island zum Zeitraum der Landnahme um 860 von den Bergen bis an die Meeresufer von Wald bedeckt gewesen sei. Auch überlieferte Flur- und Hofnamen belegen die ehemalige Existenz von Wäldern dort, wo heute vegetationsarme Rohböden („edaphische Wüsten") anzutreffen sind. Eine so extreme Boden- und Landdegradation wie hier hat zahlreiche miteinander verknüpfte Ursachen, ausgelöst durch die räumlich und zeitlich schwankende Intensität von Prozessen. Das Puzzle an Wechselwirkungen lässt sich nur schwer entwirren. Vielleicht fehlt gerade deswegen ein auf belastbaren Daten fußendes, überzeugendes Konzept, wie die durch Erosion ausgelöste „Wüstenentwicklung" unter den kühl-humiden Bedingungen in der borealen Zone wirksam gestoppt beziehungsweise reduziert werden kann.

Geologische Entwicklung und Oberflächenformen

Island erstreckt sich von etwa 63°23' bis 66°30' N und von 13°30' bis 24°32' W. Es liegt auf einem Hot Spot des Mittelatlantischen Rückens, von dem ausgehend die Nordamerikanische Platte und die Eurasische Platte – beides riesige Lithosphärenplatten – auseinander weichen. Die ältesten Gesteine sind miozäne und pliozäne Thule-Basalte im Nordwesten und Westen sowie im Osten und Südosten des Landes (Einarsson 1994). Vor rund 700 000 Jahren begann sich der Zentralisländische Graben mit Gesteinen der jungpleistozänen Palagonit-Formation (Móberg) zu füllen. Auf diesen Raum sowie auf die Halbinsel Snæfellsnes im Westen konzentriert sich heute der aktive Vulkanismus. Mit etwa 20 Ausbrüchen je Jahrhundert ist die vulkanische Tätigkeit beträchtlich. Etwa 90 % der Landmasse sind aus vulkanischen Gesteinen aufgebaut; der Rest ist von äolischen, fluviatilen und glazialen Ablagerungen bedeckt. Die Höhen liegen zwischen Meeresniveau und 2119 m; nur ein Viertel des Geländes liegt unter 200 m ü.d.M., ein Drittel über 600 m ü.d.M. Gletscher bedecken etwa 10 % der Landfläche; ihre Ausdehnung ist derzeit rückläufig.

Klima

Das harsche Klima Islands wird durch kühl-feuchte Luftmassen aus dem südwestlichen Atlantik und kalt-trockene aus dem Eismeer bestimmt. Die „Polarfront" als Wetterscheide wandert räumlich und jahreszeitlich. Ein häufiger Wechsel zwischen Frost- und Tauphasen ist besonders im Bergland die Regel, Winde von Sturmstärke sind verbreitet. Die jährlichen Niederschläge schwanken im Mittel zwischen 400 mm im Nordosten und 4000 mm im Süden und Südosten. Die Jahresmitteltemperaturen in den Tieflagen liegen regional zwischen 2 °C im Norden und 6 °C im Süden, wesentlich bedingt durch das im Süden ausgeglichenere Klima mit höheren Wintertemperaturen.

Böden und Erosion

Islands Böden sind überwiegend vulkanischen Ursprungs. Schluffreiche Andosole setzen sich aus wechselnden Anteilen von Tephra und äolischen Ablagerungen zusammen. Ihre Mächtigkeit kann erheblich schwanken: von wenige Zentimeter dicken Lagen auf jungen Lavaströmen bis zu mehrere Meter mächtigen Folgen auf rasch verwitternden jungpleistozänen, bei subglazialen Eruptionen ent-

▲ **Abb. 150:** „Rofabard"–
Erosion, Skaftártunga,
Südisland
(Foto: B. Dierßen).

standenen und diagenetisch verhärteten Tuffen (isl. *móberg*). Das äolische Ausgangsmaterial an der Basis der Andosole hat sich häufig bereits gegen Ende der letzten glazialen Vereisung vor etwa 9000 Jahren gebildet. Das oberflächennahe Material als Ergebnis einer äolischen Deposition im jüngeren Holozän erfolgte erheblich rascher und erreicht vielfach größere Mächtigkeiten. Tephra-Lagen von definierten Vulkanausbrüchen können als Zeitmarken verwendet werden. Regosole als glazio-fluvial entstandene Rohböden mit hohem Skelettanteil und geringer organischer Komponente sind vor allem im zentralen Landesinnern häufig. An grundwassernahen Standorten der Basaltregionen und der küstennahen Tieflagen sind vielfach Niedermoortorfe entwickelt. Diese sind in Island reich an eingewehten schluffigen und sandigen vulkanischen Ablagerungen.

Die Andosole sind äußerst erosionsanfällig. Aufgrund der geringen Anteile bindiger Tonminerale sind kaum Bodenaggregate entwickelt; Einzelkorngefüge überwiegen. Die vulkanischen Tuffe haben eine geringe Dichte. Demzufolge werden auch größere Partikel leicht äolisch verlagert; die Windenergie wirkt somit auf Island effektiver als andernorts. Schließlich haben die Böden bei geringer Lagerungsdichte und hohem Schluffanteil eine hohe Wasserspeicherfähigkeit. Dies macht sie bei Frostwechsel besonders anfällig für kryogenetische Prozesse wie die Bildung von Nadeleis und Frostbodenformen wie kleine Frostbulten (isl. *thúfur*) sowie für Solifluktionsvorgänge.

Islands Böden erodieren auf ausgedehnten Flächen „pilzförmig" (isl. *rofabard*, Abb. 150). Der A-Horizont der Andosole ist durch das Feinwurzelsystem der Vegetation gefestigt, der C-Horizont fußt in glazialen Schottern oder Basaltlaven. Das dazwischen liegende Material aus kaum bindigem Sandlöss mit eingelagerten Tephrabändern setzt erodierenden Kräften wenig Widerstand entgegen. Bei Verletzungen der Vegetationsdecke ergänzen sich folglich Frostwechsel, Wind- und Wassererosion zu der Bildung von „Abtragungshohlkehlen". Winderosion überwiegt im trockenen Nordosten Islands, Wassererosion im niederschlagsreichen Süden. Fridriksson (1995) hat an solchen Rofabards mittlere jährliche Abtragungsraten von 16 cm a^{-1} ermittelt. Die betroffenen Gebiete liegen vorwiegend in der jüngeren vulkanischen Zone südwestlich und nordöstlich der an Feinerde armen Hochfläche Zentralislands. Der potenziell anfällige Raum umfasst etwa 20 250 km^2 (Abb. 151).

Vegetation

Die aktuelle Vegetation wird im Umfeld der Siedlungen von intensiv drainiertem und gedüngtem Grünland bestimmt, vielfach auf ehemaligem Niedermoor. Aus Dänemark importierte Ansaatmischungen wuchskräftiger Grassorten lassen Populationen einheimischer Arten auf den intensiv genutzten Flächen kaum eine Chance. Siedlungsferner sind extensiv beweidete, mäßig produktive Zwergstrauch- und Rasengesellschaften verbreitet. Im Vorland der Gletscher und auf Lavafeldern schließlich dominieren weiträumig von Moosen und Flechten beherrschte Lebensgemeinschaften. Die spärlichen verbliebenen Waldreste werden im Wesentlichen von Birken bestimmt (*Betula pubescens* subsp. *czerepanovii*). Die aktuelle Höhengrenze der Birkenwälder liegt zwischen 200 und 350 m ü.d.M., die Grenze einer weitgehend geschlossenen Vegetation in der alpinen Stufe zwischen 600 und 750 m ü.d.M. (Glawion 1985; Sveinbjörnsson et al. 1993). Die kurze und kühle Vegetationsperiode besonders in den Hochlagen lässt nur ein langsames Pflanzenwachstum zu. Dies verzögert die initiale Besiedlung sowie die Entwicklung einer geschlossenen Vegetationsdecke auf Lava- und Tephraschichten nach Vulkaneruptionen oder auf Deflationsflächen. Besonders das Landesinnere wirkt demzufolge weiträumig wüstenhaft (Abb. 152). Freilich trügt der erste Blick. Die Deckung der Vegetation ist zwar in weiten Bereichen äußerst gering. Dennoch ist die Anzahl der Arten keineswegs besonders niedrig, vor allem dann nicht, wenn man Moose und Flechten dieser oroarktischen Rohboden-Landschaften mit einbezieht.

Besiedlung und Landnutzung

Die ersten wikingerzeitlichen Siedlungen in Südwestisland werden auf 874 n.Chr. datiert (Alte Isländische Literatur 1968). Zwar fehlen zuverlässige Angaben über die Anzahl der Einwohner aus dem Zeitraum vor dem 18. Jh., Historiker gehen aber

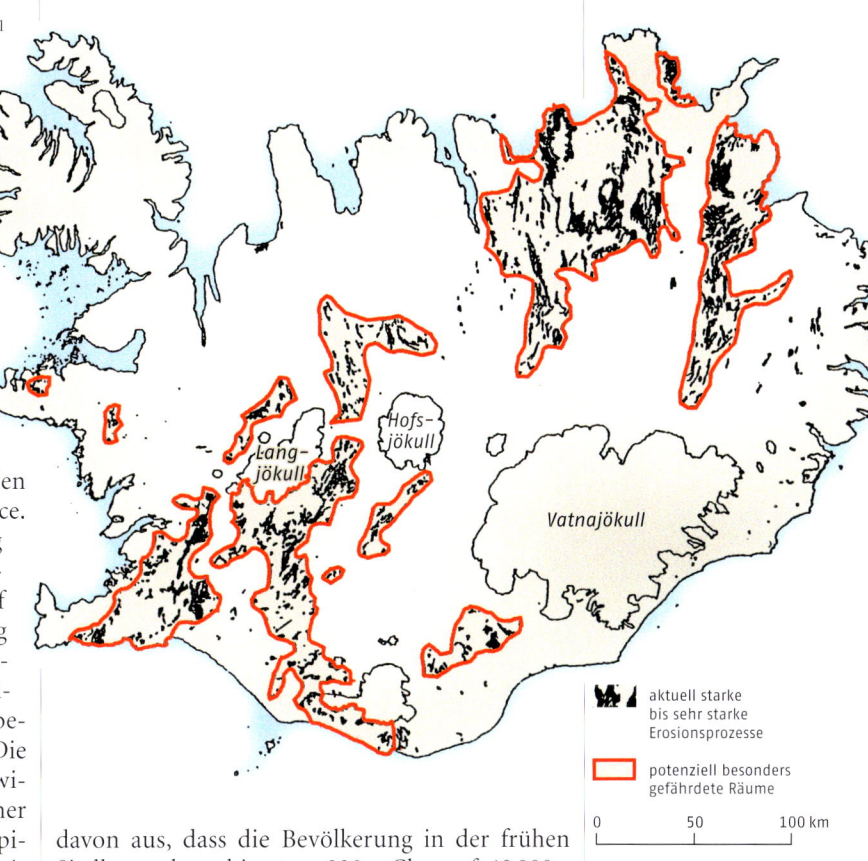

davon aus, dass die Bevölkerung in der frühen Siedlungsphase bis etwa 930 n.Chr. auf 40 000–50 000 Personen angestiegen sein dürfte. Schon die ersten Siedler brachten Haustiere auf die Insel, vor allem Rinder, Schafe, Schweine und Pferde, die bis in das frühe 20. Jh. die wesentliche Lebens- und Ernährungsgrundlage der Isländer bildeten. Während des Mittelalters dürften schwere Epidemien sowie

Legende:
- aktuell starke bis sehr starke Erosionsprozesse
- potenziell besonders gefährdete Räume

0   50   100 km

▲ **Abb. 151:** Besonders erosionsanfällige Böden mit ausgedehnten Rofabards sind in der jungvulkanischen Zone mit leicht verwitterbaren Ausgangsgesteinen entwickelt (nach Fridriksson 1995).

▶ **Abb. 152:** Ausgedehnte Flächen des Landesinnern zeigen eine äußerst spärliche Vegetationsdecke; nur einzelne niedrigwüchsige Gefäßpflanzen und Kryptogamen können sich behaupten; Odáðahraun, zentrales Ostisland.

heftige Vulkanausbrüche und dadurch ausgelöste Hungersnöte die Bevölkerung zeitweilig erheblich dezimiert haben (u. a. Júlíusson 1998 a, b). Bis in die Neuzeit überwogen Streusiedlungen. Die Anlage von Einzelhöfen orientierte sich an den lokalen Möglichkeiten der Weidenutzung und des Gewinnens von Winterfutter. Schafweide auf den Allmenden außerhalb der privaten Weiden war ein wesentliches Element der Landnutzung, wobei der Umfang der Schafhaltung zeitlich stark geschwankt haben dürfte und bis in jüngere Zeit kräftig angestiegen ist (Gísladóttir 1998; Ólafsdóttir 2001). Gegenwärtig wird die Bewirtschaftung isolierter Einzelhöfe zunehmend aufgegeben. Weniger als 2 % der Landfläche werden noch landwirtschaftlich genutzt, durchweg in Höhenlagen unter 200 m ü. d. M. Mit der Ablösung der landwirtschaftlichen Subventionierung durch eine Quotenregelung ist der Schafbestand seit 1979 von etwa 900 000 Tieren um über 40 % gesunken (Icelandic Agricultural Information Service 1997).

Schafe, Klima oder aktiver Vulkanismus als Schlüsselfaktoren der Landdegradation? Bausteine einer Analyse

Bis in jüngere Zeit hält sich unter Verweis auf historische Quellen hartnäckig die Auffassung, dass Bodendegradation und „Wüstenbildung" in Island im Wesentlichen seit der „Landnahme" und der damit verknüpften Waldzerstörung durch die Wikinger erfolgten (u. a. Einarsson 1994; Arnalds 2000). Das Methodenspektrum der Untersuchungen hat sich inzwischen beträchtlich erweitert. Neben Archivstudien erlauben Tephrachronologie, Pollen- und Großrestanalyse, luftbildgestützte Kartierungen der Erosion, Untersuchungen zur Klimageschichte an Eiskernen und geophysikalische Analysen zu Schwereveränderungen und zur Gletscherausdehnung eine integrierte Betrachtung der holozänen Klima- und Landschaftsgeschichte. Pollenanalysen aus Island sind insofern übersichtlich, als die Birke die einzige waldbildende Baumart ist. Erwartungsgemäß trat das Birken-Maximum während der wärmsten Phase des Holozäns vor 3000 bis 4000 Jahren auf (Einarsson 1961). Seit 2500 Jahren vor heute fallen die Temperaturen (Abb. 153, 154). Die geschätzten Waldflächen waren bereits vor der „Landnahme" von etwa 50 % auf rund 25 % der Landfläche zurückgegangen. Im Kern wird dieser Befund durch weitere Pollenanalysen zwar bestätigt (Hallsdóttir 1995), doch zeigen jüngere Untersuchungen unter anderem an Sauerstoff-Isotopen aus grönländischen Eiskernen merklich ausgeprägtere holozäne Klimaschwankungen, als sich dies aus den schwach auflösenden frühen Pollendiagrammen ableiten lässt (Guðmundsson 1997; Dahl-Jensen et al. 1998). Auf der Basis dieser Daten zeichnet sich ab, dass der sukzessive Temperaturabfall in Island sein Minimum um das Jahr 1500 n. Chr. erreicht hatte. Schwerebestimmungen am Vatnajökull belegen ein Anwachsen des Eiskerns zwischen 900 und 1750 um 1265 km³. Der Trend ist inzwischen rückläufig; seit 1890 ist der Vatnajökull um etwa 180 km³ abgemagert (Bürger et al. 2002). Zusammengefasst heißt das, die Kombination aus klimatischer Ungunst, vom Menschen verantworteten Aktivitäten und regional dramatischen Tephra-Depositionen (wie im Myvatn-Raum um 1477) dürften regionale Desaster ausgelöst haben, deren Auswirkungen sich bis heute im Landschaftsbild niederschlagen (Ólafsdóttir 2001).

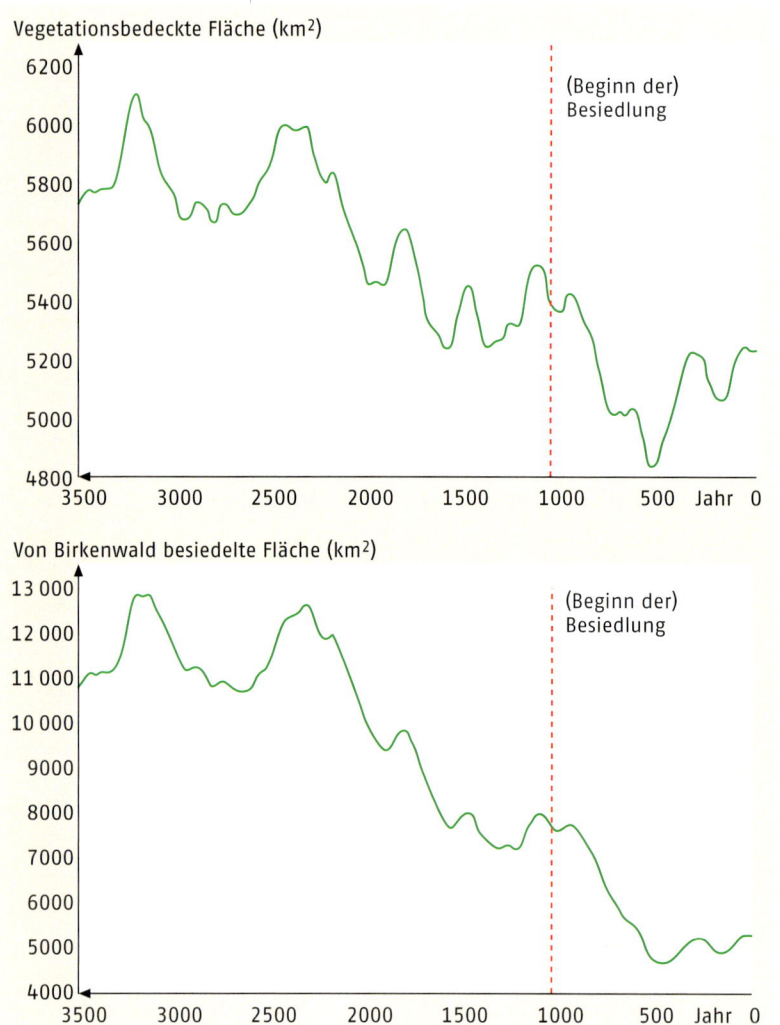

◄ **Abb. 153:** Im Wesentlichen klimatisch, in jüngerer Zeit auch anthropogen gesteuerter Rückgang der vegetationsbedeckten Flächen (oben) und der von Birkenwäldern besiedelten Flächen (unten) in Island in den vergangenen 3500 Jahren (auf der Basis von Simulationsmodellen nach Ólafsdóttir 2001).

◀ **Abb. 154:** Birkenwald-
inseln auf erosionsanfäl-
ligen Hängen; Lundar-
reykjadalur, Westisland
(Foto: B. Dierßen).

Strandroggen, Lupinen, Forsten –
Visionen von einem „grünen" Island?

Im Landesinneren Islands ist Staub allgegenwärtig und bei stärkeren Verwehungen ist es aufwändig, stets aufs Neue Straßen und Wege zu räumen. Es verwundert daher nicht, dass Planer frühzeitig über die Immobilisierung von Feinerde nachgedacht haben. Größere Dünensysteme im zentralen Ostisland wurden systematisch mit Strandroggen (*Leymus arenarius*) und dem aus Grönland importierten *Leymus mollis* bepflanzt (Abb. 155). Diese

Gräser mit ihren ausgedehnten Wurzelsystemen eignen sich besonders gut zur Bodenbefestigung und können selbst nach stärkerer Überwehung aus Kriechtrieben neu austreiben.

Freilich setzt die geringe Verfügbarkeit wichtiger Nährstoffe wie Phosphor und Stickstoff auf den Rohböden dem Wachstum dieser robusten Gräser Grenzen. Zur „Begrünung" von Rohböden eignen sich daher besonders Pflanzen, die mit Hilfe symbiotischer Bakterien Luftstickstoff binden und die Stickstoffversorgung der Böden so weit

◀ **Abb. 155:** Strandrog-
gen-Pflanzungen in Räu-
men auf Rohböden mit
starker Winderosion,
Grimstaðir, zentrales Ostisland (Foto: B. Dierßen).

▶ **Abb. 156:** Die Alaska-Lupine (*Lupinus nootkatensis*) wird als Pionierpflanze auf feinerdearmen Rohböden zur „Begrünung" eingesetzt; Lambafjöll nördlich des Myvatn, Nordisland.

verbessern, dass sich weitere Pflanzenarten ansiedeln können. Zum „Hit" isländischer Landschaftsbegrüner hat sich die Alaska-Lupine (*Lupinus nootkatensis*) entwickelt, inzwischen vielerorts angepflanzt und ausgesät, um stickstoffarme Rohböden zu „verbessern" und Erosion aufzuhalten oder zu verhindern (Abb. 156). Andererseits ist das Arbeiten mit „Neubürgern" gerade auf Inseln mit einem begrenzten Bestand an empfindlichen Arten nicht unproblematisch (vgl. die Beiträge zur Osterinsel und zur Robinson-Crusoe-Insel in diesem Buch). So überwiegen bei der in Mitteleuropa seit längerem aus dem pazifischen Nordamerika eingebürgerten, im Wuchsverhalten ähnlichen Stauden-Lupine (*Lupinus polyphyllus*) inzwischen eher die Nachteile. Ihre Massenbestände dehnen sich zunehmend in schützenswerte Lebensräume aus und lassen sich nur schwer wirksam bekämpfen. Auch in einigen isländischen Forstplantagen wirken die

Lupinen bereits heute deutlich verjüngungshemmend.

Durch den Rückgang der landwirtschaftlichen Nutzung fallen selbst in den klimatisch begünstigten Tieflagen beträchtliche Flächen brach. Seit 1997 wird die Aufforstung ehemaliger Schafweiden staatlich subventioniert – neben dem Erosionsschutz ist es auch erklärtes politisches Ziel, die CO_2-Bindung gemäß den Vorgaben des Kyoto-Protokolls zu erhöhen. Derzeit werden jährlich rund zwei Millionen Bäume gepflanzt. Favorit ist dabei freilich nicht die heimische Birke. Vielmehr sind es raschwüchsige fremdländische Arten, vor allem Sibirische Lärchen (37,5 % der gepflanzten Bäume), Sitkafichten und Schwarzpappeln. Der Anteil der gepflanzten einheimischen Birke liegt aktuell unter 25 %. Die Bewahrung der naturräumlichen Authentizität ist derzeit in der isländischen Forstpartie kein Thema.

Chronologie des Wandels der Landschaften der Erde

Hans–Rudolf Bork und
Stefan Dreibrodt

Menschen bestimmten die exemplarisch beschriebenen Entwicklungen von Landschaften in Asien, Afrika, Nord- und Südamerika, in Europa und auf ostpazifischen Inseln während der Nacheiszeit. Den Boden, das Relief und die Vegetation prägende Eingriffe wie Acker- und Gartenbau, Weide- und Waldwirtschaft begannen in den Gebieten, die in Teil 2 vorgestellt wurden, zu unterschiedlichen, manchmal unerwartet frühen oder späten Zeitpunkten:

▸ in der Umgebung von Jerusalem (Israel) vor mehr als 10 000 Jahren,
▸ im Einzugsgebiet des Huang He (China) vor mehr als 7000 Jahren,
▸ in Belgien, Deutschland und Polen vor 5500 bis 7500 Jahren,
▸ im küstenfernen Bereich des pazifischen Nord-westens der Vereinigten Staaten von Amerika vor etwa 120 bis 150 Jahren,
▸ in der nordchilenischen Oase San Pedro de Atacama vor mehr als 2000 Jahren,
▸ auf der chilenischen Osterinsel vor etwa 1300 Jahren,
▸ auf Island vor mehr als 1100 Jahren,
▸ auf der chilenischen Robinson-Crusoe-Insel im Archipel Juan Fernández im Jahre 1591,
▸ in den küstennahen Räumen Südbrasiliens im 16. Jh.,
▸ in der Transkei (Republik Südafrika) vor etwa zwei Jahrhunderten,
▸ auf der ekuadorianischen Galápagos-Insel Floreana in den 1950er-Jahren,
▸ bei Xixi im Süden Sichuans (China) im Jahr 1958 und
▸ im Norden des Westsibirischen Tieflands (Russland) lokal seit den 1960er-Jahren und verstärkt seit dem ausklingenden 20. Jh.

Die Nordostküste der Robinson–Crusoe–Insel (Chile) mit weitgehend erodierten Böden.

Lediglich in der vollariden, vegetationsarmen Nubischen Wüste, in dem an Rohstoffen armen Nordosten des Sudans, blieb (als einzigem der vorgestellten Gebiete) der anthropogene Einfluss bis heute unbedeutend.

Seit dem Beginn der intensiven Landnutzung veränderten Menschen die Erdoberfläche in zunehmendem Maße. Besonders folgenreich waren:

▶ der initiale Wandel von der aneignenden (jagenden, fischenden und sammelnden) zur erzeugenden Wirtschaftweise (Garten- und Ackerbau, Weide- und Waldwirtschaft),

▶ die Gründung von städtischen Staatsformen und Imperien, welche die Entwicklung von Handwerk, Handel, Verkehr und Wissenschaft förderten,

▶ die Binnenkolonisierung Europas im Verlauf des Mittelalters,

▶ die Kolonisierung weiter Teile Asiens, Afrikas, Nord- und Südamerikas, Australiens und Ozeaniens durch europäische Nationalstaaten, hauptsächlich in den vergangenen sechs Jahrhunderten,

▶ die von Europa und Nordamerika ausgehende Industrialisierung und schließlich

▶ die jüngste, global vernetzte ökonomische Entwicklung.

Das Bevölkerungswachstum führte zur Ausdehnung und Intensivierung der Landnutzung. Das Wachstum vollzog sich jedoch nicht kontinuierlich. Brüche prägten vor allem das letzte vorchristliche Jahrtausend, das sechste und das vierzehnte nachchristliche Jahrhundert: Ungünstige Witterung und (hauptsächlich, jedoch nicht ausschließlich in deren Folge) die Ausbreitung von Hungersnöten, Seuchen und Konflikten verursachten annähernd zeitgleich in verschiedenen Regionen der Erde Abnahmen der Bevölkerungsdichte und (vorübergehend) die Ausbreitung extensiver Landnutzungssysteme. Weitere regionale Einbrüche sind feststellbar.

Waren die Systeme der Wildbeutergesellschaften noch vorwiegend auf Muskelkraft aufgebaut, so nahm mit der Durchsetzung und Verfeinerung der agrarischen Produktionssysteme die Nutzung von Energie und Stoffen aus dem Wald (vielerorts schließlich dramatisch) zu (Bowlus 1988). Erst die umfassende Nutzung fossiler Brennstoffe und mineralischer Baustoffe im Industriezeitalter beendete die Krisen, die die Verknappung von Holz ausgelöst hatten. Die Menge der in die Nahrungsmittelproduktion fließenden Energie erhöhte sich

seitdem sehr stark. Analog vergrößerten sich die Stofftransfers.

Die vorgestellte Vielfalt der Wirkungen menschlichen Handelns in Landschaften zeigt viele Gemeinsamkeiten. Grundsätzlich zu erwarten waren die identifizierten Folgen der gartenbaulichen und der agrarischen Landnutzung auf die Art der Entwicklung und der Zerstörung der Böden, die Veränderungen des Reliefs und der Vegetation. Überraschend waren dagegen die anhaltenden Wirkungen extremer Witterungsereignisse, das Ausmaß der Bodenzerstörungen und die Reaktionen der das Land nutzenden Menschen in einigen Landschaften:

▶ der Jahrhunderte während, frühe und erfolgreiche Bodenschutz auf der Osterinsel;

▶ die mehrere Jahrtausende andauernde, nachhaltige Bodennutzung im chinesischen Lössplateau;

▶ die erst im Verlauf des 20. Jh. eingetretene Unkenntnis von Landnutzern oder Entscheidungsträgern in Behörden zu den Wirkungen von Landnutzung, die bezeugt ist durch

  ▸ die Einführung moderner Agrartechnik im pazifischen Nordwesten der Vereinigten Staaten von Amerika,

  ▸ die Menschen und Weidetiere zusammenpferchende Apartheidpolitik in der Südafrikanischen Union,

  ▸ die Zerstörung von Bewässerungsland in der Oase San Pedro de Atacama,

  ▸ die explosionsartige Entwicklung der Bodenerosionsraten in China mit der Etablierung von Volkskommunen im „Großen Sprung nach vorn",

  ▸ die Veränderungen der Flurstruktur in West- und Ostdeutschland durch Flurbereinigung oder Kollektivierung;

▶ die oftmals fehlerhaften und daher wirkungslosen Bodenschutzmaßnahmen des 20. Jh. (auf der Robinson-Crusoe-Insel, im pazifischen Nordwesten der USA, in der südafrikanischen Transkei, in China);

▶ die heute zumeist vollkommene Ignoranz über Kenntnisse eines erfolgreichen Bodenschutzes, aber auch über bekannte Ursachen von Bodenzerstörungen in der Vergangenheit.

Nachfolgend werden die Entwicklungen des Klimas und der Landnutzung im Holozän zusammengefasst und am Beispiel Mitteleuropas vertieft. Eine integrative Analyse der beschriebenen Beispiele und Antworten auf die einführend formulierten Fragen beschließen den dritten Teil des Buches.

Der Klimawandel

Stefan Dreibrodt und
Hans-Rudolf Bork

Der langfristige regelmäßige Wandel des Erdklimas und seine Ursachen

Die mittleren Temperaturen an der Oberfläche der Erde unterlagen in den vergangenen etwa 1,8 Millionen Jahren starken und regelhaften Schwankungen. Warm- und Kaltzeiten wechselten mehrere Dutzend Mal. Die Kaltzeiten dauerten weitaus länger als die Warmzeiten. Wir leben heute in einer Warmzeit, dem Holozän, die auch als Nacheiszeit bezeichnet wird, obgleich in einigen Jahrtausenden die nächste Kaltzeit beginnen wird. Das Eiszeitalter (Quartär) ist nicht beendet. Wir leben in ihm. Ein Ende ist nicht abzusehen – trotz der aktuellen, wohl erstmals von einer einzigen Spezies (*Homo sapiens*) beeinflussten, erdgeschichtlich betrachtet zweifellos kurzfristigen und vorübergehenden Klimaänderung. Kalt- und Warmzeiten prägten nicht nur Räume in der Nähe polnaher Eismassen. Der Klimawandel erfasste auch die Tropen und Subtropen.

Verschiedene terrestrische und extraterrestrische Faktoren prägen den natürlichen langfristigen Klimawandel.

Die Erdkruste setzt sich aus zahlreichen Lithosphärenplatten zusammen, die sich entweder langsam aufeinander zu-, voneinander fort- oder seitlich aneinander vorbeibewegen (Frisch & Meschede 2005). Unter den Meeren liegen dünnere ozeanische Platten; wesentlich dickere Platten bilden die Kontinente. Lage und Ausdehnung der Platten, die Land-Meer-Verteilung, die Gebirgsbildung und die allmähliche Abtragung der Gebirge beeinflussen das Erdklima (Williams et al. 1993).

Seit die Antarktis am Südpol liegt und sich die großen Kontinentalmassen von Eurasien und Nordamerika um den Nordpol gruppieren, konnten polnah große kontinentale Eismassen akkumulieren. Die Lage der Kontinente bestimmt den Verlauf der Meeresströmungen und damit den Energietransfer zwischen den niederen und den höheren Breiten. Der geotektonisch bedingte Aufstieg ausgedehnter Hochgebirge und Hochplateaus (vor allem Tibets) veränderte die Strömungsverhältnisse in der Atmosphäre.

Der zunehmende Kohlendioxidverbrauch durch Verwitterung förderte während der vergangenen etwa 40 Mio. Jahre die Abkühlung der Erdoberfläche (Ruddiman & Kutzbach 1991). Die Auf-

faltung der zentral- und südasiatischen Gebirgssysteme schuf eine kontinentale Wasserscheide und damit eine starke Entwässerung zum Nordpolarmeer. Die erhöhte Süßwasserzufuhr förderte als Folge davon die Bildung von hellem Eis im Nordpolarmeer. Helles Eis hat eine höhere Albedo und wird in geringerem Maße als dunkleres Eis durch die Sonneneinstrahlung erwärmt; es trägt weniger oder nicht zur Erwärmung seiner Umgebung bei (Eissmann 1996).

Die beschriebene polnahe Lage großer Landmassen seit wenigen Millionen Jahren und die resultierende Bildung von Eismassen veränderten die Wirkungen der Planetenkonstellation des Sonnensystems auf das Erdklima. Die Anziehungskräfte der schweren Planeten und der Sonne bedingen, dass die Parameter der Erdbahn um die Sonne nicht konstant sind (s. Ehlers 1996, Abb. 2). Die Abweichung der Bahn der Erde um die Sonne von einer Kreisform, die Exzentrizität, schwankt in einem regelmäßigen, etwa 100 000-jährigen Zyklus. Die Schiefe der Erdachse relativ zur Ellipsenachse, die Obliquität, variiert in einem etwa 40 000-jährigen Zyklus. Damit ändert sich die Lage der Wendekreise langfristig zwischen 22° und 24,5° nördlicher bzw. südlicher Breite (heutige Position 23,5°). Diese Variation steuert ein weiteres klimawirksames Phänomen, die Präzession der Äquinoktien: Die Orientierung der Erde im sonnenfernsten und sonnennächsten Punkt ihrer Umlaufbahn um die Sonne durchläuft einen Zyklus, der etwa 26 000 Jahre dauert. Der Nettowärmetransfer zwischen Sonne und Erde wird durch die beschriebenen Veränderungen nicht beeinflusst. Die klimarelevanten Auswirkungen resultieren aus der Konzentration eines Großteils der Kontinentalmasse innerhalb der höheren Breiten einer Erdhalbkugel.

Untersuchungen von Meeressedimenten und des Inlandeises Grönlands und der Antarktis belegten die überwiegende Synchronität der Kaltzeit-Warmzeit-Zyklen mit dem Wiederholungsmuster, das der serbische Wissenschaftler Milankovitch vorhergesagt hatte (zunächst Emiliani 1955; Dansgaard et al. 1969; danach u.a. Hays et al. 1976; Shackleton et al. 1990). Auch die Intensität der Sonnenstrahlung und ihre Schwankungen beeinflussen das Erdklima. Die Aktivität der Sonne unterliegt u.a. einem elfjährigen Zyklus (dem Schwabe- oder Sonnenflecken-Zyklus). Dabei schwankt die Intensität im Gesamtspektrum um 0,1 %, im besonders klimarelevanten Ultraviolettbereich bis zu 8 % (Labitzke & Weber 2001; Lean 2002).

Der holozäne Klimawandel in Mitteleuropa

Klimawandel ist nicht auf die Warmzeit-Kaltzeit-Zyklen beschränkt. Auch innerhalb einer Warm- oder Kaltzeit wechselten die mittleren Temperaturen und Niederschläge stetig. Die warmzeitlichen Klimaschwankungen erreichten in verschiedenen Landschaften der Erde ein unterschiedliches Ausmaß. Beispielhaft wird hier die holozäne Klimaentwicklung in Mitteleuropa zusammengefasst.

In Mitteleuropa begann die gegenwärtige Warmzeit mit dem Präboreal, der Vorwärmezeit. Die mittleren Sommertemperaturen entsprachen wohl ungefähr den heutigen. Die (noch) ausgedehnte nordische Eismasse sorgte jedoch für sehr tiefe Wintertemperaturen und eine kurze Vegetationsperiode. Die Vegetation drang in die eisfrei gewordenen Gebiete vor; lichte Birken- und Kiefernwälder bedeckten weite Teile Mitteleuropas. Im Norden, dem Rand der tauenden Eismasse folgend, dominierten Tundren.

Höhere Sommertemperaturen als heute und milde Winter kennzeichneten das Boreal, die frühe Wärmezeit (ca. 10 800 bis 8550 Jahre vor heute). Die wärmeliebende Hasel breitete sich stark aus. Zum Ende des Boreals wanderten Eiche und Ulme ein.

Im Atlantikum, der mittleren Wärmezeit (ca. 8550 bis 6200 Jahre vor heute), traten die bislang höchsten Temperaturen des Holozäns auf. Dieser Abschnitt wird auch als holozänes Hauptoptimum bezeichnet. Die Winter waren deutlich milder als heute. Ein Eichenmischwald mit Eiche, Ulme, Linde und Esche entwickelte sich.

Das Subboreal, die späte Wärmezeit (ca. 6200 bis 2750 Jahre vor heute), war etwas kühler als das Atlantikum. Erle und Buche wanderten nach Mitteleuropa ein.

Wir leben im Subatlantikum, der Nachwärmezeit (Beginn vor ca. 2750 Jahren). Unsere Untersuchungen u. a. in Schleswig-Holstein (s. S. 108 ff., S. 113 ff., S. 121 ff.) belegen die Wirkungen der niedrigen Temperaturen, der hohen Niederschläge und der gehäuft auftretenden Stürme des frühen Subatlantikums (von ca. 750 v. Chr. bis zur Zeitenwende) auf Relief, Böden, Vegetation und Landnutzung. In der Römerzeit (Zeitenwende bis ca. 350 n. Chr.) lagen die mittleren Temperaturen deutlich über den heutigen. Einige Alpenpässe waren im Winter schneefrei (Negendank 2004). In der Völkerwanderungszeit (von ca. 400 bis ca. 700) nahmen die Temperaturen wieder stark ab. Gravierende gesellschaftliche Veränderungen fanden statt: In Europa zerfiel das (west-)römische Imperium; germanische Stämme eroberten weite Teile West- und Südeuropas. Überdurchschnittlich hohe Temperaturen prägten dann das hohe Mittelalter (das mittelalterliche Optimum). Beginnend mit diesem Zeitraum berichten in Mitteleuropa Schriftquellen von den Witterungsverhältnissen, die nach detailliertem und quellenkritischem Studium zur Rekonstruktion der Veränderungen von Landschaften genutzt werden können (z. B. Glaser 2001). Berichte zum Weinbau im nördlichen Mitteleuropa und im südlichen Skandinavien belegen das hochmittelalterliche Temperaturoptimum (Glaser 2001). Auch die Besiedlung Grönlands fand in jener Zeit statt (Lamb 1989).

Im späten Mittelalter vollzog sich der Übergang zu einer etwas unglücklich als „Kleine Eiszeit" bezeichneten kühleren Phase. Abnehmende Temperaturen, höhere Niederschläge und eine Zunahme von Stürmen, mit zum Teil verheerenden Auswirkungen, kennzeichneten den Übergang. In der ersten Dekade des 14. Jh. fror wiederholt die Ostsee zu. Zur Mitte der zweiten Dekade des 14. Jh. verursachten kühle und feuchte Sommer Ertragsausfälle und Hungersnöte (Bork 1988; Bork et al. 1998).

Schwankungen der Strahlungsintensität der Sonne werden als Ursache der vorwiegend kühlen Witterung in der ersten Hälfte der etwa von 1500 bis 1800 während „Kleinen Eiszeit" vermutet. Lange kalte Winter führten zu Gletschervorstößen und zu häufigen Vereisungen von Flüssen und der Ostsee. Einige Extremereignisse fanden ihren Niederschlag in den Gemälden niederländischer Maler (Breughel malte auf dem Eis tanzende Bauern) oder im Text des von Mozart vertonten Liedes: „Komm lieber Mai und mache …"

Seit etwa 1940 nehmen die mittleren Temperaturen an der Erdoberfläche zu. Die Majorität der Forscher, die das rezente Klima untersuchen, macht die zunehmende Nutzung fossiler Energieträger durch den Menschen und den resultierenden Ausstoß von Treibhausgasen (besonders von CO_2) für die Erwärmung verantwortlich.

Extremereignisse

Neben den beschriebenen, mittel- und langfristigen klimatischen Veränderungen waren im Holozän auch sehr kurze Natur- und Umweltkatastrophen wirkungsvoll. Vulkanausbrüche, Erdbeben, Seebeben und Tsunamis, Stürme, Starkniederschläge und Überschwemmungen haben die Entwicklung der Kulturen und der Landschaften der Erde signifikant beeinflusst.

Vulkanausbrüche veränderten klein- und großräumig, kurz- und langfristig die Lebensbedingungen von Menschen. Die katastrophalen Auswirkungen des Vesuv-Ausbruchs im Jahre 79 n. Chr. betrafen die nahen römischen Siedlungen Pompeji und Herculaneum (Sonnabend 1999; Harris 2000).

Große Fernwirkung bewies die Eruption des Tambora in Indonesien im Jahre 1815. Sie beeinflusste in vielen Landschaften der Erde für einige Monate das Wetter (Mills 2000). In Teilen Nordamerikas und Europas verursachten die in Indonesien ausgetretenen Aerosole eine spürbare Abkühlung der bodennahen Atmosphäre, ein „Jahr ohne Sommer" war die Folge. Dramatische, erdweit spürbare und noch heute nachweisbare Folgen soll ein noch nicht exakt lokalisierbarer Vulkanausbruch in Südostasien im Jahr 535 n. Chr. gehabt haben. Der Archäologie-Korrespondent David Keys hat Befunde verschiedener wissenschaftlicher Disziplinen zu den Folgen des Ereignisses in einer insgesamt anregenden, populären Publikation zusammengefasst (Keys 2001).

Stürme mit sehr hohen Windgeschwindigkeiten und Tsunamis, die von See- oder Erdbeben ausgelöst wurden, prägen die Entwicklung der Küsten der großen Meere. Sie bleiben, wie die großen Sturmfluten an der deutschen Nordseeküste in den Jahren 1362 und 1634 oder wie der große Tsunami in Südostasien vom 26. Dezember 2004 mit dramatischen Menschen- und Landverlusten, im Gedächtnis der Anwohner und ihrer Nachkommen.

Selbst schwächere, nur kurzfristig wirksame Zerstörungen, wie das Sturmhochwasser der Ostsee im Jahr 1872, hinterließen dauerhafte Spuren (s. S. 131 ff.). Die Nutzbarkeit der Küsten und des gesamten Binnenlandes wurde und wird langfristig von Extremereignissen geprägt sein. So veränder(te)n die Abflüsse extremer Starkniederschläge die genutzten Hänge und die Auen der Flüsse. Auch die Bewohner des Binnenlandes befassen sich seit jeher mit bestimmten lokalen Witterungsextremen. Noch heute wird alljährlich mit einem Gottesdienst an einen heftigen Hagelschlag im Lahn-Dill-Bergland erinnert, der am 2. September des Jahres 1771 die Feldfrüchte verheerte (s. S. 138 ff.). Die Gemeinde Oberammergau wählte im Jahre 1750 den heiligen Gregorius (Abb. 133) zu ihrem Beschützer vor den häufigen Hochwässern (s. S. 139 ff.). Sturmwurfrelikte in Böden und Feststoffeinträge in Seen mit Warvensignaturen belegen ebenfalls rekonstruierbare Extremereignisse (s. S. 121 ff.). Der tausendjährige Niederschlag markierte im Juli 1342 zahlreiche Geoarchive im westlichen Mitteleuropa (s. S. 115 ff.; Bork et al. 1998).

Die Geschichte der Landnutzung

Stefan Dreibrodt und
Hans-Rudolf Bork

Die Art der Landnutzungssysteme (Feldfrüchte und Fruchtfolgen, Agrartechnik, Techniken der Rohstoffgewinnung, Infrastruktursysteme), die Intensität der Landnutzung (des Garten- und Ackerbaus, der Weide- und Waldwirtschaft, der Ausbeutung von Rohstoffen, der Entsorgung von Abfällen etc.) und die Erträge werden langfristig beeinflusst von

- dem Wissen einer Kulturgruppe und deren Art der Nutzung, insbesondere von
  - den ressourcenbezogenen Standortkenntnissen der Landnutzer,
  - der Nutzung der (ökonomischen, technischen, sozialen, ethischen und ökologischen) Innovationspotenziale,
  - der internen Struktur der Gesellschaft,
  - dem interkulturellen Austausch,
  - der Größe der Population,
  - der Ausdehnung des Lebensraums der Kulturgruppe,
- den Charakteristika der genutzten Landschaft, insbesondere von
  - den Oberflächenformen,
  - der zeitlichen Variabilität der Witterungsverhältnisse,
  - der Häufigkeit und der Intensität von Witterungsextremen,
  - der Bodenfruchtbarkeit,
  - dem Energiehaushalt,
  - dem Wasserhaushalt,
  - dem Stoffhaushalt,
- den Ressourcen, wie
  - dem pflanzlichen Samenpotenzial (zur Selektion und Züchtung von Kulturpflanzen),
  - der Nutzbarkeit von Tieren (zur Züchtung von Haustieren),
  - nachwachsenden Rohstoffen (z. B. Holz, Torf),
  - fossilen Brennstoffen (Braunkohle, Steinkohle, Erdöl, Erdgas),
  - Erzen (z. B. Eisenerz, Kupfererz).

Nachstehend werden zunächst die Sesshaftwerdung der Menschen mit dem Beginn der Landwirtschaft und anschließend exemplarisch die Landnutzungsgeschichte Mitteleuropas seit dem Neolithikum vorgestellt. Der Gang durch die holozäne Kulturgeschichte beginnt im Frühholozän und damit in der Mittleren Steinzeit, dem Mesolithikum. Menschen lebten in kleinen Gruppen als Jäger, Fischer und Sammler. Ihre Lebens- und Wirtschaftsweisen waren an das Angebot der natürlichen Ressourcen einer Landschaft angepasst. Sie hinterließen Spuren wie Feuerstellen, Werkzeuge und Knochenreste an ihren Wohnplätzen, die sich häufig in Gewässernähe befanden. Die mesolithischen Menschen beeinflussten ihre Umwelt (mit Ausnahme weniger, dichter besiedelter Räume) nur geringfügig. Einige Wissenschaftler führen das Aussterben einiger Großsäugerarten am Ende der letzten Kaltzeit und zu Beginn der Nacheiszeit auf direkte oder indirekte anthropogene Eingriffe zurück (z. B. Williams et al. 1993; Roberts 2000; Goudie 2000).

Die folgenreichste Veränderung der Wirtschaftsweise vollzog sich sehr früh im Nahen Osten. Bereits um 10 000 v. Chr. ernteten Jäger und Sammler im heutigen Irak, in Syrien und in Israel wildes Getreide mit Sicheln; Jäger domestizierten im heutigen Iran um 9000 v. Chr. wilde Schafe (Haywood 1999).

Die Einführung des Ackerbaus und der Beginn der Tierhaltung definieren den Beginn der Jungsteinzeit, des Neolithikums. Der bahnbrechende Wechsel von der aneignenden zur produzierenden Wirtschaft begann unabhängig in verschiedenen Regionen der Erde. Die frühen Zentren des Ackerbaus lagen im Nahen Osten, in China, in Mittel- und Südamerika. Der Anbau von Getreide setzte im Nahen Osten um 8000 bis 7700 v. Chr. (Haywood 1999) und in China wahrscheinlich zwischen 7000 und 4000 v. Chr. ein (Yano 2002). Bereits um 2700 v. Chr. wurde in Mexiko Mais angebaut. Kartoffeln wurden im Hochland Perus um 2000 v. Chr. gepflanzt (Haywood 1999). Ausgehend von den Initialregionen verbreitete sich der Ackerbau.

Die neue Wirtschaftsweise veränderte die Lebensweisen der Menschen (Ernährung, Mobilität, soziale Systeme), die Strukturen der genutzten Landschaften der Erde und deren Energie-, Wasser- und Stoffhaushalte (Redman 1999).

Der Ackerbau erforderte das Sesshaftwerden der Menschen und die Etablierung einer Vorratswirtschaft. Die Inkulturnahme veränderte Flora und Fauna. Pflanzen und Tiere wurden domestiziert. Mit dem Beginn bewusster Züchtung gelang Menschen erstmals die gezielte genetische Veränderung von Lebewesen. Auch die Umgebung der zunächst kleinen Landnutzungs- und Siedlungszellen wurde verändert. Raubtiere, die das in Herden gehaltene Vieh bedrohten, wurden zu neuen wichtigen Jagdzielen. Der Bau von Behausungen erforderte die Beschaffung von geeignetem Material. Holz wurde auch zum Kochen und Heizen verwendet. Für die Viehhaltung spielten die Wälder fortan ebenfalls eine wichtige Rolle. Im Jahreszeitenklima Europas weideten im Sommer Nutztiere in den

Wäldern. Im Winter wurde Laubheu gesammelt und als Einstreu in den Ställen verwendet. Wasser wurde dauerhaft genutzt.

Die Einführung des Ackerbaus im Verbund mit einer Vorratswirtschaft sicherte einigen Kulturgruppen langfristig die geregelte Versorgung mit Nahrungsmitteln. In Regionen mit hoher Bodenfruchtbarkeit, niedriger Erosionsgefährdung, geringer zeitlicher Witterungsvariabilität während der Vegetationsperiode und geringer Bevölkerungsdichte lebende Kulturgruppen erzielten über längere Zeiträume bemerkenswerte Ertragsüberschüsse. Dort wurden Veränderungen der Sozialstruktur möglich, viele Mitglieder konnten außerlandwirtschaftliche Tätigkeiten aufnehmen. Auf der Osterinsel vermochten sich zunächst die *ahu*- und danach die *moai*-Kultur zu etablieren (s. S. 85 ff.). Neben der wachsenden Bedeutung von Kulten und Religionen weist auch die Entwicklung von Verteidigungsanlagen (z. B. von Fliehburgen) auf erwirtschaftete Überschüsse und den entstandenen Schutzbedarf hin.

Geräte aus Stein, Holz oder (später) Metallen wurden für den Acker- und Gartenbau hergestellt. Vorratsbehälter wurden benötigt. Während einige Kulturgruppen z. B. Kalabassen zur Aufbewahrung von Trinkwasser oder Getreide nutzten, entwickelten andere Keramikgefäße für diese Zwecke. Die nunmehr Sesshaften errichteten Gebäude, an manchen Orten in warmen Klimaten wie der Osterinsel zuerst lediglich zum Schlafen, an anderen Orten auch zum Aufenthalt während des Tages, später zunehmend auch zur Zubereitung von Nahrung. Andere Gewerke verbesserten die Waffentechnik. Die beschriebenen Neuerungen und die daraus resultierenden beachtlichen Erfolge ermöglichten ein langfristiges Wachstum der Populationen der Sesshaften (Achilles 1989).

Die Geschichte der Landnutzung in Mitteleuropa

Das Mesolithikum

Der abrupte klimatische Übergang von der letzten Kaltzeit zum Holozän veränderte auch die Landschaften Mitteleuropas (Terberger 2004). Die in den spätglazialen Tundren lebende Fauna wurde verdrängt. Die Bewaldung Mitteleuropas schuf den Lebensraum für Auerochsen, Rothirsche, Elche, Rehe und Wildschweine. Die Menschen, die sich vom Sammeln, Fischen und Jagen ernährten, mussten auf die Veränderungen der Lebensräume reagieren. Einige Gruppen werden den Rentieren in Richtung Norden gefolgt sein. Andere passten sich den neuen Bedingungen und dem gewandelten Nahrungsangebot an. Funde erlegter Auerochsen

in Potsdam-Schlaatz und bei Villingen-Schwenningen belegen die Adaption (Terberger 2004). Zur Jagd wurden Pfeil und Bogen benutzt, Fische fing man mit Harpunen, Angeln, Speeren oder Netzen. Wildpflanzen wie Haselnuss, Wildapfel und Wassernuss wurden gesammelt (Bokelmann 1980, 1986; Digerfeldt 1972; Price 1989). Blätter, Speicherwurzeln und Rhizome bereicherten das Mahl. Hunde sind als einzige Haustiere für das Mesolithikum nachweisbar. Ortsfremde Objekte wie fossile Schneckenhäuser belegen außerdem überregionale Tausch- und Handelsbeziehungen (Terberger 2004).

Einbäume sind bevorzugt aus den Stämmen von Linden gebaut worden, Paddel aus Eschen- und Bögen aus Ulmenholz (Mertens 1993). Fischreusen wurden aus biegsamen Ruten verschiedener Bäume gefertigt. Birkenteer diente als Klebstoff zur Schäftung von Pfeilspitzen (Czarnowski et al. 1990). Trotz der lokal intensiven Nutzung nachwachsender Rohstoffe und der Vielfalt der bekannten Aktivitäten war der Einfluss des Menschen im Mesolithikum auf seine Umwelt in Mitteleuropa gering, bis sich im Endmesolithikum der allmähliche Übergang von der wildbeuterischen zur produzierenden Wirtschaftsweise vollzog.

Das Neolithikum

Die Einführung und Weiterentwicklung der Landwirtschaft und die daraus resultierenden, stark veränderten Lebensweisen verliefen räumlich und zeitlich sehr unterschiedlich in Mitteleuropa. Im Süden setzten sich die neuen Wirtschafts- und Lebensformen früher durch. So konnte die Koexistenz von zwei frühen neolithischen Systemen rekonstruiert werden: Der Südwesten wurde von der aus dem heutigen Südfrankreich stammenden Hirtenkultur des La Hoguette geprägt; im Südosten entstand hingegen eine vom Balkan importierte Ackerbaukultur, die nach den Verzierungen der Gefäße als Bandkeramik bezeichnet wird (Lüning 2002). Die frühen Ackerbauern nutzten bevorzugt die Schwarzerden der Lössstandorte (Saile & Lorz 2003). Die einheimische Bevölkerung adaptierte die offenbar von Einwanderern importierten neuen Landnutzungssysteme.

Im Frühneolithikum nahm in Norddeutschland (4300 bis 3400 v. Chr.) die Bedeutung der Landwirtschaft für die Ernährung der Menschen allmählich zu. Jagd, Fischfang und das Sammeln von Früchten waren zunächst noch von zentraler Bedeutung. Hoika (1993, S. 13) stellt fest, dass „keine Fundplätze des älteren Frühneolithikums [...] mit einem statistisch aussagekräftigen Knochenbestand bekannt [sind], die erkennen ließen, dass überwiegend Haustierhaltung den Bedarf der Bewohner an tierischen Fetten und Eiweißen deckte“. Lübcke et al. (1996) entdeckten am Fundplatz Rosenhof jedoch vereinzelte Hausrindknochen. Jennbert (1988) wies in Löddesborg (Schonen, Südschweden) Abdrücke von Getreidekörnern nach. Für die späteren Phasen des Frühneolithikums werden die Nachweise landwirtschaftlicher Nutzung zahlreicher. In Store Valby und in Stengade (Langeland, Dänemark) wurden ebenfalls Abdrücke von Getreidekörnern in Keramik entdeckt (Helbaek 1954, zitiert in Wiethold 1998; Hjelmqvist 1975). Aus Dänemark sind darüber hinaus erste Pflugspuren der frühneolithischen Kulturstufen des späten Siggeneben und frühen Satrup bekannt (Thrane 1982, 1989, zitiert in Wiethold 1998).

Für das späte Frühneolithikum (die Fuchsberggruppe) fand Hoika (1993) erstmals statistisch abgesichert einen Anteil von mehr als 75 % Haustierknochen im osteologischen Fundinventar. Am Fundplatz Satrup (Schleswig-Holstein) war Emmer das Hauptgetreide. Daneben kamen Einkorn, Saatweizen und Nacktgerste vor (Jörgensen 1976, 1981, zitiert in Wiethold 1998).

Im Pollenspektrum des Belauer Sees zeigt die Rosenhof-Stufe (4300 bis 4000 v. Chr.) im Vergleich zur vorangegangenen Ertebølle-Ellerbek-Kultur kaum Veränderungen des Wald-Offenland-Verhältnisses (Wiethold 1998). Im Wald tritt nun die Eibe auf, deren Holz bevorzugt für die Herstellung von Bögen genutzt wird (Beckhoff 1963, 1964, 1968, 1977, zitiert in Wiethold 1998).

Im Mittelneolithikum (3400 bis 2750 v. Chr.) findet die erste intensive Veränderung der Landschaften im nördlichen Mitteleuropa durch Landwirtschaft treibende Menschen statt. Die Lichtung der Wälder erreicht eine qualitativ neue Stufe. Von zahlreichen Fundplätzen sind Belege für die Bevorratung von Getreide bekannt. Das Hauptgetreide jener Zeit war der Emmer (Kroll 1981). Daneben kommen vierzeilige Nacktgerste (Robinson 1994, zitiert in Wiethold 1998), vierzeilige Spelzgerste und Einkorn vor (Jessen 1939; Jørgensen 1981; beide zitiert in Wiethold 1998; Kroll 1981). Lein und Schlafmohn wurden nachgewiesen (Kroll 2001). Das Sammeln war weiterhin bedeutend, wie Funde von Himbeeren, Brombeeren, Wildapfel und Eicheln belegen. Die große Zahl von Apfelkernen auf dem Fundplatz Wangels in Ostholstein könnte auf die frühe Anlage und Pflege kleiner Apfelgärten weisen (Kroll 2001). Die Größe der permanenten Siedlungsplätze nahm stark zu (Skaarup 1985; Madsen 1990; beide zitiert in Wiethold 1998). Lüning (2004) betont, dass im südlichen Mitteleuropa erstmals Siedlungsformen entstanden, die als Dörfer bezeichnet werden können. Die Sozialstruktur veränderte sich: Erste Mehrfamilienhäuser und öffentliche Gemeinschaftsgebäude entstanden. Nach astronomischen Aspekten ausgerichtete Bauten bezeugen eine weit reichende Kalenderkenntnis, die genutzt wurde, um z. B. Aussaattermine festzulegen (Lüning 2004). Als Wirtschaftssystem wird für Norddeutschland eine einfache Feldgraswirtschaft angenommen, bei der die Ackerflächen während der Brachephase beweidet wurden (Wiethold 1998). Der Boden wurde mit von Hand gezogenen Pflügen oder bereits mit dem Ard bearbeitet. Diese Saatbettbereitung erfolgte noch nicht wendend, der Boden wurde lediglich geritzt. Die Ausbreitung zahlreicher Wildkräuter auf den Äckern (Kroll 1981) und eine wahrscheinlich nur geringe Bodenverdichtung waren die Folge.

In den archäologischen Befunden des Spät- und des Endneolithikums (2750 bis 1800 v. Chr.) fehlen häufig Relikte von Behausungen, was Lüning (2004) auf die geänderte Bauweise der Gebäude (eventuell Blockhäuser ohne eingegrabene Pfosten) zurückführt. Sichere, detailliert ausgewertete Siedlungsnachweise liegen nur aus süddeutschen Seeufersiedlungen mit infolge späterer Überstauung nahezu komplett erhaltenem Fundensemble vor. In einer Siedlung am Federsee ernährten sich die Menschen von Fischfang, Ackerbau und Viehzucht. Auch das Sammeln von Beeren, Pilzen, Haselnüssen, Äpfeln, Gewürz- und Heilpflanzen sowie das Jagen (Hirsch, Reh, Ur, Wildschwein) sind belegt. Funde exotischer Schmuckstücke (Muscheln, Schnecken) zeugen von Austauschsystemen, die bis in das Mittelmeergebiet reichten. Die aufwändigen, wohl Herrschern regionaler Clans vorbehaltenen Grabhügel der sich anschließenden endneolithischen Zeit werden von Lüning (2004) als Indiz für eine veränderte Sozialstruktur gewertet. Mitteleuropa war in jener Phase gering bis mäßig dicht besiedelt. Die Viehzucht besaß wohl eine größere Bedeutung als der Ackerbau. Vom Rind stammten 60 bis 80 % des verzehrten Fleisches. Auffällig ist eine Zunahme von Graben- und Palisadenanlagen sowie Erdwerken während des End- und Spätneolithikums. Sie könnten der Verteidigung und der Ausübung von kultischen Handlungen gedient haben.

In Schweden und in Dänemark (Göransson 1993, 1994; Malmros 1986, zitiert in Wiethold 1998) sind Brandrodungen mit eingeschalteten Niederwaldphasen während des Spät- und Endneolithikums zu vermuten.

Die Bronzezeit

In Mitteleuropa ist die Bronzezeit (2200 bis 800 v. Chr., in Norddeutschland 1800 bis 550 v. Chr.) als eigenständige Epoche ausgewiesen. Zwar blieb die Landwirtschaft (bis in die Neuzeit) der bedeutendste Wirtschaftszweig. Die Einführung des Metalls gab jedoch starke Impulse und rief Veränderungen der Wirtschaftsweise und in der Gesellschaft hervor (Rassmann 2004). Die entscheidenden Vorteile gegenüber dem vorher genutzten, reinen Kupfer sind die Eignung der Bronze für die Metallgusstechnik (die höhere Stückzahlen ermöglicht) und ihre größere Härte. Die Ausbeutung von Kupfer- und Zinnlagerstätten und die Brennholzbeschaffung für die Metallverarbeitung führten erstmals zu starken Veränderungen der Mittelgebirgslandschaften. Die Einführung der Bronze modifizierte auch die gesellschaftliche Sozialstruktur, der endneolithische Trend der Etablierung kleiner fürstlicher Herrschaften hielt an. Vor allem in Norddeutschland ersetzten Produkte aus Bronze nicht abrupt die traditionellen Werkstoffe (Feuerstein, Holz, Geweih, Knochen), vielmehr erweiterten sie das Repertoire.

Zahlreiche Nachweise von Pflugspuren existieren aus der Bronzezeit. In Dänemark besaßen Äcker z.B. Ausdehnungen von 50 m × 20 m (Rassmann 2004). Die wichtigsten Nutzpflanzen waren Emmer, Einkorn, Spelzgerste, Nacktgerste, Nacktweizen, Dinkel, Lein und Erbse. Die Pferdebohne gewann in der älteren Bronzezeit an Bedeutung, während der Hafer erst am Ende der Bronzezeit in Mitteleuropa wichtig wurde. Zu den bereits im Neolithikum vorhandenen Haustieren trat mit zunehmender Bedeutung das Hauspferd. Pferde wurden vermutlich seit dem Spätneolithikum als Reittiere genutzt und fortan wohl auch militärisch eingesetzt.

Der Handel wurde intensiver. Vermutlich dienten Bronzebarren als Zahlungsmittel; ein Gewichtsmaßsystem zur Berechnung der Warenwerte je Gewichtseinheit Bronze existierte. Der wachsende Handel bedingte einen Ausbau der Infrastruktur. Wege querten Mitteleuropa, Flüsse wurden als Wasserstraßen genutzt. Zum Ende der Bronzezeit nahm die Zahl befestigter Siedlungsformen zu. Schwerter, die den Einsatz der Hiebtechnik ermöglichten, wurden gefunden. Die Lage des Schwerpunktes der Klinge lässt auf eine Nutzung der Waffe durch Reiter schließen. Spätbronzezeitliche metallene Schilde, Helme, Arm- und Beinschienen deuten eine Zunahme militärischer Auseinandersetzungen (um verknappte Ressourcen?) an. Möglicherweise initiierte das zumindest für die jüngere Bronzezeit (die Urnenfelderzeit) belegte Bevölkerungswachstum diese Entwicklung.

Die Eisenzeit

Der Übergang von der Bronze- zur Eisenzeit verlief im heutigen Deutschland diachron. Während sich im Süden das neue Metall bereits durchgesetzt hatte, verharrte der Norden bis etwa 550 v. Chr. in der Bronzezeit. Der dann einsetzende Wandel verlief kontinuierlich, wie die lang andauernde Nutzung von Friedhöfen anzeigt.

Die Eisenzeit wird in die bis zur Zeitenwende dauernde Vorrömische Eisenzeit und die Römische Kaiserzeit unterteilt, die bis zum Zusammenbruch des Weströmischen Reiches um 375 n. Chr. währte.

Die Landwirtschaft passte sich den regionalen Gegebenheiten an. In der Marsch wurde vorwiegend Vieh gehalten, im Binnenland war der Ackerbau bedeutsam. Gräben oder Wälle, die aus aufgepflügten Steinen und organischen Abfällen angehäuft wurden, hegten die Äcker im nördlichen Mitteleuropa ein. Die Parzellen wiesen Größen von weniger als 3000 m^2 auf (dies entspricht etwa einem mittelalterlichen Tagwerk); die Ausmaße der Fluren einer Siedlung variierten von wenigen bis zu über 20 ha Fläche. Anfangs wurde mit dem Haken (Ard) gepflügt, später – wohl ab dem ersten vorchristlichen Jahrhundert – auch mit bodenwendenden Streichbrettpflügen. Damit wurde auch die agrarische Nutzung lehmiger Standorte möglich (Behre 1992; Jankuhn 1961). Für einzelne Standorte ist Düngung belegt (z.B. mit Plaggen auf Archsum, Sylt; Kroll 1980). Der römische Schriftsteller Varro erwähnt bereits um 70 n. Chr. Düngungspraktiken in Germanien (Jäger 1994).

Die Hausgrößen der untersuchten Dörfer lassen auf die Sozialstrukturen der Bewohner schließen. Ein deutlich größeres Gehöft kann wohl dem Dorfältesten oder -oberhaupt zugeordnet werden. Die Siedlungen wurden noch häufig verlegt.

Das Eisen wurde zu Beginn der Epoche als Barren importiert und vor Ort verarbeitet. Bereits zur Mitte des ersten vorchristlichen Jahrtausends begann die Nutzung der Raseneisenerzvorkommen im heutigen Nord- und Ostdeutschland. Die gewonnenen Eisenmengen deckten offenbar zunächst nur den Eigenbedarf; die Umwelt wurde nur lokal stark verändert (z.B. in Joldelund in der nordfriesischen Geest; Dörfler 2000). Die Moorleichen jener Zeit ermöglichen Einblicke in Bekleidung, Gesundheit und Ernährung. Der Mageninhalt eines Knaben, dessen Leiche im Kayenhausener Moor (niedersächsisches Ammerland) gefunden wurde, enthielt Reste der Kulturpflanzen Rispenhirse, Spelzgerste, Weizen und Leinsamen sowie der Wildpflanzen Apfel, Knöterich, Ackerspörgel und Weißer Gänsefuß (Willroth 2004) – Spuren seiner letzten Mahlzeit.

In der germanischen Landwirtschaft dominierte der Anbau von Weizen und Gerste, Hülsenfrüchten, Hanf und Lein. Wildpflanzen (Kräuter, Früchte) wurden zur Nahrungsergänzung gesammelt. Ochsengespanne zogen Pflüge und Eggen. Mit Sicheln und Sensen wurde geerntet. Der Viehbestand umfasste Rinder, Schweine, Schafe, Ziegen und erstmals auch Hühner (Willroth 2004).

Die letzte Waldzeit in Mitteleuropa

Mit dem Ende der Römischen Kaiserzeit begann in weiten Teilen Mitteleuropas die Bevölkerungsdichte stark abzunehmen. Verheerende Seuchenzüge rafften viele Menschen dahin, Pestepidemien traten auf. Das zeitweise kühle und niederschlagsreiche Klima führte in Eurasien zur Wanderung vieler Ethnien. Die anbrechende Epoche mit einer sehr geringen Bevölkerungsdichte währte in Mitteleuropa bis in das siebte, achte oder sogar neunte nachchristliche Jahrhundert.

Hans-Rudolf Bork untersuchte mit seiner Arbeitsgruppe seit 1978 in Nord-, West-, Mittel- und Ostdeutschland sowie im nördlichen Süddeutschland über 2600 Standorte. An etwa 85 % der Standorte bildeten sich von der Römischen Kaiserzeit bis zum frühen Mittelalter intensive und tiefgründige Böden, die nur unter einer geschlossenen Walddecke entstehen können (s. Bork 1983, 1988; Bork et al. 1998, 2003). Ackerbaulich genutzte Rodungsinseln waren in Mitteleuropa rar – von wenigen Standorttypen abgesehen. Lediglich in der Lössbörde, in einigen lösserfüllten Beckenlandschaften Süd- und Mitteldeutschlands und an Standorten mit nicht lössbürtigem, lehmigem Ausgangsgestein sind Siedlungs- und Ackerbaukontinuitäten häufiger.

Pollenanalysen bestätigen die pedologisch nachgewiesene, weit reichende Bewaldung Mitteleuropas nach der Römischen Kaiserzeit nachdrücklich (Bork et al. 1998). So wies Wiethold (1998) durch Pollenanalysen an gewarvten Seesedimenten für die Umgebung des Belauer Sees in Ostholstein eine etwa von 508 bis 715 andauernde Siedlungsleere und nahezu vollständige Bewaldung nach.

Früh- und Hochmittelalter

Die Phase der größten Waldausdehnung in Mitteleuropa seit der Bronzezeit, in der sich die Böden so stark veränderten wie zu keinem anderen Abschnitt des Holozäns, endete zu unterschiedlichen Zeitpunkten mit Rodungen und der nachfolgenden, hauptsächlich landwirtschaftlichen Nutzung. Die bewaldeten klimatischen Gunsträume im südlichen Mitteleuropa wurden zuerst zurückgewonnen, die Mittelgebirge, der Osten und der Nordosten zuletzt. Die im Osten und Nordosten Deutschlands ansässigen Slawen verwendeten zur Bodenbearbeitung zunächst den nicht wendenden Hakenpflug aus Holz. Die Dreifelderwirtschaft mit der Besömmerung der Brache und der Streichbrettpflug breiten sich auf Gunststandorten in Süd-, West- und Mitteldeutschland aus. An anderen, weniger fruchtbaren Standorten setzten sich die Zweifelderwirtschaft mit der Fruchtfolge Wintergerste – Brache – Sommergerste – Brache oder die Vierfelderwirtschaft mit der Fruchtfolge Roggen – Gerste – Hafer oder Erbsen – Brache durch. Das Aufbringen von ortsfern abgestochenen Grassoden auf die ortsnahen Äcker (die sogenannte Plaggenwirtschaft) ermöglichte auf sandigen Standorten im Norden Deutschlands die Einfeldwirtschaft mit Dauergetreideanbau.

Weizen, Gerste, Roggen und Hafer, Hülsenfrüchte (Bohnen, Erbsen, Linsen) und Nichtnahrungspflanzen wie Hanf, Flachs und Krapp (Färberröte) sowie Gewürze wie Anis und Saflor wurden angebaut. Hopfen, Raps, Rübsen (Rübsamen), Zwiebeln und Knoblauch traten hinzu. Die hochmittelalterliche Warmphase ermöglichte den Anbau von Wein bis in den Süden Skandinaviens.

Die Intensivierung der Waldnutzung schritt beständig voran. Laub und Früchte wurden gesammelt, die Äste geschneitelt. Die Tierhaltung konzentrierte sich auf die Wälder. Ein bedeutender Stofftransfer von den ortsfernen Wäldern in die Orte und dann, mit der Ausbringung von organischem Dünger, auf die ortsnahen Äcker und Gärten waren die Konsequenz (Bork et al. 1998, S. 163).

Untersuchungen der Böden, Kolluvien, Auen- und Seesedimente belegen, dass die Landnutzung zum Ende des 13. Jh. die weitaus größte Ausdehnung und Intensität erreicht sowie gleichzeitig die geringste Ausdehnung der Wälder in Mitteleuropa zur Folge hatte (Bork et al. 1998). Vergleichbar hohe Werte wurden weder für die sechs- bis siebentausend Jahre während Phase vom Neolithikum bis zum Hochmittelalter noch für die Folgezeit nachgewiesen.

Spätmittelalter und Frühneuzeit

Kalte Winter, kühle Sommer, seltene extreme Witterungsereignisse wie der tausendjährige Niederschlag im Juli 1342, Hungersnöte und Seuchen suchten die Mitteleuropäer im 14. Jh. heim. Vom beginnenden 14. Jh. bis zum Ende der Pestpandemie der Jahre 1348 bis 1350 war die Bevölkerungsdichte im Mittel wohl um mindestens ein Drittel zurückgegangen. Der Bevölkerungsverlust (in Ostholstein und Mecklenburg gar 50 %; Prange 1967) führte zur Aufgabe von Siedlungen und zum Wüstfallen von Fluren (z. B. Abel 1976; Krenzlin 1959). Wälder dehnten sich zu Lasten ehemaliger Äcker aus. Der Pollen der Siedlungszeiger nimmt ab, Baumpollen zu. Die Waldfläche in den Grenzen des heutigen Deutschland nahm von etwa 15 % im frühen 14. Jh. auf 45 % in der ersten Hälfte des 15. Jh. zu (Bork et al. 1998, S. 160 f.). Zugleich minderte sich das Ausmaß der Nutzung und Ausbeutung der Wälder.

In der zweiten Hälfte des 15., im 16. und im frühen 17. Jh. wurden einige der neuen Wälder gerodet. Großen Holzbedarf hatten Glashütten, Ziegeleien, Salinen und Köhlereien. Holz wurde auch exportiert. Zur Versorgung der wachsenden Bevölkerung mit Nahrungsmitteln wurden die Ackerflächen ausgedehnt. Wälder bedeckten unmittelbar vor dem Dreißigjährigen Krieg nur mehr etwa 30 % der Fläche des heutigen Deutschland. Seitdem hat sich der Waldanteil in Deutschland, von kurzfristigen krisenbedingten Schwankungen abgesehen, wenig verändert. Die Intensität der Waldnutzung nahm vom 15. bis zum 18. Jh. zu. Die Stallhaltung mit Wiesenwirtschaft und die Beweidung des dorffernen Offenlandes gewannen an Bedeutung. Wie bereits im Neolithikum, in der Bronze- und Eisenzeit sowie dem hohen Mittelalter entwickelten sich an beweideten nährstoffarmen Standorten Heiden mit Podsolen (Behre 2000; Bork 2001).

Moderne

Die aufkommende praxisorientierte wissenschaftliche Lehre des Landbaus erzielte im 18. und 19. Jh. bedeutende Fortschritte. Der Anbau von Kartoffeln, Mais, Buchweizen und Viehfutter wurde verstärkt. Klee, Luzerne und Lupinen blieben zunächst unbedeutend; im frühen 19. Jh. war kaum ein Zwanzigstel der Ackerfläche Deutschlands mit Rotklee bestellt. Schließlich setzten sich die Stickstoff liefernden, den Ertrag erheblich steigernden Leguminosen durch.

Heide und Ödland wurden verstärkt im 18. und 19. Jh. kultiviert. Niedermoore und andere Feuchtstandorte wurden drainiert. Zur Verbesserung der Bodenfruchtbarkeit wurde verbreitet Bodensubstrat mit ausgereiften Schlämmtechniken von den Hängen auf Niedermoore überführt (s. S. 133 ff.).

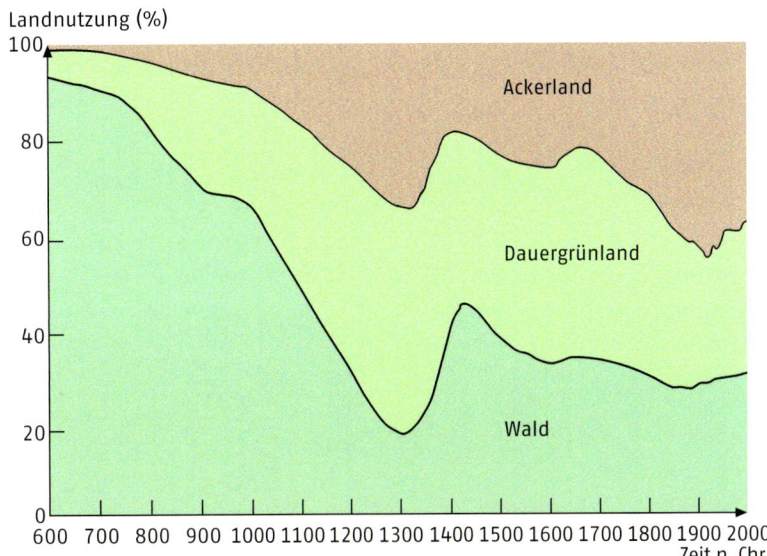

▲ **Abb. 157:** Der Wandel der Landnutzung in Deutschland seit der Völkerwanderungszeit (Daten: Bork et al. 1998).

Als Gemüsesorten sind insbesondere Weiß-, Rot- und Blumenkohl, Spinat und Kohlrabi, Salat, Möhren, Pastinaken und Gurken in Kultur genommen worden (Bork et al. 1998).

Ab etwa 1830/40 begann der Import von hochwertigem Dünger, von Chilesalpeter und Guano. Bis zur Mitte des 20. Jh. verdrängten technisch gewonnene Stickstoffdünger Leguminosen, Salpeter und Guano. Die Hektarerträge stiegen auf bis dahin nicht für möglich gehaltene Werte.

Der drastische Wandel der Landschaften der Erde durch Landnutzung

Hans-Rudolf Bork, Stefan Dreibrodt und Andreas Mieth

Mit der ersten Veränderung der Vegetation durch Menschen, insbesondere mit der Etablierung von Acker- und Gartenbau, Grünlandwirtschaft, Waldnutzung und schließlich der Forstwirtschaft wurden der Energie-, Wasser- und Stoffhaushalt der Böden und damit die Prozesse der Bodenbildung und Bodenzerstörung wesentlich modifiziert (Diamond 2005). Vor der Einführung der Mineraldüngung führte die Entnahme von Pflanzenmaterial mit der Ernte zu einer Abnahme der Gehalte an organischer Substanz, an Mineralstoffen und somit zu einer auf die Landnutzung rückwirkenden Verarmung der Böden – häufig verbunden mit einer beschleunigten Bodenversauerung. Nur wenigen der von den Verfassern in Mitteleuropa, Nord-, Ost- und Vorderasien, Nordost- und Südafrika, Nord- und Südamerika sowie auf ostpazifischen Inseln untersuchten Kulturen gelang vor dem 19. Jh. eine dauerhaft ausreichende Kompensation der erntebedingten Stoffverluste durch die Zufuhr organischen Materials oder von Mineralstoffen und damit eine nachhaltige acker- oder gartenbauliche Landnutzung.

Nachhaltige Bodennutzung

Nachhaltiger Gartenbau der Rapanui im Palmwald der Osterinsel (Chile)

Polynesische Siedler entwickelten auf der Osterinsel vor mehr als einem Jahrtausend ein Gartenbausystem, das sie in einem dichten Palmenwald praktizierten (Abb. 79 a). Sie bauten Taro, Yams, Zuckerrohr, Bananen und andere Kulturpflanzen erfolgreich zwischen den zahlreichen, vor Bodenerosion und Austrocknung schützenden Palmen an (Abb. 158). Für die Bodenbearbeitung wurden Pflanzstöcke eingesetzt; eine Beschädigung der Palmwurzeln wurde so verhindert (Abb. 74). Pflanzenreste wurden als organischer Dünger in den Boden eingearbeitet, was zu hohen Humusgehalten in der mehrere Dezimeter tiefen Pflanzschicht führte, wie Merkmale der Füllungen von Pflanzlöchern eindrucksvoll belegen. Jahrhunderte später beendeten Brandrodungen des Palmenwaldes die nachhaltige Nutzung (Abb. 79 b). Verkohlte Palmnüsse, verbrannte Palmstümpfe und durch den Brand fixierte Palmwurzelröhren bezeugen den über mehrere Jahrhunderte praktizierten Rodungsprozess (Abb. 77). Hunderte

Starkregen erodierten innerhalb weniger Jahrzehnte auf den gerodeten Hängen insbesondere im Osten und im Südwesten der Osterinsel die fruchtbaren Oberböden mit den humusreichen Pflanzlöchern. Die gartenbauliche Nutzung im Offenland endete; Gräser und Kräuter schützten danach die Oberfläche.

Intensive Schafhaltung und jährliche Brände zerstörten im frühen 20. Jh. erneut die Grasvegetation. Starke Bodenerosion resultierte vor allem auf der Poike-Halbinsel. Die verbliebenen lockeren Boden- und Gesteinsreste wurden an einigen Hängen vollständig abgetragen (Abb. 84, 85, 158).

Früher nachhaltiger Gartenbau im zentralen Lössplateau Nordchinas

Im tief zerschnittenen nordchinesischen Lössplateau rodeten die ersten Gartenbauern vor mehr als 7000 Jahren die Vegetation auf den Hängen und Plateauresten. Eine lange Phase intensiven, permanenten Gartenbaus folgte. Die bis zu 1,5 m mächtigen rotbraunen Böden (Cambisole) wurden auf den steilen Hängen flächenhaft abgetragen. Tiefe Schluchten rissen, ausgehend von schmalen Trockentälern, hangaufwärts ein. Gartenland ging hier in erheblichem Umfang dauerhaft verloren (Abb. 15).

Vor etwa 4750 Jahren gelang Bauern nördlich von Yan'an die erfolgreiche Anlage eines bodenschützenden, nachhaltigen Gartenbausystems. Untersucht wurde der Riedel Zhongzuimao, auf dem am unteren Rand verkleinerter Felder, von etwa 2750 v. Chr. bis zum Jahr 1958 n. Chr., allmählich eine Ackerterrasse aufwuchs. Oberhalb erodiertes Substrat sedimentierte hier. Als die Terrasse eine Höhe von 1,8 m und eine Breite von 27 m erreicht hatte, wurde sie von einem Starkniederschlag zerrissen (Abb. 15). Die entstandene, 1,5 m tiefe und 2 m breite Schlucht wurde von Bauern rasch mit Material – hauptsächlich kalkhaltigem Löss – aus der näheren Umgebung verfüllt (Abb. 14). Bald darauf zerschnitten zwei weitere kleine Schluchten die Ackerterrasse. Beide wurden neuerlich schnell von den Bauern verfüllt. In den folgenden viereinhalb Jahrtausenden verhinderten die kleinteilige Flur und die bodenschonende Bewirtschaftung linienhafte Bodenerosion auf dem Zhongzuimao vollkommen – ein außergewöhnlich lang anhaltender Erfolg! Sehr schwache flächenhafte Bodenerosion am kurzen Oberhang ließ die Gartenterrasse im Verlauf von etwa 4700 Jahren auf einer Breite von mehr als 80 m um einige Meter aufwachsen (Abb. 12, 15).

Erst eine politisch erzwungene Veränderung der Feldfruchtsorten, der Fruchtfolgen und der Organisationsstrukturen im Rahmen der Kampagne des „Großen Sprungs nach vorn" beendete im Jahr 1958 den nachhaltigen Gartenbau. Um mehr als das Dreißigfache stiegen dadurch die Bodenerosionsraten am kurzen Oberhang des Zhongzuimao an (Abb. 161, 162). In den kleinen Wassereinzugsgebieten westlich des Rückens Zhongzuimao (u. a. Guzhuangzi) stiegen die Bodenerosionsraten von wenigen Tonnen pro Hektar und Jahr vor 1958 auf durchschnittlich etwa 200 Tonnen pro Hektar und Jahr (Abb. 16 – 18).

Nicht nachhaltige Landnutzung und ihre Wirkungen auf die Böden

800 AD

1930 – 60 AD

▲ **Abb. 158:** Schema der Entwicklung von Vegetation, Landnutzung und Relief in den vergangenen 1200 Jahren im Osten der Osterinsel (Chile).

Die Altmoränenlandschaften im Westen Schleswig-Holsteins

Aufschlüsse bei Albersdorf in der Dithmarscher Geest im Westen Schleswig-Holsteins belegen häufige und gravierende, auf Nährstoffmangel zurückzuführende Veränderungen der Landnutzung – eine charakteristische Situation in den Altmoränenlandschaften im Nordwesten Deutschlands (Abb. 97 – 99). Der erste Ackerbau ging südlich von Albersdorf im Neolithikum rasch zu Ende. Einige Starkniederschläge erodierten und transportierten den nährstoffreichen, humosen Pflughorizont auf die Unterhänge und in die kleinen Talauen. Mit der Entfernung der Feldfrüchte waren Stoffverluste verbunden. Diese konnten mangels Kenntnis zum Nährstoffkreislauf nicht kompensiert werden und trugen zur Aufgabe des Ackerbaus bei (Abb. 98). Auf den Ackerbau folgte eine Phase intensiver Beweidung. Die tonarmen und sandreichen Substrate versauerten in der niederschlagsreichen Region im Verlauf nur weniger Jahrhunderte während intensiver Beweidung derart stark, dass ein Podsol unter Heidevegetation entstand. Dieser Nutzungswandel und die resultierende Bodendegradierung wiederholten sich jeweils während Bronze- und Eisenzeit auf denselben Standorten.

Stürme warfen bis in die jüngere Neuzeit sehr selten frei oder an Waldrändern stehende und damit windexponierte Bäume um (Abb. 101). Die oftmals nicht standortgerechte Baumartenwahl der modernen Forstwirtschaft begünstigte dagegen im 20. Jh. und zu Beginn des 21. Jh. eine starke Zunahme der Sturmwürfe.

Island

Weitaus stärker als an den meisten Standorten Mitteleuropas änderte sich auf Island vom Altholozän bis in das frühe 9. Jh. die Zusammensetzung der Vegetation durch Klimaschwankungen. Die Ausdehnung der Wälder Islands variierte erheblich. Lokale bis regionale Zerstörungen der Vegetation durch häufige Vulkanausbrüche und die vorübergehende Ausdehnung der Gletscher traten hinzu. Daher ist eine zweifelsfreie Identifizierung des qualitativen und des quantitativen Einflusses der Landnutzung auf die Böden Islands bislang nur partiell möglich.

Belegt ist eine dramatische Zerstörung der Wälder und damit eine extreme Bodendegradation auf den gerodeten Standorten nach der Landnahme, die sich zunächst auf den Südwesten im späten 9. Jh. n. Chr. erstreckte (s. S. x ff.). Die intensive Beweidung der Rodungsflächen im 10., 11. und 12. Jh. verhinderte ein Aufkommen bodenschützender Vegetation. Die bis dahin im Holozän mit Unterbrechungen unter verschiedenartiger Vegetation gebildeten, geringmächtigen Böden wurden oftmals vollständig erodiert. Überaus erosionsanfällige vulkanische Lockergesteine (Tephren) wurden entblößt und in der Folgezeit ausgeweht oder abgespült.

Verstärkte Bodenerosion im 19. Jh. (Abb. 150) bewirkte eine weit reichende Wahrnehmung der Bodendegradierung, die Einführung eines Bodenschutzgesetzes bereits im frühen 20. Jh. und in jüngster Zeit die Durchführung flächenhafter, erfolgreicher Bodenschutzmaßnahmen.

Die Lösslandschaft des Palouse im pazifischen Nordwesten der USA

Europäischstämmige Siedler, die im Verlauf der zweiten Hälfte des 19. Jh. in die Lösslandschaft des Palouse im Südosten des Staates Washington eingewandert waren, nutzten die Langgrassteppen und Wälder erstmals landwirtschaftlich. Sie hatten kaum Kenntnis von den Witterungsextremen, insbesondere der Winterkälte, der Intensität und den Folgen von Starkniederschlägen sowie der Wirkung von Schneeschmelzen. Trotz der Anspannung zahlreicher Zugtiere vor Pflüge und Erntemaschinen blieb die ackerbauliche Nutzung auf die Auen und die schwach geneigten Unterhänge der fruchtbaren, hügeligen Lösslandschaft beschränkt. Geringe Bodenerosionsraten auf den Äckern waren die Folge (Abb. 161, 162).

Die Einführung von Zugmaschinen ermöglichte dann in den 1930er-Jahren die ackerbauliche Nutzung auch sehr steiler Hänge. In einer zweijährigen Fruchtfolge wird seitdem im Wechsel mit einjähriger Schwarzbrache hauptsächlich Sommerweizen angebaut. Reißt ein sommerlicher Starkniederschlag auf den Hängen kleine Erosionsrillen ein, ist der Farmer gezwungen, baldmöglichst zu pflügen oder zu grubbern, um die irreversible Vertiefung der kleinen Rillen zu tiefen Schluchten während des nächsten Starkniederschlags zu verhindern. So werden durch Starkniederschläge nicht nur Bodenpartikel fortgeführt (auf manchen Hängen werden durch Oberflächenabfluss mehr als 100 Tonnen Boden pro Hektar und Jahr erodiert). Auch der Bodenbearbeitung ist geschuldet, dass sich in erheblichem Umfang Bodenpartikel hangabwärts bewegen. In sieben Jahrzehnten wurden manche Standorte viele hundert Mal gepflügt. Auf den Kuppen wurden die fruchtbaren, degradierten Schwarzerden dadurch nicht selten vollständig fortgepflügt; kalkhaltiger Löss steht dann dort an. Wassererosion entfernte auf den steilen Mittelhängen teilweise den Boden; auf den Unterhängen liegen Kolluvien (Abb. 43). Sieben Jahrzehnte intensiven Ackerbaus haben damit eine homogene fruchtbare Bodendecke in einen heterogenen Flickenteppich aus kalkhaltigem Löss mit geringem Wasserhaltevermögen, unterschiedlich mächtigen Relikten degradierter Schwarzerde und aus Kolluvien verwandelt. Der Ackerbau ist erschwert, die Erträge haben sich reduziert. Einige Standorte haben im Palouse seit den 1930er-Jahren die dort geringmächtige Lössdecke vollkommen verloren. Jetzt stehen an diesen wüst gefallenen Standorten Basalte an.

Im Süden Sichuans (Südwestchina)

Das Volk der Yi nutzte Bergwälder im Süden von Sichuan – von wenigen, durch Konflikte mit den Han

ausgelöste Ausnahmen im späten 19. Jh. abgesehen – bis in das Jahr 1958 nachhaltig (Abb. 19). In jenem Jahr bewirkte der durch die Anlage zahlloser Hinterhofschmelzöfen während des „Großen Sprungs nach vorn" plötzlich stark gestiegene Energiebedarf ausgedehnte Waldrodungen. Aufforstungsversuche durch das Abwerfen von Kiefernsamen aus Flugzeugen schlugen 1958/59 noch fehl. Im Untersuchungsgebiet Xixi im Südwesten Sichuans wurden die Rodungsflächen zunächst als Weide- und ab 1965 als Ackerland genutzt. Die Yi legten ohne die notwendigen technischen Kenntnisse Ackerterrassen an. Dadurch wurde linienhafte Bodenerosion entscheidend gefördert. Bodenerosionsraten von mehr als 300 Tonnen pro Hektar und Jahr traten auf (Abb. 19, 161, 162). Das Ackerterrassensystem wurde zerschluchtet (Abb. 19, 20). Im Jahr 1985 wurde das Gebiet mit Kiefern aufgeforstet. Seitdem ist die Bodenerosion unbedeutend.

Die Robinson-Crusoe-Insel im Archipel Juan Fernández (Chile)

Auf der im östlichen Pazifik im Archipel Juan Fernández gelegenen, heute chilenischen Robinson-Crusoe-Insel setzten aus Spanien stammende Siedler im Jahr 1591 Ziegen aus, die sich im 16. und 17. Jh. massenhaft vermehrten (Abb. 57). Auch die Entnahme wertvoller Hölzer vor allem im 18. und 19. Jh. veränderte die Vegetation der kaum 50 km² kleinen Insel auf gravierende Weise (Abb. 62). Die anlässlich der Eröffnung des Nationalparks im Jahr 1935 ausgesetzten Kaninchen vermehrten sich drastisch. Die unkontrollierte Holzentnahme, Brände, die Ziegen- und Kaninchenplagen vernichteten die küstennahen Wälder vollständig; Bodenerosion setzte ein. Hauptsächlich im 20. Jh. wurden die Böden flächenhaft auf den Unterhängen erodiert und in den Pazifik gespült (Abb. 63, 64, 159). Aufgrund der geringen Infiltrationskapazität der exponierten Gesteine und der häufigen, Oberflächenabfluss erzeugenden Starkniederschläge können die Erosionsflächen kaum erfolgreich mit bodenschützenden Arten bepflanzt werden.

Die Erdöl- und Erdgasförderregion Ugra im Nordwesten Sibiriens (Russland)

Die kleinen Völker der Khanten, Mansen, Yamalen und Nensen nutzten den Norden der Westsibirischen Tiefebene bis zur Mitte des 20. Jh. als Jäger, Sammler, Fischer und Rentierhalter nachhaltig. Gelegentliche Brände veränderten die Vegetation der Tundra und der Taiga. Nur sehr selten und nur an wenigen Standorten entstand Feststoffe verlagernder Oberflächenabfluss.

In den 1950er-Jahren wurden große Kohlenwasserstoffvorkommen (Erdöl, Erdgas) in Nordwestsibirien entdeckt. Die Zahl der Förderstandor-

1591 AD

heute

◀ **Abb. 159:** Schema der Entwicklung von Vegetation, Landnutzung und Relief seit 1591 auf der Robinson-Crusoe-Insel (Chile).

te und die Länge von Bahnstrecken und Straßen nehmen seitdem beständig zu. Straßen und Bahnlinien werden über mehrere Meter hohe Sanddämme geführt; Siedlungen und Förderstandorte erhalten mächtige Fundamente aus Sand – um die Bodenbewegungen durch Tau- und Gefrierprozesse zu mindern. Die Gewinnung der riesigen benötigten Sandmengen hat inzwischen zu einer nachhaltigen Veränderung von Tundra und Taiga geführt (Abb. 25–29).

Östlich Khanty-Mansiysks wird im Sommer der Sand mit Schwimmbaggern am Rand kleiner Flüsse durch Abpumpen gewonnen. Das Fließverhalten der Flüsse ändert sich an den Sandentnahmestandorten und unterhalb; Seiten- und Sohlenerosion werden verstärkt. Der auf verdichteten, betonierten oder asphaltierten Oberflächen während der Schneeschmelzen oder der sommerlichen Starkniederschläge auftretende Oberflächenabfluss spült Sand von den Straßenböschungen in die Auen auf die dortigen Niedermoore. Weiter flussabwärts transportierter Sand wird schließlich in Terrassen abgelagert. Im Verlauf der erst ein halbes Jahrhundert während Phase der Erdölförderung entstanden in den Auen bis zu 5 m hohe Flussterrassen – ein Prozess, der hier an kleinen Flüssen erstmals im Holozän auftritt (Abb. 29).

In der Tundra mit dem nur wenige Dezimeter auftauenden Dauerfrostboden werden in Straßennähe anstehende Sande durch flaches Abschieben entnommen – gelegentlich auf einzelnen Flächen mit einer Ausdehnung von mehreren Quadratkilometern (Abb. 25). Die Vegetation der Tundra mit

ihrer dichten, den Boden (außer an den wenigen stärker geneigten Hangstandorten mit Solifluktion) vor Verlagerung vorzüglich schützenden Decke aus Flechten, Moosen, Kräutern, niedrigen Sträuchern und Bäumen wird zerstört. Starke Winde transportieren im Sommer Sandkörner von den Entnahmeflächen in die Umgebung. Eine Sandschicht überzieht flächenhaft die dortigen Nieder- und Hochmoore. Dünen entstehen und wandern über die Tundra und durch die nördliche Taiga.

Zwar haben die Förderung von Erdöl und Erdgas sowie der resultierende Bau von Straßen, Bahntrassen und Siedlungen erst einen geringen Teil des Nordens des Westsibirischen Tieflandes direkt verändert. Jedoch wurden erstmals im Holozän Prozesse initiiert, die in den kommenden Jahrzehnten und Jahrhunderten aktiv und sichtbar bleiben und ausgedehnte Gebiete indirekt über den Transport von Partikeln erfasst werden. Tundra und Taiga erfahren hier eine von den Gas- und Ölverbrauchern in Europa kaum wahrgenommene dramatische Veränderung.

Späte Landnahme auf Floreana (Galápagos, Ekuador)

Auf der Insel Floreana (Abb. 90) verhinderten geringe Hangneigungen, ein hohes Wasseraufnahmevermögen der Substrate und eine dichte Vegetation bis zur Mitte des 20. Jh. gravierende Oberflächenabflussbildung und Bodenerosion, obwohl im drei- bis zehnjährigen Rhythmus mit den El-Niño-Ereignissen immer wieder extreme Starkniederschläge auftraten. Diese versickerten jedoch auf den durchlässigen Substraten in den vergangenen Jahrhunderten stets vollständig. Auch die Nutzung eines kleinen Areals im Hochland der Insel durch deutsche Einwanderer seit 1929 änderte an dieser Situation zunächst nichts. Erst der Umzug der Siedler vom Hochland an die Westküste in den frühen 1950er-Jahren bewirkte eine schneisenartige Zerstörung der Vegetation durch Anlage eines Verbindungswegs und die flächenhafte Zerstörung der Vegetation durch Hausbau und Brände in Küstennähe. Seitdem wirkt der in Gefällsrichtung vom Hochland zur Westküste führende Weg als Abflussbahn (Abb. 91). Der Abfluss verlässt den verdichteten Weg und reißt tiefe Rillen in die lockere Tephra. Thor Heyerdahl beobachtete hier im El-Niño-Jahr 1953 die lokal stark ausgeprägte linienhafte Bodenerosion. Im El-Niño-Sommer 1982/83 schnitten sich erneut Rillen ein. Die unsachgemäße Anlage von Weg und Siedlung hatte hier die jungholozäne Phase der Oberflächenstabilität beendet (Abb. 92–94).

Kombinationswirkungen intensiver Landnutzung und seltener extremer Witterungsereignisse

Der Norden Zentraloregons im pazifischen Nordwesten der USA

In der Umgebung von Monument im Norden Zentraloregons begannen europäischstämmige Siedler in der zweiten Hälfte des 19. Jh. mit Ackerbau und intensiver Beweidung (Abb. 46) die bis dahin nachhaltige Nutzung der erosionssensitiven Region durch indigene amerikanische Ethnien abrupt abzulösen.

Bis in das frühe 20. Jh. wurden auf einigen ackerbaulich genutzten Hängen die geringmächtigen fruchtbaren, wasserdurchlässigen Böden nahezu vollständig flächenhaft erodiert und als Kolluvien auf den Unterhängen sowie als Auensedimente in kleinen Auen abgelagert (Abb. 46). Gesteine mit geringer Wasserdurchlässigkeit gelangten auf den Hängen an die Oberfläche. Seitdem tragen diese Standorte bereits während mäßig starker Niederschläge zur Abflussbildung bei. Häufigkeit und Intensität der Hochwasser in den größeren Vorflutern wuchsen.

Wenige Starkniederschläge sorgten in den 1920er-Jahren im Einzugsgebiet des East Fork Cottonwood Creek bei Monument für extrem hohen Oberflächenabfluss auf den vegetations- und bodenfreien Standorten und damit für das Einreißen von bis zu 15 m tiefen Schluchtsystemen – zuerst an den Tiefenlinien und bald darauf auf den Unterhängen (Abb. 44–46, 161, 162). Gleichzeitig wurden an weiteren Standorten landwirtschaftlich

nutzbare und genutzte Böden flächenhaft erodiert. Der Ackerbau kam durch diese kurze und verheerende Erosionsphase vollständig zum Erliegen. Die Intensität der Beweidung wurde reduziert.

Da die häufige Abflussbildung auf den nunmehr exponierten, wenig durchlässigen Substraten bis heute anhält, werden eine Wiederbesiedlung durch Pflanzen und die Bildung landwirtschaftlich wieder nutzbarer Böden in den kommenden Jahrhunderten oder Jahrtausenden verhindert.

Deutschland

Das Zusammentreffen von intensiver Landnutzung auf zahlreichen Hängen und außergewöhnlich extremen Starkniederschlägen hatte auch auf viele Böden Deutschlands verheerende Wirkungen: Schluchten rissen im letzten vorchristlichen Jahrtausend ein. Im Juli des Jahres 1342 verursachte der 1000-jährige Niederschlag vom Rhein bis zur Oder, von der Donau bis zur Eider die bei weitem stärkste Bodenerosion, die ein einzelnes Ereignis während der vergangenen eineinhalb Jahrtausende, in einigen Landschaften während des gesamten Holozäns, in Mitteleuropa außerhalb der Alpen auslöste (Abb. 105, 106). Etwa ein Drittel der kumulierten Bodenerosion der vergangenen eineinhalb Jahrtausende wurde hauptsächlich durch dieses sowie ein weiteres, vorangegangenes Extremereignis in der ersten Hälfte des 14. Jh. verursacht (Abb. 160). Zwar sind in Deutschland nur wenige hügelige, mit lehmig-sandigen Substraten bedeckte Landschaften wie der Kraichgau, das Untereichsfeld oder die Hallertau stark erosionsgefährdet. Dennoch wurden im Juli 1342 auch andere, intensiv landwirtschaftlich genutzte Räume verheert. Ausgedehnte Gebiete fielen für Jahrhunderte (z.B. in den Jungmoränenlandschaften Nordostdeutschlands) oder gar dauerhaft wüst. So verschwanden in den Mittelgebirgen an vielen Hängen die geringmächtigen fruchtbaren Böden vollständig. Seitdem sind dort wieder verbreitet nur langsam verwitternde Festgesteine exponiert.

Träfe das tausendjährige Niederschlagsereignis auf intensiv und einheitlich ackerbaulich oder als Grünland genutzte große Schläge mit starken Hangneigungen in erosionssensitiven Räumen, wie dem nordchinesischen Lössplateau, dem Palouse im Nordwesten der USA, dem Kraichgau in Baden-Württemberg oder dem südniedersächsischen Untereichsfeld, wären für die Bewohner kaum vorstellbar verheerende Schäden die Folge. Innerhalb weniger Stunden würden tiefe Schluchten einreißen. Flächenhaft würde die fruchtbare Krume viele Zentimeter bis mehrere Dezimeter tief erodiert. Mächtige Kolluvien und Schwemmfächer würden sich auf den Unterhängen ablagern. In kleinen Auen würde ein mächtiges schluffreiches Auensediment aufwachsen und die dort vorliegenden humosen Auenböden tief verschütten. Boden- und Reliefheterogenität würden weiter zunehmen, die Gehalte an organischer Substanz in Oberflächennähe stark abnehmen. Ausgedehnte Flächen würden dauerhaft aus der agrarischen Landnutzung fallen. Das Extremereignis würde kleine Staubecken vollständig verfüllen und nicht nur deren Nutzphase als Hochwasserrückhaltebecken oder Bewässerungsbecken schlagartig beenden, sondern damit auch neue Gefährdungen durch nachfolgende Ereignisse für die dann nicht mehr geschützten Unterlieger schaffen. Flüsse würden ihren oftmals von Dämmen übermäßig stark eingeengten Überflutungsraum verlassen und neue Wege suchen, nicht selten auch durch Siedlungen und Industriegebiete. Die volkswirtschaftlichen Schäden würden in Anbetracht der in Auen kumulierten, scheinbar geschützten Werte unvorstellbare Ausmaße erreichen.

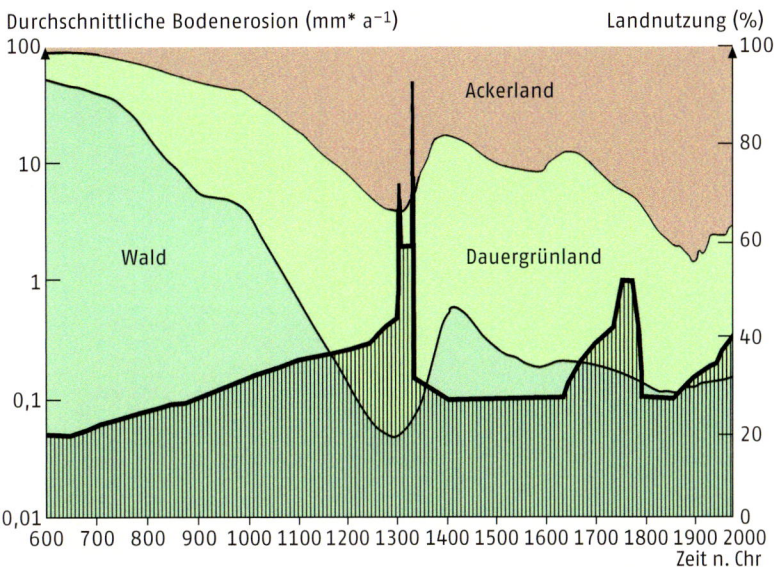

▲ **Abb. 160:** Das mittlere Ausmaß der Bodenerosion in Deutschland (ohne Alpenraum) seit dem Frühmittelalter (Daten: Batz et al. 1998).

Schlussfolgerungen

Lediglich auf der Osterinsel führten bereits die ersten polynesischen Gartenbauern vor etwa 1300 Jahren sofort ein bodenschonendes, nachhaltiges Landnutzungssystem ein. An den übrigen Untersuchungsstandorten modifizierte die erste Landnutzung durch Tierhalter, Garten- oder Ackerbauern die Bodenbildungsprozesse; Bodenerosion durch Wind oder Oberflächenabfluss war die Folge. Vor den ersten gravierenden Veränderungen von Vegetation und Böden waren einige der untersuchten Standorte über viele Jahrhunderte oder Jahrtausende extensiv und nachhaltig von Jägern, Sammlern, Fischern oder Tierhaltern genutzt worden (der pazifische Nordwesten der USA, der Nordwesten Sibiriens, das südliche Sichuan im Südwesten Chinas, Mitteleuropa), andere waren davor unbesiedelt (Robinson-Crusoe-Insel).

Mit dem Beginn der dauerhaften Besiedlung von Landschaften veränderten Menschen direkt und indirekt an den von Landnutzung betroffenen Standorten

▶ den Energiekreislauf,
▶ den Wasserkreislauf,
▶ die Stoffkreisläufe,
▶ die Prozesse der Bodenbildung,
▶ Bodeneigenschaften wie die Aggregatstabilität sowie
▶ die Prozesse der Bodenerosion.

Insbesondere die Böden und das Relief entwickelten und entwickeln sich unter dem Einfluss der Landnutzung völlig andersartig als unter von Menschen nicht oder kaum beeinflussten Bedingungen (Abb. 161, 162). In einigen Regionen Chinas, Nordamerikas sowie Mittel- und Westeuropas existieren

heute keine Standorte mehr, deren Entwicklung ohne bedeutsame anthropogene Einflüsse und Eingriffe ablief. Kulturböden haben natürliche Böden ersetzt, Kulturlandschaften sind an die Stelle von Naturlandschaften getreten (s. a. Diamond 2005). Außerhalb höherer Gebirgslagen ist in Deutschland kein Hangstandort bekannt, der nicht im Verlauf von Urgeschichte, Mittelalter oder Neuzeit genutzt worden wäre.

Zahlreiche Standorte zeichnen sich durch eine hohe Sensitivität für landnutzungsbedingte Veränderungen bodenbildender Prozesse und für die Initiierung von bodenzerstörenden Prozessen aus. Besonders erosionssensitiv sind steile, lange, breite und leicht konkave Hangabschnitte mit geringem Wasserspeichervermögen auf der Geländeoberfläche, mit den Abfluss konzentrierenden Strukturen, einem geringen Wasseraufnahmevermögen an der Geländeoberfläche und einer geringen Stabilität der oberflächennahen Bodenaggregate. In einem derartigen, stark sensitiven Landschaftsausschnitt können bereits geringfügige Veränderungen der Vegetation und der Bodeneigenschaften durch den wirtschaftenden Menschen zu starken Modifikationen der bodenbildenden Prozesse und zur Bodenzerstörung führen.

In wenig sensitiven Landschaftsausschnitten führen erst gravierende Veränderungen der Vegetation und der Bodeneigenschaften durch den wirtschaftenden Menschen zu signifikanten Modifikationen der bodenbildenden Prozesse und zur Bodenzerstörung. Extrem seltene, z. B. 500-jährige oder 1000-jährige Starkniederschläge vermögen auch auf wenig sensitiven Standorten verheerend zu wirken – wenn ein ausreichender Schutz der Oberfläche durch Vegetation nicht gegeben ist.

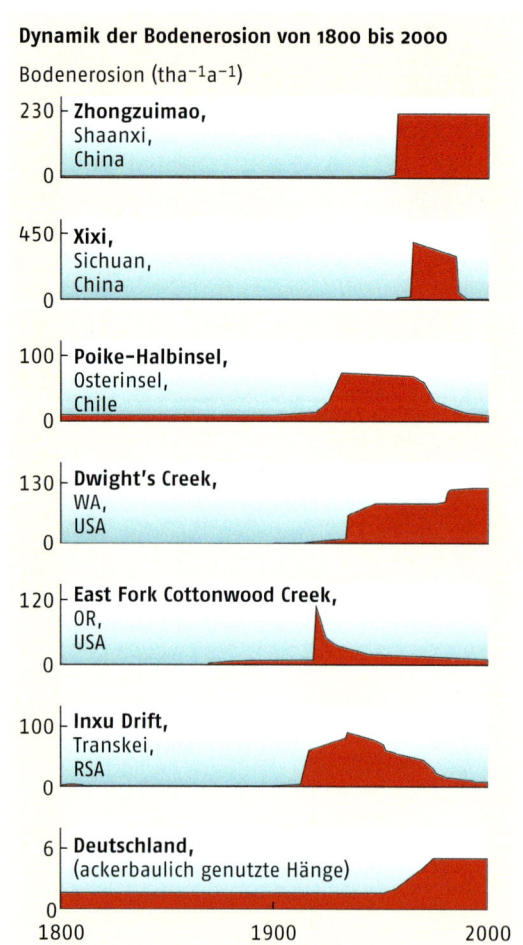

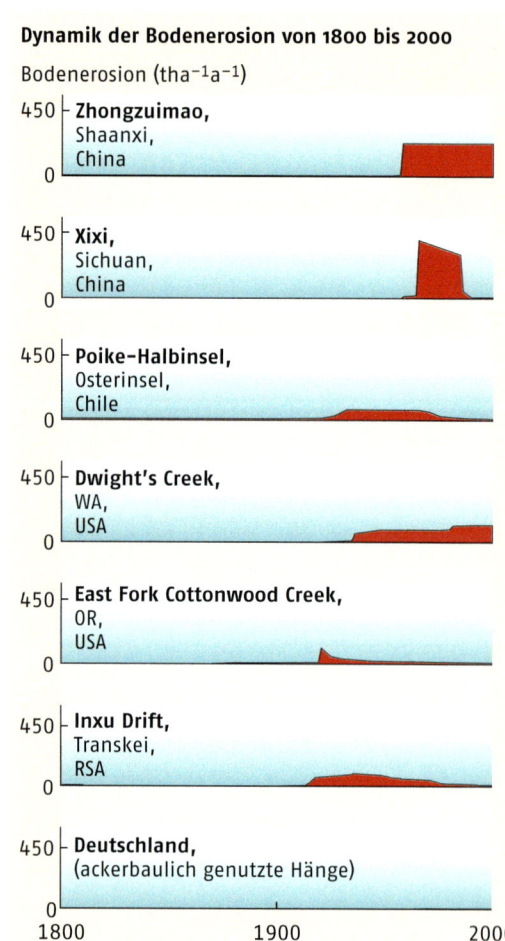

▲ **Abb. 161:** Vergleich des Ausmaßes der Bodenerosion während des 19. und 20. Jh. in sieben Untersuchungsräumen (nicht standardisierte Skala der Erosionsraten).

▲ **Abb. 162:** Vergleich des Ausmaßes der Bodenerosion während des 19. und 20. Jh. in sieben Untersuchungsräumen (standardisierte Skala der Erosionsraten).

Die Prozesse der Wasser- und Winderosion wurden auf vegetationsarmen oder -freien Oberflächen immer durch natürliche Ereignisse ausgelöst: durch Oberflächenabfluss während starker Niederschläge oder plötzlich abschmelzende wasserreiche Schneedecken oder durch hohe Windgeschwindigkeiten. Das Ausmaß der Bodenerosion variierte in den untersuchten, genutzten Gebieten zeitlich und räumlich sehr stark.

In den früh besiedelten Regionen Chinas, z. B. am Zhongzuimao im Lössplateau, wurden die Böden bereits in den ersten Jahrhunderten oder ein bis zwei Jahrtausenden des Garten- und Ackerbaus fast vollständig flächenhaft abgetragen und die Unterhänge zerschluchtet. Erst seitdem prägt kalkhaltiger Löss (wieder) die Oberfläche der Landschaften. Der Gartenbau konnte außerhalb der zerschnittenen Unterhänge fortgesetzt werden.

Auch einige mitteleuropäische Standorte verloren schon im Verlauf von Neolithikum, Bron-

ze- oder Eisenzeit ihre damals oft humusreichen, fruchtbaren Böden vollständig. Zumeist vorübergehende Extensivierungen oder Nutzungsaufgaben waren die Folge. In den Mittelgebirgen wurden geringmächtige Böden im Verlauf von Mittelalter und Neuzeit, zu einem erheblichen Teil im 14. Jh., auf den Ober- und Mittelhängen häufig vollständig erodiert. Im Norden und Nordosten Deutschlands erodierten zumindest die Oberböden auf den Mittelhängen. In lössreichen Landschaften kam es auf vielen steilen Mittel- und Oberhängen zu einem vollständigen Abtrag der holozänen Böden. Das Schluchtenreißen verheerte Lösslandschaften besonders im 14. und im 18. Jh. Seltene witterungsbedingte Extremereignisse verursachten den weit überwiegenden Teil dieses Bodenverlustes. Die durch Nutzung ausgelöste holozäne Bodenerosion führte an den meisten untersuchten Standorten zu einer Jahrhunderte oder Jahrtausende währenden Minderung der Bodenfruchtbarkeit.

Die vorgestellten Beispiele zeigen, dass grundlegende Veränderungen der Nutzungssysteme und -intensitäten durch Landnahme, Kolonisierung, Expansion, Technisierung und politische Umbrüche im 20. Jh. (auf Island bereits im 19. Jh.) nicht nur zu den heute bekannten Veränderungen der Umwelt (s. McNeill 2003), sondern auch zu einer Vervielfachung der Bodenerosionsraten führten (Abb. 161, 162):

- auf der Poike-Halbinsel im Osten der Osterinsel in den 1930er-Jahren durch eine außergewöhnlich hohe Besatzdichte mit Schafen (bis zu 10 000 Schafe auf einer Fläche von nur 900 ha) und jährliche Brände (Abb. 158);
- im Einzugsgebiet von Dwight's Creek im Palouse (Washington, USA) im Jahr 1935 mit dem Ersatz der Zugtiere durch Zugmaschinen, die eine ackerbauliche Nutzung auch steilster Losshänge ermöglichten;
- im Einzugsgebiet des East Fork Cottonwood Creek (Oregon, USA) im frühen 20. Jh. durch die ackerbauliche Nutzung und intensive Beweidung erosionssensitiver Standorte mit geringmächtigen Böden (Abb. 46);
- auf dem Zhongzuimao und seiner Umgebung (Provinz Shaanxi, China) im Jahr 1958 durch politisch verordnete neue Feldfruchtsorten, Fruchtfolgen und Eigentumsverhältnisse (Abb. 15);
- im Westen von Floreana durch unsachgemäßen Wegebau und durch Brände in den frühen 1950er-Jahren (Abb. 92, 93);
- bei Xixi (Provinz Sichuan, China) im Jahr 1958 durch Waldrodung für die Hinterhofschmelzöfen im Zuge des „Großen Sprungs nach vorn" und im Jahr 1965 durch die unsachgemäße Anlage von Ackerterrassen und den nachfolgenden Ackerbau (Abb. 19),
- in Deutschland in den 1950er-, 1960er- und 1970er-Jahren durch Flurbereinigung bzw. Kollektivierung (Abb. 160) sowie
- im Nordwesten Sibiriens in Sandabbau- und Sandverwendungsgebieten vor allem seit den 1980er-Jahren durch die Prospektion von Erdöl und Erdgas.

Der explosionsartige Anstieg der Bodenzerstörung in den vergangenen Jahrzehnten in den vorgestellten Regionen der Erde hat seine Ursache nicht in häufigeren oder intensiveren Starkniederschlägen, Stürmen oder Schneeschmelzen. Von Menschen geschaffene ungünstige Vegetations- und Landschaftsstrukturen, der unsachgemäße Ausbau der Infrastruktur (Bodenversiegelung), die Intensivierung der Landwirtschaft, technische Entwicklungen, abrupte Modifikationen der politischen und sozialen Gegebenheiten (wie der „Große Sprung nach vorn" im Jahre 1958) sowie das andersartige Verhalten der Bevölkerung im ländlichen Raum bedingten die dramatischen Veränderungen der Böden bis hin zu ihrem Verschwinden.

Antworten

Hans-Rudolf Bork

Antworten auf die Fragen zu Klima und Wasserhaushalt

Veränderten Menschen bereits in den vergangenen Jahrhunderten das Klima? In welchem Umfang beeinflussten Menschen früher die Grundwasserstände und den mittleren Abfluss?

Mit der Sesshaftwerdung, dem Beginn des Ackerbaus und der Tierzüchtung veränderten Menschen die Vegetation und die Fauna. Die Gesamtmasse der Lebewesen, die Biomasse, nahm zunächst geringfügig und mit dem Wachstum einer Ethnie und der resultierenden Ausdehnung der landwirtschaftlich genutzten Flächen verstärkt ab. Damit verminderte sich die Transpiration, die Verdunstung von Wasser durch Pflanzen, deutlich. Die Verdunstung von der nunmehr teil- und zeitweise vegetationsarmen Landoberfläche (die Evaporation) nahm geringfügig zu, die Verdunstung des Wassers, das auf die Oberfläche von Pflanzen gefallen war (Interzeption), geringfügig ab (Abb. 163, 164). In der Bilanz versickerte weitaus mehr Wasser in den Boden und in den tieferen Untergrund (erhöhte Infiltration), die Grundwasserspiegel stiegen an den Rändern von Auen oft um mehrere Meter, in deren Zentrum um einige Dezimeter an. Bis heute konservierte und gelegentlich datierbare

fossile Oxidationshorizonte ehemaliger Grundwasserböden, den Gleyen, belegen den rodungs- und landnutzungsbedingten Anstieg der Grundwasserspiegel. Höhere Grundwasserstände an Auenrändern und in vormaligen Trockentälern ließen neue Quellen entstehen, die ihr Wasser den Flüssen zuführten. Die Flüsse transportierten im Mittel erheblich mehr Wasser: Nach ersten Abschätzungen verdoppelte sich der mittlere Abfluss aus Mitteleuropa in die Meere vom waldreichen 6. Jh. zum waldarmen frühen 14. Jh. alleine durch die Ausdehnung der landwirtschaftlich genutzten Flächen (Abb. 165; Bork et al. 1998).

Die natürliche Vegetation hatte in vielen Landschaften der Erde mit einem humiden, semihumiden oder semiariden Klima die Böden vollkommen vor Erosion geschützt, in anderen zumindest weitgehend (lediglich in schütter oder nicht bewachsenen Landschaften, hauptsächlich den Wüsten und Hochgebirgen, war natürliche Erosion aufgetreten). Erst mit der Beseitigung der den Boden schützenden Wälder der humiden und semihumiden gemäßigten Breiten setzten – von wenigen Sonderstandorten abgesehen – die Bildung von Abfluss und die Verlagerung von Bodenpartikeln während starker Niederschläge auf den Hängen ein. An manchen nicht anthropogen veränderten Steppenstandorten mit einem kontinentalen Klima bauten sich im Winter Schneedecken auf, die mit dem ersten Wärmeeinbruch im Frühjahr tauten und

▶ **Abb. 163:** Die Veränderung der Wasserhaushaltskomponenten durch Landnutzung – der natürliche Wald im Vergleich zum Forst. Die Umwandlung vom natürlichen, nicht vom Menschen genutzten Wald in einen Forst mit Forstwegen bewirkt das gelegentliche Auftreten von Oberflächenabfluss.

zumindest lokal zur Bildung von Abfluss führten. Feststoffe wurden in natürlichem Grasland kaum erodiert und transportiert.

Die beschriebenen, auf Eingriffe des Menschen zurückzuführenden qualitativen und quantitativen Veränderungen der Wasserhaushaltskomponenten Transpiration, Evaporation, Interzeption, Abflussbildung, Infiltration und Grundwasserneubildung beeinflussten zunächst das lokale und mit der Ausdehnung der Nutzungsflächen das regionale Klima. Heute wirkt sich die Gesamtheit menschlicher Handlungen auf das globale Klima aus.

So wurden die Tagesamplituden, die täglichen Schwankungsausschläge der Temperatur durch die Beseitigung von Wäldern lokal spürbar vergrößert. In Strahlungsnächten kühlte die ackerbaulich genutzte Oberfläche stärker aus, in den Mittags- und frühen Nachmittagsstunden erwärmte sie sich stärker als im Wald. Spät- und Frühfröste häuften sich im Offenland. Die obersten Zentimeter der Böden wurden in niederschlagsarmen Perioden trockener.

Wurden Räume mit einer Ausdehnung von vielen Tausend Quadratkilometern in Kultur genommen, änderte sich das regionale Klima. Die geminderte Evapotranspiration (Verdunstung einschließlich der Transpiration) und die höheren Temperaturen beeinflussten die Thermik nicht nur in der bodennahen Atmosphäre. Dauer und Intensität der Niederschläge bestimmter Wetterlagen veränderten sich.

Noch ist der Einfluss des Menschen auf das Klima in den vergangenen Jahrhunderten und Jahrtausenden nicht hinreichend genau quantifi-

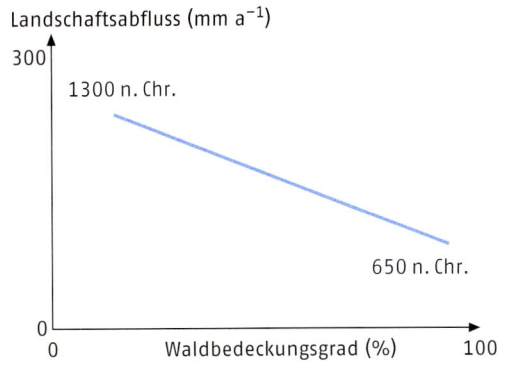

zierbar. In einigen Jahren könnten Fortschritte in der Klimaforschung über die Anwendung geprüfter Klimamodelle eine fundierte Nachhersage des Ausmaßes der lokalen und regionalen anthropogenen Klimaänderungen in der Vergangenheit ermöglichen.

Erzeugten Menschen in der Vergangenheit Hochwasser?

In vollkommen bewaldeten mitteleuropäischen Wassereinzugsgebieten traten in der Nacheiszeit vor den ersten markanten Eingriffen von Menschen kaum Oberflächenabfluss und keine starken Überschwemmungen auf. In Mitteleuropa wurden Hochwässer in den meisten Wassereinzugsgebieten erst von Menschen ermöglicht. Ausnahmen bilden Hochgebirge und die in ihnen entspringenden Flüsse sowie Mittelgebirgsräume mit wasserreichen Schneedecken oder mit geringmächtigen Böden

Natürlicher Wald

Ackerland

◄ **Abb. 164:** Die Veränderung der Wasserhaushaltskomponenten durch Landnutzung – der natürliche Wald im Vergleich zum Ackerland. Die Umwandlung eines natürlichen, nicht vom Menschen genutzten Waldbestandes in Ackerland bewirkt:
– eine starke Abnahme der Verdunstung durch die Pflanzen (Transpiration),
– eine leichte Zunahme der Verdunstung von der Bodenoberfläche (Evaporation),
– das gelegentliche Auftreten von Oberflächenabfluss,
– eine erhebliche Zunahme der Versickerung in den Boden (Infiltration),
– eine erhebliche Zunahme des Grundwasserabflusses.

und an der Oberfläche anstehenden Gesteinen, die ein geringes Wasseraufnahmevermögen besitzen.

Das heutige Abflussverhalten ist völlig anders als noch vor einem Jahrtausend, als die Böden in den meisten Mittel- und Hochgebirgen kaum erodiert waren. Sie vermochten vor dem Mittelalter weitaus mehr Wasser zwischenzuspeichern als heute.

Dass starke Überschwemmungen in den Waldphasen nicht auftraten, beweisen fehlende Ablagerungen in Kolluvien, Schwemmfächer-, Auen- und Seesedimenten: In nicht von Menschen genutzten, vollkommen bewaldeten Einzugsgebieten lagerten sich bis auf wenige lokale Ausnahmen (z.B. durch Rutschungen oder Waldbrände) zumeist keine auf Abflussbildung und Bodenerosion zurückzuführende Sedimente ab (s. S. 121ff.). Abfluss ohne Transport von Bodenpartikeln und Pflanzenbestandteilen ist auszuschließen. Er ist nur möglich, wenn keine Vegetation und keine Lockergesteine existieren und nicht abtragbare Festgesteine die Oberfläche der Hänge und Auen einnehmen. Derartige Standorte sind in Mitteleuropa sehr selten.

Die Archive der Landschaft und der Gesellschaft belegen, dass die mit der agrarischen Landnutzung verbundenen Veränderungen von Vegetation und Böden das Auftreten von starken Hochwässern in vielen Landschaften erst ermöglicht haben. Die in den beschriebenen Untersuchungsräumen eingesetzten kulturbaulichen Maßnahmen mit der Folge einer meist ungewollten Förderung der Abflussbildung geben Hinweise zu ihrer Vermeidung oder zumindest Minderung. So kann das Ausmaß von Überschwemmungen stark reduziert werden durch

▸ die Vermeidung von Verdichtungen an agrarisch genutzten Geländeoberflächen über Systeme der Landnutzung, die eine nahezu ganzjährige Bedeckung der Oberfläche mit lebenden Pflanzen oder abgestorbenen Pflanzenbestandteilen bewirken;

▸ die Erhaltung hoher Wasserleitfähigkeiten im Oberboden von Äckern und Gärten über eine massive Förderung der den Boden durchwühlenden Organismen (besonders Regenwürmern);

▸ die Minimierung der Verdichtung der landwirtschaftlich genutzten Böden infolge des Befahrens mit schweren Maschinen;

▸ die Verlangsamung der Abflussgeschwindigkeiten mittels Schaffung von Dauergrünland, Wald und linienhaften Barrieren wie Hecken, Stein- oder Erdwällen auf geeigneten Bereichen der Hänge;

▸ die Versickerung des Dachabflusses im Siedlungsraum und damit eine Verhinderung der Zuführung von schnell in der Kanalisation abfließendem Wasser;

▸ eine Entsiegelung von betonierten, asphaltierten oder gepflasterten Oberflächen, wo keine zwingende Notwendigkeit für deren Existenz gegeben ist;

▸ ein Verbot von Ackerbau und der Ausweisung von Bebauungsflächen in Überschwemmungsräumen;

▸ die Entgradigung von nicht schiffbaren Bächen und Flüssen, die in der zweiten Hälfte des 20. Jh., z.T. bereits zuvor, kanalisiert worden waren und damit die Verlängerung der Fließstrecken und die Verlangsamung der Fließgeschwindigkeiten (Stichwort „Renaturierung");

▸ die (erneute) Schaffung von Versickerungsräumen in Auen z.B. über Auenwälder oder Hochwasserrückhaltebecken.

Nur eine abgestimmte Kombination der genannten Maßnahmen kann die Hochwassergefahr verringern. Heute übliche, lediglich nachsorgende Maßnahmen, wie die Verbesserung der Zwischenspeicherung von Wasser in Talauen, sind unzureichend. Sie können bei ganz seltenen, verheerenden Überschwemmungen die Schadenssummen gar erhöhen.

Verursachte Hochwasser bereits in den vergangenen Jahrhunderten und Jahrtausenden bedeutsame Schäden?

Archive der Gesellschaft und der Natur berichten von den Schäden, die Hochwässer früher verursachten (Abb. 103 – 105, 144 – 147). Vielen Mitteleuropäern sind die Schäden an Oder (1997) und Elbe (2002) in Erinnerung. Gut untersucht sind die Folgen der Überschwemmungen in den vorausgegangenen drei Jahrhunderten (Abb. 116, S. 128 ff.). Zwar waren die volkswirtschaftlichen Schäden dieser Ereignisse kurzfristig bedeutsam, langfristig identifizierbare Spuren hinterließen sie jedoch kaum.

Die bei weitem stärksten Veränderungen mitteleuropäischer Landschaften verursachte das tausendjährige Hochwasser im Juli des Jahres 1342 (s. S. 115 ff.). Das Relief, die Böden und damit die Landnutzung in den Einzugsgebieten von Donau, Neckar, Main, Lahn, Rhein (unterhalb der Neckarmündung), Weser, Elbe und Eider wurden in einer bis heute nachwirkenden Weise verändert. Nur wenige Schriftquellen berichten exakt über die Geschehnisse im Juli 1342. Dagegen sind in Böden und Sedimenten bis heute viele Detailinformationen verborgen und noch zu entdecken. Große Schluchten mit ihren Schwemmfächersedimenten und Kolluvien auf Unterhängen und in den Auen kleiner Täler bezeugen eindrucksvoll die Dramatik, die Ursachen und Folgen der bei weitem verheerendsten Flut des vergangenen Jahrtausends. Viele Orte verloren im Verlauf weniger Tage einen bedeutenden Teil ihres Ackerlandes durch Bodenerosion. Etwa 13 Milliarden Tonnen Boden wurden in Deutschland verlagert (Bork 1988; Bork et al. 1998).

Auch die kurzfristigen Wirkungen waren dramatisch (s. S. 119 ff.). Zehntausende Menschen kamen in den Fluten um. Gebäude, Wege und Brücken wurden zerstört. Die Niederschlags- und vor allem die Abflussmengen im Juli des Jahres 1342 waren erheblich höher als in den Sommermonaten der Jahre 1997 (Oderflut) und 2002 (Elbflut). Berechnungen zum Ereignis im Juli 1342 ergaben im Vergleich zu 1997 und 2002 einen etwa 50- bis 100-fach höheren Abfluss!

Auch außerhalb Mitteleuropas hinterließen Hochwässer in der Vergangenheit verheerende Schäden. Exemplarisch sei nur der Gelbe Fluss im Norden Chinas genannt. Im nordchinesischen Lössplateau erodierte Schluffmassen verstopften wiederholt die eingedämmten Fließwege des Huang He an dessen Unterlauf. Verheerende Überschwemmungen waren die Folge. Die Fließwege änderten mehrfach ihre Position um mehrere Hundert Kilometer. Die Hochwasser- und Erosionsgefahren nahmen mit der Umsetzung der Sozial- und Agrarreformen des „Großen Sprungs nach vorn" auch in anderen, intensiv ackerbaulich genutzten Flusseinzugsgebieten Chinas zu (s. S. 29 ff., S. 32 ff.).

Antworten auf die Fragen zu den Böden und ihrer Zerstörung

Wie veränderten Menschen in den vergangenen Jahrhunderten die Böden der Erde?

Unter der natürlichen Wald- oder Steppenvegetation hatten sich im Verlauf der Nacheiszeit Böden mit sehr unterschiedlichen Eigenschaften entwickelt. Durch die Veränderung oder Beseitigung der natürlichen Vegetation und die nachfolgende Landnutzung wandelten sich die Energie-, Wasser- und Stoffhaushalte und damit die Bodenbildungsprozesse. An manchen siedlungsfernen Standorten dominierte der Entzug von Kohlenstoff und Nährstoffen, in den Orten und ihrer näheren Umgebung dagegen deren Konzentration. Räumliche Umverteilungen der Stoffe durch Ernte und organische Düngung prägten die frühen Garten- und Ackerbaukulturen. An Standorten mit starkem Entzug von organischem Material ohne Kompensation wurde die Degradierung der Böden beschleunigt. Auf sandreichen und kalkfreien Nadelwald- und Heidestandorten entstanden im humiden Klima der mittleren Breiten binnen einiger Jahrzehnte oder weniger Jahrhunderte an Nährstoffen verarmte Podsole (s. S. 108). In den Lösslandschaften der

Mittelbreiten führte Landnutzung zu einer Degradierung der Schwarzerden. Nutzungsbedingt höhere Grundwasserstände vernässten Unterhänge und Auen; Gleye bildeten sich. Oberflächenabfluss und Fließgewässer schwemmten verstärkt Stoffe aus der zunehmend genutzten Landschaft aus. In Auen und anderen Feuchtgebieten wurden diese Nährstoffe unter verstärkter Eutrophierung dieser Gebiete abgelagert.

Sind Menschen für die Zerstörung der Böden durch Bodenerosion verantwortlich?

Viele Geoarchive belegen zweifelsfrei, dass von Menschen nicht genutzte Wälder in den meisten Fällen nicht nur vor Abflussbildung und Überschwemmungen schützten. Sie verhinderten auch die Verlagerung von Feststoffen durch Wasser oder Wind. Erosion war in den natürlichen Wäldern der Erde sehr selten und auf wenige besondere Standorte konzentriert. In den nicht anthropogen veränderten Steppen der Erde bewirkten Schneeschmelzen oder sommerliche Starkniederschläge zwar lokal die Bildung von Abfluss. Erosion war hier wie in den natürlichen Wäldern jedoch unbedeutend.

Erst die Schaffung vegetationsfreier Oberflächen ermöglichte die Verlagerung von Bodenpartikeln durch Wind oder Wasser in größerem Umfang während Schneeschmelzen oder in Zeiten mit Starkniederschlägen. Für das dadurch unvermeidbare Auftreten von Bodenerosion sind die Aktivitäten der Landnutzer unmittelbar verantwortlich zu machen.

Geeignete Landnutzungssysteme können Abflussbildung und die Bodenerosion durch Wasser und Wind nahezu vollständig vermeiden. Die schleichende globale Katastrophe der Zerstörung der Böden wäre nur durch abgestimmte, gemeinsame Maßnahmen der Staatengemeinschaft beendbar. Lokale, regionale oder (in Staaten mit kleiner Oberfläche und starker Erosionsgefährdung) nationale Bemühungen sind jedoch unzureichend.

Wo wird abgetragener Boden abgelagert?

Vom Abfluss während starker Niederschläge oder Schneeschmelzen abgetragene Bodenpartikel werden bei nachlassender Fließgeschwindigkeit abgelagert. Die Fließgeschwindigkeit mindert sich, wenn die Hangneigung abnimmt oder der Abfluss nach dem Ende eines Niederschlags versickert. Im letztgenannten Fall können im Abfluss mitgeführte Bodenpartikel selbst auf steilsten Hangabschnitten abgelagert werden.

In extremen Trockengebieten vermag ein kurzer heftiger Niederschlag ein Mineralkorn oftmals nur über Distanzen von einigen Dezimetern oder wenigen Metern zu transportieren. In den semiariden bis humiden Gebieten der Erde werden Bodenpartikel während eines Abflussereignisses meist bis auf die Unterhänge oder in die Auen verfrachtet. In Landschaften mit konkaven Unterhängen und breiten Auen mit geringem Gefälle sowie sandigen oder schluffigen Lockergesteinen und Böden wie den Lösslandschaften des Untereichsfeldes (Südniedersachsen) oder des Palouse (Washington, USA) wird der weit überwiegende Teil des an Ober- und Mittelhängen erodierten Materials auf den Unterhängen und in den unmittelbar benachbarten Auen abgelagert. Sind die Landschaften stark zerschnitten, weisen die Täler einen V-förmigen Querschnitt und ein starkes Gefälle auf, wird, wie in dem zerschnittenen Bereich des chinesischen Lössplateaus, ein erheblicher Teil der erodierten Bodenpartikel bis in die flachen Unterläufe, die Ästuare oder das Meer transportiert. Die Anlage von Erddämmen in den Oberläufen kann den Materialexport vorübergehend mindern und neue Äcker schaffen (Abb. 16).

Neben der Wassererosion erzeugt auch die Winderosion spezifische Ablagerungsstrukturen. An Hindernissen, die die Windgeschwindigkeit lokal mindern, sedimentiert das an windexponierten Standorten ausgeblasene Material. Sand und Schluff lagern sich an Hecken, Waldrändern, Wegböschungen, selbst um und hinter einzelnen Pflanzen (Gräsern, Kräutern, Büschen oder Bäumen) und anthropogenen Hindernissen (Telegrafenmasten, Pfosten von Weidezäunen, Gebäuden, Fahrzeugen) ab. Das Kleinrelief (Gräben, kleine Senken auf Äckern) wird verhüllt und damit im Verlauf zahlreicher Stürme allmählich ausgeglichen. Dominieren Sandkörner an der ungeschützten Geländeoberfläche, können Dünen entstehen und, angetrieben durch gelegentliche Stürme oder häufige starke Winde, über die Landschaft wandern (Abb. 26).

Welche Folgen hat Bodenerosion für die Landnutzung und die Gesellschaft?
Die vollkommene Beseitigung eines Bodens einschließlich der gesamten Lockersedimentdecke führte und führt zur Aufgabe der ackerbaulichen Nutzung. In Mitteleuropa haben viele Mittelgebirgsstandorte durch den tausendjährigen Niederschlag im Juli 1342 und weitere extreme Witterungsereignisse ihre Böden verloren. Im nördlichen Oregon (USA) beendeten in den 1920er-Jahren Niederschläge den Ackerbau (Abb. 46). Etwa zeitgleich begann die Zerstörung der Ackerböden in der südafrikanischen Transkei (Abb. 37, 38). Dauergrünland und Ackerland, das durch die Kampagne des „Großen Sprungs nach vorn" ab 1958 geschaffen wurde, ging bald darauf verloren (Abb. 19, 20). Verwitterungs- und Bodenbildungsprozesse werden unter den Wäldern, die auf aufgegebenen Äckern und Weiden stocken, im Lockergestein in mehreren Jahrhunderten, in Festgesteinen erst in einigen Jahrtausenden erneut ackerbaulich nutzbare Böden gebildet haben.

Werden in Lockersedimenten entwickelte Böden vollständig erodiert, wird die agrarische Landnutzung nicht immer negativ beeinflusst. In Lössgebieten mit ausreichenden Niederschlägen während der Vegetationsperiode kann die flächenhafte Abtragung der lehmigen Unterböden von Braunerden und Parabraunerden und damit die Exponierung von kalkhaltigem Löss sogar die Bodenfruchtbarkeit erhöhen. Allerdings haben die abgetragenen Bodenpartikel unerwünschte Folgen hang- und talabwärts. Sie sedimentieren auf Wegen und Bahnlinien, in Gräben und in der Kanalisation, an und in Gebäuden. Sie sedimentieren in Bächen und Flüssen, lassen diese ausufern und belasten die Gewässer mit Nähr- und teilweise auch Schadstoffen.

Werden an Sandstandorten die Böden abgetragen, ist eine erneute Inkulturnahme nach einigen Jahrhunderten der Bodenbildung unter Wald möglich.

Selten machten sich Menschen die Erosion und ihre Folgen zunutze. In der nordchilenischen Cordillera de la Sal vom Río San Pedro abgetragenes Material sedimentierte zunächst unbeeinflusst von Menschen und später gezielt geleitet am Nordrand des Salar de Atacama. An den Hängen erodiertes Material sedimentiert in den Reservoiren der Erddämme in den Tälern des nordchinesischen Lössplateaus und schafft dort neues Ackerland. In Deutschland wurde zeitweilig Bodenerosion gezielt erzeugt. Das abgespülte Material akkumulierte in den Auen z. B. auf Niedermooren, erhöhte dort die Bodenfruchtbarkeit und machte eine Grünlandnutzung erst möglich (Abb. 122 – 128).

Im Palouse (Washington, USA) retten die Farmer die nach den häufigen sommerlichen Gewitterniederschlägen von Erosionsrillen durchzogenen Äcker durch eine rasche Glättung der Geländeoberfläche mit Pflügen oder Grubbern zumeist erfolgreich vor einer tiefen Zerschluchtung. Die Bodenbearbeitung verlagert allerdings erhebliche Bodenmassen hangabwärts.

Im Osten der Osterinsel beendete die Abtragung der fruchtbaren Böden nach der Rodung der Palmwälder die intensive gartenbauliche Nutzung und damit möglicherweise die Megalithkultur.

Zusammenfassend ist festzustellen, dass starke Bodenerosion entweder abrupt durch einzelne sehr seltene Extremereignisse oder allmählich durch zahlreiche mäßig starke Niederschläge die Bodenfruchtbarkeit mindert und das Ende des Ackerbaus herbeiführt. In der erdweiten Bilanz nimmt die Gesamtfläche des genutzten und des potenziell verfügbaren Ackerlandes beständig ab (Heine 1994).

Von Entscheidungsträgern, der breiten Öffentlichkeit und den europäischen und nordamerikanischen Medien wird die dramatische globale Bodenzerstörung kaum wahrgenommen, da sie vorwiegend allmählich, kleinräumig und besonders stark in den fernen Tropen und Subtropen stattfindet. Dass gerade dort Nahrungsmittel für europäische und nordamerikanische Verbraucher in einer den Boden zerstörenden Weise erzeugt werden, ist kaum bekannt. Auch die Erosionsschäden durch die Erdgas- und Erdölgewinnung im Nordwesten Sibiriens blieben weithin unbemerkt, während die Kontaminationen mit Erdöl während des Golfkrieges und auch jetzt wieder im Irak von den Medien aufmerksam beobachtet wurden.

Menschenleben und Sachgüter gefährdende Hurrikans, Tsunamis, Erdbeben, Vulkanausbrüche, siedlungsnahe Brände oder Kriege lenken vorübergehend die Aufmerksamkeit der Öffentlichkeit auf sichtbare und leicht verständlich zu machende Umweltschäden. Schleichend verlaufende Bodenverluste werden hingegen nicht wahrgenommen; sie sind jedoch heute und zukünftig eine der am meisten unterschätzten Gefährdungen unserer Gesellschaft.

Wie reagierten die Landnutzer auf Bodenzerstörung?

Im Neolithikum, während der Bronze- und der Eisenzeit wurden in Phasen und Regionen mit geringem Nutzungsdruck (z. B. in einigen norddeutschen Landschaften) Standorte gerodet und dann für wenige Jahre, bis zu einem starken Rückgang der Bodenfruchtbarkeit, ackerbaulich genutzt. Die anschließende Sukzessions- und Waldphase führte zur Entwicklung eines erneut ackerbaulich nutzbaren Bodens. (Brand-)Rodung und ein zweiter kurzer Zeitraum mit Ackerbau folgten. Dieser Zyklus wiederholte sich an vielen Standorten vom Neolithikum bis zur Eisenzeit. Landschaften in den wechsel- und immerfeuchten Tropen wurden in der beschriebenen Weise bis in die jüngste Zeit genutzt.

Ausgedehnte Bodenzerstörungen bewirkten im mittelalterlichen und im frühneuzeitlichen West-, Mittel- und Osteuropa Hungersnöte und Tod; im 18. und 19. Jh. überwog die Auswanderung nach Nord- und Südamerika. Hard (1976, S. 225) bestätigt die erosionsbedingte Migration für ein Dorf im Zweibrücker Westrich. Er zitiert einen Bericht der Landesökonomiekommission des Herzogtums Zweibrücken aus dem Jahre 1791: „Die Einwohner von Althornbach seien durch das Verflözen der Felder durch Regenfluten recht arme, verderbliche Leute geworden und es seien ihrer nicht wenige deshalb außer Landes gegangen."

Heute dominiert in vielen Regionen der Erde die Migration erosionsbedingt landloser Bauern in die benachbarten Städte. Zukünftig werden ver-

mehrt Menschen ohne Ernährungsbasis versuchen, in die reichen Staaten der Erde auszuwandern.

Nur selten gelang Gesellschaften ein erfolgreiches, ihren Verbleib ermöglichendes Bodenmanagement. So entwickelten die Bewohner der isolierten Osterinsel ein längerfristig erfolgreiches System des Bodenschutzes, die Technik der Steinmulchung. Sie rettete vermutlich die kleine Population der Rapanui, die ihre Insel nicht verlassen konnte.

Antworten auf die Fragen zur Landnutzung

In welchem Ausmaß rodeten Menschen in den vergangenen Jahrhunderten die Wälder der Erde? Welche Folgen hatten die Rodungen und die anschließende Landnutzung? Gelang die Etablierung bodenschonender, nachhaltiger Landnutzungssysteme? Wann und warum endete wo die nachhaltige Landnutzung? Können die Landschaften der Erde zukünftig (wieder?) nachhaltig genutzt werden?

Vergegenwärtigen wir uns exemplarisch die Landnutzungs- und Ernährungssituation während des frühen 14. Jh. in Mitteleuropa. Die Bevölkerungsentwicklung begann zu stagnieren. Das Bevölkerungswachstum der vorangegangenen, an Witterungsextremen armen zwei Jahrhunderte hatte – trotz der Ostexpansion – Mitteleuropa an die Schwelle der Tragfähigkeit geführt. Im 6. Jh. noch dominierende Wälder waren bereits zur Mitte des 13. Jh. ganz überwiegend gerodet, die gewonnenen Flächen landwirtschaftlich genutzt (Abb. 157). Die verbliebenen, kaum ein Achtel Mitteleuropas bedeckenden Waldreste wurden zur intensiven Waldweide, Streusammlung, Holz- und Energiegewinnung genutzt; sie unterlagen einer beständigen Degradation.

Versorgungsprobleme traten im frühen 14. Jh. immer häufiger auf. Innerhalb der heutigen Grenzen Deutschlands lebten damals vermutlich etwa 10 bis 14 Millionen Menschen. Damit standen für die Ernährung eines Menschen kaum mehr als zwei Hektar Ackerland zur Verfügung (Bork et al. 1998). Der weit überwiegende Teil der Bevölkerung musste sich von Getreideprodukten ernähren. Der hohe Energie- und Flächenbedarf der Fleischerzeugung verdrängte die Tierhaltung weitgehend. Hohe Fleischpreise gestatteten nur einer Minderheit einen ausreichenden Fleischkonsum (Abb. 166). Bereits in Jahren mit durchschnittlichen Erträgen waren viele Menschen mangel- und unterernährt. Mangeljahre, die sich ab 1313 häuften, führten unmittelbar zu Hungersnöten und erhöhter Sterblichkeit. Die Preise der landwirtschaftlichen Produkte erreichten bis dahin kaum gekannte Höchstwerte.

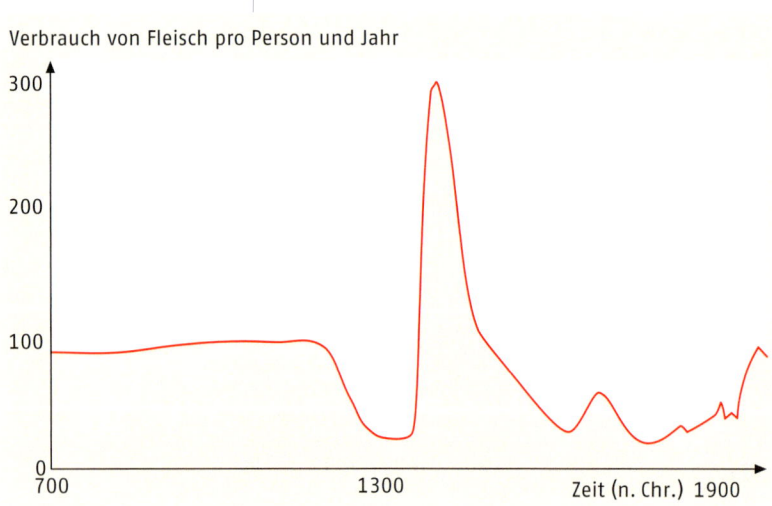

Verbrauch von Fleisch pro Person und Jahr

▲ Abb. 166: Ein Modell des vermuteten Fleischkonsums im Verlauf von Mittelalter und Neuzeit in Deutschland (Bork & Erdmann 2002).

▶ Abb. 167: Visualisierung eines Zitats zum hohen Fleischverbrauch im Jahre 1515 (Zeichnung: Gerd Klose). Ein Bäckergeselle erhielt in Berlin 1515 pro Tag 4 Pfund Fleisch.

Die unter- und fehlernährten Menschen wurden zunächst in der zweiten Dekade, dann in der fünften und sechsten Dekade des 14. Jh. verstärkt von Krankheiten heimgesucht. Die Zahl der in Deutschland lebenden Menschen nahm vor allem von 1313 bis 1319 und ab 1342 durch ertragmindernde Witterungsextreme und resultierende Hungersnöte, durch Fehden und Kriege sowie Seuchen wie die Beulenpest der Jahre 1348 bis 1350 stark ab. Die nutzungsbedingte Belastung der Landschaften reduzierte sich danach drastisch. Die Nahrungsmittelproduktion konnte umgestellt werden. Der Waldanteil Deutschlands verdreifachte sich nach 1350.

Im Wald wurden zunehmend Schweine gemästet und Rinder gehalten. Die Zwangsvegetarier der ersten Hälfte des 14. Jh. wurden nach 1350 zu intensiven Fleischessern (Bork & Erdmann 2002). Der Fleischverzehr erreichte bald ein heute kaum vorstellbares Ausmaß, wie Abel (1978, S. 78) beispielhaft berichtet: „Der Fleischverbrauch der rund 8000 Einwohner zählenden Stadt Berlin wurde […] für das Jahr 1397 auf täglich 3 Pfund je Kopf geschätzt. Nach einer Berliner Verordnung vom Jahre 1515 sollte den Bäckergesellen, die zur Mühle geschickt wurden, je Tag sogar 4 Pfund Fleisch nebst 8 Quart Bier und reichlich Brot mitgegeben werden" (Abb. 167).

Die Rodung des Palmwaldes auf der Osterinsel und der „Große Sprung nach vorn" in China beendeten lange Phasen nachhaltiger Landnutzung und leiteten eine Periode exzessiver Bodenerosion ein. Im Osten der Osterinsel folgten Nutzungsaufgaben und in China Aufforstungen den Bodenzerstörungen.

In keiner der zahlreichen untersuchten Landschaften wurden bis heute nachhaltige, d. h. dauerhaft ökonomisch tragfähige, sozial angemessene und umweltverträgliche Landnutzungssysteme etabliert. Unabwendbar erscheint eine Verschärfung der Situation durch den global steigenden Bedarf an Nahrungsmitteln, an nachwachsenden und fossilen Rohstoffen, an Raum für Industrieflächen, Siedlungen und Verkehrswege. Damit wird auch die Bodenzerstörung weiter zunehmen.

Kurze Antworten
auf die Grundsatzfragen

In welchem Ausmaß prägten Menschen in der Vergangenheit die Landschaften der Erde? Wie veränderten Menschen die komplizierten Wechselwirkungen zwischen der Vegetation, den Oberflächenformen, den Böden sowie den Wasser- und Stoffhaushalten? Welche Bedeutung besaßen sehr seltene Extremereignisse für Menschen? Welche Bedeutung haben schleichende und daher kaum wahrgenommene Veränderungen von Landschaften?

Menschen bestimmen seit dem Beginn des Ackerbaus maßgeblich die Entwicklung einer Landschaft, vor allem hinsichtlich
▸ der zeitlichen und räumlichen Merkmale und Verbreitungen von Böden und oberflächennahen Gesteinen,
▸ der Zusammensetzung von Vegetation und Fauna,
▸ des bodennahen Klimas,
▸ der Kreisläufe von Energie, Wasser und anderen Stoffen sowie
▸ der Wirkungen extremer Witterungsereignisse.
Schon die ersten Ackerbaugesellschaften wandelten Natur- zu Kulturlandschaften. Zunächst hatten die Veränderungen der Geo- und Biofaktoren nur lokale Ausmaße. Bald umfassten diese menschlichen Aktivitäten größere Räume. Menschen beeinflussen schon seit vielen Jahrtausenden die Entwicklung weiter Teile insbesondere Asiens und Europas.

Seltene natürliche, durch menschliche Eingriffe besonders wirksame Extremereignisse prägten die Entwicklung von Landschaften und Kulturen nachhaltig (s. auch Heine 1994; Diamond 2005).

Immer wieder werden die Wirkungen menschlichen Handelns auf den Landschaftshaushalt anhand einer völlig unzureichenden Datenbasis beurteilt. Die Bedeutung natürlicher Prozesse wurde und wird häufig falsch eingeschätzt, nicht selten auch überschätzt. In der Öffentlichkeit werden die Auswirkungen und Folgen der Bodenerosion gerne unterschätzt, da sie, von Extremereignissen abgesehen, kaum über längere Zeit gut sichtbare Spuren hinterlassen – nicht zuletzt auch deshalb, weil ein erheblicher Teil des Materials (zunächst noch) auf den Unterhängen und in den Auen verbleibt. Wachsen an bestimmten Standorten in Mitteleuropa seit längerer Zeit Wälder, so wird zumeist grundlos davon ausgegangen, dass sie dort „schon immer", d. h. während der gesamten Nacheiszeit, vorhanden waren. Derartige Irrtümer sind sowohl unter Wissenschaftern als auch Praktikern verbreitet – bei Naturschützern ebenso wie bei Forst- und Landwirten. Verwirrungen stiften diejenigen, die Unkenntnisse und Irrtümer zusammenfassen und bewerten. Nur so ist zu erklären, dass das langfristig bedeutsamste von Menschen je ausgelöste Drama erdweit weitgehend ignoriert wird: der vor Jahrhunderten oder Jahrtausenden landnutzungsbedingt begonnene und heute exzessive Verlust der Böden der Erde. Der notwendige gesellschaftliche Diskurs über die Fachgrenzen hinaus fehlt bislang. Noch ist der überwiegende Teil der genutzten und der nutzbaren Böden der Erde durch international abgestimmte, verbindliche Rahmenvereinbarungen und lokal von den Landnutzern partizipativ zu entwickelnde und anzuwendende Schutzmaßnahmen zu retten.

Über die eigentliche Siedlungstätigkeit hinaus war das exakte Ausmaß der nutzungsbedingten Veränderungen von Landschaften in der Vergangenheit kaum bekannt.

Die Autorinnen und Autoren hoffen, ein wenig Licht in dieses Dunkel gebracht zu haben.

Glossar und Abkürzungen

Abrasion Abtragung an einer Küste durch die Brandung (Wellenwirkung); eine Folge davon sind Brandungsplattformen und Steilküsten.

Ackerterrasse Durch Pflugtätigkeit oder Bodenerosion in Gefällsrichtung bis zum unteren Ackerrand transportiertes Bodenmaterial wächst dort langsam auf und bildet eine schwach geneigte Fläche, die hangabwärts von einer Steilstufe begrenzt wird; gelegentlich wird eine absichtlich aufgeschüttete Terrasse fälschlich als Ackerterrasse bezeichnet.

ahu Von Rapanui vorwiegend von 700/800 bis 1500 n. Chr. geschaffene Zeremonialplattformen.

allochthon Nicht an Ort und Stelle gebildet.

AMS-Radiokarbondatierung, AMS-Radiokohlenstoffdatierung Kernphysikalisches Datierungsverfahren, das über massenspektrometrische Messungen des Gehalts an ^{14}C die Bestimmung des Alters kleinster Mengen organischen Materials gestattet; s. Radiokarbondatierung.

Andosol Junger, aus vulkanischen Aschen gebildeter Boden mit dunklem humusreichem Oberboden (Humushorizont) von sehr geringer Dichte.

anthropogen Durch die Tätigkeit von Menschen beeinflusst oder entstanden.

äolisch Vom Wind erodiert, transportiert und abgelagert.

Artefakt Relikt gestalterischer menschlicher Tätigkeit (z. B. ein neolithisches Steinbeil oder ein hochmittelalterliches Keramikbruchstück).

Asche Zerspratzte Magma oder zerriebene Gesteinsfragmente, die bei Vulkanausbrüchen in die Luft geschleudert werden (Durchmesser der Aschepartikel bis 2 mm).

Aufschluss Ausschnitt (Anschnitt) der Erdoberfläche, an dem Böden oder Gesteine, nicht durch Vegetation verhüllt, sichtbar sind (z. B. in einer Forschungsgrabung, in einem Steinbruch, einer Baugrube, an einem Straßenanschnitt, an der Wand einer Schlucht oder am Kliff einer Steilküste).

autochthon An Ort und Stelle (in situ) gebildet.

Bioarchiv Informationsquelle in der Landschaft, die biotische Informationen enthält (z. B. ein Niedermoor, das Pollen mit wichtigen Informationen zur Vegetations- und Landnutzungsgeschichte enthalten kann).

Boden Oberste Zone des oberflächennahen Gesteins, die durch Prozesse der Gesteinsverwitterung (z. B. Kalklösung, Silikatzerstörung), der Verwesung pflanzlicher und tierischer Restsubstanzen (Aufspaltung komplexer Moleküle wie Fette, Eiweiße in einfache organische Bausteine) und z. T. der Materialverlagerung in situ (an Ort und Stelle) entstanden ist; s. Bodenbildungsprozesse.

Bodenbildung Entwicklung eines Bodens durch Bodenbildungsprozesse.

Bodenbildungsprozesse, bodenbildende Prozesse Prozesse der Bildung neuer Minerale oder Stoffe und der Verlagerung (Anreicherung oder Auswaschung) von Stoffen an der Geländeoberfläche, z. B. die Anreicherung von organischer Substanz (Humifizierung oder Bildung von Humus), die Verbraunung, die Lessivierung oder Tonverlagerung, die Podsolierung, die Vergleyung.

Bodenerosion Von Menschen (durch Beseitigung der den Boden schützenden Vegetation) ermöglichte und von Oberflächenabfluss, Schneeschmelzwasser oder Wind direkt ausgelöste Prozesse der Abtragung, des Transports und der Ablagerung von Boden- oder Gesteinspartikeln.

Bodenhorizonte Weitgehend homogene Einheiten eines Bodens, oft oberflächenparallel angeordnet; durch Prozesse der Bodenbildung, insbesondere der Materialverlagerung entstanden.

bodenkundlich-sedimentologische Profilanalysen Aufnahme (Beschreibung, Beprobung) der Merkmale an den Wänden (Profile) eines Aufschlusses, insbesondere die der Bodenbildungsprozesse und -strukturen sowie der Ablagerungsprozesse und -strukturen.

CHCC Chi-hua ching-chi (Planned Economy).

CKNP Chung-kuo nung-pao (Chinese Agricultural Journal).

^{137}Cs-Datierung Datierung des über Kernwaffenversuche seit Mitte der 1950er-Jahre an der Erdoberfläche angereicherten Radionuklids ^{137}Cs, das nicht natürlich auftritt; daher datiert die untere Grenze von ^{137}Cs in Kolluvien in die Mitte der 1950er-Jahre.

Datierung Bestimmung des absoluten Alters einer Schicht, eines Bodens, eines Artefaktes, organischer Reste wie Holz oder Holzkohle durch physikalische Methoden der Altersbestimmung oder durch die Kenntnis des Typus und der Chronologie von Artefakten.

Degradation Wandel eines Bodens durch natürliche Prozesse (wie Veränderungen des Klimas) oder durch anthropogene Eingriffe, oft unter Einbußen der Bodenfruchtbarkeit. Bodenbildungsprozesse wie Versauerung oder Versalzung oder Bodenerosionsprozesse können eine Degradation hervorrufen.

degradierte Schwarzerde Durch die Bodenbildungsprozesse der Entkalkung und der Verbraunung, z. T. auch der Lessivierung veränderte Schwarzerde.

Endocarp Die innerste Schicht der Wand einer Frucht.

El Niño (El Niño – Southern Oszillation, ENSO) In Rhythmen von 3–10 Jahren auftretende Anomalien der Meeresströmungen und des Klimas vor allem des östlichen Pazifikraums mit starken Auswirkungen auf die Meeresökosysteme und die Landnutzung an der äquatornahen Westküste Südamerikas und auf dem Galápagos-Archipel.

Entkalkung, entkalken Lösung von Calciumkarbonat durch Kohlensäure und Bodensäuren mit nachfolgender Auswaschung des Calciums mit dem Sickerwasser.

Erosion Umfasst einerseits die von Menschen ermöglichte Bodenerosion und andererseits die natürliche oder geologische Erosion; natürliche Steppen oder Wälder schützen die Oberfläche zumeist vollständig vor Erosion; Vegetationszerstörung und Landnutzung ermöglichen Bodenerosion; s. natürliche Erosion.

Förde Vorwiegend längliche Meeresbucht in einer von Gletschern geschaffenen Vertiefung in Regionen mit mächtigen Ablagerungen von Gletschern und Schmelzwässern (z. B. die Kieler Förde).

Frostverwitterung Zerkleinerung von Gestein durch das Gefrieren von Wasser.

Gartenterrasse Durch gartenbauliche Tätigkeit oder Bodenerosion entstandene Terrasse; vgl. Ackerterrasse.

Geoarchiv Informationsquelle in der Landschaft, die geowissenschaftliche Informationen enthält (z. B. ein Kolluvium oder ein Seesediment mit wichtigen Informationen zur Klima- und Erosionsgeschichte); vgl. Bioarchiv.

geologische Erosion s. natürliche Erosion

geomorphodynamische Prozesse Endogene (innenbürtige; Folgen der Plattentektonik wie Vulkanismus, See- und Erdbeben) und exogene Prozesse (außenbürtige; Abtragung, Transport und Sedimentation durch Wind, Wasser und Eis), welche die Formen der Erdoberfläche verändern.

Geomorphologie Die Lehre von den Formen der Erdoberfläche.

Glazial (lat. Glacies: Eis) Zeitraum mit niedrigen Jahresmitteltemperaturen und ausgedehnten Gletschern.

glazial Von Gletschern gebildet oder beeinflusst.

grusig Lockere Kornstruktur aus nicht gerundeten Körnern mit einem mittleren Durchmesser von 2 bis 6,3 mm. Beispiel: Granitgrus aus frostverwittertem Granitgestein.

Hemerobiegrad Grad des menschlichen Einflusses auf die Zusammensetzung der Vegetation.

historisch Geschichtlich (im Unterschied zu prähistorisch, vorgeschichtlich); durch Schrift- oder Bildquellen belegt.

Holozän Heutige Warmzeit, irreführend auch als „Nacheiszeit" bezeichnet; seit dem Ende der letzten Kaltzeit vergangener Zeitraum (die letzten 11 700 Jahre).

Humushorizont Oberflächennaher Bodenhorizont mit angereicherter organischer Substanz (Humus).

Jungpleistozän Umfasst die bislang letzte Kaltzeit (in Norddeutschland als Weichselglazial, im Alpenvorland als Würmglazial bezeichnet) und die vorausgegangene Warmzeit.

Kies s. Schotter

Kolluvium Vorwiegend auf konkaven Unterhängen oder am Übergang zu Auen abgelagertes, oberhalb am Hang erodiertes Substrat, meist durch Bodenbearbeitung homogenisiert, korrelates Sediment der flächenhaften Bodenerosion.

kryogenetische Prozesse Durch Gefrieren und Tauen ausgelöste Prozesse.

kryoturbate Prozesse Durchmischung von Substrat durch häufiges Gefrieren und Tauen in Böden und Lockergesteinen.

Landsat Erdbeobachtungssatellit; zeichnet im optischen und Infrarot-Bereich auf.

Lessivierung, lessivieren Bodenbildungsprozess, bezeichnet die Verlagerung von Tonpartikeln oder Ton-Humus-Komplexen mit dem Sickerwasser aus dem Ober- in den Unterboden, wobei Tonverarmungs- und Tonanreicherungshorizonte entstehen; vollzieht sich bevorzugt bei pH-Werten zwischen 6,8 und 4,5 in der Bodenlösung.

Löss Äolisches Sediment, in dem die Korngröße Schluff dominiert; zumeist kalkhaltig, vor allem in den Kaltzeiten in Wüsten oder dem Vorland von Gletschern von starken Winden ausgeweht; das größte zusammenhängende Lössgebiet liegt in Nordchina.

Lösskindel Kalkkonkretionen in Löss; gelegentlich in Püppchenform, wovon der Name herrührt.

Mächtigkeit Dicke einer Ablagerung (Schicht) oder eines Bodens (Bodenhorizonts).

Miozän Eine Abteilung (ein Zeitabschnitt) des oberen Tertiärs.

moai Von Rapanui (s. dort) vorwiegend von 1000 bis 1500 n. Chr. geschaffene Steinskulpturen.

morphodynamische Prozesse s. geomorphodynamische Prozesse

natürliche Erosion Abtragung, Transport und Ablagerung von Boden- oder Gesteinspartikeln, direkt oder indirekt ausgelöst durch
- Wind,
- Wasser (Oberflächenabfluss infolge eines Starkniederschlags oder einer raschen Schneeschmelze),
- Eis,
- Wellenbewegung,
- See- und Erdbeben,
- Vulkanismus,
- Feuer;
nicht beeinflusst durch anthropogene Eingriffe.

oligohemerob (KD) Nicht oder nur sehr schwach von Menschen veränderte Vegetation.

oroarktisch In einem arktischen Gebirge anzutreffen.

Palouse Lösslandschaft im Südosten des Bundesstaates Washington (USA).

Pflugmarke Spur auf der Oberfläche eines Steins oder in einem Boden, die ein Pflug verursacht hat.

Pleistozän Das Quartär wird unterteilt in das Holozän (die Jetztzeit oder „Nacheiszeit") und das vorausgegangene, etwa 1,8 Millionen Jahre dauernde Pleistozän; das Pleistozän endete vor 11 700 Jahren.

pleistozäne Schotter Im Pleistozän abgelagerte Schotter.

Pliozän Die jüngste Abteilung des oberen Tertiärs.

Podsol Bodentyp mit im Unterboden angereicherten Sesquioxiden (Eisenpodsol) oder Huminstoffen (Humuspodsol) oder beiden Stoffgruppen (Humus-Eisen-Podsol); geringe Bodenfruchtbarkeit, Bildung vor allem aus nährstoffarmen Sanden unter Heidevegetation sowie in den borealen Wäldern (Taiga) der feucht-kühlen Klimagebiete; Waldweide und die Entnahme von Holz und Nadelstreu beschleunigte die Podsolierung (s. dort) im nördlichen Mitteleuropa.

Podsolierung Bodenbildungsprozess, der die Versauerung des Oberbodens, die dadurch ausgelöste Zerstörung von Silikaten und die anschließende Verlagerung von freiwerdenden Eisenionen und Huminstoffen aus dem Ober- in den Unterboden umfasst; führt zur Bildung von Podsolen.

prähistorisch Vorgeschichtlich (im Unterschied zu historisch, geschichtlich).

Quartär Das vor etwa 1,8 Millionen Jahren begonnene und bis heute andauernde Eiszeitalter, gekennzeichnet durch den Wechsel von Warm- und Kaltzeiten; die Erdneuzeit (das Känozoikum) ist gegliedert in die jüngere Periode des Quartärs und in die ältere des Tertiärs.

Radiokarbondatierung, Radiokohlenstoffdatierung Kernphysikalisches Datierungsverfahren; mittels Mengenbestimmung des Kohlenstoffisotops ^{14}C kann das Alter organischer Materialien bestimmt werden. Das ^{14}C-Isotop zerfällt mit einer Halbwertszeit von 5730 Jahren, die Methode kann daher für die Datierung z.B. von Holz eingesetzt werden, das in den vergangenen 50 000 Jahren und davor entstanden ist.

Rapa Nui Osterinsel, liegt im südöstlichen Pazifischen Ozean, etwa 3700 km westlich von Südamerika; 166 km^2 Oberfläche, höchste Erhebung Maunga Terevaka (510 m ü. d. M.).

Rapanui Bewohner der Osterinsel.

Regosole Rohböden in Lockergestein.

RSA Republik Südafrika.

Sand Korngrößenfraktion des mineralischen Feinbodens mit Korndurchmessern von 0,063–2,0 mm nach der deutschen Bodenkundlichen Kartieranleitung; Sand ist damit grobkörniger als Schluff und feinkörniger als Grus oder Schotter.

Schicht Gesteinslage aus einzelnen Körnern, aggregierten Körnern oder durch Kittsubstanzen miteinander verbundener Körner, die durch Ablagerung entstanden ist.

Schichtfolge s. Schichtung

Schichtung Räumliche Folge von Schichten, die sich u.a. durch die Körnung (z.B. Sand- über Tonlage), Dichte, Gefüge oder Farbe unterscheiden.

Schlucht Vorwiegend durch starken linienhaften Abfluss geschaffene längliche Hohlform, oftmals mit V-förmigem Querschnitt, z.T. mit einem auf Sedimentation zurückzuführenden flachen Boden.

Schluff Korngrößenfraktion des mineralischen Feinbodens mit Korndurchmessern von 0,002–0,063 mm nach der deutschen Bodenkundlichen Kartieranleitung; Schluff ist damit feinkörniger als Sand und grobkörniger als Ton.

Schotter Durch Wassertransport abgeriebene und daher gerundete Körner mit Durchmessern über 2,0 mm.

Schwemmfächer Am unteren Ende einer Schlucht beginnende, talwärts breiter werdende Ablagerungsform; enthält einen Teil des in einer Schlucht erodierten Materials.

Schwemmfächersediment Ablagerung in einem Schwemmfächer.

Sediment Abgelagertes oder ausgefälltes Gesteinsmaterial, das mineralischen (z.B. Quarzsand, Löss), chemischen (z.B. Steinsalz, Gips) oder biogenen (z.B. Korallenkalk, Kreidekalk) Ursprungs sein kann.

Seesediment Ablagerungen und Ausfällungen am Seeboden.

Spätpleistozän Ausklingendes Pleistozän.

Stratigraphie (gr.-/lat. Schichtenbeschreibung) Zeitliche Skala, in der Schichten, Böden und anthropogene Relikte nach dem Zeitpunkt ihrer Bildung geordnet sind.

Sturmhochwasser Hochwasser an einer gezeitenarmen Küste (z.B. der Ostsee).

Subsistenzwirtschaft Selbstversorgungswirtschaft; die meisten zum Leben benötigten Produkte werden lokal bis regional erzeugt und verbraucht.

Szenario Ein bestimmter zukünftiger oder vergangener Zustand z.B. einer Gesellschaft oder einer Landschaft.

Tephra Nicht verfestigtes, vulkanisches Auswurfmaterial.

Tephrochronologie Zeitliche Abfolge des Auswurfmaterials bestimmter Vulkanausbrüche, das z.B. in Seesedimente eingeschaltet ist; in mitteleuropäischen Sedimenten sind Tephren spätglazialer Vulkanausbrüche in der Eifel (z.B. die Laacher-See-Tephra) und holozäner Eruptionen isländischer Vulkane zu finden.

Tertiär Die Erdneuzeit (das Känozoikum) ist in die ältere Periode des Tertiärs und die jüngere des Quartärs gegliedert; Dauer etwa von 65 bis 1,8 Millionen Jahren vor heute.

Ton Die feinsten mineralischen Körner eines Locker- oder Festgesteins (z.B. nach der deutschen Bodenkundlichen Kartieranleitung < 2 μm mittlerer Durchmesser).

Tonminerale Silikate mit regelhaftem Lagenbau und großen reaktiven Oberflächen; vorwiegend mit einem mittlerem Durchmesser <2 μm; besitzen eine wichtige Funktion bei der Nährstoffspeicherung in Böden.

Tonverlagerung s. Lessivierung

Trockenfeldbau Ackerbau ohne Bewässerung.

Tuff Verfestigtes, vulkanisches Auswurfmaterial (Aschen).

Verbraunung, verbraunen Chemischer Bodenbildungsprozess, der mit einer Versauerung des Oberbodens einhergeht und zur Neubildung von Tonmineralen oder Oxiden (vor allem Eisenoxiden) führt.

Vergleyung Anreicherung von (z.B. Eisen- oder Mangan-)Oxiden im Schwankungsbereich des Grundwasserspiegels.

Verwitterung Zersetzung von Gestein durch
- physikalische Prozesse (z.B. Temperaturwechsel oder Gefrieren von Wasser in den Poren eines Gesteins oder Bodens),
- chemische Prozesse (z.B. Auswaschung von Salzen, von Kalk) oder
- biotische Prozesse (z.B. Sprengwirkung, die durch das Wachstum von Wurzeln im Gestein oder Boden entsteht).

Literatur- und Quellenverzeichnis

Abel, W. (1976): Die Wüstungen des ausgehenden Mittelalters. Ein Beitrag zur Siedlungs- und Agrargeschichte Deutschlands. Stuttgart, 186 S.

Abel, W. (1978): Agrarkrisen und Agrarkonjunktur. 3. Aufl. Hamburg, Berlin, 301 S.

Achilles, W. (1989): Umwelt und Landwirtschaft in vorindustrieller Zeit. In: Hermann, B. [Hrsg.]: Umwelt in der Geschichte. Göttingen, S. 77 – 88.

Alte Isländische Literatur (1968): Íslenzk fornrit 1: Íslendingabók, Landnámabók. Hið íslenzka fornritafélag.

Amiran, D. H. K., E. Arieh & T. Turcotte (1994): Earthquakes in Israel and adjacent areas: Macroseismic observations since 100 B. C. E. Israel Exploration Journal, **44**, 260 – 305.

An, Z., G. J. Kukla, St. C. Porter & J. Xiao (1991): Magnetic susceptibility of monsoon variation on the Loess Plateau of Central China during the last 130 000 years. Quaternary Research, **36**, 29 – 36.

Anderson, A., S. Haberle, G. Rojas, A. Seelenfreund, I. Smith & T. Worthy (2002): An archaeological exploration of Robinson Crusoe Island, Juan Fernández Archipelago, Chile. In: Bedford, S., C. Sand & D. Burley [Hrsg.], Fifty years in the field. Essays in honour and celebration of Richard Shutler Jr's archaeological career. New Zealand Archaeological Association Monograph No. 25. Auckland, S. 239 – 249.

Arbeitskreis für Dorfchronik (1971): Heimatbuch der Gemeinde Erda. Erda, 277 S.

Arnalds, Ó. (2000): The icelandic ‚rofabard' soil erosion features. Earth Surf. Process. Landforms, **25**, 1 – 16.

Arnalds, Ó., E. F. þórarinsdóttir, S. Metúsalemsson, Á. Jónsson, E. Grétarsson, A. Árnason (1997): Jarðvegsrof á Íslandi [Bodenerosion in Island]. Soil Conservation Service & Agricultural Research Institute.

Arnold, V. (1981): Das Kirchspiel Albersdorf – eine „klassische Quadratmeile" der Archäologie Westholsteins. Dithmarschen – Zeitschrift für Landeskunde und Heimatpflege, Heft **1/2**, 7 – 19.

Arnold, V. & R. Kelm (2004): Auf den Spuren der frühen Kulturlandschaft rund um Albersdorf. Ein Führer zu den archäologischen und ökologischen Sehenswürdigkeiten. Heide, 104 S.

Ayres, W. S. (1995, Hrsg.): Geiseler's Easter Island report. An 1880s anthropological account. Asian and Pacific Archaeology Series No. **12**, Social Science Research Institute, University of Hawaii. Honolulu, 208 S.

AZ (1915a): Ammergauer Zeitung. Anzeiger für die Ortschaften des Ammergaues. Publikationsorgan der Gemeinde-Verwaltung Oberammergau. Lokales und aus der Umgegend. Das Hochwasser am 12. Juni. Nr. **68**, 9. Jahrgang, Dienstag, 15. Juni 1915.

AZ (1915b): Ammergauer Zeitung. Anzeiger für die Ortschaften des Ammergaues. Publikationsorgan der Gemeinde-Verwaltung Oberammergau. Lokales und aus der Umgegend. Das Hochwasser am 12. Juni. Nr. **69**, 9. Jahrgang, Donnerstag, 17. Juni 1915.

Bahn, P. & J. Flenley (1992): Easter Island – Earth Island. London, 240 S.

Bähr, J. (1974): Probleme der Oasenlandwirtschaft in Nordchile. Zeitschr. f. Ausl. Landw., **13**, 132 – 148.

Bähr, J. (1985): Agriculture, copper mining, and migration in the Andean Cordillera of Northern Chile. Mountain Res. and Development, **5/3**, 279 – 290.

Bałaga, K. (1998): Post-glacial vegetational changes in the middle Roztocze (E Poland). Acta Palaeobot, **38 (1)**, 175 – 192.

Beckedahl, H. R. (1998): Surface Soil Erosion Phenomena in South Africa. Petermanns Geogr. Mitteilungen Ergänzungsheft, 290, Gotha.

Becker, J. (1996): Hungry ghosts. China's secret famine. London, 380 S.

Behre, K.-E. (1992): The history of rye cultivation in Europe. Vegetation History Archaeobotany, **1**, 141 – 156.

Behre, K.-E. (2000): Der Mensch öffnet die Wälder – zur Entstehung der Heiden und anderer Offenlandschaften. Rundgespräche der Kommission für Ökologie, Bd. **18**, 103 – 116.

Behre, K.-E. (2001): Umwelt und Wirtschaftsweisen in Norddeutschland während der Trichterbecherzeit. In: Kelm, R. [Hrsg.]: Zurück zur Steinzeitlandschaft. Albersdorfer Forschungen zur Archäologie und Umweltgeschichte, Band **2**. Heide, S. 27 – 38.

Bembridge, T. J. (1984): A systems approach study of agricultural development problems in Transkei. Dissertation. Univ. of Stellenbosch, Stellenbosch.

Benecke, N. (2002): Veränderungen der natürlichen Tierwelt durch den Menschen. In: Freeden, U. v. & S. v. Schnurbein [Hrsg.]: Spuren der Jahrtausende – Archäologie und Geschichte in Deutschland. Darmstadt, S. 476 – 477.

Berglund, B. E. (1986, Hrsg.): Handbook of Holocene Palaeoecology and Palaeohydrology. Chicester, 869 S.

Berichte (1844/ 47): Handschriftlicher Bericht zum Unwetter vom April 1845. – In: Zeitungs = Berichte der Königlichen Regierung zu Erfurt (April 1844 bis Februar 1847) – Thüringisches Staatsarchiv Gotha, Regierung Erfurt, Nr. **258**, ohne Blattnr.

Berichte (1852/ 58): Handschriftlicher Bericht zum Unwetter vom Mai 1852. – In: Zeitungs = Berichte der Königlichen Regierung zu Erfurt (Februar 1852 bis August 1858) – Thüringisches Staatsarchiv Gotha, Regierung Erfurt, Nr. **8107**, ohne Blattnr.

Berichte (1858/ 66): Handschriftlicher Bericht zum Unwetter vom Mai 1860. – In: Zeitungs = Berichte der Königlichen Regierung zu Erfurt (Sept. 1858 bis Dezember 1866) – Thüringisches Staatsarchiv Gotha, Regierung Erfurt, Nr. **8106**, ohne Blattnr.

Betke, D. (1987a): Geschichte der Landentwicklungsprogramme im Wuding-Gebiet und am Mittellauf des Huang He seit Ende des 19. Jahrhunderts. In: Betke, D., J. Küchler & K. P. Obenauf [Hrsg.]: Wuding und Manas: Ökologische und sozio-ökonomische Aspekte von Boden- und Wasserschutz in den Trockengebieten der VR China. Urbs et Regio. Kasseler Schriften zur Geographie und Planung, **43**, 44 – 59.

Betke, D. (1987b): Geschichte der Landentwicklung des Manas-Gebietes. In: Betke, D., J. Küchler & K. P. Obenauf [Hrsg.]: Wuding und Manas: Ökologische und sozio-ökonomische Aspekte von Boden- und

Wasserschutz in den Trockengebieten der VR China. Urbs et Regio. Kasseler Schriften zur Geographie und Planung, **43**, 100–118.

Beug, H.-J. (2004): Leitfaden der Pollenbestimmung für Mitteleuropa und angrenzende Gebiete. München, 542 S.

Bigarella, J. J. (1974): Segurança Ambiental. Curso des ADESG. Curitiba und Ponta Grossa, 66 S.

Bigarella, J. J. & R. D. Becker (1975): International Symposium on the Quarternary. Bol. Paran. Geocienc, **33**, Curitiba, 370 S.

Bjarnason, H. (1978): Erosion, tree growth and land regeneration in Iceland. In: Holdgate, M. W. & M. J. Woodman [Hrsg.]: The breakdown and restoration of ecosystems. Conference on the rehabilitation of severely damaged land and freshwater ecosystems in the temperate zones. Reykjavík.

Bokelmann, K. (1980): Duvensee, Wohnplatz 6. Neue Befunde zur mesolithischen Sammelwirtschaft im 7. vorchristlichen Jahrtausend. Die Heimat, **87/10**, 320–330.

Bokelmann, K. (1986): Rast unter Bäumen. Ein ephemerer mesolithischer Lagerplatz aus dem Duvenseer Moor. Offa, **43**, 149–163.

Bork, H.-R. (1983): Die holozäne Relief- und Bodenentwicklung in Lößgebieten – Beispiele aus dem südlichen Niedersachsen. Catena Suppl., **3**, 1–93.

Bork, H.-R. (1985): Untersuchungen zur nacheiszeitlichen Relief- und Bodenentwicklung im Bereich der Wüstung Drudevenshusen bei Landolfshausen, Ldkr. Göttingen. Nachr. Niedersächs. Urgeschichte, **54**, 59–75.

Bork, H.-R. (1988): Bodenerosion und Umwelt. Landschaftsgenese und Landschaftsökologie, **13**, Braunschweig, 249 S.

Bork, H.-R. (2001): Urgeschichtliche Bodenentwicklung und Bodenzerstörung. In: Kelm, R. [Hrsg.]: Zurück zur Steinzeitlandschaft, archäologische und ökologische Forschung zur jungsteinzeitlichen Kulturlandschaft und ihrer Nutzung in Nordwestdeutschland. Band **2**, Heide, S. 20–26.

Bork, H.-R., J. Bähr, H. Bork, M. Brombacher, I. J. Demhardt, A. Habeck, A. Mieth & B. Tschochner (2002): Die Entwicklung der Oase San Pedro de Atacama, Chile. Petermanns Geogr. Mitteilungen, **146/5**, 56–63.

Bork, H.-R., H. R. Beckedahl, C. Dahlke, K. Geldmacher, A. Mieth & Y. Li (2003): Die erdweite Explosion der Bodenerosionsraten im 20. Jh.: Das globale Bodenerosionsdrama – geht unsere Ernährungsgrundlage verloren? Petermanns Geogr. Mitteilungen, **147/3**, 16–25.

Bork, H.-R., H. Bork, C. Dalchow, B. Faust, H.-P. Piorr & T. Schatz (1998): Landschaftsentwicklung in Mitteleuropa. Gotha, Stuttgart, 328 S.

Bork, H.-R. & K.-H. Erdmann (2002): Natur zwischen Wandel und Veränderung – Phänomene, Prozesse, Entwicklungen. In: Erdmann, K.-H. & C. Schell [Hrsg.]: Natur zwischen Wandel und Veränderung. Berlin, Heidelberg, New York, S. 1–17.

Bork, H.-R., H. Lavee, C. Dalchow & H. Bork (1995): Development of the western Judean Desert during the Holocene. Archives of Nature and Conservation and Landscape Research, **34**, 99–110.

Bork, H.-R. & Y. Li (2002): 3200 Jahre Reliefentwicklung im Lößplateau Nordchinas. Das Fallbeispiel Zhong-zuimao. Petermanns Geogr. Mitteilungen, **146/2**, 80–85.

Bork, H.-R., Y. Li, Y. Zhao, J. Zhang & Y. Shiquan (2001): Land use changes and gully development in the Upper Yangtze River Basin, SW-China. Journal of Mountain Science **19/2**, 97–103.

Bork, H.-R. & A. Mieth (2003): The key role of Jubaea palm trees in the history of Rapa Nui: A provocative interpretation. Rapa Nui Journal, **17 (2)**, 119–122.

Bork, H.-R., A. Mieth & B. Tschochner (2004): Nichts als Steine? Auslöser, Verbreitung und technischer Aufwand der prähistorischen Steinmulchtechnik auf Rapa Nui (Osterinsel). Geo-Öko, **1–2**, 113–126.

Bork, H.-R. & H. Rohdenburg (1985a): Zur Bilanzierung jungholozäner Bodenumlagerungen im Einzugsgebiet des Rio Ribeira (Südbrasilien). Zentralblatt für Geologie und Paläontologie, Teil I: **11/12**, 1445–1454.

Bork, H.-R. & H. Rohdenburg (1983): Untersuchungen zur jungquartären Relief- und Bodenentwicklung in immerfeuchten tropischen und subtropischen Gebieten Südbrasiliens. Z. Geomorph. N.F. Suppl., **48**, 155–178.

Bork, H.-R. & H. Rohdenburg (1985): Studien zur jungquartären Geomorphodynamik in der subtropischen Höhenstufe Südbrasiliens. Zentralblatt für Geologie und Paläontologie, Teil I: **11/12**, 1455–1469.

Bork, H.-R., G. Schmidtchen & M. Dotterweich (2003): Bodenbildung, Bodenerosion und Reliefentwicklung im Mittel- und Jungholozän Deutschlands. Forschungen zur Deutschen Landeskunde **253**, Flensburg, 341 S.

Bowman, I. (1924): Desert trails of Atacama. American Geographical Society Spec. Publ. 5. New York, 362 S.

Brauer A. (2004): Annually laminated Lake Sediments and their Palaeoclimatic relevance. In: Fischer, H., T. Kumke, G. Lohmann, G. Flöser, H. Miller, H. v. Storch, J. F. W. Negendank [Hrsg.]: The Climate in Historic Times. Towards a synthesis of Holocene proxy data and climate models. Berlin, Heidelberg, New York, S. 109–127.

Brutus, D. (1973): A simple lust. Collected poems of South African jail & exile including letters to Martha. Oxford, 176 S.

Buchanan, K. (1960): The Changing Face of Rural China. Pacific Viewpoint I, **1**, 11–38.

Burchart, C. (1936): Die Hochwasserkatastrophe des 5. Juni 1913 in Kella. – Mein Eichsfeld, Heimat-Jahrbuch für 1936. Duderstadt, S. 103.

Bürger, S., W. R. Jacoby, J. Hagedorn, D. Wolf (2002): Zeitliche Schwereänderungen und glazio-isostatische Ausgleichsbewegung am Vatnajökull, Südost-Island.
http://www.dgg.tu-berlin.de/dgg/mitteilungen/2002_1/schwereaend.

C

Camargo-Ricalde, S. L., S. S. Dhillion & R. Grether (2002): Community structure of endemic Mimosa species and environmental heterogeneity in a semi-arid Mexican valley. J. Veg. Sci., **13**, 697–704.

Carey, E. V., M. J. Marler & R. M. Callaway (2004): Mykorrhizae transfer carbon from a native grass to an invasive weed: evidence from stable isotopes and physiology. Plant ecology, **172**, 133–141.

Chang, J. (2004): Wilde Schwäne. Die Geschichte einer Familie. München, 735 S.

Chao, K. (1970): Agricultural Production in Communist China: 1949–1965. Madison, 357 S.

CONAF (2002): Flora del Parque Nacional Archipiélago Juan Fernández. Corporación Nacional Forestal, Gobierno de Chile, Gobierno de los Países Bajos. Santiago, Chile: 8 S. (unveröff.).

CONAF (2003): Proyecto Restauración, Conservación y Desarrollo del Archipiélago de Juan Fernández. Corporación Nacional Forestal, Gobierno de Chile, Gobierno de los Países Bajos. Santiago de Chile: 8 S. (unveröff.).

Cuevas, J. & G. Van Leersum (2001): Project Conservation, Restoration and Development of the Juan Fernández Islands, Chile. Revista Chilena de Historia Natural, **74/4**, 899–910.

Czarnowski, E., D. Neubauer, P. Schwörer (1990): Zur Herstellung von Birkenpech im Neolithikum. Acta Praehist. et Arch., **22**, 169–173.

Dahl-Jensen, D., K. Mosegaard, N. Gundestrup, G. D. Clow, S. J. Johnsen, A. W. Hansen, N. Balling (1998): Past temperatures directly from the Greenland Ice Sheet. Science, **282**, 268–271.

Daisenberger, J. A. (1859–1861): Geschichte des Dorfes Oberammergau. Oberbayerisches Archiv für vaterländische Geschichte 20. Bd. (Nachdruck, 1988). München, 223 S.

Dalchow, C., M. Frielinghaus & H.-R. Bork (2004): Thaers Schwemmwiesen in Möglin. – In: Fördergesellschaft Albrecht Daniel Thaer [Hrsg.]: 200 Jahre Thaer in Möglin. Neuenhagen (Findling), S. 14–16.

Dansgaard, W., S. J. Johnsen, J. Möller, C. C. Langway, Jr. (1969): One thousand centuries of climatic record from Camp Century on the Greenland ice sheet. Science, **166**, 377–381.

Danton, P. (2004): Plantas silvestres de la Isla Robinson Crusoe. Guía de reconocimiento. Viña del Mar (CONAF Región de Valparaíso), 194 S.

Danton, P., E. Breteau & M. Baffrey (1999): Les îles de Robinson. Trésor vivant des mers du Sud. Entre légende et réalité. Lucon (Nathan), 144 S.

Darwin, Ch. (1986): Reise um die Welt 1831–36. Stuttgart, Wien, 380 S.

De Geer, G. (1912): A geochronology of the last 12 000 years. In: 11th International Geological Congress, Vol I. Stockholm, S. 241–253.

Démurger, S. & W. Yang (2004): Economic change and afforestation incentives in rural China. Preliminary version. http://www.cerdi.org/pperso/demurger/Afforestation.pdf. [04.01.2004].

Derbyshire, E., X. Meng, A. Billard, T. Muxart & T. A. Dijkstra (2000): The environment: geology, climate and land use. In: Derbyshire, E., X. Meng & T. A. Dijkstra [Hrsg.]: Landslides in the thick loess terrain of North-West China. Chichester, S. 21–46.

Deutsch, M. (1997/98): Historische Hochwassermarken an der Unstrut im Stadtgebiet Mühlhausen – Zeugnisse vergangener Naturkatastrophen. – Mühlhäuser Beiträge, Heft **20/21**, S. 81–98.

Deutsch, M. & K.-H. Pörtge (1996): Außergewöhnliche Niederschläge und Hochwasser in Thüringen am Beispiel des Hochwassers der Unstrut vom Juli 1926 im Altkreis Mühlhausen/Thüringen. In: Mäusba-

cher, R. & A. Schulte [Hrsg.]: Beiträge zur Physiogeographie. Festschrift für Dietrich Barsch. Heidelberger Geogr. Arbeiten, H. **104**, S. 289–299.

Deutsch, M. & K.-H. Pörtge (2003): Hochwasserereignisse in Thüringen. Schriftenreihe der Thüringer Landesanstalt für Umwelt und Geologie (Jena), Bd. **63**, 2. Aufl. Jena.

Diamond, J. (2005): Kollaps. Warum Gesellschaften überleben oder untergehen. 704 S. Frankfurt a. M. (S. Fischer).

Digerfeldt, G. (1972): The post-glacial development of Lake Trummen. Regional vegetation history, water level changes and palaeolimnology. Folia Limnologica Scandinavia, **16**, Lund, 104 S.

Dirnböck, T., J. Greimler, S. P. Lopez & T. F. Stuessy (2003): Predicting future threats to the native vegetation of Robinson Crusoe Island, Juan Fernández Archipelago, Chile. Conservation Biology, **17/6**, 1650–1659.

Dörfler, W. (2000): Palynologische Untersuchungen zur Vegetations- und Landschaftsgeschichte von Joldelund, Kr. Nordfriesland. In: Haffner, A., H. Jöns & J. Reichstein [Hrsg.]: Frühe Eisengewinnung in Joldelund, Kr. Nordfriesland. Bonn, S. 147–207.

Dörfler, W. (2001): Von der Parklandschaft zum Landschaftspark. In: Kelm, R. [Hrsg.]: Zurück zur Steinzeitlandschaft, archäologische und ökologische Forschung zur jungsteinzeitlichen Kulturlandschaft und ihrer Nutzung in Nordwestdeutschland, Band **2**, Heide, S. 39–55.

Dörfler, W. (2004): Eine Pollenanalyse aus dem Horstenmoor bei Albersdorf, In: Kelm, R. [Hrsg.]: Frühe Kulturlandschaften in Europa. Forschung, Erhaltung und Nutzung. Albersdorfer Forschungen zur Archäologie und Umweltgeschichte, Band **3**, Heide, S. 86–103.

Dotterweich, M., A. Schmitt, G. Schmidtchen & H.-R. Bork (2003): Quantifying historical gully erosion in northern Bavaria, Germany. CATENA, **50**, 135–150.

Dreibrodt, S. (2005): The detection of heavy rainfalls during the Holocene via combined analysis of soils, gully fillings, colluvia and lake sediments – examples from the catchment of the Lake Belauer See (northern Germany). ZDGG, **156** [im Druck].

Dreibrodt, S. & H.-R. Bork (2005): Historical soil erosion and landscape development at Lake Belau (North Germany) – a comparison of colluvial deposits and lake sediments. Zeitschrift f. Geomorphologie N. F. Suppl., **139**, 101–128.

Dreibrodt, S., H.-R. Bork, A. Brauer, J. F. W. Negendank (2003): Der Einfluss der Landnutzung im Einzugsgebiet auf die Sedimentation jahresgeschichteter Oberflächensedimente in zwei Becken des Woseriner Sees (Mecklenburg-Vorpommern). In: Bork, H.-R., G. Schmidtchen, M. Dotterweich [Hrsg.]: Bodenbildung, Bodenerosion und Reliefentwicklung im Mittel- und Jungholozän Deutschlands. Forschungen zur Deutschen Landeskunde, **253**, 229–249.

Duphorn, K., H. Kliewe, R.-O. Niedermeyer, W. Janke & F. Werner (1995): Die deutsche Ostseeküste. Sammlung Geologischer Führer, Bd. **88**, Berlin, Stuttgart, 281 S.

Ebensten, H. (2001): Trespassers on Easter Island. Explorers, whalers, slavers, adventurers, missionaries, scientists and tourists, from 1722 to the present time. Key West, 160 S.

Edens, C. (2003): Die Entwicklung der Schrift. In: Bahn, P. G. [Hrsg.]: Der neue Bildatlas der Hochkulturen. Gütersloh und München, S. 46–47.

Ehlers, J. (1996): Quaternary and glacial geology. Chichester, 578 S. (In deutscher Sprache: J. Ehlers [1994]: Allgemeine und historische Quartärgeologie, Stuttgart, 358 S.)

Einarsson, þ. (1961): Pollenanalytische Untersuchungen zur spät- und postglazialen Klimageschichte Islands. Sonderveröff. Geol. Inst. Univ. Köln, 52 S.

Einarsson, þ. (1994): Geologie von Island. Reykjavík, 304 S.

Eissmann, L. (1996): Das quartäre Eiszeitalter im Spiegel sächsischer Erdgeschichtszeugnisse. In: Haase, G., E. Eichler [Hrsg.]: Wege und Fortschritte der Wissenschaft. Leipzig.

Elvin, M. (1993): Three thousand years of unsustainable growth: China's environment from archaic times to the present. East Asian History, **6**, 7–46.

Emiliani, C. (1955): Pleistocene Palaeotemperatures. Journal of Geology, **63**, 539–578.

Engel, W. (1950, Hrsg.): Die Rats-Chronik der Stadt Würzburg (XV. und XVI. Jahrhundert). Quellen und Forschungen zur Geschichte des Bistums und Hochstifts Würzburg 2. Würzburg.

Ennen, E. & W. Janssen (1979): Deutsche Agrargeschichte – Vom Neolithikum bis zur Schwelle des Industriezeitalters. Wiesbaden, 273 S.

Feeser, I. (2003): Untersuchungen zum Grünland der Osterinsel (Chile). Diplomarbeit Botanisches Institut der Christian-Albrechts-Universität Kiel. Kiel, 104 S. (unveröff.).

Flenley, J. R. & P. Bahn (2003): The Enigmas of Easter Island. Oxford, New York, 256 S.

Flenley, J. R. & S. M. King (1984): Late Quaternary pollen records from Easter Island. Nature, **307**, 47–50.

Flenley, J. R., J. T. Teller, M. E. Prentice, J. Jackson & C. Chew (1991): The late Quaternary vegetational and climatic history of Easter Island. J. Quatern. Sci., **6** (2), 85–115.

Forster, G. (1784, Neuausgabe 1983): Reise um die Welt. Frankfurt am Main, 1039 S.

Freeden, U. v. & S. v. Schnurbein (2004, Hrsg.): Spuren der Jahrtausende – Archäologie und Geschichte in Deutschland. Darmstadt, 519 S.

Fridriksson, S. (1995): Alarming rate of erosion of some Icelandic soils. Environmental conservation, **22**, 167.

Frisch, W. & M. Meschede (2005): Plattentektonik. Darmstadt, 196 S.

Fu, S. (1998): A Profile of Dams in China. In: Dai, Q. [Hrsg.]: The River Dragoon Has Come! Three Gorges Dam and the Fate of China's Yangtze River and Its People. New York, S. 18–24.

Füchtbauer, H. (1988): Sedimente und Sedimentgesteine. 4. Aufl. Stuttgart, 1141 S.

Garbe-Schönberg, C.-D., J. Wiethold, D. Butenhoff, C. Utech, P. Stoffers (1998): Geochemical and palynological record in annually laminated lake sediments from Lake Belau (Schleswig-Holstein) reflecting paleoecology and human impact over 9000 a. Meyniania, **50**, 47–70.

Geldmacher, K. (2002): Landschaftsentwicklung und Landnutzungswandel im Pazifischen Nordwesten der USA seit 1850. Dissertation Mathem.-Naturwiss. Fakultät der Universität Potsdam. Potsdam, 139 S. (unveröff.).

Geyh, M. (2005): Handbuch der physikalischen und chemischen Altersbestimmung. Darmstadt, 211 S.

Gísladóttir, G. (1998): Environmental characterisation and change in South-Western Iceland. Diss. Ser. **10**, Department of Physical Geography, Stockholm University. Stockholm.

Glaser, R. (2001): Klimageschichte Mitteleuropas. Darmstadt, 227 S.

Glawion, R. (1985): Die natürliche Vegetation Islands als Ausdruck des ökologischen Raumpotentials. Bochumer Geogr. Arb., **45**, Paderborn, 208 S.

Goldmann, L. (1906): Der 11. Juli 1906, ein Unglückstag für Bickenriede. Unser Eichsfeld, 1, Heft **8**, S. 126 f.

Goldmann, L. (1926): Unwetter auf dem Eichsfelde und in der Umgegend im vergangenen Jahrhundert. Mein Eichsfeld, Heimat-Jahrbuch für 1926, 2. Jg, S. 38–43.

Goossens, D. (1993): The Belgian Loess deposits: an overview. In: Goossens, D. [Hrsg.]: Geomorphological processes in the Belgian loessbelt. Excursion guide. International Symposium on Experimental Geomorphology and Landscape Ecosystem Changes. Laboratory for Experimental Geomorphology. K. U. Leuven, S. 5–15.

Goudie, A. (2000): The human impact on the natural environment. Oxford, 511 S.

Gram-Jensen, I. (1985): Sea floods – Contributions to the climatic history of Denmark. Climatological Paper, No. **13**, Danish Meteorological Institute. Kopenhagen, 76 S.

Grau, J. (1996): Jubaea, the palm of Chile and Easter Island. Rapa Nui Journal, **10** (2), 37–40.

Grau, J. (2004): Palmeras de Chile. Santiago de Chile, 206 S.

Guðmundsson, H. J. (1997): A review of the Holocene environmental history of Iceland. Quarternary Sci. Rev., **16**, 81–92.

Haberle, S. (2003): Late Quaternary vegetation dynamics and human impact on Alexander Selkirk Island, Chile. Journal of Biogeography, **30** (2), 239–255.

Hallsdóttir, M. (1995): On the pre-settlement history of Icelandic vegetation. Icelandic Agricultural Science, **9**, 17–29.

Han, Ch. (1999): Rebuilding vegetation in Loess Plateau: the eco-agriculture approach. In: Liu, J. & Q. Lu [Hrsg.]: Land use and sustainable development in Loess Plateau, North-West China. Proceedings. The Annual International Workshop Sustainable Agriculture Working Group (SAWG). China Council for International Cooperation Environment and Development (CCICED). China Environmental Science Press. Beijing, S. 42–50.

Hard (1976): Exzessive Bodenerosion um und nach 1800. In: Richter, G. [Hrsg.]: Bodenerosion in Mitteleuropa. Darmstadt, S. 195–239.

Harris, S.L. (2000): Archaeology and volcanism. In: Sigurdsson, H. [Hrsg.]: Encyclopedia of volcanoes. New York, S. 1301–1314.

Hartmann, J. (1994): Allgemeine Entwicklung des Urkundenwesens. In: Beck, F. & E. Henning [Hrsg.]:

Die archivalischen Quellen. Eine Einführung in ihre Benutzung. I. Schriftliche Urkunden. 1. Urkunden. Weimar, S. 21–32.

Hays, J. D., J. Imbrie & N. J. Shackleton (1976): Variations in the earth's orbit: pacemaker of the ice ages. Science, **194**, 1121–1132.

Haywood, J. (1999): Weltgeschichtsatlas. Köln, 240 S.

Heilig, G. K. (1999, Hrsg.): China Food. Can China feed itself? Laxenburg. [CD-ROM, Version 1.1.]

Heim, C., N. Nowaczyk, J. F. W. Negendank, S. A. G. Leroy, Z. Ben-Avraham (1997): Near East desertification: Evidence from the Dead Sea. Naturwissenschaften, **84**, 398–401.

Heine, K. (1994): Bodenzerstörung – ein globales Umweltproblem. In: Anhuf, D. & P. Frankenberg [Hrsg.]: Beiträge zu globalen Umweltproblemen. Akad. Wiss. Lit. Mainz, Abh. Math.-naturwiss. Kl. **2**. Stuttgart, S. 65–91.

Hempel, L. (1957): Das morphologische Landschaftsbild des Unter-Eichsfeldes unter besonderer Berücksichtigung der Bodenerosion und ihrer Kleinformen. Forsch. z. dtsch. Landeskunde, **98**.

Henning, E. (1994): Einleitung. In: F. Beck & E. Henning [Hrsg.]: Die archivalischen Quellen. Eine Einführung in ihre Benutzung. Weimar, S. 13–18.

Heyerdahl, Th. & A. Skölsvold (1956): Archaeological evidence of Pre-Spanish visits to the Galápagos Islands. Memoirs of the Society for American Archaeology 12. Supplement to American Antiquity, XXII 2/3. Salt Lake City, 71 S.

Hoika, J. (1993): Grenzfragen oder: James Watt und die Neolithisierung. Arch. Inf., **16,1**, 6–19.

Huke Atán, K. & S. Pauly (1999): Kultur, Philosophie, Geschichte der Osterinsel. Köln und Freiburg i. Br., 105 S.

Hunter-Anderson R. (1998): Human vs climatic impacts at Rapa Nui: Did the people really cut down all those trees? In: Stevenson, C. M., G. Lee & F. J. Morin [Hrsg.]: Easter Island in Pacific context. South Sea Symposium. Proceedings of the Fourth International Conference on Easter Island and East Polynesia. Easter Island Foundation, Los Osos, S. 85–99.

Icelandic Agricultural Information Service (1997): Icelandic Agricultural Statistics. Reykjavík, 32 S.

IREN-CORFO [Instituto Nacional de Investigación de Recursos Naturales-Corporación de Fomento de la Producción] (1982): Estudio de los recursos físicos del Archipiélago Juan Fernández-Región de Valparaíso. Santiago de Chile, 384 S. (unveröff.).

Jäger, H. (1994): Einführung in die Umweltgeschichte. Darmstadt, 245 S.

Jankuhn, H. (1961): Vorgeschichtliche Landwirtschaft in Schleswig-Holstein. Zeitschr. Agrargesch. und Agrarsoziologie, **9**, 1–12.

Jennbert, K. (1988): Der Neolithisierungsprozeß in Südskandinavien. Prähistorische Zeitschrift, **63**, 1–22.

Júlíusson, Á. D. (1998a): Valkostir sögunnar. Um landbúnað fyrir 1700 og þjóðfélagsþróun á 14.–16. öld [Landwirtschaft vor 1700 und gesellschaftliche Entwicklung im 14.–16. Jahrhundert]. Saga, **36**, 77–111.

Júlíusson, Á. D. (1998b): The environmental effects of Icelandic farming in the late middle ages and the early modern period. Internat. Congr. on the history of the Arctic and Sub-Arctic Region 1998. Reykjavík.

Kelm, R. (2000): Zurück zur Kulturlandschaft der Jungsteinzeit in Norddeutschland – Das Archäologisch-Ökologische-Zentrum Albersdorf. In: Kelm, R. [Hrsg.]: Vom Pfostenloch zum Steinzeithaus. Albersdorfer Forschungen zur Archäologie und Umweltgeschichte, Band **1**. Heide, S. 11–22.

Kelm, R. (2001): „Lebendige Steinzeit" in Albersdorf – Erste Erfahrungen mit dem museumspädagogischen Angebot des Archäologisch-Ökologischen Zentrums Albersdorf. In: Kelm, R. [Hrsg.]: Zurück zur Steinzeitlandschaft. Archäologische und ökologische Forschung zur jungsteinzeitlichen Kulturlandschaft und ihrer Nutzung in Nordwestdeutschland. Albersdorfer Forschungen zur Archäologie und Umweltgeschichte, Band **2**. Heide, S. 145–155.

Kelm, R. (2004): Die ältere Besiedlungsgeschichte der Albersdorfer Geest, Kreis Dithmarschen – Ein Überblick zum Forschungsstand. In: Winkler, G., C. Dahlke & H.-R. Bork [Hrsg.]: Streifzug durch 6000 Jahre Landnutzungs- und Landschaftswandel in Schleswig-Holstein – Ein Exkursionsführer. EcoSys Suppl. Band **41**. Kiel, S. 71–102.

Keys, D. (1999): Als die Sonne erlosch. München, 414 S.

Kiecksee, H. (1972): Die Ostseesturmflut 1872. Heide, 152 S.

Kloos, H. (1968): Im Quellgebiet der Aar. Band II. Niederweidbach.

Klug, H. (1986): Flutwellen und Risiken der Küste. Stuttgart, 123 S.

König, A. (1987): Landwirtschaftlicher Wasserbau. In: Betke, D., J. Küchler & K. P. Obenauf [Hrsg.]: Wuding und Manas: Ökologische und sozio-ökonomische Aspekte von Boden- und Wasserschutz in den Trockengebieten der VR China. Urbs et Regio. Kasseler Schriften zur Geographie und Planung, **43**, 37–43.

Kroll, H. (1980): Vorgeschichtliche Plaggenböden auf den nordfriesischen Inseln. In: Beck, H., D. Deneke & H. Jahnkuhn [Hrsg.]: Untersuchungen zur eisenzeitlichen und frühmittelalterlichen Flur in Mitteleuropa und ihrer Nutzung. Bd. **2**. Göttingen, S. 22–29.

Kroll, H. (1981): Mittelneolithisches Getreide aus Dannau. Offa, **38**, 85–90.

Kroll, H. (1987): Vor- und frühgeschichtlicher Ackerbau in Archsum auf Sylt. In: Kossack, G., F.-R. Averdieck, H.-P. Blume, O. Harck, D. Hoffmann, H. J. Kroll & J. Reichstein: Archsum auf Sylt. 2. Landwirtschaft und Umwelt in vor- und frühgeschichtlicher Zeit. Römisch-Germanische Forschungen, Mainz. **44**, 51–158.

Kroll, H. (2001): Der Mohn, die Trichterbecherkultur und das südwestliche Ostseegebiet. In: Kelm, R.: Zurück zur Steinzeitlandschaft. Albersdorfer Forschungen zur Archäologie und Umweltgeschichte, Bd. **2**. Heide, S. 70–76.

Kukla, G. (1987): Loess stratigraphy in Central China. Quaternary Science Reviews, **6**, 191–219.

Kuratorium für Forschung im Küsteningenieurwesen (2003): Die Wasserstände an der Ostseeküste. Entwicklung – Sturmfluten – Klimawandel. Die Küste, H. **66**, Heide, 331 S.

Küster, H. (1998): Geschichte des Waldes. München, 267 S.

Labitzke, K. & K. Weber (2001): Insolations-Wechsel als Anfachung hochfrequenter Klima-Oszillationen. Nova Acta Leopoldina, N.F., Bd. **88**, 331, 161–172.

Lamb, H. H. (1977): Climate – present, past and future. 2. Climate history and the future. London, 835 S.

Lamb, H. H. (1982): Climate, history and the modern world. London, New York, 387 S.

Lamb, H. H. (1989): Klima und Kulturgeschichte. Hamburg, 448 S.

Landsberger, S. (1996): Chinesische Propaganda. Kunst und Kitsch zwischen Revolution und Alltag. Köln, 224 S.

Lang, A. (1996): Die Infrarot-Stimulierte Lumineszenz als Datierungsmethode für holozäne Lössderivate. Ein Beitrag zur Chronometrie kolluvialer, alluvialer und limnischer Sedimente in Südwestdeutschland. Heidelberger Geogr. Arbeiten **103**, 137 S.

Lang, A. (1999): Separate Development und das Department of Bantu Administration in Südafrika. Geschichte und Analyse der Spezialverwaltungen für Schwarze. Institut für Afrikakunde, **103**. Hamburg.

Lang, G. (1994): Quartäre Vegetationsgeschichte Europas. Jena, 462 S.

Lange, U. (1996): Geschichte Schleswig-Holsteins von den Anfängen bis zur Gegenwart. Neumünster, 719 S.

Lean, J. (2002): Solar Forcing of Climate Change in Recent Millennia. In: Wefer, G., W. Berger, K.-E. Behre & E. Jannsen [Hrsg.]: Climate Development and History of the North Atlantic Realm. Berlin, S. 75–88.

Lee, G. (2001): Te Moana Nui. Exploring Lost Isles of the South Pacific. Easter Island Foundation. Los Osos, 164 S.

Loope, L. & D. Müller-Dombois (1989): Characteristics of invaded islands with special reference to Hawaii. In: Drake, H., H. A. Mooney, F. di Castri, R. H. Groves, F. J. Kruger, M. Reymánek & M. Williamson [Hrsg.]: Biological invasions. A global Perspective. Scope **37**. Chichester.

Lotze, W. (1909): Geschichte der Stadt Münden und Umgegend. Münden.

Lu, T. L. D. (1999): The Transition from foraging to farming and the origin of agriculture in China. Oxford, 774 S.

Luk, S. (1983): Recent Trends of Desertification in the Maowusu Desert, China. Environmental Conservation, Vol. **10 (3)**, 213–224.

Lüning, J. (2002): Die Grundlagen des sesshaften Lebens. In: Schnurbein, S. v. & U. v. Freeden [Hrsg.]: Spuren der Jahrtausende – Archäologie und Geschichte in Deutschland. Darmstadt, S. 108–139.

Magen, Y. (1993): The monastery of Martyrius at Ma'ale Adummim. Jerusalem, 72 S.

Mann, D. (2003): Prehistoric destruction of the primeval soils and vegetation of Rapa Nui (Isla de Pascua, Easter Island). In: Loret, J. & J. T. Tanacredi [Hrsg.]: Easter Island. Scientific exploration into the world's environmental problems in microcosm. New York, Boston, Dordrecht, London, Moscow, S. 133–153.

Martinsson-Wallin, H. (2004): Archaeological excavation at Vinapu (Rapa Nui). Rapa Nui Journal, **18 (1)**, 7–9.

Maruszczak, H. (1997): Wczesnośrednicowieczne grodzisko w Gucowie na Roztoczu: Wnioski z analizy jego topografii i wrunków fizjogrficznych regionu (Przyczynek do studiów nad Grodami Czerwieńskimi). In: Archeologia Polski Środkowowschoneij, t. II, 227–236.

McCall (1994): Rapanui – Tradition and Survival on Easter Island. Honolulu, 208 S.

McNeill, J. R. (2003): Blue Planet. Die Geschichte der Umwelt im 20. Jahrhundert. Frankfurt a. M. (Campus), 496 S.

Meier, D. (2000): Siedlungsarchäologische Untersuchungen in Dithmarschen. In: Kelm, R. [Hrsg.]: Vom Pfostenloch zum Steinzeithaus, Albersdorfer Forschungen zur Archäologie und Umweltgeschichte, Band **1**. Heide, S. 23–42.

Meier, D. (2001): Landschaftsentwicklung und Siedlungsgeschichte des Eiderstedter und Dithmarscher Küstengebietes als Teilregionen des Nordseeküstenraumes. Teil 1: Die Ansiedlungen. Teil 2: Der Siedlungsraum. Bonn: Teil 1: 287 S., Teil 2: 175 S.

Meier, D. (2004): Von steinzeitlichen Gräbern zum mittelalterlichen Dorf. In: Arnold, V. & R. Kelm [Hrsg.]: Rund um Albersdorf – Ein Führer zu den archäologischen und ökologischen Sehenswürdigkeiten. Heide, S. 15–22.

Meyer, J. F. (1800): Ueber die Anlage der Bewässerungs-Wiesen, sowohl derjenigen, welche durchs Schwemmen hervorgebracht werden, als solcher, deren ebene Fläche von Natur schon vorhanden ist. Eine von der K. Landwirthschafts-Gesellschaft gekrönte Preisschrift vom Herrn Commissär Joh. Friedr. Meyer. In: Annalen der Nieders. Landwirthschaft, S. 1–128.

Mertens, E.-M. (1993): Pflanzliche Ressourcen des Mesolithikums in Dänemark und Schleswig-Holstein. Unveröff. Diplomarbeit Univ. Kiel.

Mieth, A. & H.-R. Bork (2003a): Diminution and degradation of environmental resources by prehistoric land use on Poike peninsula, Easter Island (Rapa Nui). Rapa Nui Journal, **17 (1)**, 34–41.

Mieth, A. & H.-R. Bork (2003b): Land degradation on Easter Island, southern Pacific. In: Li, Y., J. Poesen & J. Zhang [Hrsg.]: Gully erosion under global change. Sichuan Science and Technology Press, Chengdu, S. 185–199.

Mieth, A. & H.-R. Bork (2004a): Easter Island – Rapa Nui. Scientific Pathways to Secrets of the Past. Man and Environment, **1**, Kiel, 112 S.

Mieth, A. & H.-R. Bork (2004b): Bodenfruchtbarkeit und Bodenerosion: Schlüsselindikatoren der Kultur- und Landschaftsentwicklung der Osterinsel (Chile). Geoöko, **25**, 259–306.

Mieth, A., H.-R. Bork & I. Feeser (2002): Prehistoric and recent land use effects on Poike peninsula, Easter Island (Rapa Nui). Rapa Nui Journal, **16 (2)**, 89–95.

Mieth, A., H.-R. Bork, W. Markgraf, I. Feeser & K. Dierßen (2003): Bodenerosion – ein Schlüssel zum Verständnis der Kulturgeschichte der Osterinsel. Petermanns Geogr. Mitteilungen **147/3**, 30–37.

Militzer, S. & R. Glaser (1994): Die Thüringische Sintflut von 1613 – Szenarium – Schadensbild – Katastrophenmanagement. Zeitschrift des Vereins für Thüringische Geschichte, Bd. **48**, 69–92.

Mills, M. M. (2000): Volcanic Aerosol and global atmospheric effects. In: Sigurdsson, H. [Hrsg.]: Encyclopedia of volcanoes. New York, S. 931–943.

Mühlhäuser Anzeiger (1926): Die Flutwelle der Unstrut. In: Mühlhäuser Anzeiger, Nr. **157**, 08. 07. 1926, S. 2.

Mühlhäuser Kreisblatt (1849): Verordnung Nr. 4595 des Königlichen Landrates des Kreises Mühlhausen vom 13.06.1849 betr. die Anzeigepflicht der Ortsbehörden bei Hagelschlag und Wasserschaden. In: Amtliche Beilage Nr. **48** zum Mühlhäuser Kreisblatt vom 16. 06. 1849, S. 82.

Mühlhäuser Kreisblatt (1852a): Aufruf zur Wohlthätigkeit, Oberpräsidenten der Provinz Sachsen, von Witzleben, Magdeburg, 3. Juni 1852. In: Mühlhäuser Kreisblatt, Nr. **49**, 23. 06. 1852, S. 381–382.

Mühlhäuser Kreisblatt (1852b): Darstellung der durch das Unwetter am 26. Mai d. J. im Eichsfelde und anderen Theilen des Regierungs = Bezirks Erfurt angerichteten Beschädigungen. In: Mühlhäuser Kreisblatt, Nr. **50**, 23. 06. 1852, S. 394–396.

Mühlhäuser Zeitung (1906): Die Wasserkatastrophe auf dem Eichsfelde. In: Mühlhäuser Zeitung, Nr. **163**, 14. 07. 1906, S. 2.

Müller-Dombois, D. & F. R. Fosberg (1998): Vegetation of the Tropical Pacific Islands. New York, 733 S.

Müller-Wille, M. (2002): Schleswig-Holstein – Drehscheibe zwischen den Völkern. In: Freeden, U. v. & S. v. Schnurbein [Hrsg.]: Spuren der Jahrtausende – Archäologie und Geschichte in Deutschland. Darmstadt, S. 368–387.

Nachtergaele, J., J. Poesen, D. Oostwoud Wijdenes & L. Vandekerckhove (2002): Medium-term evolution of a gully developed in a loess-derived soil. Geomorphology, **40**, 223–239.

Negendank, J. F. W. [Hrsg.]: The Climate in Historic Times. Towards a Synthesis of Holocene Proxy Data and Climate Models. Berlin, Heidelberg, New York, S. 109–127.

Negendank, J. F. W. (2004): The Holocene: Considerations with Regard to its Climate and Climate Archives. In: Fischer, H., T. Kumke, G. Lohmann, G. Flöser, H. Miller, H. v. Storch & J. F. W. Negendank [Hrsg.]: The Climate in Historic Times. Towards a Synthesis of Holocene Proxy Data and Climate Models. Berlin, Heidelberg, New York, S. 1–12.

Núñez, L. (1992): Cultura y Conflicto en los Oasis de San Pedro de Atacama. Santiago de Chile, 275 S.

Núñez, P. (1962): Sistemas Hidráulicos Prehispanos: Patrimonio Cultural. Facultad de Educación y Ciencias Humanas, Ciclo de Charlas, Patrimonio Cultural del Norte Grande. Serie Documentos 3. Antofagasta, S. 4–12.

o. A. (1852): Kurze Beschreibung eines schrecklichen Gewitters mit Hagelschlag, Mühlhausen/Thür., 2 S.

Ólafsdóttir, R. (2001): Land degradation and climate in Iceland – a spatial and temporal assessment. Medd. Lunds Univ. Geogr. Inst. Avh., **143**, 31 S. + Appendix.

Orliac, C. (2000): The woody vegetation of Easter Island between the early 14th and the mid 17th centuries AD. In: Stevenson, C. M. & W. S. Ayres [Hrsg.]: Easter Island Archeology. Research on early Rapa Nui culture. Los Osos, CA, S. 211–220.

Orliac, C. (2003): Ligneaux et palmiers de l'île de Pâque due XIème aux XVIIème siècle de notre ère. In: Orliac, C. [Hrsg.]: Archéologie en Océanie insulaire – peuplement, sociétés et paysages. Paris, S. 184–199.

Pfister, C. (1985): Bevölkerung, Klima und Agrarmodernisierung 1525–1860. Academica helvetica, **6**. Bern und Stuttgart: 2 Bände, 184 u. 163 S.

Pfister, C. (1999): Wetternachhersage. 500 Jahre Klimavariationen und Naturkatastrophen. Bern, 304 S.

Pfister, C. & D. Brändli (1999): Rodungen im Gebirge – Überschwemmungen im Vorland: Ein Deutungsmuster macht Karriere. In: Sieferle, R. P. & H. Breuninger (Hrsg.): Natur Bilder. Wahrnehmungen von Natur und Umwelt in der Geschichte. Frankfurt/Main, S. 297–323.

Philander, S. G. (2004): Our affair with El Niño. How we transformed an enchanting Peruvian current into a global climate hazard. Princeton und Oxford, 275 S.

Poesen, J., B. van Wesemael & E. Cammeraat (1993): Gully erosion in the loess belt: typology and control measures (Kinderveld site, Korbeek-Dijle). In: Goossens, D. [Hrsg.]: Geomorphological processes in the Belgian loessbelt. Excursion guide. International Symposium on Experimental Geomorphology and Landscape Ecosystem Changes. Laboratory for Experimental Geomorphology. K. U. Leuven, S. 16–28.

Pötzsch, C. G. (1784): Chronologische Geschichte der großen Wasserfluthen des Elbstromes seit tausend und mehr Jahren. Dresden, 234 S.

Pötzsch, C. G. (1786): Nachtrag und Fortsetzung seiner Chronologischen Geschichte der großen Wasserfluthen des Elbstromes seit tausend und mehr Jahren. Dresden, 134 S.

Preißler, St. (1998): Die Rückgabe von Landrechten in Südafrika. Dissertation Univ. Tübingen. Wiss. Studien Recht. Tübingen, 143 S.

Price, D. (1989): The reconstruction of mesolithic diets. In: Bonsall, C. [Hrsg.]: The Mesolithic Europe. Edinburgh, S. 48–59.

Rad, U. von, H.-R. Kudrass & W. H. Berger (2001): Hoch- und niederfrequente Monsun-Intensitätswechsel im nördlichen Indik während der letzten 75.000 Jahre. Nova Acta Leopoldina, N. F. Bd. **88**, 331, 141–150.

Rädlinger, C. (2002): Zwischen Tradition und Fortschritt. Oberammergau 1869–2000. Oberammergau, 347 S.

Ramírez, J. M. (2001): Cultural resource management of Easter Island: utopia and reality. In: Stevenson, C. M., G. Lee & F. J. Morin [Hrsg.]: Pacific 2000. Proceedings of the Fifth International Conference on Easter Island and the Pacific. Los Osos, S. 383–390.

Redman, C. L. (1999): Human Impact on Ancient Environments. Tucson, 239 S.

Reiß, S. & H.-R. Bork (2004): Landnutzung, Bodenerosion, Boden- und Reliefentwicklung – Ein Beitrag zur Landschaftsgeschichte in der Region um Albersdorf (Dithmarscher Geest). In: Kelm, R. [Hrsg.]: Frühe Kulturlandschaften in Europa. Forschung, Erhaltung und Nutzung. Albersdorfer Forschungen zur Archäologie und Umweltgeschichte, Band **3**. Heide, S. 68–85.

Reynolds, J. F., R. A. Virginia, P. R. Kemp, A. G. de Soyza & D. C. Tremmel (1999): Impact of drought on desert scrubs: effects of seasonality and degree of resource island development. Ecol. Monogr., **69**, 69–106.

Richardson, S. D. (1990): Forests and Forestry in China. Washington D.C., 352 S.

Richter, G., Sperling, W. (1967): Anthropogen bedingte Dellen und Schluchten in der Lößlandschaft. Untersuchungen im nördlichen Odenwald. Mainzer Naturwiss. Arch., **5/6**, 136–176.

Roberts, H. M., A. G. Wintle, B. A. Maher & M. Hu (2001): Holocene sediment-accumulation rates in the western Loess Plateau, China, and a 2500-year record of agricultural activity, revealed by OSL dating. The Holocene, **11.4**, 477–483.

Roberts, N. (2000): The Holocene. An environmental history. Oxford, 316 S.

Roth, R. (1996): Einige Bemerkungen zur Entstehung von Sommerhochwasser aus meteorologischer Sicht. Zeitschr. f. Kulturtechnik u. Landentwicklung, **37**, 241–245.

Routledge, K. (1919, Neuausg. 1998): The Mystery of Easter Island. Kempton, 404 S.

Ruddiman, W. F. & J. E. Kutzbach (1991): Plateaubildung und Klimaänderung. Spektrum der Wissenschaft, **5**, 114–125.

Russell, K.W. (1985): The earthquake chronology of Palestine and Northwest Arabia from the 2nd through the mid-8th century A. D. Bulletin of the American Schools of Oriental Research, 260, S. 37–59.

S

Saile, T. & C. Lorz (2003): Anthropogene Schwarzerden in Mitteleuropa? Ein Beitrag zur aktuellen Diskussion. Praehistorische Zeitschrift, **78**, Heft 2, 121–139.

Salbuch (1689 ff.): Kopie der S. 306 des Salbuchs erhalten von Pfarrer Stanke, Pfarramt Wilsbach (unveröff.).

SAWG (1999): Annual Working Report. In: Liu, J. & Q. Lu [Hrsg.]: Land use and sustainable development in Loess Plateau, North-West China. Proceedings. The Annual International Workshop Sustainable Agriculture Working Group (SAWG). China Council for International Cooperation Environment and Development (CCICED). Beijing, S. 8–27.

Schaefer, A. (1926): Die Wasserflut des Jahres 1852. In: Schaefer, A. [Hrsg.]: Geschichte der Stadt Dingelstädt. Dingelstädt, S. 109–110.

Schaphoff, S. (2000): Landnutzungsdynamik in Oregon (USA) seit 1850. Diplomarbeit, Inst. für Geoökologie der Univ. Potsdam. Potsdam, 96 S. (unveröff.).

Schatz, T. (2000): Untersuchungen zur holozänen Landschaftsentwicklung Nordostdeutschlands. ZALF-Bericht **41**. Müncheberg, 202 S.

Schmidt, T. (1656): Chronica Cygnea. Stadtarchiv Zwickau. AZ 470209.

Schindler, U., Y. Li & R. Funk (2004): Soil properties and soil water conditions in the Yangjuangou catchment of the Chinese Loess Plateau. Archives of Agronomy and Soil Science, **50**, 467–476.

Schnyder-Meyer, J.O. (2001): Die Schatzinsel Chiles: Juan Fernández. San Juan Bautista, 50 S.

Schönwiese, Chr.-D. (2003): Klimatologie, 2. Aufl. Stuttgart, 440 S.

Schwabedissen, H. (1961): Vom Jäger zum Bauern der Steinzeit in Schleswig-Holstein. Neumünster, 52 S.

Schweingruber, F. H. (1983): Der Jahrring. Standort, Methodik, Zeit und Klima in der Dendrochronologie. Bern, 234 S.

Semmel, A. & H. Rohdenburg (1979): Untersuchungen zur Boden- und Reliefentwicklung in Süd-Brasilien. Catena, **6**, 302–317.

Shackleton, N. J., A. Berger & W. A. Peltier (1990): An alternative astronomical calibration of the lower Pleistocene timescale based on ODP Site 677. Transactions of the Royal Society of Edinburgh. Earth Sciences, **81**, 251–261.

Shalem, N. (1973): Earthquakes in Jerusalem through the generations. In: Benbenisty, D. [Hrsg.]: Natan Shalem Researches Collection. Jerusalem, S. 270–308.

Shaojun, Ch. (2004): The Loess Plateau Watershed Rehabilitation Project. A case study from reducing poverty, sustaining growth – What works, What doesn't, and why. A global exchange for scaling up success. Scaling up poverty reduction: a global learing process and conference Shanghai, May 25–27, 2004. [http://www.worldbank.org/wbi/reducingpoverty/docs/FullCases/China%20PDF/China%20Loess%20Plateau.pdf, 10.2.2005]

Shapiro, J. (2001): Mao's war against nature. Politics and the environment in revolutionary China. Cambridge, 287 S.

Shi, P., & J. Xu (2004): Deforestation in China. http://www.ccap.org.cn/englishtalk/WP-00-E16.pdf [26.01.2004].

Skottsberg, C. (1953): The vegetation of the Juan Fernández Islands. The Natural History of Juan Fernández and Easter Island, **2**, 793–960.

Skowronek, E. (1999): Historia meijscowości Guciów. In: Dębickiego, R. [Hrsg.]: Rola Gleby w funkcjonowaniu Ekosystemów. Przewodnik Kongres Polskiego Towarzystwa Gleboznawczego Międzynarodowa Konferencja Naukowa Lublin, 7–10. Września: 100–103.

Sonnabend, H. (1999): Naturkatastrophen in der Antike. Stuttgart, 270 S.

South African Weather Bureau (1950–1997): Daaglikse Weerbulletin, Daily Weather Bulletin. Jahrgänge 1950–1997. Pretoria.

Stadt Eckernförde (1997): „Wie wenn die Hölle losgelassen…" Broschüre der Stadt Eckernförde und des Heimatmuseum-Vereins aus Anlass einer Ausstellung vom 12. November 1997 bis 04. Januar 1998. Eckernförde, 4 S.

Stampe, E. D. & C. C. Daehler (2003): Mycorrhizal species identity affects plant community structure and invasion: a microcosm study. Oikos, **100**, 362–372.

Stanke (2000): Manuskript des Gedenkgottesdienstes zum Hagelschlagstag am 2. September 2000 um 18.00 Uhr in Roßbach/Wilsbach. Pfarramt Wilsbach/Bischoffen (unveröff.).

Steiner, F. R. (1990): Soil conservation in the United States – Policy and Planning. Baltimore, 249 S.

Stephan, H.-G. (1988): Ergebnisse, Perspektiven und Probleme interdisziplinärer Siedlungsforschung. Am Beispiel der Wüstung Drudevenshusen im Unteren Eichsfeld. Archäologisches Korrespondenzblatt, **18**, 75–88.

Stevenson, C. M., T. Ladefoged & S. Haoa (2002): Productive strategies in an uncertain environment: Prehistoric agriculture on Easter Island. Rapa Nui Journal, **16 (1)**, 17–22.

Sutcliffe, Th. (1839): The Earthquake of Juan Fernández as it occurred in the year 1835. Manchester, 38 S.

Sturm, M., Matter, A. (1978): Turbidites and varves in Lake Brienz (Switzerland): deposition of clastic detritus by density currents. Spec. Publs. Int. Ass. Sediment., **2**, 147–168.

Sveinbjörnsson, B., M. Sonesson, O. K. Nordell & S. P. Karlsson (1993): Performance of mountain birch in different environments in Sweden and Iceland: Implications for afforestatation. In: Alden, J., J. L. Mastrantonio & S. Ødum [Hrsg.]: Forest development in Cold Climates. NATO A.S.I. Series. NY, 566 S.

Terberger, T. (2004): Jäger und Sammler zu Beginn der heutigen Warmzeit. In: Freeden, U. v. & S. v. Schnurbein [Hrsg.]: Spuren der Jahrtausende – Archäologie und Geschichte in Deutschland. Darmstadt, S. 93–107.

Thaer, A. D. (1800): Vorrede. In: Annalen der Niedersächsischen Landwirthschaft, Hrsg. K. Churf. Landwirthschafts-Gesellschaft zu Celle durch A. Thaer & J. C. Beneke. 2. Jg. 3. Stück, Zelle, bei der Expedition, und in Commission bey G. E. F. Schulze d. Jüng., I–VII.

Thaer, A. D. (1800): Brandenburgisches Landeshauptarchiv. Briefwechsel Thaers mit der Preußischen Landesregierung.

Thaer, A. D. (1805, Hrsg.): Annalen des Ackerbaues. Erster Band, erstes bis sechstes Stück. Berlin, Wien.

Thaer, A. D. (1815): Geschichte meiner Wirthschaft zu Möglin. Berlin, 352 S.

The Society for the Diffusion of Useful Knowledge (1838): The Penny Cyclopaedia, Volume **X**. Ernesti-Frustum. London.

Türich, T. (1928): Unwetter- und Hochwasserkatastrophen in Worbis. Duderstadt.

Ungern-Sternberg, B. v. (1975): Die landwirtschaftliche Entwicklung und Planung in der Transkei. Ifo-Forschungsberichte der Afrika-Studienstelle des Ifo-Institutes für Wirtschaftsforschung, **56**. München, 341 S.

Vanwalleghem, T., H.-R. Bork, J. Poesen, G. Schmidtchen, M. Dotterweich, J. Nachtergaele, H. Bork, J. Deckers, B. Brüsch, J. Bungeneers & M. De Bie (2005): Rapid development and infilling of a historical gully under cropland, central Belgium. Catena, **63**, 221–243.

Vockrodt, J. G. (o. J.): Handschr. Berichte zu den Unwettern von 1852 und 1853. In: Mühlhäuser Chronik von J. G. Vockrodt (1806–1867), handschr. Chronik, Stadtarchiv Mühlhausen, Sign. 61/47, ohne Blattnr.

Vogler, E. (1998): Die Europäer entdecken die Osterinsel. In: Esen-Baur, M. [Hrsg.]: 1500 Jahre Kultur der Osterinsel. Mainz, S. 53–81.

Wang, H. (2004): Deforestation and Desiccation in China. A Preliminary Study. http://www.library.utoronto.ca/pcs/state/chinaeco/forest.htm [09.09.2004].

Weber, E. (2003): Invasive plant species of the world – a reference guide to environmental weeds. Cambridge, 548 S.

Weikinn, C. (1958): Quellentexte zur Witterungsgeschichte Mitteleuropas von der Zeitenwende bis zum Jahre 1850. I: Hydrographie, 1: Zeitwende bis 1500. Berlin, 531 S.

Wein, N. (1986): Agriculture and Forestry in the Loess Plateau Region of China. The example of the Chung-hua District, GeoJournal, **12.1**, 57–64.

Westcott, A. (1985): El tesoro de Lord Anson. Santiago de Chile, 146 S.

Wet, Ch. de (1995): Moving Together Drifting Apart. Betterment Planning and Villagisation in a South African Homeland. Johannesburg, 253 S.

Wiethold, J. (1998): Studien zur jüngeren postglazialen Vegetations- und Siedlungsgeschichte im östlichen Schleswig-Holstein. Universitätsforschungen zur prähistorischen Archäologie, **45**. Bonn, 365 S.

Williams, M. A. J., D. L. Dunkerley, P. de Decker, A. P. Kershaw & T. J Stokes (1993): Quaternary Environments. New York, 329 S.

Willroth, K.-H. (2004): Ein neuer Werkstoff – eine neue Zeit? In: Freeden, U. v. & S. v. Schnurbein [Hrsg.]: Spuren der Jahrtausende – Archäologie und Geschichte in Deutschland. Darmstadt, S. 192–209.

Wintzigerode, W. von (1891): Zur Bekämpfung der Wassergefahren. Aus der Praxis. Deutsches Wochenblatt, IV. Jg., Nr. **35**, 27.08.1891. Berlin, S. 412–415.

Witt, J. M. (2002): Früh- und Hochmittelalter: Die Entstehung Schleswigs und Holsteins. In: Witt, J. M. & H. Vosgerau [Hrsg.]: Schleswig-Holstein von den Ursprüngen bis zur Gegenwart – eine Landesgeschichte. Hamburg, S. 71–110.

Wittmer, M. (2004): Postlagernd Floreana. Ein außergewöhnliches Frauenleben am Ende der Welt. 5. Aufl. Bergisch Gladbach, 398 S.

Woodward, R. L. (1969): Robinson Crusoe`s Island. A History of the Juan Fernández Islands. Chapel Hill, 267 S.

Wozniak, J. A. (1999): Prehistoric horticultural practices on Easter Island: Lithic mulched gardens and field systems. Rapa Nui Journal, **13 (3)**, 95–99.

Wozniak, J. A. (2001): Landscapes of food production on Easter Island: Successful subsistence strategies. In: Stevenson, C. M., G. Lee & F. J. Morin [Hrsg.]: Pacific 2000. Proceedings of the Fifth International Conference on Easter Island and the Pacific. Los Osos, S. 91–102.

Wright, Ch. (1963): The Soil Process and the Evolution of Agriculture in Northern Chile. Pacific Viewpoint, **4**, 65–74.

Xu, X., H. Zhang & O. Zhang (2004): Development of check-dam systems in gullies on the Loess Plateau, China. Environmental Science & Policy, Vol. **7/2**, 79–86.

Yang, D. L. (1996): Calamity and reform in China. State, rural society, and institutional change since the Great Leap Famine. Stanford, 351 S.

Yano, A., Y.-I. Sato & Y. Yasuda (2002): DNA Analysis of charred rice grains and origin of rice in the Yangtze River Basin, In: Alfred-Wegener-Stiftung [Hrsg.]: Terra Nostra 2002/6: Klima – Mensch – Umwelt, Deuqua-Tagung 2002. Berlin, S. 430–433.

Yi-Fu, Tuan (1970): China. The World's Landscapes, **1**. London, 225 S.

Z

Zemtsov, A. A. (1976): Geomorphologie der Westsibirischen Ebene (nördlicher und zentraler Teil). Tomsk, 343 S. (in russ. Sprache).

Zimmermann, T. (2000): Hohensolms. Tal, Stadt, Gemeinde und Ortsteil. Ein mittelhessisches Dorf im Wandel der Jahrhunderte. Hohensolms, 286 S.

Zizka, G. (1989): Naturgeschichte der Osterinsel. In: Esen-Baur, M. [Hrsg.]: 1500 Jahre Kultur der Osterinsel. Mainz, S. 21–38.

Zizka, G. (1991): Flowering Plants of Easter Island. Palmarum Hortus Francofurtensis Wissenschaftliche Berichte. **3**, 108 S.

Zolitschka, B. (1998): Paläoklimatische Bedeutung laminierter Sedimente. Relief, Boden, Paläoklima, Bd. **13**. Stuttgart, 176 S.

Zolitschka, B. & J. F. W. Negendank (1997): Quantitative Erfassung natürlicher und anthropogener Bodenerosion in einem Einzugsgebiet der Eifel. Trierer Geogr. Studien Bd. **16**. Trier, S. 61–78.

Zoll-Adamikowa, H. (1974): Wyniki wstepnych badan wczesnosredniowiecznego zespolu osadniczego w Guciowie pow. Zamosc. Sprawozdania Archeologiczne, t. XXVI, Ossolineum. Wrocław – Warszawa – Kraków, 115–171.

Die Autorinnen und Autoren danken

Herrn Prof. Dr. Pieter M. Grootes und seinem Team vom Leibniz-Labor für Altersbestimmung und Isotopenforschung der Christian-Albrechts Universität zu Kiel für die sorgfältigen und zahlreichen Radiokarbondatierungen an organischen Proben von der Osterinsel (Chile), der Isla Robinson Crusoe (Chile), aus China, dem pazifischen Nordwesten der USA und Mitteleuropa,

Frau Prof. Dr. Mayke Wagner (Deutsches Archäologisches Institut Berlin) für die Datierung von Keramikfragmenten aus einer Gartenterrasse nördlich von Yan'an (China),

Herrn Prof. Dr. Yong Li und seinem Team von der Chinese Academy of Agricultural Sciences (CAAS) in Beijing für die intensive Unterstützung im Gelände, die 137Cs-Datierungen und die ertragreiche Kooperation,

der Chinese National Science Foundation, Projekt 90202005, für die Unterstützung der Feld- und Laborarbeiten in China,

dem Evangelischen Studienwerk Villigst e.V. für die finanzielle Förderung des China-Projektes durch die Vergabe eines Promotionsstipendiums,

Herrn Prof. Dr. Joachim Reichstein (Schleswig) für die engagierte Unterstützung,

Herrn Ma Zhidong und der Bevölkerung von Yangjuangou (Shaanxi, China) für ihre Auskünfte,

der Chinesischen Akademie der Wissenschaften, der Chinesischen Akademie der Agrarwissenschaften und der Chinesischen Nationalen Gemeinschaft für Naturwissenschaften für die Förderung unserer Forschungsarbeiten im Süden von Sichuan (Südwestchina) und bei Yan'an (Provinz Shaanxi, Nordwestchina) im Rahmen des Projektes „Hundert Talente" (No. 40071054),

Herrn Yongtao Zhao und Herrn Jianhui Zhang sowie weiterer Wissenschaftlern des Instituts für Gebirgsrisiken und Umwelt der Chinesischen Akademie der Wissenschaften und des Ministeriums für Gewässerschutz in Chengdu (Sichuan, Südwestchina) für die Unterstützung der Geländearbeiten im Süden von Sichuan,

dem Agrar- und Hydroexperten Herrn Yang Shiquan vom Büro des Nationalen Territoriums der Stadt Xichang (Sichuan, Südwestchina) für Daten zur Landnutzungsgeschichte sowie zu Witterungsextremen und ihren Auswirkungen im Süden von Sichuan,

der Ugrischen Universität Khanty-Mansiysk (Russland) für die Unterstützung der Forschungsarbeiten in Nordwestsibirien,

dem deutschen Bundesministerium für Bildung, Wissenschaft, Forschung und Technologie und dem israelischen Ministerium für Wissenschaft und Kunst für die Finanzierung der Forschungsarbeiten in der Umgebung von Jerusalem im Rahmen der deutsch-israelischen Forschungsförderung (Projekt DISUM 29-GR 1315),

Frau Marva Balouka und Herrn Prof. Dr. Rehav Rubin (Hebrew University of Jerusalem, Israel) für die Datierung von Keramikfragmenten aus dem Tal des Nahal Og bei Jerusalem,

Herrn Sebastian Bork (Kiel) und Frau Tabea Bork (Bonn) für ihre intensive Mithilfe bei Feldarbeiten,

der Deutschen Forschungsgemeinschaft für die Förderung des Teilprojekts „Jungquartäre Relief- und Bodenentwicklung im ägyptisch-sudanesischen Küstengebirge" im Sonderforschungsbereich 69 „Geowissenschaftliche Probleme arider Gebiete" der Technischen Universität Berlin,

Herrn Prof. Dr. Heinrich Beckedahl (University of Natal in Pietermaritzburg, Republik Südafrika) für die Unterstützung vor Ort,

Herrn Joseph Marmion für die Übersetzung eines südafrikanischen Gedichtes,

Herrn Dwight Fowler für die Genehmigung von Grabungsarbeiten, die Mitteilung wichtiger Informationen und Daten sowie die freundschaftliche Begleitung unserer Feldarbeiten im Palouse (Washington, USA),

Herrn Clyde Davidson für die freundliche Erlaubnis der Grabungsarbeiten auf seinen Grundstücken am Cottonwood Creek (Oregon, USA),

Frau Beverly Faust und Herrn Dr. Berno Faust in Roseburg (Oregon, USA) für die freundschaftliche und organisatorische Unterstützung der Forschungsarbeiten im pazifischen Nordwesten der USA,

den Mitarbeiterinnen und Mitarbeitern des Natural Resources Conservation Service in John Day (Oregon, USA) für die freundliche Überlassung von Daten und Informationen,

Frau Dr. Heide Kraudelt (Potsdam) für Laboruntersuchungen an Proben aus San Pedro de Atacama,

Herrn Dr. Matthias Kühling (Potsdam) für anregende Diskussionen und die Beschaffung von Literatur,

Herrn S. Ramos Ramos (San Pedro de Atacama, Chile) für die archäologische Datierung von Keramikfragmenten aus den Sedimenten der Oase San Pedro de Atacama (Chile),

Frau Marlen Thiermann de Varela und Herrn Enrique Varela M. (Santiago de Chile) für die Beschaffung von Abflussdaten und Literatur für San Pedro de Atacama, die Übersetzung von Texten sowie die freundschaftliche logistische Unterstützung, für Übersetzungen und die Mitwirkung bei Feldarbeiten auf der Osterinsel,

den Familien Hirschberg, Westphal und Beretzke für die Genehmigung und Unterstützung der Forschungsarbeiten am Belauer See,

den Mitarbeitern der Nationalparkverwaltung des Juan-Fernández-Archipels in San Juan Bautista (Chile) für ihre Unterstützung,

Herrn Dr. Philippe Danton (Paris) für anregende Diskussionen auf der Isla Robinson Crusoe (Chile),

dem Historiker und Museumsdirektor Herrn Victorio Bertullo Mancilla (San Juan Bautista, Isla Robinson Crusoe, Chile) für sein Interesse,

Frau Doris Kramer (Kiel) für zahlreiche Layoutarbeiten und die Digitalisierung und Bearbeitung von Grafiken und Fotos,

Herrn Gerd Klose (Kiel) für die Anfertigung zahlreicher Zeichnungen,

Frau Sophia Dazert (Kiel) für Laboranalysen und die Digitalisierung und Bearbeitung von Grafiken und Fotos,

Herrn Dr. Stefan Reiß und Herrn Dr. Christian Russok (Kiel) für viele Zeichnungen,

Frau Christine Kirst (Berlin) für die sehr erfolgreiche Unterstützung unserer Forschungsarbeiten,

Frau Claudia Schindler, Frau Hanna Schmitt, Frau Britta Petersen, Frau Tanja Nack, Frau Nadine Dobslaff und Frau Wibke Markgraf (Kiel) für die Mitwirkung bei Feldarbeiten auf der Osterinsel,

Frau Maria Hey Paoa und ihrer Familie (Osterinsel, Chile) für die Gastfreundschaft und vielfältige Hilfe auf der Osterinsel,

Frau Stephanie Pauly und Herrn Karlo Huke Atán (Osterinsel, Chile) für wichtige Daten, interessante Diskussionen und für die vielfältige freundschaftliche Unterstützung auf der Osterinsel,

dem Consejo de Cultura Rapa Nui für die Genehmigung und die Unterstützung der Forschungsarbeiten auf der Osterinsel,

Herrn Esteban Sánchez und den Mitarbeitern der Corporación Nacional Forestal (CONAF) für die Genehmigung und Unterstützung unserer Forschungsarbeiten auf der Osterinsel,

Herrn Francisco Torres Hochstetter und dem Team des Sebastian-Englert-Museums für viele interessante Gespräche, die Ermöglichung von Vorträgen und die Begleitung von Feldexkursionen auf der Osterinsel,

Herrn Gerardo Velasco für viele Informationen zur Landnutzung auf der Osterinsel,

der Easter Island Foundation (Los Osos, Kalifornien, USA), insbesondere Herrn Prof. Dr. Christopher Stevenson, Frau Dr. Georgia Lee, Frau Dr. Ann Altmann und Frau Antoinette Padget, für das stete Interesse und das Vertrauen in unsere Arbeit sowie für viele interessante Gespräche,

Herrn Dr. Grant McCall und Herrn Dr. José Miguel Ramírez für viele interessante Gespräche und sehr produktive Diskussionen zur Osterinselforschung,

dem Consejo de Monumentos Nacionales de Chile, dem Gobernador Provincial de Isla de Pascua, Herrn Enrique Pakarati, und der Corporación Nacional Forestal (Conaf), Chile, für die Genehmigung der Forschungsarbeiten auf der Osterinsel und die gute Kooperation,

Herrn Wolfgang Ewest, Berlin, für Diskussionen zu Landnutzung und Vegetationsentwicklung der Osterinsel und für die Überlassung von Fotos,

Frau Inge Wittmer für die Genehmigung und die Unterstützung der Grabungsarbeiten auf ihrem Grundstück in Puerto Velasco Ibarra, Floreana (Galápagos, Ekuador),

den Familien Timm, Sund und Keldenich, dem ÄÖZA und der Gemeinde Albersdorf für die Genehmigung der Grabungsarbeiten auf ihren Grundstücken in den Fluren Falloh, Reddersknüll und Bredenhoop südlich von Albersdorf, Schleswig-Holstein,

Herrn Bürgermeister Manfred Trube und den Familien Zimmermann und Bock (Albersdorf) für ihre Gastfreundschaft und Unterstützung während der Grabungskampagnen in Dithmarschen,

Frau Gertrud Bork (Gießen) für Recherchen zu Erwähnungen des tausendjährigen Niederschlagsereignisses in zahlreichen Archiven,

dem Thüringischen Staatsarchiv Gotha, dem Stadtarchiv Mühlhausen/Thüringen und der Stadt- und Regionalbibliothek Erfurt für ihre Unterstützung,

Herrn Prof. Dr. Friedhelm Taube und Frau Sabine Mues (Kiel) für die Genehmigung der umfangreichen Grabungen auf dem Versuchsgut Lindhof der Christian-Albrechts-Universität zu Kiel,

Frau Hermine Sell, Leiterin der Ausstellung der Fördergesellschaft Albrecht Daniel Thaer in Möglin, für die vieljährige vertrauensvolle Zusammenarbeit und die Unterstützung der Grabungsarbeiten in der Büchnitzaue bei Möglin,

Herrn Burkhard Schiele, Leiter der Agrargenossenschaft „A.D. Thaer" in Schulzendorf, für die Genehmigung der Grabungen in der Büchnitzaue bei Möglin,

dem Evangelischen Pfarramt Hohenahr-Erda für die Übersendung von Kopien zum Hagelschlagtag im Lahn-Dill-Bergland,

Herrn Pfarrer Stanke, Pfarramt Wilsbach, für den Auszug aus der Predigt des Gedenkgottesdienstes zum Hagelschlagtag am 2. September 2000,

Herrn Pfarrer und Dekan D. Schwarz, Evangelische Kirchengemeinde Niederweidbach, für die Übersendung von Kopien aus dem Salbuch zum Hagelschlagtag im Lahn-Dill-Bergland,

der Gemeinde Erda für die Überlassung der Abb. 131,

Herrn Prof. Dr. habil. Marian Harasimiuk, Rektor der Marii-Curie-Skłodowska-Universität Lublin (Polen), für die Unterstützung der Forschungsarbeiten im Lubliner Land,

Frau Ewa Maciejowska, Herrn Krzystof und Frau Sylwia Stepniewski, Forschungsstation der Marii-Curie-Skłodowska-Universität Lublin in Guciow (Polen), für die sehr gute Kooperation,

dem DAAD für die Unterstützung im Programm GO EAST (Kooperation mit der Marii-Curie-Skłodowska-Universität Lublin, Polen),

der Deutschen Bundesstiftung Umwelt (Osnabrück) für die Gewährung von Promotionsstipendien.

Hans-Rudolf Bork dankt den Autorinnen und Autoren sowie den Kolleginnen und Kollegen der Technischen Universität Braunschweig, der Technischen Universität Berlin, der Universität Potsdam, der Universität Kiel und des Leibniz-Zentrums für Agrarlandschaftsforschung in Müncheberg (ZALF), die an den arbeitsreichen Feld-, Labor- und Auswertearbeiten mitgewirkt haben, für die exzellente Zusammenarbeit und für ihr außergewöhnliches Engagement. Herr Wolfram Schwieder (WBG, Darmstadt) hat als Lektor der WBG die Herausgabe des Buches überaus engagiert und sorgfältig betreut; Herr Hintermaier-Erhard hat das Manuskript konstruktivkritisch durchgesehen, evaluiert, überarbeitet und mit seinen Vorschlägen und Ideen bereichert. Beiden sei herzlich für die sehr angenehme Zusammenarbeit und ihre Geduld gedankt.

Hans-Rudolf Bork widmet das Buch Gertrud, Helga, Sebastian und Tabea Bork.

Ortsregister

Kursiv gesetzte Zahlen verweisen auf Abbildungen.

Sach- und Personenregister

Kursiv gesetzte Zahlen verweisen auf Abbildungen.

„10000-jin"-Felder 36
1342, Juli (tausendjähriger Niederschlag) 115–121, 172, 178